普通高等教育"十二五"规划教材

环境规划与管理实务

李天昕　主编

刘建国　周北海　副主编

北　京

冶　金　工　业　出　版　社

2024

内 容 提 要

本书系统地论述了环境管理与环境规划的理论基础和技术方法，结合工程实例，详细介绍了我国水环境、大气环境、声环境保护与污染防治类规划以及固体废物管理规划、生态保护与建设规划和其他类专项规划，最后介绍了环境管理方案和环境管理的其他应用方向。

本书可作为高等院校环境科学、环境工程、环境规划与管理等专业的教学用书，也可供相关专业的技术人员学习参考。

图书在版编目（CIP）数据

环境规划与管理实务 / 李天昕主编 . —北京：冶金工业出版社，2014. 12 （2024. 8 重印）

普通高等教育"十二五"规划教材

ISBN 978-7-5024-6785-2

Ⅰ. ①环… Ⅱ. ①李… Ⅲ. ①环境规划—高等学校—教材 ②环境管理—高等学校—教材 Ⅳ. ①X32

中国版本图书馆 CIP 数据核字（2014）第 275983 号

环境规划与管理实务

出版发行 冶金工业出版社		**电 话**	(010)64027926
地 址 北京市东城区嵩祝院北巷 39 号		**邮 编**	100009
网 址 www. mip1953. com		**电子信箱**	service@ mip1953. com

责任编辑 赵缘园 **美术编辑** 吕欣童 **版式设计** 孙跃红
责任校对 石 静 **责任印制** 窦 唯
北京虎彩文化传播有限公司印刷
2014 年 12 月第 1 版，2024 年 8 月第 2 次印刷
787mm×1092mm 1/16；21.5 印张；520 千字；331 页
定价 45.00 元

投稿电话 (010)64027932 投稿信箱 tougao@cnmip. com. cn
营销中心电话 (010)64044283
冶金工业出版社天猫旗舰店 yjgycbs. tmall. com
（本书如有印装质量问题，本社营销中心负责退换）

前　言

作为学科，环境规划不仅需要掌握并阐述规律，而且更加需要设计与实施的融合。从1972年联合国环境规划署成立至今，环境规划经历了从无到有的发展过程。当前，我国的环境规划，无论从空间规划、方案落实与设施及评估方面都有了较大进步，但环境约束型规划理论体系仍有待完善。环境规划与管理的科研与教学需要不断吸纳国内外最新发展、最前沿的理论和最实用的技术方法。

本书作者有幸与国内外同行一起参与了一系列的规划研究和教学工作，积累了一些资料和实际案例。为了使学生更好地将理论知识与实际案例应用相融合，本着科学性、前沿性和系统性的原则，本书广泛吸收了国内外有关书籍和最新研究成果，着重从环境要素的角度对环境规划进行分类讲解，将基础理论知识与案例分析系统融合，并以案例模拟研讨题的形式对学生的实际运用能力进行训练。

本书撰写由以下作者共同完成：李天昕负责编写第3、4、11章，刘建国负责编写第8、10、12章，周北海负责编写第1章和第2章，宋晓乔负责编写第5、7章，美英负责编写第6章，刘芳负责编写第9章，全书由李天昕统稿，袁蓉芳、邱诚祥为书稿整理完善做出了的大量工作。此外，北京大学郭怀诚教授对本书的编写提纲提出了宝贵意见，在此深表谢意。本书参考了有关图书、论文和科研报告，在此向文献的作者一并表示谢意。

本书的出版得到了教育部本科教学工程－专业综合改革试点项目经费和北京科技大学教材建设基金的资助，在此表示衷心感谢。

尽管我们努力收集和整理最新的研究成果，但由于作者学识所限，书中不足之处，敬请读者批评指正。

编　者

2014 年 9 月

目　　录

1　绪　论

【本章要点】本章主要介绍环境规划与管理过程涉及的概念及主要内容，阐述了环境问题及产生的根源、环境规划和环境管理的内涵；具体介绍了环境规划与环境管理的基本内容及分类，提出了环境规划与管理的目标和指标体系；详细介绍了国内外环境规划与管理的发展历程，分析了我国的环境规划与管理的现状和发展趋势。

1.1　环境规划与管理概述

1.1.1　环境问题及其产生的根源

1.1.1.1　环境

一般而言，"环境"是相对某一中心事物而言的，是其外部空间、条件和状况，以及对其可能产生各种影响的因素。根据《中华人民共和国环境保护法》，环境是指"影响人类生存和发展的各种天然的和经过人工改造的自然因素的总和，包括大气、水、海洋、土地、矿藏、森林、草原、野生生物、自然遗迹、人文遗迹、自然保护区、风景名胜区、城市和乡村等"。

1.1.1.2　环境问题

环境问题是指在人类活动和自然因素的干扰下，引起环境质量下降或环境系统的结构损毁，从而对人类及其他生物的生存与发展造成影响和破坏的问题。环境问题伴随着人类社会的发展而产生，是人与环境对立统一关系的产物。不同时期，环境问题的性质和表现形式不同，而且人们对环境问题的认识和理解也不尽相同。

迄今为止，人类的发展进程大体经历了三个阶段：古代文明阶段、农业文明阶段和工业文明阶段。在这一发展过程中，人类也由完全依赖于环境、具备初步改造环境的能力发展到掌握了可以同大自然相抗衡的力量。进入 20 世纪以来，愈演愈烈的环境问题，使人类不得不开始重新审视以往文明中的缺陷与弊端。环境规划与管理就是人类为协调人与自然的关系，达到人与自然和谐共处而采取的主要行动，它标志着人类"野蛮征服"自然的时代已经结束。人类作为大自然的一分子，而不是大自然的主人，开始进入新的文明阶段，即"绿色文明阶段"。

1.1.1.3　环境问题产生的根源

环境问题产生的根源在于人类思想中或者人类哲学深处的不正确的自然观和人 - 地关系观。在这些基本观念的支配下，人类的发展观、伦理道德观、价值观、科学观和消费观等无一不存在根本性的缺陷和弊端。

环境问题的产生及其日趋严重的原因，主要有以下几个方面：

（1）工业化进程的空前加速和城市规模的不断扩大，是环境问题的物质原因。研究表明，在其他因素不变的情况下，环境污染与城市规模和经济开发强度成正比，这就使污染在大城市比中小城市严重，工业城市比其他城市严重。

（2）人口城市化的高速发展是引起环境问题的根本原因。目前，人口与环境、资源并列为人类面临的三大问题。人口城市化问题实质上是指人口向城市空间高度集聚而带来的问题。人口的快速增长引发了粮食紧张、资源短缺、环境污染、交通拥挤、住房紧张、就业困难等一系列城市问题，其中最突出的是环境污染问题。由于环境的影响，人类健康和正常发展受到严重威胁。人口的增长对城市环境的影响更为直接，是造成城市环境容量问题的主要原因。

（3）在发展策略上片面强调"高投入、高消费、低产出、低效益"为主的传统发展模式和以产值增长为主的经济发展目标，是环境问题的政策原因。在相当长的一段历史时期里，人类对环境污染的恶果缺乏认识，存有侥幸心理，总以为和发展经济比起来，环境问题不过是暂时性的牺牲和必不可少的代价。最终，人类为此付出了昂贵的经济代价，甚至得到"大自然的报复"。可持续发展战略是解决人口和经济的发展与环境建设之间矛盾的唯一选择。

（4）环境外部性和市场制度失灵，是环境问题的经济原因。所谓经济外部性，是指经济活动会产生超越于进行这些活动的主体以外的外部影响，进而产生不能全部反映到私人成本中的社会成本。如果这些影响是积极的，则称为外部经济；反之，则称为外部不经济。外部不经济是经济外部性的一种表现形式。与环境有关的外部性，主要是指生产和消费上的外部不经济，尤其是生产的外部不经济。环境的外部不经济会造成环境退化、资源耗竭，从而造成发展的不可持续性。

（5）防治和清除环境污染的技术手段落后，是环境问题的技术原因。目前，有些技术措施虽然对污染物的去除有一定的功效，但是由于费用高昂而难以推广；有些领域的污染尚无法控制。因此，科学的进步是人们消除污染的关键所在。

总之，环境问题是随着人类的诞生而产生，随着人类社会的发展而发展变化的。现阶段，环境问题局部虽有改善，但总的趋势仍在恶化。

随着各种环境问题的出现和自然灾害的加剧，人们逐渐意识到人类与自然的和谐相处的重要性，逐步认识到资源节约和环境保护的必要性。而怎样做到人与自然的协调发展，保护好环境和资源，实质上就是如何搞好环境规划与管理的问题。

1.1.2　环境规划

1.1.2.1　环境规划的概念

环境规划是国民经济与社会发展规划的有机组成部分，它是指为使环境与社会经济协调发展，把"社会－经济－环境"作为一个复合生态系统，根据社会经济发展规律、生态学原理和地学原理，对其发展变化趋势进行研究，进而对人类自身活动和环境所做出的时间和空间的合理安排。

从发展的角度来说，环境资源是稀缺的，是经济发展的基础。环境规划可以理解为调整人类行为的决策安排（行政、法律、经济、财政等），其目的是保护包括生产功能、承载功能、调节功能、信息功能在内的环境功能，以满足人类可持续发展的需要。

1970 年 3 月国际公害研讨会发表的《东京决议》，把每个人享有的、不受侵害的环境权利以及现代人应传给后代人富有自然美的环境资源的权利，作为基本人权的一项原则，即每个人、每个地区、每个国家都有享受良好、安全、适宜的生活环境的权利。这种环境权表现在两个方面：一方面表现为对环境具有享用其自然生态功能的权利，属于天赋人权（道义上的集体性权利），从道义上说任何人不应剥夺享用权；另一方面表现为权利的主体，可以在法律规定范围内具有其对自然资源和环境资源占有或使用而获得收益的经济权利，这种权利属于人赋人权。显然人赋人权的法律性规定是一种政府干预的过程，它建立在社会公正的基础上。这种环境经济权的享用又是权利和义务的统一体，享用环境资源的同时又必须履行其保护环境不受损害的义务。保障人们享用环境权和公正地规定享用经济权时所应遵守的义务，就成为环境规划的基本出发点，而环境规划的基本任务应是依据有限的环境资源及其承载能力，对人们的经济和社会活动进行约束，以便调控人类自身的活动、协调人与自然的关系。

需要指出，在约束人们经济和社会活动问题上，面对的并不是全社会的共同污染，而往往是一部分人污染了另一部分人，或者是一部分人侵害了另一部分人应享用的环境资源，造成了环境冲突。如何来规范这部分人的行为，使他们遵守其保护环境应尽的义务，而不致侵害另一部分人的环境权益，成为政府所必须干预的责任，也是环境规划需要协调处理的重要内容。

根据经济和社会发展以及人民生活水平提高对环境越来越高的要求，对环境的保护与建设活动做出时间和空间的安排与部署，是环境规划的又一个基本任务。环境规划可以说是为改善环境质量制定可行方案，而环境保护与建设方案则是其中的核心内容。

综上所述，环境规划实质上是一种克服人类经济社会活动和环境保护活动盲目性和主观随意性的科学决策活动。

1.1.2.2　环境规划的内涵

环境规划的内涵包括：

（1）环境规划研究对象是"社会 – 经济 – 环境"这一大的复合生态系统，它可能指整个国家，也可能指一个区域（城市、省区、流域）。

（2）环境规划的任务在于使该系统协调发展，维护系统良性循环，以谋求系统最佳发展。

（3）环境规划依据社会经济原理、生态原理、地学原理、系统理论和可持续发展理论，充分体现这一学科的交叉性、边缘性。

（4）环境规划的主要内容是合理安排人类自身活动，协调人与环境、生态的关系。其中既包括对人类经济社会活动提出符合环境保护需要的约束要求，还包括对环境的保护和建设做出的安排和部署。这种决策是根据当前技术和经济发展的水平和能力，进行选择与优化而制定的。

（5）环境规划是在一定条件下优化，它必须符合一定历史时期的技术、经济发展水平和能力。

1.1.2.3　环境规划的作用

环境规划就是要依据有限的环境承载力，规定人们经济社会行为，提出保护和建设环境的方案，促进环境与经济社会协调发展。环境规划担负着从整体上、战略上和方案上研究和解决环境问题的任务，是改善环境质量、防止生态破坏的重要措施，在社会经济发展和环境保护中具有十分重要的作用。概括起来主要包括以下几点：

（1）合理地安排人类自身的活动，协调人与环境、生态的关系；明确地区经济和社会发展的任务和方向，将环境保护活动纳入国民经济和社会发展的计划，促使环境与经济、社会持续发展。

（2）制定环境保护技术政策，充分合理地利用资源和提高资源利用率，以最小的投资获得最佳的环境效益。

（3）建立和完善功能区划、质量目标、控制指标和综合决策体系，指出环境保护工作的方向和要求，为实行环境目标管理提供科学依据。

（4）合理布局工业体系，合理分配排污削减量，约束排污者的行为。

1.1.2.4　环境规划与其他规划的关系

环境是经济和社会发展的基础和支撑条件。环境问题与经济和社会发展有紧密的联系，因而环境规划也与许多其他规划相容或相关。但是，环境规划又与这些规划有着明显的差异性，具有自己独立的内容和体系。

A　环境规划与国民经济和社会发展规划

国民经济和社会发展规划是国家或区域在较长一段历史时期内经济和社会发展的全局安排。它规定了经济和社会发展的总目标、总任务、总政策以及发展的重点、所要经过的阶段、采取的战略部署和重大的政策与措施。防治环境污染、保持生态平衡，是国民经济和社会发展规划涉及的重点内容之一。

环境规划是国民经济与社会发展规划体系的重要组成部分，是一个多层次、多时段的有关环境方面的专项规划的总称。因此，环境规划应与国民经济和社会发展规划同步编制，并纳入其中。此外，环境规划对国民经济和社会发展规划起着重要的补充作用。环境规划的制定与实施是保障国民经济和社会发展规划目标得以实现的重要条件。

环境规划纳入国民经济和社会发展规划可以从环境的角度提出人口控制和经济发展的合理政策，促进生产力布局和产业结构合理化，并从预防为主的观念出发，变污染控制的尾端治理为全过程控制，将污染控制与技术改造，设备更新以及工艺改革、提高生产效益相结合，实现环境与经济的协调发展。

B　环境规划与经济区划

经济区划是按照地域经济的相似性和差异性，对全国各地区进行战略划分和战略布局，构成具有不同地域范围、不同内容、不同层次和各具特色的经济区，如农业区、林业区、城市关联地区、流域地区或工农业综合发展地区等。

通过不同层次的经济区划，有助于明确各地区在全国或大的地域范围内的地位和作用、与相邻地区的分工和协作关系、该地区经济与社会合理发展的长远方向。所以，经济区划工作既为编制地区经济与社会发展长期计划提供重要的科学依据，又可以为开展区域环境规划打下良好基础。

环境规划是进行经济区战略布局和划分的补充和完善，利于经济区合理开发利用资源，利于经济区原料基地、生产基地合理安排和建设，利于经济区形成工业生产链，利于资源优势、经济优势的发挥和形成，促进经济区域内经济社会、环境协调可持续发展。

C 环境规划与国土规划

国土规划是对国土资源的开发、利用、治理和保护进行全面规划。它的内容包括土、水、矿产和生物等自然资源的开发利用，工业、农业、交通运输业的布局和地区组合与发展，环境保护，以及影响地区经济发展的要害问题的解决等。

国土规划主要是进行自然资源和社会资源合理开发的战略布局，它包括对重大项目建设的可行性研究，但对重大项目的建设方案、选址定点和计划安排等，还不可能做出具体规定。国土规划是经济建设综合开发方案性的规划，从该方面说，它正是给国民经济长远计划和环境规划提供可靠的依据。

环境规划是国土规划的重要组成部分，为国土资源的合理开发利用、国土环境综合整治提供技术支持和科学依据。

D 环境规划与城市总体规划

城市环境规划既是城市总体规划中的主要组成部分之一，又是城市建设中的独立规划。城市环境规划与城市总体规划互为参照和基础。城市环境规划目标是城市总体规划的目标之一，并参与城市总体规划目标的综合平衡。由于城市是人与环境的矛盾最为突出和尖锐的地方，因而城市总体规划中必须包括城市环境保护这一重要内容。

城市总体规划是为确定城市性质、规模、发展方向，通过合理利用城市土地，协调城市空间布局和各项建设，实现城市经济和社会发展目标而进行的综合部署。城市环境规划与城市总体规划的差异在于，前者主要从保护生产力的第一要素——人的健康出发，以保持或创建清洁、优美、安静和适宜生存的城市环境为目标，是一种更深、更高层次上的经济和社会发展规划要求，并含有污染控制和污染治理设施建设及运行等内容。

城市总体规划和城市环境规划的相互关联主要有三个方面：一是城市人口与经济；二是城市的生产力和布局；三是城市的基础设施建设。城市环境规划的制定与实施可以促进城市建设的发展，保障城市功能的更好发挥，保护城市的特色和居民的健康，使城市建设走上健康发展的道路。

综上所述，国民经济和社会发展长期计划、经济区划、国土规划、城市总体规划和专业规划与环境规划有着紧密的联系，它们共同构成了一个完整的规划体系。

1.1.2.5 环境规划的特点

环境规划具有以下几个特点：

（1）综合性。随着社会的发展，越来越多的单一环境问题不断出现，并逐步演变为复杂、复合的环境问题，环境规划的综合性也越来越强。

（2）区域性。环境问题的地域性特征十分明显，主要体现在地域特征和变化规律的区域性及社会经济背景条件下的区域性。

（3）整体性。环境规划具有整体性，主要体现在：环境规划是对具体的环境区域进行规划，环境本身就是一个整体；环境的要素和各个组成部分之间构成一个有机整体；规划过程各技术环节之间关系紧密、关联度高，各环节相互影响并相互制约。

（4）动态性。环境规划的背景是指与规划的决策和实施过程相关的各种周边制度和影响因素的总和。环境规划具有较强的时效性，由于其各种因素在不断地变化，无论是环境

6

问题还是社会经济条件等都会随时间发生难以预料的变化，因此环境规划是一个不断与周围各种因素相互作用的过程。环境规划的背景包括相关的立法、行政机构设置、总体发展水平及其他政策等。经济发展、环境保护的形式总是在变化的，因此，环境规划方案不能一成不变，不同条件下的环境规划也会随时有所调整。

（5）信息密集。在规划的全过程中，自始至终需要搜集、消化、吸收、参考和处理各类相关的综合信息，而规划的成功与否很大程度上取决于搜集的信息是否较为完全、识别和提取是否准确可靠，以及是否能够有效组织这些信息并很好地利用。这些信息覆盖了不同的类型，来自不同的部门，存在于不同的介质中，表现为不同的形式，因此环境规划是一项信息高度密集的智能活动。

1.1.3 环境管理

1.1.3.1 环境管理的概念

环境管理是指依据国家的环境政策、法律、法规和标准，坚持宏观综合决策与微观执法监督相结合，从环境与发展综合决策入手，运用各种有效管理手段，调控人类的各种行为，协调经济社会发展同环境保护之间的关系，限制人类损害环境质量的活动，以维护区域正常的环境秩序和环境安全，实现区域社会可持续发展的行为总体。管理手段包括法律、经济、行政、技术和教育五种手段，人类行为包括自然、经济、社会三种基本行为。

环境管理这一概念将环境管理的理论与实践很好地衔接成为一个整体，它既反映了环境管理思想的转变过程，又概括了环境管理的实践内容。同时，透过这一概念的变化反映出了人类对环境保护规律认识的深化程度。

从这一概念出发，可以得到如下结论：

（1）环境管理是针对次生环境问题而言的一种管理活动，主要解决由于人类活动所造成的各类环境问题。

（2）环境管理的核心是对人的管理。人是各种行为的实施主体，是产生各种环境问题的根源。只有解决人的问题，从人的三种基本行为入手开展环境管理，环境问题才能得到有效解决。应当认识到，管理对象的变化是环境管理理论创新与实践深化的一个重要标志。

（3）环境管理是国家管理的重要组成部分。环境管理的目的是解决环境污染和生态破坏所造成的各类环境问题，保证区域的环境安全，实现区域社会的可持续发展，其内容非常广泛和复杂，与国家的其他管理工作紧密联系、相互影响和制约，成为国家管理系统的重要组成部分。

因此，环境管理与国家管理的系统关系是一种要素与整体的关系，这就决定有什么样的国家发展战略，就有什么样的环境保护战略；有什么样的国家管理体制和模式，就有什么样的环境管理体制和模式。

1.1.3.2 环境管理的内涵

宏观环境管理是指以国家的发展战略为指导，从环境与发展综合决策入手，制定一系列的具有指导性的环境战略、政策、对策和实施的行为总体。主要包括加强国家环境法制建设，加快环保机构改革，实施环境与发展综合决策，制定国家的环境保护方针、政策，制定国家的环保产业政策、行业政策和技术政策，通过产业结构调整实现经济增长方式的转变。

微观环境管理是指在宏观环境管理指导下，以改善区域环境质量为目的、以污染防治和生态保护为内容、以执法监督为基础的环保部门经常性的管理工作。主要包括区域环境规划管理、建设项目环境管理、区域环境综合治理、强化环境执法监督和加强指导与服务等内容。

宏观环境管理是从综合决策入手，解决发展战略问题，实施主体是国家和地方政府；微观环境管理是从执法监督入手，解决具体的污染防治和生态破坏问题，实施主体是环保部门。两者相互补充。

1.1.3.3 环境管理的作用

一般来说，环境管理的基本职能包括宏观指导、统筹规划、组织协调、提供服务、监督检查。其主要作用为：

（1）合理开发利用自然资源，减少和防治环境污染，维持生态平衡，促进国民经济长期稳定的发展。

（2）贯彻和研究制定有关环境保护的方针、政策、法规和条例，正确处理经济发展与环境保护的关系。

（3）建设一个清洁、优美、安静、生态健全发展的人类环境，保护人类健康，促进经济发展。

（4）开展环境科学研究，培养科学技术人才，加强环境保护宣传教育，不断提高全民对环境保护的认识水平。

1.1.3.4 环境管理的特点

环境管理具有以下特点：

（1）综合性。环境管理是由自然、政治、社会和技术等多因素错综复杂地交织在一起形成和发展的，这就决定了环境管理的高度综合性，必须采取立法、经济、教育、技术和行政等各种措施相结合的办法，才能有效解决环境问题。

（2）计划性。环境保护是国民经济和社会发展计划的一个组成部分，它受计划性的制约。

（3）区域性。环境问题由于自然背景、人类活动方式和环境质量标准的差异存在着明显的区域性，必须根据各地的特点，因地制宜，采取不同的管理措施。

（4）自然适应性。自然适应性就是充分利用自然环境适应外界变化的能力，如资源再生能力、自净能力和自然界生物防治作物病虫害的作用等达到保护和改善环境的目的。

1.2 环境规划与管理的基本内容与分类

1.2.1 环境规划

1.2.1.1 环境规划的基本内容

A 区域或城市综合性环境规划的内容

环境规划的内容应根据规划对象和实际情况选取，一般区域环境规划和城市综合性环境规划应包括以下内容：

（1）自然环境现状和社会发展状况概述。自然环境概述着重于规划区域特殊的气候、地理、生态状况和开发历史等，是保证规划的适应性和针对性所必须的内容。经济社会发展概述着重于经济发展规模、产业结构与布局、资源利用分析、科技水平、经济发展与环境的相互依赖关系，经济发展对环境的影响以及环境污染和破坏对持续性经济发展的影响等。在规划中对上述问题进行概述和粗略分析，并作为整个规划的重要出发点和依据。

（2）环境保护工作情况概述。概述前几年环境保护计划完成情况，包括污染控制、环境建设、完成工程项目、投资与效益，以及完成先前规划目标中存在的主要问题、困难及原因等，以此作为新规划的重要参考。

（3）环境变化趋势分析。环境变化趋势分析包括环境质量总的发展趋势、污染发展趋势、生态环境变化趋势及重大环境问题的发展趋势等。环境变化趋势是环境调查、评价、预测的综合描述与分析。列入描述与分析的内容应与规划目标基本相对应，同时阐明今后应注意的问题、发展方向等。趋势分析是编制规划的重要基础和起点。

（4）环境规划总目标。根据环境区划和功能分区制定环境规划的总目标及将要达到的主要指标。综合性规划的总目标必须包括环境质量目标和污染物总量控制目标两个主要方面。区域环境规划总目标视情况还应包括生态环境目标。

（5）重点城市和经济区环境综合整治规划。城市和经济区是经济、社会活动高度集中的地方，也是环境问题比较突出的场所。城市和经济区环境的综合整治是环境保护工作的重点。

（6）工业污染防治和部门行业污染控制规划。我国环境污染主要来自工业，工业污染防治是整个环境污染控制的重点。

（7）乡镇环境保护与建设规划。乡镇是城市发展的依据，广阔的乡镇环境与城市环境有着相互影响、相互依存的关系。乡镇环境保护与建设计划的重点是控制乡镇企业污染，改善乡镇的生态环境，为大农业的发展创造基础条件。

（8）专项环境保护规划。专项环境保护规划包括大气环境保护规划、水环境保护规划、固体废物污染控制规划、噪声污染控制规划。它们都是对规划区内的大气、水、固体废物和噪声等进行规划。

（9）产业结构与生产力布局规划。产业结构和生产力布局对环境有着长远的、深刻的影响。确定合理的产业结构和生产力布局，对于促进经济、社会与环境的协调持续和稳定发展，有着十分重要的意义。

（10）自然保护与生态环境保护规划。自然保护与生态环境建设应坚持重点保护与普遍改善相结合的原则，正确处理保护与开发利用以及保护区与周围地区群众生产利用的关系。自然保护区规划包括自然保护区的范围及重点保护对象、自然保护区建设与管理计划、珍稀濒危动植物保护计划以及保护区与周围其他事业发展的协调关系与措施等。生态环境保护规划包括城市生态、农村生态和区域生态等规划。

（11）科技发展与环保产业发展计划。环保科技的发展除了应注重硬技术的开发和应用之外，也应适当发展软科学技术，提高科技为环保的服务水平。环保科技发展与环保产业发展计划包括科学研究与装备计划，重大技术开发项目与攻关组织计划，环保工业、技术装备与环保技术服务发展计划，以及科技引进、交流和人才培养计划。

（12）环保系统自身建设计划。主要包括政策研究、法规建设、标准制定、监测体系的完善、信息的搜集与传递、宣传教育以及环保系统职工素质的提高等问题。

（13）费用预算和资金来源。必要的经费是实现规划目标的重要保证。实施规划所需的费用及其来源，是规划的重要内容，也是规划可行性的重要依据。规划中应就费用预算、用途、来源及可行性分析加以论证和说明，以便纳入国民经济和社会发展规划及城市总体规划中。

（14）环境保护工程技术方案和政策建议。在许多实际环境规划中，具体提出了大气污染控制、水污染控制、固体废弃物治理、噪声污染控制等技术方案和生态环境保护工程项目。

（15）环境规划的内容还应包括规划的范围和年限、规划的依据、规划编制的原则、规划的指标体系及技术路线等，并提出相关政策建议，强化环境管理，确保环境保护规划方案的实施。

B 污染控制规划的内容

污染控制规划是针对污染引起的环境问题编制的，主要是对工农业生产、交通运输、城市生活等人类活动对环境造成的污染而规定的防治目标和措施。它包括：

（1）工业污染控制规划。工业排放是环境污染的主要原因。工业污染控制规划的主要内容包括：布局规划、技术改造和产品改革规划、制定工业污染物排放标准。工业污染控制规划的主要措施是：严格控制新污染源，巩固和提高工业污染源主要污染物达标排放成果，淘汰污染严重的落后生产方式，大力推行清洁生产以及重点行业的污染防治。

（2）城市污染控制规划。环境污染主要集中在城市，控制城市污染是控制整个环境污染的中心环节。城市污染控制规划的主要内容是：1）布局规划，包括实行功能分区，按照环境要求和条件合理部署居民区、游览区、商业区、文教区、工业区和交通运输网络；2）能源规划，包括推行无污染、少污染燃料，集中供热，实现煤气化、电气化等计划；3）水源保护和污水处理规划，包括规定饮用水源的保护措施，规定污水排放标准，确定污水处理厂建设规划；4）垃圾处理规划，包括规定垃圾的收集、处理和利用指标，垃圾的处理方式；5）绿化规划，即确定绿化指标。

城市污染规划的主要措施是：1）合理规划，完善城市功能；2）治理城市水污染、大气污染、垃圾污染及噪声污染；3）做好重点城市环境保护工作。

（3）农业污染控制规划。农业污染控制规划的主要内容是防治农药、化肥、污水灌溉造成的污染。其主要措施包括：1）保护农村饮用水源；2）防止农作物污染，确保农产品安全；3）控制规划畜禽渔养殖业的污染；4）开展秸秆焚烧，促进综合利用；5）保护小城镇环境；6）水域污染控制规划。

C 国民经济整体规划中环境规划

该规划是在公有制基础上实行的一种计划体系，是遵照有计划、按比例的原则纳入到国民经济和社会发展规划中的，随着国民经济计划的实现而达到环境保护的目的，包括国土规划、区域规划、流域规划和专题规划。

1.2.1.2 环境规划的分类

A 按规划期划分

环境规划按规划期可分为长远环境规划、中期环境规划以及年度环境保护计划。

长远环境规划一般跨越时间为十年以上，中期环境规划一般跨越时间为五至十年，五年环境规划一般称五年计划。五年环境计划便于与国民经济社会发展计划同步，并纳入其中；年度环境保护计划实际上是五年计划的年度安排，是五年计划的分年度实施的具体部署，也可以对五年计划进行修正和补充。这些环境规划的内容也有所不同，一般跨越时间越长越宏观。长远环境规划着重于对长远环境目标和战略措施的制定，而年度环境保护计划则是每一个措施、工程、项目以及任务的具体安排。由于我国国民经济计划体系是以五年计划为核心的计划体系，所以五年环境计划也是各种环境规划的核心，要正式纳入国民经济社会发展计划之中。从环境规划学科来讲也是着重于中长期环境规划（含五年环境规划），甚至年度环境保护计划往往形不成一套完整的规划，仅是中期规划中某些环境保护工种的安排计划。

B　按环境与经济的辩证关系划分

环境规划按环境与经济的辩证关系可划分为：

（1）经济制约型。经济制约型环境规划是为了满足经济发展的需要，环境保护服从于经济发展的需求，一般表现为在经济发展过程中出现了环境问题，为解决已发生的环境污染和生态的破坏，制定相应的环境保护规划。

（2）协调型。协调型环境规划反映了促使经济与环境之间的协调发展，以提出经济和环境目标为出发点，以实现这一双重目标为终点。协调型环境规划是协调发展理论的产物，协调发展在今天已经被全世界公认为发展经济和保护环境之间关系的最佳选择。

（3）环境制约型。环境制约型环境规划是从充分、有效地利用环境资源出发，同时防止在经济发展中产生环境污染来建立环境保护目标，制定环境保护规划。这种环境规划充分体现经济发展服从环境保护的需要，经济发展目标是建立在环境基础上的，即经济发展受环境保护的制约。

C　按环境要素划分

环境规划按要素可划分为：

（1）大气污染控制规划。大气污染控制规划，主要在城市或城市中的小区进行。其主要内容是对规划区内的大气污染进行控制，提出基本任务、规划目标和主要的防治措施。

（2）水污染控制规划。水污染控制规划包括区域、水系、城市的水污染控制。其主要内容是对规划区内水域污染进行控制，提出基本任务、规划目标和主要防治措施。

（3）固体废物污染控制规划。固体废物污染控制规划是省、市、区、行业和企业等的规划，主要对规划区内的固体废物处理处置、综合利用进行规划。

（4）噪声污染控制规划。噪声污染控制规划一般指城市、小区、道路和企业的噪声污染防治规划。

（5）环境规划还包括土地利用规划、生物资源利用与保护规划等。

D　按照行政区划和管理层次划分

按行政区划和管理层次可分为国家环境规划、省（市、自治区）环境规划、部门环境规划、县区环境规划、农村环境规划、自然保护区环境规划、城市综合整治环境规划和重点污染源（企业）污染防治规划。其中，国家环境保护规划范围很大，涉及整个国家，是全国发展规划的组成部分，其目的是为了协调全国经济社会发展与环境保护之间的关系。国家环境规划对全国的环境保护工作起指导性作用，各省（区）、市（地）、各级政府和环保部门都要依据国家环境规划提出的奋斗目标和要求，结合实际情况制定本地区的环境规划，并加以贯彻和落实。

区域环境规划的综合性和地区性很强，既是国家环境规划的基础，又是制定城市环境规划、工矿区环境规划的前提。

部门环境规划包括工业部门环境规划、农业部门环境规划和交通运输部门环境规划等。

以上各类规划构成一个多层次结构。我国环境保护规划的层次结构如图 1-1 所示。各层次的环境保护规划又可根据不同情况按环境要素分为水、气、固体废物和噪声污染控制规划，以及生态环境保护规划等。层次之间既有区别，又有密切的联系，上一层次的规划是下一层次规划的依据和综合，下一层次规划是上一层次规划的条件和分解，因而下一层次的规划的实现是上一次层次规划完成的基础。省、市、自治区、直辖市和计划单列市环境保护规划应包括次级层次的主要内容，在制定规划中要上下联系、综合平衡，以实现整体上的一致和协调。

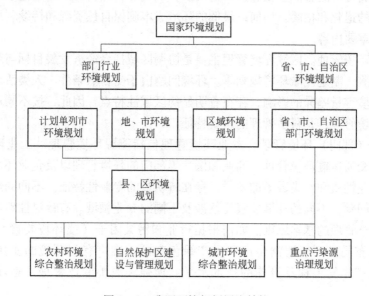

图 1-1 我国环境规划层次结构

E 按性质划分

环境规划按性质划分，包括生态规划、污染综合防治规划、专题规划（如自然保护区规划）和环境科学技术与产业发展规划等。

（1）生态规划。在编制国家或地区经济社会发展规划时，不是单纯考虑经济因素，而是把当地的地球物理系统、生态系统和社会经济系统紧密结合在一起进行考虑，使国家或地区的经济发展能够符合生态规律，既能促进和保证经济发展，又不使当地的生态系统遭到破坏。一切经济活动都离不开土地利用，不同的土地利用对地区生态系统的影响是不同的，在综合分析各种土地利用的"生态适宜度"的基础上，制定土地利用规划，通常称之为生态规划。

（2）污染综合防治规划。污染综合防治规划也称为污染控制规划，是当前环境规划的重点。按内容可分为工业污染控制规划、农业污染控制规划和城市污染控制规划。根据范围和性质不同，又可分为区域污染综合防治规划和部门污染综合防治规划。

（3）自然保护规划。自然保护规划主要是保护生物资源和其他可更新资源，以及文物古迹、有特殊价值的水源地和地貌景观等。

（4）环境科学技术与产业发展规划。环境科学技术与产业发展规划主要内容有为实现上述规划类型所需要的科学技术研究、发展环境科学体系所需要的基础理论研究、环境管理现代化的研究和环境保护产收发展研究。

1.2.2　环境管理

1.2.2.1　环境管理的基本内容

环境管理的基本内容如下：

（1）资源环境管理。自然资源是国民经济与社会发展的重要物质基础，分为可再生资源和不可再生资源。随着工业化和人口的发展，人类对自然资源的巨大需求和大规模的开采已导致资源的退化和枯竭。如何以最低的环境成本确保自然资源和持续利用，已成为现代环境管理的重要内容。

（2）区域环境管理。区域环境管理主要是协调区域社会经济发展目标与环境目标，进行环境影响预测，制定区域环境规划等。环境问题由于受自然条件、人类活动方式、经济发展水平和环境容量差异的影响，存在着明显的区域性特点。因此，按不同环境功能区划实施区域性环境管理，是科学管理的重要特征。

（3）专业（部门）环境管理。专业环境管理包括能源环境管理、工业环境管理、农业环境管理、交通运输环境管理、商业和医疗等部门的环境管理以及企业环境管理等。环境问题由于行业性质和污染因子的差异，存在着明显的专业性特征。不同的经济领域会产生不同的环境问题，不同的环境要素往往涉及不同的专业领域。有针对性地加强专业化管理，是现代科学管理的基本原则。如何根据行业和污染因子（或环境要素）的特点，调整经济结构和布局，开展清洁生产和生产绿色产品，推广有利环境的实用技术，提高污染防治和生态修复工程及设施的技术水平，加强和改善专业管理，是环境管理的重要内容。

1.2.2.2　环境管理的分类

A　按管理范围划分

环境管理按范围可划分为：

（1）流域环境管理。流域环境管理是以特定的流域为管理对象，以解决流域环境问题为内容的一种环境管理，根据流域大小不同，流域环境管理可分为跨省域、跨市域、跨乡域的流域环境管理。

（2）区域环境管理。区域环境管理是以行政区划为归属边界，以特定区域为管理对象，以解决该区域内环境问题为内容的一种环境管理。区域管理的主要内容包括：城市环境管理、流域环境管理、地区环境管理、海洋环境管理、自然保护区建设和管理、风沙区生态建设和管理等。

（3）行业环境管理。行业环境管理是一种以特定行业为管理对象，以解决该行业环境问题为内容的环境管理。按照行业划分，行业管理包括工业、农业、交通运输业、商业、建筑业等国民经济各部门的管理，以及各行业、企业的环境管理；按照环境要素划分，行业管理包括大气、水、固体废弃物、噪声以及造林绿化、防沙治沙、生物多样性、草地湿地及沿海滩涂、地质等环境管理。

（4）部门环境管理。部门环境管理是以具体的单位和部门为管理对象，以解决该单位或部门内的环境问题为内容的一种环境管理。

B　按管理性质划分

环境管理按性质可划分为：

（1）资源环境管理。资源环境管理是指依据国家资源政策，以资源的合理开发和持续利用为目的，以实现可再生资源的恢复与扩大再生产、不可再生资源的节约使用和替代能源的开发为内容的环境管理。

（2）环境质量管理。环境质量管理是为了保持人类生存与健康所必需的环境质量而进行的各项工作。包括环境调查、检测、研究、信息交流、检查和评价等内容。保护和改善环境质量是环境管理的中心任务。环境质量管理是环境管理的核心内容，是组织职能和控制职能的重要体现。为落实环境保护规划，保护和改善环境质量而进行的各项活动，如调查、检测、评价、检查、交流、研究和污染防治等都属于环境质量管理的重要内容。

（3）环境技术管理。环境技术管理是指通过制定技术标准、技术规程、技术政策以及技术发展方向、技术路线、生存工艺和污染防治技术进行环境经济评价，以协调技术经济发展与环境保护的关系，使科学技术的发展既能促进经济不断发展，又能保护好环境。加强环境管理，是一个非常有效的管理体系。环境管理需要综合运用规划、法制、行政、经济等手段，培养高素质的管理人才，采用先进的管理手段，建立和不断完善组织机构，形成协调管理的机制。要实现这一目标，必须不断健全环境法规、标准体系，建立现代管理体系，建立环境管理信息系统，加强环境教育和宣传，加强科学技术支持能力建设，加强国际科技合作交流，而这些活动就构成了环境技术管理的主要内容。

C　按环境尺度划分

环境管理按尺度可划分为：

（1）宏观环境管理包括地区环境管理、国家环境管理以及全球环境合作与资源管理。

（2）中观环境管理包括区域环境管理和流域环境管理。

（3）微观环境管理包括企业与单位环境管理。

1.3　环境规划与管理的目标和指标体系

1.3.1　环境规划与管理的目标

环境规划与管理的目标是对规划管理对象未来某一阶段环境质量状况的发展方向和发展水平所做的规定。它既体现了环境规划的战略意图，也为环境管理活动指明方向，提供管理依据。环境规划与管理目标应体现环境规划管理的根本宗旨，保障国民经济和社会的可持续发展，促进经济效益、社会效益和生态环境效益的协调统一。

1.3.1.1　确定环境规划目标的原则

环境规划目标的原则包括：

（1）以规划区环境特征、性质和功能为基础。确定目标要结合相应规划区的性质和功能，综合分析，抓住特点，区别对待，才能确定出适合区域持续发展的最佳环境目标。对无能力防治和对污染特别敏感的区域，目标应高一些；而对环境容量大、承载能力强的区域，可适当放低目标，推动经济发展，并最终促进环境与经济的协调发展。

（2）以经济、社会发展的战略思想为依据。我国发展国民经济的战略思想是社会、经济、科学技术相结合，人口、资源、环境相结合，协调发展，发展生产的目的就是满足人们日益增长的物质和文化需要。如果只发展经济目标，势必造成环境污染和生态破坏、资源衰退和枯竭，则经济难以持续发展。

（3）应当满足人们生存发展对环境质量的基本要求。环境规划与管理目标不仅要满足经济与环境协调发展的要求，还要保证人们生存发展的基本要求得到满足。确定目标应高于人们生活对环境质量的要求，也要高于生产对环境质量的要求。

（4）应当满足现有技术经济条件。确定目标时应考虑现有的管理、防治技术和人才结构问题，要分析现有经济水平能够提供多少资金用于环境保护。环境规划与管理目标和经济目标应协调发展。

（5）环境规划与管理目标要求能做到时空分解、定量化。把目标具体化，在时间和空间上进行分解细化，形成易于操作的指标和具体要求，以便于环境规划管理方案的管理、监督、检查和执行。

1.3.1.2　环境规划与管理目标的基本要求

环境规划与管理目标的基本要求包括：

（1）环境规划与管理目标必须有时间限定和空间约束，有一般发展规划目标的共性，可以计量并能反映客观实际。

（2）环境保护的根本目的是为了实现人与自然的和谐，保障环境与经济社会协调发展。环境规划与管理目标应与经济社会发展目标进行综合平衡。

（3）确保目标的先进性，使目标能满足经济社会健康发展对环境的要求，保障人民正常生活所需的环境质量，同时考虑技术进步因素，确保规划目标的实现。

（4）保证目标的可实施性，便于管理、监督、检查和实行，并与现行管理体制、政策、制度相配合，与责任挂钩。

1.3.1.3　环境规划与管理目标的类型

按内容划分，环境规划与管理目标分为：（1）环境质量目标，包括大气质量目标、水质量目标、噪声控制目标及生态环境目标；（2）环境污染总量控制目标，包括工业或行业污染控制目标和城市环境综合整治目标。

按目的划分，环境与管理规划目标分为：生态保护目标，环境污染控制目标和环境管理目标。

按时间划分，环境规划与管理目标分为短期目标、中期目标和长期目标。

按管理层次划分，环境规划目标分为规划区在规划期内的宏观目标和详细目标。宏观目标是对应达到的环境目标总体上的规定，详细目标是根据环境要素、功能区划对规定的环境目标所做的具体规定。

1.3.2 环境规划与管理的指标体系

1.3.2.1 环境规划与管理指标体系的概念

环境规划与管理指标体系是指进行环境规划定量或半定量研究时所必需的数据指标总体。环境规划与管理指标直接反映了环境现象以及相关的事物，并用来描述环境规划与管理内容的总体数量和质量的特征值。

环境规划与管理指标的含义：一是表示规划与管理指标的内涵和所属范围的部分，及规划与管理指标的名称；二是表示规划与管理指标数量和质量特征的数值，及经过调查登记、汇总整理而得到的数据。建立环境指标体系，必须遵循系统性原则、科学性原则、规范性原则、可行性原则、适应性原则以及选择性原则。

1.3.2.2 环境规划指标的类型

环境规划指标体系包括直接指标与间接指标。直接指标主要包括环境质量指标和污染物总量控制指标，间接指标主要包括城市建设指标、自然生态指标和与环境规划相关的经济与社会发展指标。按其表征对象、作用以及在环境规划中的重要性或相关性来分类，可以分为环境质量指标、污染物总量控制指标、环境规划措施与管理指标及相关指标。

A 环境质量指标

环境质量指标主要表征自然环境要素和生活环境的质量状况，一般以环境质量标准为基本衡量尺度，包括空气质量指标、水环境质量指标及噪声指标。

B 污染物总量控制指标

污染物总量控制指标包括大气污染物排放指标、空气污染治理指标、水污染物排放指标、水污染治理指标、噪声污染治理指标、固体废弃物排放量指标和固体废弃物治理指标。污染物总量控制指标是根据一定地域的环境特点和容量来确定的，有容量控制和目标总量控制两种。容量控制指标体现环境的容量要求，是自然约束的反映；目标总量控制指标体现规划的目标要求，是人为约束的反映。

C 环境规划措施与管理指标

环境规划措施与管理指标是首先达到污染物总量控制指标，进而达到环境质量指标的支持性和保证性指标。这类指标有的由环保部门规划与管理，有的则属于城市总体规划，但其完成与否同环境质量的优劣密切相关，因而将其列入环境规划中。环境规划措施与管理指标包括城市环境综合整治类指标、乡镇环境污染控制类指标、水域环境保护类指标、重点污染源治理类指标以及自然保护区建设与管理类指标等。

D 社会经济发展与基础建设相关性指标

社会经济发展与基础建设相关性指标包括城市建设指标、自然生态指标和与环境规划相关的经济与社会发展指标。

国家环境保护模范城市考核指标体系分为基本条件和考核指标两部分，共3项基本条件、27项指标，其中考核指标包括社会经济、环境质量、环境建设和环境管理几个方面。对于区域来说，生态类指标也为环境规划特别关注，它们在环境规划中将占有越来越重要的位置。

社会经济发展与基础建设相关指标大都包含在国民经济和社会发展规划中，它们都与环境指标有密切关系，对环境质量有深刻影响。因此，环境规划将其作为相关指标列入，可更全面地衡量环境规划指标的科学性和可行性。

1.4 环境规划与管理的发展历程

1.4.1 国外环境规划与管理的发展历程

世界各国经济的迅速发展和人口的不断增长，带来了严重的环境污染和资源耗竭问题。环境污染危害了人体健康，特别是一些经济发达国家在取得经济成就的同时，付出了巨大的环境代价。资源的耗竭和环境容量的减少，已阻碍了经济的发展、影响了人类的文明和进步。近十几年来，这些问题日益突出，已成为各国讨论的热点之一，其中心论题就是如何使经济持续发展。

1984 年 5 月召开的"地球的未来"会议，号召人类的活动必须自始至终贯穿可持续发展的思想，即经济、社会的发展必须同资源和环境保护相协调，在满足当代人需要的同时，不危及后代人满足其需要的能力。20 世纪 90 年代以后，持续发展是经济发展的一种战略，已成为时代的主题。为实现这一主题，各国相继做出了不懈的努力，采取了一系列行之有效的措施，其中一个重要的措施就是制定环境保护规划，把环境保护规划作为国民经济规划的一个重要组成部分，从而达到协调经济、社会、环境和资源的关系，促进社会生产力的持续发展和资源的永续利用，实现经济效益、社会效益和环境效益统一的目的。

1.4.1.1 美国环境规划与管理发展现状

A 美国环境规划发展现状

美国的环境规划研究进行得十分广泛，每个州都设立了环境规划委员会。

环境规划委员会大体上可分为三类：一是成员由下面推荐，州长委派，权力较大，这类规划委员会工作有成效；另两类主要起顾问咨询作用，成分复杂，效果较差。

美国的环境规划内容和特点可归纳为如下几方面：

(1) 环境立法，规划环境目标。1975 年美国联邦议会批准了国家环保署（EPA）提出的《大气清洁法案》及其修正案。为了实现环境立法规定的大气环境分阶段目标，各州纷纷开展环境规划研究。各州在研究中，都以 EPA 规定的各阶段环境目标为区域性环境目标。

(2) 进行环境预测，并提出优化方案。美国在环境规划研究中，广泛采用模型预测的方法，研究经济增长、人口变化、城市规模扩大等对环境带来的影响，预测环境质量的动态变化。然后，以区域环境目标为奋斗方向，探讨环境污染控制费用及比较各种控制污染措施的方案，从中筛选出最优方案。

(3) 研究能源与环境的关系，并以能源研究作为环境规划研究的基础。美国环境质量委员会于 1980 年向总统提交了《2000 年的世界》的研究报告。报告中广泛讨论了人类所面临的环境问题，并对 2000 年的世界人口、资源、能源和环境进行了动态模拟和预测。该报告提出，美国应发展无害或低污染工业，并要开展清洁能源方面的研究。这已成为美国全国性环境规划研究的基础。

（4）积极开展环境规划方法的研究。美国威斯康星大学麦迪逊学院所属的能量系统和政策研究小组，建立了威斯康星州区域能量模型，这为区域环境规划提供了科学依据。旧金山海湾地区曾建立多种模型，其中大气模型、水模型都是很成功的，但土地利用模型则较差，其原因在于政策多变、耗资巨大且模型无法满足不断变更的需要。

此外，环境规划委员会在制定环境规划时一定要有政府官员参加，同时进行评议，并设有公众听取会，公众可发表不同意见，提出不同见解。

B 美国环境管理发展现状

美国是一个联邦制国家，在环境管理上实行的是由联邦政府制定基本政策、法规和排放标准，并由州政府负责实施的管理体制。联邦政府设有专门的环境保护机构，对全国的环境问题进行统一管理；联邦政府各部门设有相应的环境保护机构，分管其业务范围内的环境保护工作；各州也都设有环境保护专门机构，负责制定和执行本州的环境保护政策、法规、标准等。

美国环境法确立了联邦政府在制定和实施国家环境目标、环境政策、基本管理制度和环境标准等方面的主导地位，同时承认州和地方政府在实施环境法规方面的重要地位。美国的环境管理就是在其环境法所规定的这种联邦法和州法的关系框架中进行的。

联邦政府设有两个专门的环境保护机构：环境质量委员（CEQ）和 EPA，同时联邦政府的其他有关部门也设有相应的环境保护机构。CEQ 是根据《美国环境政策法》设置的，设在总统办公室下，原则上是总统有关环境政策方面的顾问，也是制定环境政策的主体，其成员一般为三人，由总统任命并需经参议院批准，只有对环境趋势及资料的分析非常熟练、经验丰富、造诣很深且对国家科技、经济、社会、艺术及文化的需要和利益具有高度责任感，能提出改善环境质量的政策建议的建议人才有资格成为该委员会成员。CEQ 的职能主要有两项：一是为总统提供环境政策方面的咨询；二是协调各行政部门有关环境方面的活动。

EPA 是由美国国会于 1970 年创立的，它是联邦政府执行部门的独立机构，直接由总统负责，不附属于任何常设部门之下。它主管全国的防治环境污染工作，20 世纪 70 年代以来的美国环境法授予 EPA 防治大气污染、水污染、固体废弃物污染、农药污染、噪声污染、海洋倾废等各种形式的污染和审查环境影响报告书的权力，这样就将在此之前原本分散的环境管理职能集中到了 EPA。EPA 的主要职责包括：（1）实施和执行联邦环境保护法；（2）制定对内、对外环境保护政策，促进经济和环境保护协调发展；（3）制定环境保护研究与开发计划；（4）制定国家环境标准；（5）制定农药、有毒有害物质、水资源、大气、固体废弃物管理的法规、条例；（6）提供技术帮助州、地方政府搞好环境保护工作，同时检查他们的工作，确保有效执行联邦环境保护法律、法规；（7）企业公司排污许可证的发放；（8）继续保持和加强美国在保护和改善全球环境中的领导作用，同其他国家和地区一起，共同解决污染运输问题，向其他国家、地区提供技术资助，提供新技术和派遣专家。

在美国各州都设有州一级的环境质量委员会和环境保护局，州的环境保护机构在美国环境保护中占有重要的地位，大多数控制环境污染的联邦法规都授权联邦环保局把实施和执行法律的权力委托给经审查合格的州环保机构。此外，州环保机构和其他行政机关还可以依据州的环境保护法规享有环境行政管理权。需要指出的是，各州的环保局并不隶属于EPA，而是依照州的法律独立执行职责，除非联邦法律有明文规定，州环保局才与EPA合作。

美国的环境管理制度主要有环境影响评价制度、许可证制度和排污交易制度等。

美国是世界上第一个把环境影响评价制度以法律形式固定下来的国家。CEQ制定了《关于实施国家环境政策法程序的条例》，该条例对环境影响评价制度作了详细的规定。包括环境影响评价制度的目的、评价的对象和评价者、评价的程序、评价的质量要求等内容。

环境影响评价制度的确立及实施，对美国及其他国家产生了重大影响。到1977年，美国国内有26个州结合地区特点建立了这一制度。20世纪70年代后期，美国每年实施的环境影响评价达千件以上，由于实行了这一制度，有上百个重大工程项目得以改进或放弃，减少了很多有损于环境的错误行动。70年代后，瑞典、澳大利亚、法国、日本、加拿大、印度和中国等许多国家开始实行这一制度。

许可证制度最早是在1972年的《联邦水污染控制法修订案》（《联邦水污染控制法》，在1977年再次进行了修订并更名为《清洁水法》）中创立的，即"国家消除污染物排放制度"。根据这个制度的规定，由EPA或其许可证计划已获联邦环境保护局批准的州给各个排污者颁发排污许可证，否则，将被认为是违法行为。

美国是排污交易制度的诞生地，20世纪70年代中期，美国《清洁空气法》1970年修正案规定的空气污染控制措施对工业企业的经济压力越来越明显，在这种情况下，联邦环保局提出了"排污抵消"政策，希望通过这一政策的实施，在减轻空气污染的同时允许企业的经济发展。所谓"排污抵消"是指以一处污染源的污染物排放削减量来抵消另一处污染源的污染物排放量的增加量或新源的污染物排放量。"气泡政策"是最先得到采用的，也是应用最为广泛的一项排放抵消办法。采用排污交易的办法，就是要由政府先确定污染水平，再将排放额度适当地在厂商之间分配，不再告诉厂商必须为每吨污染缴纳多少费用，允许厂商自己选择污染水平。排污交易主要是排污许可证的交易，许可证的价格由许可证市场的供给和需求来决定，数额上等同于排放费。

美国进行环境管理的基本战略是将环境保护纳入社会、经济发展的决策和规划的全过程。为贯彻实施这一总体战略，美国主要采取了以下措施：第一，增加政府环境保护经费的投入；第二，完善环境法律体系；第三，加强环境管理的研究；第四，大力开展环境教育。

美国环境有所好转的原因，正是基于以上各项措施的实施。在经费投入方面，美国每年用于环境保护的总费用已超过国民生产总值的2%。按美国环保局的预测，在现有法规的要求下，未来的污染控制总费用将会继续增长；美国的环境保护法律体系比较完善，法律条文详细，操作性强。近年来，美国开始从整体观点出发来考虑问题，用系统的方法开展环境管理的研究，并以人体健康为重点，通过风险评价手段进行决策分析，并据此制定管理方案；美国对公民的环境教育也特别重视，设有多个环境保护奖项以鼓励人们从事环保事业，如环境青年总统奖等。基于美国环境管理体制、机构以及管理体制和策略的完备性、先进性等优势，美国环境管理呈现出以下特点：将国家的政策方针与国家环境保护的目标相结合；在污染控制上将法律与技术相结合；在保护手段上将经济方法与其他方法相结合；将行政管理与公众的参与相结合。

1.4.1.2　日本环境规划与管理发展现状

A　日本环境规划发展现状

日本于 20 世纪 70 年代初，对福井工业区、周防滩工业区以及鹿岛工业区等的环境规划先后进行过研究。在这些研究中，首先提出了各年份的环境目标；其次，对开发和建设造成的环境影响进行了预测，积极开展拟建工程项目的环境影响评价研究；同时，采取各种污染的防治对策和措施，减少污染的排放量，以便分别达到各开发区所规定的各年度环境目标。

日本环境厅还推出了《区域环境管理规划编制手册》，明确了区域环境规划的基本观点是在发展经济的同时，调整资源的中、长期供需平衡，做到合理分配。手册把环境规划分成综合型、指导型、污染控制型和特定的环境目标型，使日本的环境规划更加趋于成熟。

日本环境规划特点是：

（1）保护人体健康优于经济发展。随着日本人民的生活水平和文化水平普遍提高，人们对环境污染日益敏感，加之几大公害病的发生，人们对环境的认识有所加深。因此，日本提出在保护健康的前提下，发展国民经济的方针，一些环境对策是在不考虑费用的情况下制定的，就是说，日本防治公害所采取的措施多是非经济性的。

（2）环境规划中的防治重点突出。防治重点主要集中于汞、镉、多氯联苯、二氧化硫和氮氧化物等曾引起过严重公害事件的物质上。近年来，加强了对河流有机物污染问题的研究和防治对策研讨。

（3）重视直接的和行政的管理。日本防治污染的政策基本上是依靠行政指导来贯彻执行的。

（4）将"标准"作为基本的规划目标和规划手段。标准可分为环境标准和排放标准两种。前者基本上是一种目标，对污染者无约束力，但仍起着非常重要的作用；后者作为环境政策的手段，主要对污染者起约束作用。

由于日本较早地开展环境规划的研究工作，因此取得很大的成功，日本环境质量有所改善，污染趋势得以严格控制。

B　日本环境管理发展现状

在日益严重的环境危机的压力下，日本政府在污染防治方面采取了相应的措施，并从环境立法、管理、污染治理、环境科学技术研究、环境教育等方面加强环境保护工作，到 1976 年，基本控制了工业污染。

（1）在环境管理体制和机构方面，日本从中央到地方都有比较完善的公害防治组织，中央的保护机构分为公害对策会议和环境厅两个。

（2）在环境保护制度方面，日本制定了环境影响评价制度、污染物总量控制制度、无过失责任制度、公害纠纷处理制度等基本制度，这些制度的实施确保了环境的安全和社会的稳定。

（3）在环境基本对策方面，日本和其他经济发达国家一样，经过数十年的持续努力，环境质量状况得到了很大的改善，使得日本在环境保护领域获得了很大的成功。在环境保护领域中采取了"法律"加"科学"的基本对策，建立法制以保护和改善环境，发展和采用新的科学技术以防治环境污染和破坏。

在环境法制方面，日本是比较早制定实施专门的环境保护法律的国家，20世纪60~70年代时，就已建立了比较完备的环境法制，形成了以宪法关于环境保护的规定为基础，以综合性的环境基本法为中心，其他相关部门法为补充，以及包括污染防治、自然保护、环境纠纷处理和损害救济、环境管理组织等内容的环境法律、法规、制度和环境标准组成的完备体系。

加强环境监测和科学技术研究方面，日本拥有周密完善的监测系统。国家设有监测中心，在全国各地设有80个大气污染监测中心站，42个道、府和主要城市，各地区建立了1254个自动监测站，加上1205个重点厂的自动监测系统，形成了遍布全国的环境监测网。同时，日本政府非常重视科学技术研究，包括在经费的投入、环境科研工作者的培养、国际间的合作与交流等方面，都采取了相应的措施。

加强企业内部的环境管理方面，日本环境厅要求各企业从全球环境保护的观点出发来加强企业环境管理。日本还在企业中实行公害防治管理员制度，这不仅使企业有的放矢地进行污染防治，使企业污染物排放达标，用较少的成本实现较大的环境效益，同时，在企业、政府和公众之间建立起信息沟通的桥梁，通过政府的行政监理和公众的社会监督，使企业不断改善其环境行为，逐步提高了企业在国际上的竞争力。

在治理污染方面，日本政府和企业付出了巨大的代价，但也取得了很大的成效。其治理主要集中于对源头的治理，以"防"为主，提高资源的利用率，对废物实行循环利用等。

此外，日本特别注意对国民环境保护素质的教育，这主要包括大学环境教育、成人继续教育和社会教育三类。并且，日本的工厂、研究所向社会开放，接受中小学生及市民参观。所有这些活动，都是普及环境教育的组成部分，是为了提高国民对环境的理解和认识。

1.4.2 我国环境规划与管理的发展历程

1.4.2.1 我国环境规划的发展历程

我国的环境规划是伴随着环境保护工作的发展而发展的，发展历程大体上可以分为四个阶段。

A 探索阶段（1973~1983年）

我国一贯重视计划和规划工作，在环保工作开创初期，1973年第一次全国环境保护会议上提出的我国环保工作32字方针中，前8个字为"全面规划，合理布局"，对环境规划工作就十分重视。那时国家已认识到环保工作要有一个奋斗目标，提出了"五年控制，十年解决"的目标，但实践证明这个目标是不切实际的。这说明当时我们对环境保护的客观规律还缺乏全面深入的了解，对环境规划的认识还很肤浅。20世纪70年代开展的北京东南郊、沈阳市及图们江流域环境质量评价和污染防治途径研究为环境规划做了有益的探索。80年代初济南市环境规划和山西能源重化工基地综合经济规划中的环境专项规划是我国最早的区域环境规划。这两个规划的范围仅限于污染治理，规划分析了存在的环境问题，提出了治理的措施；在方法论上，还停留在以定性为主的阶段。

B 研究阶段（1983~1989 年）

1983 年第二次全国环境保护会议提出了"三同步"方针，表明我国对环境与经济建设、城市建设之间关系的认识有了一个飞跃，对环境规划有着深远影响。"七五"期间开展了国家科技攻关项目——大气和水环境容量研究，建立了我国自己的大气和水容量模型，并在丹东鸭绿江、内江、湘江和深圳河，太原市和沈阳市环境规划中得到应用，为环境规划从定性分析向定量为主的跨越创造了条件。国家环境管理信息系统的研究在应用计算机建立数据库、模型库，模拟污染过程等方面取得了经验，推动了环境规划中的计算机应用。对企业和区域环境经济投入产出线性规划方法进行了研究，并在东方红炼油厂和内江市应用，对经济与环境综合规划方法做了有益的探索。

在科研工作的带动下，水利部和国家环境保护局联合开展了七大流域水污染防治规划；1984 年全国环境管理、经济、法学学会在太原市召开了全国城市环境规划研讨会，对环境规划也起了推动作用。另一个值得一提的进展是"全国 2000 年环境预测与对策研究"，该项研究在"三同步"方针的指导下，从宏观经济发展目标出发，预测可能发生的环境问题，提出了环境目标和对策建议，为国家和地区编制环境保护计划提供了依据；在方法论上，开发应用了我国的环境经济计量经济模型、环境经济投入产出模型、系统动力学模型，并开展了环境污染和生态破坏经济损失估算的研究，为我国污染物排放宏观目标总量控制和环境经济损失计量打下基础。这一阶段，环境规划方法论研究取得了显著进展。

C 发展阶段（1989~1996 年）

1989 年，第三次全国环境保护会议进一步明确了环境与经济协调发展的指导思想。1992 年，联合国环境与发展大会积极倡导可持续发展战略，会后我国率先编制并颁布了《中国 21 世纪议程》，明确宣布"走可持续发展之路是我国未来和 21 世纪发展的自身需要和必然选择"。因此，环境规划的指导思想上升到可持续发展的高度，技术路线从末端控制转向优化产业结构、生产合理布局、发展清洁生产和污染治理的全过程。1993 年，国家环保局发文要求各城市编制城市环境综合整治规划，并下发了《城市环境综合整治规划编制技术大纲》，组织编制了《环境规划指南》。为加强环境管理，国家环保局开展了污染物排放总量控制试点。在这种环境下，我国广泛开展了环境规划的编制工作，涌现出一批优秀的环境规划，如湄州湾环境规划研究，秦皇岛市、广州市、南昌市、马鞍山市和济南市环境规划，通化市环境综合整治规划，桂林市大气环境规划和澜沧江流域生态环境规划等。在方法论上也有不少进展，如北京大学在湄州湾环境规划研究中提出并应用了环境承载力的概念和方法解决合理布局问题；清华大学在济南市环境规划中应用冲突论解决污染负荷公平分配问题；广州市环科所在广州市环境规划中，北京大学、清华大学在济南市环境规划中，云南省环科所在澜沧江生态环境规划中，都应用了地理信息系统（GIS），使环境规划的空间分布可视性大为提高。

D 深化阶段（1996 年至今）

1996 年，国务院召开了第四次全国环境保护会议并颁发了《关于环境保护若干问题的决定》，批准了《国家环境保护"九五"计划和 2010 年远景目标》，国家实施污染物排放总量控制和跨世纪绿色工程规划两大举措，确定"三河"（淮河、海河、辽河）、"三湖"（太湖、巢湖、滇池）、"两区"（酸雨和二氧化硫控制区）为治理重点。因此，各级政府对环境规划都十分重视、并大力推进规划的实施，要求规划必须落实到项目，大大提高了规划的可操作性，使环境规划的编制和实施名副其实地成为环境决策和管理的重要环节，成为环境保护工作的主线。这一阶段最具有代表性的规划是"三河三湖"的水环境规划。

我国的环境规划从探索到逐渐成熟，已经初步形成了一套从宏观到微观，从理论到实践，从规划编制到实施的环境规划体系、程序和方法。但是，环境规划毕竟还是一门新兴学科，仍存在着不少问题有待解决，同时随着环保工作的深入和科技手段的现代化，还会出现新问题，环境规划必将不断向前发展。

1.4.2.2　我国环境管理的发展历程

我国现行的环境管理体制还不成熟，尚不能很好地适应我国经济发展的需要，还有诸多方面需要完善。我国的环境行政管理体制从无到有，从弱到强，大致经历了五个阶段，即起步阶段、初创阶段、徘徊阶段、发展阶段，逐步完善阶段。

A　起步阶段（1972～1978 年）

我国的环境保护机构建设始于 1971 年，当时针对我国工业"三废"污染十分严重的情况，国家计委成立了"三废"利用领导小组，主要开展工业"三废"的合理利用工作。1972 年，斯德哥尔摩人类环境会议之后，为加强我国的环境保护工作，由国家计委牵头成立了国务院环境保护领导小组筹备办公室。1974 年 12 月，国务院环境保护领导小组正式成立，其主要职责是制定环境保护的方针政策，审定国家环境保护规划，组织协调和督促检查各地区和各有关部门的环境保护工作。领导小组下设立办公室，负责日常工作。国务院环境保护领导小组的成立，标志着我国对环境保护认识的彻底转变，也标志着我国环境行政管理体制建设的起步。与此同时，各地比照中央政府的模式，相继设立了地方环保机构。但在当时，环境治理的一切努力，只能减缓某些地区和某些方面的污染程度，却无力阻挡环境急剧恶化的趋势。除了环境污染在加重，自然生态破坏也在加剧。

B　初创阶段（1978～1981 年）

1978 年，国家颁布了新宪法，该法规定："国家保护环境和自然资源，防治污染和其他公害"。首次将环境保护确定为国家的一项基本职能。以此为依据，1979 年国家颁布了《中华人民共和国环境保护法》（试行），明确规定了各级环保机构设置的原则及其职责，从而为我国环境行政管理体制的建立提供了法律依据。

C　徘徊阶段（1982～1987 年）

环境保护虽已列入国家计划，但并没有真正得到同步实施。这期间，国家相继制定了不少环境保护政策法规，但在执行中多停留在一般号召上，并且缺少配套的具体政策，同时监督管理力量薄弱。1982 年，国务院机构改革，成立城乡建设环境保护部，并将原国务院环境保护领导小组撤销，其办公室并入城乡建设环境保护部，称为环境保护局，作为该部内设的司局级机构。随后，绝大多数地方各级政府纷纷将环保局与城建部门合并，形成"城乡建设与环境保护一体化"的管理模式。但是，此次机构改革并未达到预期目的，同时严重冲击了刚刚成型的环境保护队伍，削弱了环境保护工作，环境行政管理体制建设实质是出现了倒退。

D　发展阶段（1988～1998年）

1988年，国务院机构改革，将国家环境保护局从原城乡建设环境保护部中独立出来，成为国务院直属机构，而原城乡建设环境保护部改称为建设部。1989年，国务院召开了第三次全国环境保护会议，会议提出了全面推行八项环境管理制度。1993年，全国人大增设了环境保护委员会，逐步建立起从中央到地方各级政府环境保护部门为主管的，各有关部门相互分工的环境保护管理体制，形成国家、省、市、县、乡五级管理体制。但国家环保局是低于部级的单位，在进行规划和协调工作时，常遇到多方面的阻力。

E　逐步完善阶段（1998年至今）

进入20世纪90年代以来，我国一直是在人口基数大、人均资源少、经济和科技水平都比较落后的条件下实现经济快速发展，这使本来就已经短缺的资源和脆弱的环境面临更大的压力。在这种形势下，从国家整体的高度协调和组织各部门、各地方、各社会阶层和全体人民的行动，才能顺利完成预期的经济发展目标，保护好自然资源和改善生态环境，实现国家长期、稳定的发展。基于上述认识，1998年中央机构改革中，国家环境局上升为部级机构，更名为国家环境保护总局。同时新组建了国土资源部，全面负责有关自然资源的保护和管理工作。我国的环境与资源管理工作进入了一个新的发展阶段。此后，根据第十一届全国人民代表大会第一次会议批准的国务院机构改革方案和《国务院关于机构设置的通知》（国发〔2008〕11号），设立环境保护部，为国务院组成部门。环保部仍负责拟订并实施环境保护规划、政策和标准，组织编制环境功能区划，监督管理环境污染防治，协调解决重大环境保护问题，还有环境政策的制定和落实、法律的监督与执行、跨行政地区环境事务协调等任务。

1.4.3　我国环境规划与管理的现状分析

1.4.3.1　我国环境规划的现状分析

A　我国环境规划工作取得的进展

我国环境规划工作取得的进展如下：

（1）我国环境规划确立了以可持续发展和科教兴国的战略思想。从《中国21世纪议程》和《全国生态环境建设规划》等政策方案可以看出，我国的环境规划以达到经济、社会和环境的协调发展为目的，既要保证资源的永续利用，又要促进社会生产力的稳步快速增长，实现经济效益、社会效益和环境效益的统一。

（2）我国环境规划正逐步规范化，有了全国统一的技术大纲。规划的编制除主导思想外，还有较为完整的指标体系，并且环境规划的内容也日臻完善。形成了比较完善的指标体系；经过"六五"、"七五"、"八五"计划及《2000年的中国》等规划的编制实践，已初步形成了包括评价方法、预测方法、区划方法、决策方法、优化方法及总量控制方法许多内容在内的方法体系；制定环境规划目标、建立环境规划指标体系、环境调查与评价、环境预测、环境功能区划、环境规划方案设计与方案优化和方案实施与管理等环境规划的内容日趋完善。

（3）环境规划正逐步纳入国民经济与社会发展规划中。我国环保工作开展多年，但成效一直不大。其中，环境与经济分割是重要原因之一。可持续发展理论的提出强化了经济与环境协调的必要性，从而将环境规划纳入国民经济与社会发展规划中，这是环境规划发展的必然。

B　我国环境规划中出现的问题

我国环境规划中出现的问题有：

（1）环境与经济协调发展型的规划仍然缺乏。虽然我国已明确了可持续发展的思想作为环境规划乃至整个环保工作的指导思想，但协调发展型的环境规划还不是主流，大部分环境规划还属于经济制约型规划。这种状况，与人们对经济的传统重视程度和环境规划人员缺乏经济规划知识有重要关系。

（2）新开发区环境规划方法有待完善和发展。新开发区的迅速发展对环境规划提出了新的要求。改革开放的形势使新开发区如雨后春笋一般迅速发展，外资项目的引进要求政府快速做出反应。这样，编制具有污染物总量控制特征的新经济开发区环境规划就显得十分重要。近些年来，深圳、厦门、珠海和长春经济技术开发区对环境规划做了有益的探索，提出了一些规划方法，但仍需完善和发展。

（3）环境规划的管理还没有完全走上法制的轨道。《中华人民共和国环境保护法》中确定了环境规划的法律地位，但具体实施过程缺乏环境规划管理条例及其实施细则，所以环境规划仍未完全走上法制轨道。环境规划的报批、实施和检查仍无章可循。

（4）缺乏一支素质好、技术力量强的环境规划队伍。我国地域广大，环境规划本身又是一个过程，需要不断地滚动。因此，环境规划工作任务十分繁重，没有一支素质好、技术力量强、人数众多的规划队伍是难以胜任的。虽然，我国已初步形成了一些规划力量，但队伍不稳定，总体上讲素质不尽如人意。所以，我国环境规划队伍的建设应大力加强。

（5）规划决策支持系统（PDSS）的研制工作有待加强。基于GIS的规划决策支持系统对于环境规划资料库的建立，各类数据的分析、表征和管理在环境规划领域具有明显的优越性。我国已建立了省级环境决策支持系统，但其应用程度有待加强。环境统计的广度和深度都不尽如人意，制约了环境规划的发展。

（6）做出的环境规划缺乏足够的可行性和可操作性。尽管我国的环境规划在其方法和理论体系方面的规范化工作已经取得了很大进步，但我国采用的环境规划理论大都系美欧发展的环境目标规划法，因此得出的污染物削减量及投资费用都比较大，难以为决策机构所采用；此外，规划完成后，未及时制定相应的年度执行计划和条例，实施起来比较困难。

1.4.3.2　我国环境管理的现状分析

A　环境管理思想现状分析

1996年7月，在北京召开第四次全国环境保护会议以后，我国的环境管理实践进一步深化，环境管理战略与思想不断趋于成熟，主要表现在以下三个方面：

（1）实现了由注重微观管理向注重宏观管理的转变。第四次全国环境保护会议之后，我国政府提出了加强宏观调控，加快转变经济增长方式，建立环境与发展综合决策制度，就是要从管理思想上实现由注重微观管理向注重宏观管理的转变，这是对原有环境管理思想的创新与发展。

（2）强调环境管理模式与"两个根本性转变"的结合。环境保护是为经济建设服务的，因此环境管理模式要与经济体制的转变和增长方式的转变紧密结合。

（3）树立了大环境管理思想。环境保护涉及方方面面的工作，是国家可持续发展战略的重要组成部分。所以，开展环境管理要有大环境管理思想，要从国家可持续发展的战略高度来认识环境保护的地位和作用，正确处理环境与发展的关系。

B　环境管理对策与措施现状分析

环境管理对策和措施是环境保护对策和措施的重要组成部分，它从强化管理的角度确定了环境管理实践应遵循的准则和一系列可以操作的具体实施方法，是关于污染防治对策和生态保护对策管理思想的规范化指导。

我国环境规划经过30余年的探索与发展，逐步形成了一套符合我国国情的管理对策与措施。包括：

（1）加强宏观调控，促进微观管理。为实施这一管理对策，需要实施环境与发展综合决策，制定有效的环境经济政策，建立高效的环境管理体制。

（2）坚持"以新带老"，以项目管理促进污染治理。实施这一对策需要加强行业建设项目环境管理，有效行使"环保审批权"，建立排污交易制度。

（3）坚持"以点带面"，开展区域环境综合治理。落实这一管理对策，需确定重点环境问题，确定重点工程项目，落实重点工程项目的环保资金，落实责任、分步实施、加强监督。

（4）坚持"以外促内"，强化企业内部自主管理。落实这一管理对策应推行 ISP14000 环境管理体系标准，推行清洁生产。

（5）加强指导与服务，促进环境执法监督。坚持这一对策，需要加强分类指导，强化执法监督，发挥服务职能。

以上环境管理对策与措施是新时期环境战略思想的具体体现，是新时期环境政策的具体应用，是开展环境管理工作应遵循的最基本对策和措施。

C　环境管理制度现状分析

环境管理制度是环境保护发展的产物。到目前为止，我国现行的环境管理制度按其生产的时期主要包括以下制度。

a　20 世纪 70 年代的"老三项"管理制度

（1）环境影响评价制度是 20 世纪 70 年代引进的从技术的角度充分体现"预防为主"管理思想的建设项目中期管理制度。

（2）"三同时"制度是 20 世纪 70 年代我国独创的贯彻"预防为主"管理思想的建设项目后期管理制度，即"建设项目需要配套建设的环境保护设施，必须与主体工程同时设计、同时施工、同时投产使用"。

（3）排污收费制度是 20 世纪 70 年代引进的一项贯彻"谁污染谁治理"的管理思想，以经济手段保护环境的管理制度。

b　20 世纪 80 年代后期产生的环境管理制度

（1）环境保护目标责任制是一项依据国家法律规定，具体落实各级地方政府对本辖区环境质量负责的行政管理制度，与其他管理制度的主要区别是明确地方政府的区域环境质量责任。

（2）城市环境综合整治定量考核制度是城市政府统一领导负责，有关部门各尽其职、分工责任，环保部门统一监督的管理制度。

（3）排污许可证制度是对传统的污染控制对策、措施在管理思想上的改革与创新，是 20 世纪 80 年代末从国外借鉴的以污染物总量控制为基础，对污染排放权进行交易管理的制度。

（4）污染限期治理制度是环境管理中最为有效的行政管理制度，是对特定区域内的重点环境问题采取的限定治理时间、治理内容和治理效果的强制性措施。

c 20 世纪 90 年代中后期的管理制度

（1）环境预审制度是根据国家的环境保护产业政策、行业政策、技术政策、规划布局和建设项目的生产工艺，在项目立项阶段进行审批的一项政策法规型管理制度。

（2）污染强制淘汰制度是指国家以调整产业结构、促进经济增长方式转变、防止环境污染为目的，定期公布严重污染环境的工艺、设备、产品或者项目名录，并通过行政和法律的强制措施，限期禁止其生产、销售、进口、使用或者转让的一种管理制度。

（3）环境与发展综合决策制度是指将政府的重大决策行为和决策过程看作一个整体系统，而将环境和资源承载力看作是决策问题中与经济问题对等的两个重要方面，进行综合考虑、综合平衡。

目前，我国已经建立了宏观和微观两个层次的 10 种管理制度，这些制度共同组成了包括不同管理层次、不同管理内容的制度体系。

1.4.4 我国环境规划与管理的发展趋势

1.4.4.1 我国环境规划的发展趋势

随着我国经济体制改革和政府职能的转换以及环境建设和环境管理的加强，环境规划的重要意义越来越显著。环境行政管理部门逐步把环境规划工作作为环境建设和管理工作的科学依据和先导，提出环境管理工作千头万绪，要有一条主线、一个核心，使方方面面的工作形成一个有机的整体，而这条主线就是环境规划的制定、实施和检查，这个核心就是环境目标。教育部门对环境规划也越来越重视，不少高等院校环境科学专业均开设了环境规划课程，为培养环境规划人才打下了基础。这些情况表明，环境规划将会得到更快的发展。

从环境规划的内容及方法论来看，由于"环境与发展"这一主题的呼声日高和环境管理工作的深入，对环境规划提出了新的要求，促进了环境规划的发展。

今后，环境规划的发展将会有以下一些特点：

（1）环境与经济协调规划继续受到重视并成为热点。人们已认识到了环境与经济协调型规划的必要性和重要意义，在先后制定的《中国 21 世纪议程》等纲领性文件中都对协调规划的方针有明确的规定，现已被我国以至世界各国所接受，在环境规划中，环境对经济的反馈要求，环境目标的权重都将有所提高，环境与经济协调型规划将会成为环境规划发展的一个重要方向。

（2）环境规划的技术路线将从污染末端控制向生产全过程控制转变。过去很长一段时间，我国与世界各国一样，污染控制的技术路线遵循的是末端控制，实践表明，这是一条治标不治本、不明智的路线。所谓污染物，实质上是浪费了的资源和能源，与生产全过程的科学技术和管理水平都有密切关系。因而，污染控制要实行生产全过程控制，通过采用清洁工艺，充分利用资源、能源，将污染物消灭在生产过程之中，这才是污染控制的根本出路。今后的环境规划将更鲜明地贯彻这一路线，规划内容和污染控制对策将会更多地深入到生产的全过程。

（3）环境规划的污染控制方式将更突出区域集中控制。多年的实践表明，点源治理方式是投资大、效益差、不易于管理的方式，而集中治理发挥了规模效益，投资省、效益好、管理方便。除了那些含有特殊污染物或地理位置不便于集中治理的之外，都应尽量采用集中治理。为此，我国制定了集中控制的管理措施，并列入"八项管理制度"中，适应了优化集中治理设施的方法论，将得到广泛的应用和发展。

（4）污染物总量控制规划将继续得到青睐。在环境规划方法论中，污染物总量控制一直是一条重要准则，特别是近年来环境管理推行排污许可证制度以来，从污染物总量的角度，规划污染物的排放与治理成为环境规划的规范方法之一。另外，随着新经济开发区的崛起，从污染物总量的角度，规划新经济开发区的功能区划和项目布局，将成为一种有效的方法而得到广泛应用。

（5）城市生态规划越来越被人们重视。随着我国城市化的发展和城市国际化的趋势。城市环境问题更加突出（如北京严重的大气污染），对城市环境质量的要求将会更高。因此，如何规划好一个城市的经济、社会和环境，使其协调发展，将成为一个重要课题。

（6）环境规划决策支持系统的建立将会成为研究的重点之一。环境规划决策支持系统具有快速、灵活、人机对话和图形显示等功能，特别是对解决半结构化和非结构化问题更为适宜，是环境规划的一种现代化工具。环境规划利用其进行自身改进，观测和统计各种信息，运用计算机和网络进行搜寻、处理和管理，最终实现规划中评价、预测、优化和决策的全方位、科学化。随着环境规划的动态性和多目标决策的要求，环境规划决策支持系统的建立就更显得迫切，它必然会成为今后环境规划发展的一个突出特征。

（7）地球规划国际合作前景看好。地球是一个大的生态系统，各个国家和地区的相互关联和影响，决定了国际合作的必然性。而政策经济的日益全球化，则为环境方面的国际合作提供了可行性。从《保护臭氧层的维也纳公约》、《关于消耗臭氧层物质的蒙特利尔议定书》到《气体框架公约》、《生物多样性公约》，等等，已有多项国际环境公约签订并为多数国家认同、执行。国与国之间在环境领域也加强双边合作，世行和亚行也为我国提供了多项环保方向的贷款。而且，各国环境规划有其自身的特点，加强相互交流，有助于各自的发展与完善。因此，国际合作成为环境规划以至环境保护领域的又一重要方向。

1.4.4.2 我国环境管理的发展趋势

A 环境管理制度不断发展与完善

我国的环境保护历经 30 多年的发展过程，环境管理制度也经历了三个发展阶段。从历史的角度来看，这些管理制度是我国环境保护不断成熟的标志，基本涵盖了特定历史时期全部的管理思想和措施。但从发展的角度看，这些管理制度又很不完善，存在着改革与发展的问题。一方面，现有管理制度在实践中暴露出了许多不足和局限性；另一方面，不断发展的我国环境保护事业给环境管理提出了许多新的问题，需要从管理制度上加以解决。环境管理制度的发展与完善将注重以下几个方面：

（1）完善环境与发展综合决策制度，加强宏观环境管理。开展环境管理要从宏观决策入手，提高可持续发展决策的质量与水平。在宏观决策指导下开展微观的环境管理，这是做好环境保护工作的总体指导思想。因此，要加快建立环境与发展综合决策的保障机制，制定综合决策的管理程序、规范和办法，实现综合决策的规范化。

（2）加快制定生态补偿管理制度，通过强化生态环境管理促进生态环境保护。近年来，我国在生态保护方面提出了许多的管理对策和措施，但缺少有针对性的管理制度，影响这些生态对策和措施的有效实施。在生态保护领域制定有针对性的生态补偿管理制度，使所指定的生态保护对策和措施落到实处，使生态保护和生态建设具有强制性、规范性和可操作行已成为环境管理制度建设的当务之急。

（3）完善污染防治管理制度，实现总量控制与全过程控制的有机结合。建立清洁生产审计制度，实现污染全过程控制；充分发挥环境预审制度在建设项目环境管理中的作用；完善环境影响评价方法，开展区域计划、政策环境评价；完善"三同时"管理制度，实施污染物总量控制和全过程控制；完善污染限期治理制度；完善环境保护目标责任制，有效履行地方政府的环境保护责任与义务；建立排污交易市场，完善排污许可证制度。

B 加强环境管理方法的研究

管理学者普遍认为系统工程方法、预测方法和决策方法是管理的三个主要方法。把这些方法应用于环境保护领域，自然就成了环境管理的主要方法。从管理方法的规范化角度来认识，这种观点是正确的。然而，由于环境问题的多变性、复杂性和综合性，决定了环境管理必须充分考虑客观不断变化的实际情况。在运用上述三种方法的同时，要从实际出发运用权变分析方法开展环境管理。权变分析方法亦称为情势分析方法，是一种将环境管理理论与环境管理实践紧密结合，把特定的周围环境作为一个重要的边界条件来参与管理的方法，其基本思想是具体情况具体分析，针对不断变化的客观现实，采取灵活多变的管理对策和措施来解决环境问题。

权变分析方法是环境管理中定性的、非程序化管理方法，这种方法可以使所有的环境管理工作者在实际工作中，准确把握事物间的基本关系，正确理解和运用环境科学理论和管理技能。

另外，环境与经济协调发展判别标准的研究及协调度的定量或半定量分析方法也是环境管理方法研究的内容之一。

所以，环境管理的方法研究，特别是权变分析方法的研究、环境与经济协调发展判别标准的研究和协调度的定量或半定量分析方法是环境管理方法研究的重要内容。

复习思考题

1-1 什么是环境规划，什么是环境管理，其内涵分别是什么？
1-2 环境规划和环境管理的内容分别是什么，如何分类？
1-3 环境规划和环境管理的目标和指标体系分别是什么？

参考文献

[1] 刘利，潘伟斌. 环境规划与管理［M］. 北京：化学工业出版社，2006.

[2] 尚金城. 环境规划与管理 [M]. 第 2 版. 北京：科学出版社，2009.

[3] 海热提. 环境规划与管理 [M]. 北京：中国环境科学出版社，2007.

[4] 丁忠浩. 环境规划与管理 [M]. 北京：机械工业出版社，2007.

[5] 马晓明. 环境规划理论与方法 [M]. 北京：化学工业出版社，2004.

[6] 郭怀成，尚金城，张天柱. 环境规划学 [M]. 北京：高等教育出版社，2001.

[7] 白志鹏，王玥. 环境管理学 [M]. 北京：化学工业出版社，2007.

[8] 叶文虎. 环境管理学 [M]. 北京：高等教育出版社，2000.

2 环境规划与管理的理论基础

【本章要点】众所周知，环境是一个由社会、经济、自然组成的复杂系统，而环境系统与人类社会紧密联系、不可分割，正确做好环境规划与管理首先需要认清环境系统。环境承载力与环境功能区划是认知环境系统的重要手段，也是研究环境规划与管理的重点。环境规划与管理既要研究环境系统本身规律，又要研究人类社会的组织形式和管理方式，必须借助相关学科的理论支持，开展环境规划与管理的综合研究及相关工作。本章介绍了复合生态系统、空间结构理论及可持续发展理论的基本概念、特性，以及其和环境规划与管理的关系，重点阐述上述系统与理论对环境规划与管理的指导作用，为正确处理环境与经济的关系、保障环境与经济协调发展、遵循经济规律和生态规律提供理论支撑。

2.1 环境承载力与环境功能区划

2.1.1 环境系统及其和环境规划与管理的关系

2.1.1.1 环境系统

环境系统是一个复杂的大系统，由丰富多样、层次不一的元素组成，形成极其复杂的结构，并能不断依靠能量、物质和信息的输入输出维持自身稳态运动。这是一个巨大的远离平衡态的开放系统。

环境系统的组成要素包括各种大气组成物质、水、土壤、各种生物以及人类生存所处的近地空间与各种人工构筑物，它们分别构成了大气环境、水环境、土壤环境以及城市环境等要素子系统。研究环境系统不能离开人类社会，如果将人类社会也视为一个大系统，则环境系统与人类系统相互作用、互为耦合。环境系统的结构指环境系统各要素之间的联系和相互作用方式，包括各环境要素的赋存量及其有规律的运动变化。环境系统的功能指环境系统与外部介质相互作用的能力，它由环境系统的固有结构决定。具体地说，某一区域环境或某一要素环境子系统的功能是指其维持自身稳态或自组织的能力及其与人类系统相互作用（提供自然资源、容纳并净化废弃物）的能力和方式。环境系统与人类社会、经济系统的相互作用关系如图 2-1 所示。

由于环境系统固有的复杂性及其与人类系统相互作用的复杂性，导致人类即使确定了环境系统各要素的全部运动规律及其相互作用关系（实际上也不可能），也不能给人类提供全部解决环境问题所必需的整体知识，所以研究环境系统也可以从其功能入手，通过与人类系统的相互输入输出关系来掌握系统的整体特征。环境规划与管理正是侧重于从环境系统的功能角度来进行研究。

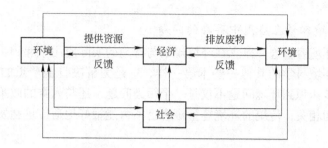

图 2 - 1　环境系统与人类社会、经济系统的相互作用关系

2.1.1.2　环境系统和环境规划与管理的关系

当前的自然环境已经是人类社会活动改造后的环境，环境问题更是直接由人类社会造成的，所以研究环境是离不开人类活动的。

环境规划与管理既要研究环境系统本身规律，如人类排放出的污染物的传输和自净过程，又要研究人类社会的组织形式和管理方式，以便有效地减少环境破坏、治理污染。例如，要想科学地治理一条河流的污染，首先要了解河流的水文特征以及污染状况，掌握大量的动态数据；其次，要了解这条河流的污染来自什么地方、什么单位或个人，是如何排放的；最后，在给出治理方案时，要论证如何最公平和高效地控制各个污染者的排放量，如何采取有效措施达到治理目标。所有上述工作都是建立在对环境系统和人类系统的研究之上，同时要研究两者的相互关系。

2.1.2　环境容量

2.1.2.1　环境容量的概念

环境容量是一个复杂的反映环境净化能力的量，其数值应能表征污染物在环境中的物理、化学变化及空间机械运动性质。要准确地得到这样的值，需要花费大量的人力、物力以及较长的研究、监测时间。由于环境容量的概念较多地使用于环境规划与管理之中，而在做环境规划与管理时一般不去研究环境的自净机制，所以可用环境浓度标准值与背景值之差，并通过一定的输入输出关系转换成排放量，即以污染物的允许排放量作为环境容量，也就是简化表达的环境容量。

2.1.2.2　环境容量的应用

回顾环境规划的历史，最初是根据浓度排放标准来限制各污染源的排放浓度，借此来控制污染。后来人们发现，通过污染源的浓度控制并不能有效地限制某一地区的污染物排放总量，于是便引入按行业的排放总量控制方法，即以某一行业的产值排放量作为控制标准。由于这一方法也不能很好地对区域环境污染物总量进行控制，之后便采用目前较为通用的利用环境容量进行区域环境的污染物排放总量控制，继而控制区域污染浓度。例如，城市环境综合整治规划的模式或程序是：（1）根据污染源调查结果和已制定的社会经济发展规划，利用各种模型预测未来的环境质量；（2）根据预测结果和已确定的环境目标，通过浓度、排放量转换关系计算环境容量；（3）根据环境容量和污染物总削减量，最后得到综合治理方案。其核心或理论基础是环境容量，而其他的数学和经济方法都是其支持手段。

2.1.2.3　环境容量在应用中存在的问题

应该肯定，环境容量这一概念在环境规划与管理的实际应用中起到了它应有的历史作用。但是，正如环境科学的其他一些术语一样，它是为解决日益严重的环境问题而出现的，随着人们逐步认识到环境问题不仅是一个污染问题，还与人类的政策行为、经济行为和道德意识等密切相关，传统的环境容量概念已不再能很好地适应迅猛发展的环境科学的需要。

环境容量在其应用中存在以下几个不足：

（1）对环境系统的理解不够全面。人类赖以生存和发展的环境是一个复杂的巨系统，它通过太阳能的输入和物质的循环维持自身的运动，即保持低熵值的稳态。环境系统与人类社会系统相互依存、相互作用，只要不超过一定限度，就能相互耦合维持持续发展。如果将环境这样一个复杂的维持自组织的系统，视为一个容纳废弃物的"容器"，显然是不合适的。环境容量应是一个描述系统特征的、与人类社会行为息息相关的量。

（2）环境容量不足以涵盖环境对人类发展的支持能力。环境容量的概念表述了环境具有容纳污染物的能力，但这只是环境功能的一部分。除此之外，环境还为人类提供生存和发展所必需的资源、能源，为人类提供各种精神财富和文化载体。所以，环境对人类社会的支持作用远大于环境容量这一概念的内涵。如果说环境容纳人类社会行为所排放的废物的量可以用环境容量表示，那么环境对人类社会行为的支持作用便不能完全用环境容量来概括。

（3）以环境容量为基础的环境规划，不能很好地解决未来的经济发展与环境的协调问题。在以环境容量为基础的环境规划中，环境容量是根据环境质量预测值和环境目标值的结果计算出来的，而各污染物的削减量是根据费用与效益分析，以最小费用为目标来进行分配的。这里既不能很好地解决由环境质量浓度目标反推至各污染源强的分配中存在的不确定性问题，也不能有效地给未来的一些不可预见的工业发展腾出预留的环境容量。所谓协调与经济的发展也仅能停留在费用与效益分析上，而没有真正将其合二为一。

2.1.3　环境承载力

2.1.3.1　环境承载力的概念

研究环境系统的功能要运用综合的、统计的思维，即研究环境系统结构的宏观表现。因为人类系统与环境系统的作用是相互的，所以人类系统对环境系统的作用，即人类系统从环境系统获取资源并向其排放废弃物等，可以用环境系统承受人类系统的这一作用来描述。实际上，这一作用也就是环境系统功能的外在表现，可以用环境承载量和环境承载力来表示。

环境承载量就是某一时刻环境系统所承受的人类系统的作用量。这里人类系统主要指社会和经济系统，不包括环境系统赋予人类精神上和美学上的享受。在实际工作中，我们更关心这一作用的极限值，即环境承载力。环境承载力指某一时刻环境系统所能承受的人类社会、经济活动的能力阈值。

环境承载力是环境系统功能的外在表现，即环境系统具有依靠能流、物流和负熵流来维持自身的稳态，有限地抵抗人类系统的干扰并重新调整自组织形式的能力。环境承载力是描述环境状态的重要参量之一，即某一时刻环境状态不仅与其自身的运动状态有关，还与人类对其作用有关。环境承载力既不是一个纯粹描述自然环境特征的量，也不是一个描述人类社会的量，它反映了人类与环境相互作用的界面特征，是研究环境与经济是否协调发展的一个重要判据。

2.1.3.2 环境承载力的定量描述

要将环境承载力运用于实际工作，不仅要建立起概念模型，还要将其量化，能够定量描述其大小。

前文已述及环境承载力是环境系统固有功能的表现，它不仅与环境系统本身的结构有关，还与外界（人类社会经济活动）的输入输出有关。若将环境承载力看成一个函数，那么它至少包含三个自变量：时间（T）、空间（S）、人类经济行为的规模与方向（B）。

$$EBC = F(T,S,B)$$

在一定时刻、在一定的区域范围内，可以将环境系统自身的固有特征视为定值，则环境承载力随人类经济行为规模与方向的变化而变化。

可以看出，环境承载力的特征表现为时间性、区域性以及与人类社会经济行为的关联性。不同的时刻、不同的地点、不同的经济行为作用力，具有不同环境承载力。环境承载力既是一个客观的表现环境特征的量，又与人类的主要经济行为息息相关。概言之，环境承载力的特点是时间性、区域性、主客观的结合性。

2.1.3.3 指标体系

给出环境承载力的概念模型还不能得到量化值，因为不能直接得到其函数表达式。所以可采用环境承载力指标体系来间接地表达某一区域的环境承载力。

环境承载力是一多维向量，其每一分量又可能由多维指标构成，所以描述环境承载力的指标构成是庞大的指标体系，这里不可能给出所有的指标。因为，即使在同一地区，人类的社会经济活动在内容和方向上也可能有较大差异。

从环境系统与人类社会经济系统之间物质、能量和信息的联系角度，可以将环境承载力指标分为三部分：

（1）资源供给指标，如水资源、土地资源和生物资源等。

（2）社会影响指标，如经济实力、污染治理投资、公用设施水平和人口密度等。

（3）污染容纳指标，如污染物的排放量、绿化状况和污染物净化能力等。

通过环境承载力指标体系，可以得到某一区域的环境承载量和环境承载力。环境承载力可以被应用于环境规划，并作为其理论基础之一，成为从环境保护方面规划未来人类行为的一项依据。

2.1.3.4 环境承载力与环境规划管理关系

面向可持续发展的环境规划工作应在环境规划学的指导下进行，它应该有自己的理论体系和框架，并克服单纯凭经验做规划、缺乏科学的理论依托的弊端。环境规划与管理不仅要对重点污染源的治理做出安排，还要以环境承载力为约束条件，在环境承载力的范围内对区域产业结构和经济布局提出最优方案。

环境规划与管理的目标是协调环境与社会、经济发展的关系，使社会、经济发展建立在不破坏或少破坏环境的基础上，甚至在发展经济的同时不断改善环境质量。换句话说，其目标是不断提高环境承载力，在环境承载力范围之内制定经济发展的最优政策。环境规划与管理将提供环境与社会经济相协调的最优发展方案，使人类的社会经济行为与相应的环境状态相匹配，使作为人类生存、发展基础的环境在发展过程中得到保护和改善。

2.2　复合生态系统

由于人类活动的深刻影响，当代环境污染、生态失调和自然灾害加重等环境问题不断涌现和加剧。并且，越来越多的实践和经验表明，环境问题的解决必须注重预防为主，防患于未然，否则损失巨大、后果严重。因此，具有促进环境与经济、社会可持续发展的环境规划，越来越受到世界各国的重视。

环境本身是一个由社会、经济、自然组成的复杂系统。因此，环境规划与管理工作必须结合多学科进行综合研究，借助相关学科的理论支持，而复合生态系统是其理论支持之一。

2.2.1　复合生态系统理论

复合生态系统理论是由我国著名生态学家马世骏教授于 1981 年提出的，他简明扼要地指出：当今人类赖以生存的社会、经济、自然是一个复合大系统的整体。社会是经济的上层建筑；经济是社会的基础，又是社会联系自然的中介；自然则是整个社会经济的基础，是整个复合生态系统的基础。以人的活动为主体的系统，如农村、城市及区域，实质上是一个由人的活动的社会属性以及自然过程的相互关系构成的社会－经济－自然复合生态系统，如图 2－2 所示。

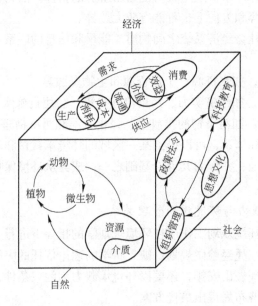

图 2－2　社会－经济－自然复合生态系统示意图

　　环境规划是人类为使环境与社会、经济协调发展而对自身活动和环境所做的时间和空间的合理安排。可以看出，环境规划是在社会－经济－自然复合生态系统的基础上展开的，要做好环境规划与管理工作，就必须全面综合地研究所规定区域的复合生态系统。

2.2.2　复合生态系统的结构与功能

2.2.2.1　复合生态系统的结构

　　社会、经济、自然三个相互作用、相互依赖的子系统共同构成一个庞大的复合生态系统。一方面，自然子系统以生物结构及物理结构为主线，以生物环境的协同共生及环境对人类生活的支持、缓冲及净化为特征，它是复合生态系统的自然物质基础；社会子系统以人口为中心，包括年龄结构、智力结构和职业结构等，通过产业系统把它们组成高效的社会组织；经济子系统和物质的输入输出，产品的供需平衡以及资金积累速率与利润，是促进社会进步和环境保护的必要条件。这种子系统之间相互联系、相互制约的关系，即构成了复合生态系统的结构。它决定着复合生态系统的运行机构和发展规律。

　　另一方面，复合生态系统作为一个生态系统，它也是由无机环境、生产者、消费者和分解者四大部分组成的综合体。在各组成部分之间，通过物质循环和能量转化密切地联系在一起，且相互作用、互为条件、互相依存。

2.2.2.2　复合生态系统的功能

　　系统的结构与功能是相辅相成的，复合生态系统的功能可归纳为：

　　（1）生产。生产即为社会提供丰富的物质和信息产品。自然为社会提供了原始的物质和物质生产条件，而人类则利用越来越发达的科学技术来丰富和改善它们，提高自然的生产力。但值得注意的是在这个过程中，也生产出了许多对社会、对自然无用甚至有害的物质，充塞本已十分拥挤和脆弱的环境。

　　（2）生活。生活即为人民提供方便的生活条件和舒适的栖息环境。人类在生存过程中，不断地改善着自己的生活水平，从居住洞穴到豪华住宅，从步行到汽车、飞机等，都说明了系统生活功能的提高。但由生产而产生的空气污染、资源破坏等环境问题，也给人类生活带来了负面作用。

　　（3）还原。还原即保证城乡自然资源的永续利用和社会、经济、环境的协调持续发展。复合生态系统的这一功能保证了生产和生活这两个功能的持续，防止了地球的"一次性利用"式的灭亡。但是，随着人类社会的发展，系统的这一功能受到了很大的挑战。例如，难降解物质的大量生产和使用，生态环境的破坏等，都给系统的还原功能带来了不利因素。

　　（4）信息传递。人类一方面利用生物与生物、生物与环境的信息传递来为人类服务；另一方面，人类还可以应用现代科学技术，操纵生态系统中生物的活动，按照人类社会需要的方向发展。

2.2.3　复合生态系统的特性

　　复合生态系统具有人工性、脆弱性、可塑性、高产性、地带性和综合性等特性。它们给环境规划和管理的编制和实施提供了可能。组成复合生态系统的三个子系统，均有着各自的特性，社会系统受人口政策及社会结构的制约，文化、科学水平和传统习惯都是分析社会组织和人类活动相互关系必须考虑的因素。价值高低通常是衡量经济系统结构与功能适宜与否的指标。自然界为人类生产提供的资源，随着科学技术的进步，在量与质方面，都将不断有所扩大，但是有限度的。矿产资源属于非再生资源，不可能永续利用；生物资源是再生资源，但在提高周转率和大量繁殖中，亦受到时空因素及开发方式的限制；生态学的基本规律要求系统在结构上要协调。功能方面要在平衡基础上进行循环不已的代谢与再生，违背生态规律的生产管理方式将给自然环境造成严重的负担和损害。

复合生态系统的三个子系统之间具有互为因果的制约与互补关系。稳定的经济发展需要有持续的自然资源供给、良好的工作环境和不断的技术更新。大规模的经济活动必须依赖于高效的社会组织和合理的社会政策，方能取得相应的经济效果；反之，经济的振兴必然促进社会的发展，增加积累，提高人类的物质生活和精神生活，促进社会对自然环境的保护和改善。

人类社会的经济活动，涉及生产加工、运输及供销。生产与加工所需的物质与能源依赖自然环境供给；消费后的剩余物质又返回到自然界，通过自然环境中物理的、化学的与生物的再生过程，再次供给人类生产、生活。人类生产与加工的产品数量受到自然资源可能提供的数量的制约。此类产品数量是否能满足人类社会的需要，做到供需平衡，并且取得一定的经济效益，则取决于生产过程和消费过程的成本、有效性及利用率。在生产和消费过程中，必然存在着资源的浪费和各种废物、污染物的产生，影响自然环境进而影响人类的生活质量，迫使人类进行环境治理工作。很显然，在这些循环不已的动态过程中，科学技术将发挥重要作用。因此，在成本核算和产品价值方面通常把科技及环境效益也计算在内。

在这个复合生态系统中，最活跃的积极因素是人，最强烈的破坏因素也是人。因而它是一类特殊的人工生态系统，兼有复杂的社会属性和自然属性两方面的内容：一方面，人是社会经济活动的主人，以其特有的文明和智慧驱使大自然为自己服务，使其物质文化生活水平以正反馈为特征持续上升；另一方面，人毕竟是大自然的一员，其一切宏观性质的活动，都不能违背自然规律，都受到自然条件的负反馈约束和调节。因此，人类违背自然规律、破坏自然环境的一切活动，都将受到自然的报复和惩罚。

环境保护是我国经济生活中的重要组成部分，它与经济、社会活动有着密切联系，必须将环境保护纳入国民经济和社会发展计划之中，进行综合平衡，才能得以顺利进行。而环境规划与管理就是环境保护的行动计划，为了便于纳入国民经济和社会发展计划，对环境保护的目标、指标、项目和资金等方面都需要经过科学论证和精心规划。而且在规划过程中必须掌握复合生态系统的特征，并自觉采取相应的对策措施，以便制定的环境规划能达到其目的，发挥其作用。

2.2.4　复合生态系统与环境规划与管理的关系

环境规划是为使环境与经济、社会协调发展而对自身活动和环境所做的合理安排。它具有整体性、综合性、区域性、动态性以及信息密集和政策性强等基本特征。它们与复合生态系统的结构和功能呼应，是进行环境规划必须掌握的知识。

在编制环境规划的过程中，信息的搜集、储存、识别和核定，功能区的划分，评价指标体系的建立，环境问题的识别，未来趋势的预测，方案对策的制定，环境影响的技术经济模拟，多目标方案的评选等，都与复合生态系统的功能密不可分。

人类活动对复合生态系统的任何一个子系统，任何一个功能造成的影响，都将干扰系统的运行机制及状态，进而破坏复合生态系统及当前人类与自然环境的关系。社会－经济－自然复合生态系统内部存在着的主要矛盾为：

（1）人类生活对自然生态环境条件的相对稳定性的要求与当前自然生态环境急剧变化的矛盾。科学日益发达，人们急剧地开发自然资源，同时也急剧地改变着大气、水体、气候和食物的成分等，如此急剧的变化是人类历史发展过程中从未遇见过的。因此，人类急剧地改变自然环境的活动，很可能会反过来威胁着人类的生存和发展。

（2）人类改变自然环境的快速性与自然环境恢复和调节的缓慢性之间的矛盾。人类可以在短期内高峡出平湖，良田建工厂，荒野起新城；但是，生态环境一经破坏，改变了原来的相对稳定性，就很难预测这种改变会带来什么后果，很难恢复和建立新的平衡。

（3）地球上蕴藏的矿产和地下水资源等的有限性与人类的需要及开采能力的无限性之间的矛盾。地球上的有用矿产资源的形成需要上千万年的历史，而科学技术日益进步的今天，开采和利用的速度是惊人的。如不考虑节约能源，利用太阳能或使能源多次利用和建设再生能源等，有朝一日，势必会把这些资源用光。

（4）地球的体积是有限的，物质的生产也是有一定限度的，人口的发展如无计划是无限的，这也是一个矛盾。如果任人口急增，人均土地越来越少，生态环境必然急剧变化，人类生存必然受到威胁。例如，在全世界范围内，由于大面积破坏森林，大量施用农药、化肥，不合理开垦，随便破坏耕地等，使农业环境恶化，大大破坏生态平衡。农药残毒对环境的污染和在食物链中的积累，也大大威胁着人类的安全，影响人们的健康。由此可见，促进环境与经济、社会的协调发展，保障环境保护活动纳入经济和社会发展计划，合理分配排污削减量，有效地获取环境效益，指导各种环境保护活动的环境规划是非常必要和重要的；并且，规划与管理应从社会、经济、自然三个子系统的结构和功能入手，探索各子系统之间相关联的方式、范围及紧密程度，改善复合生态系统的运行机制，保证社会、经济、自然三个子系统之间的良性循环，以达到环境规划的最终目标，实现可持续发展。

2.2.5　复合生态系统对环境规划与管理的指导作用

研究了解一个区域的复合生态系统，对该区域的环境规划与管理有着深刻的指导作用。环境规划与管理实质上是一种克服人类经济社会活动和环境保护活动盲目性和主观随意性的科学决策活动。它的基本任务为：一是依据有限环境资源及其承载能力，对人们的经济和社会活动具体规定其约束和需求，以便调控人类自身的活动，协调人与自然的关系；二是根据经济和社会发展以及人民生活水平提高对环境越来越高的要求，对环境的保护与建设活动做出时间和空间的安排和部署。

因此，环境规划与管理要以经济和社会发展的要求为基础。针对现状分析和趋势预测中的主要环境问题，通过对相关资源和能源的输入、转换、分配、使用和污染全过程的分析，确定主要污染物的总量及发展趋势；弄清制约社会经济发展的主要环境资源要素，结合环境承载力分析，从经济－社会－发展复合生态系统的结构、特性、规模与发展速度的角度协调与环境的关系；提出相应的协调因子，反馈给复合生态系统，并针对这些协调因子的实现，从政策和管理方面提出建议，同时归纳出环境治理措施和战略目标。

区域环境规划与管理应该依据宏观层次的环境保护总体战略，将着眼点放在探求区域社会经济发展与环境保护相协调的具体途径上，遵循复合生态系统的运行规律，根据不同功能区的环境要求，从环境资源的空间入手，进行资源合理配置，使环境资源的开发、利用与保护并举。调整区域生产力布局、产业结构投资方向、生产技术水平和污染控制技术水平，并将相应的协调因子反馈给经济和社会子系统，以减少排污量，减轻环境压力或调整环境总量目标。

2.2.5.1　自然子系统对环境规划与管理的指导作用

自然环境是环境演变的基础，也是人类生存发展的重要条件，它制约着自然过程和人类活动的方式和程度。自然环境的结构、特点不同，人类利用自然发展生产的方向、方式和程度亦有明显的差异；人类活动对环境的影响方式和程度以及环境对于人类活动的适应能力，对污染物的降解能力也随之不同，同时，现代科学技术的发展，使人类能够在很大程度上能动地改造自然，改变原来自然环境的某些特征，形成新的环境。现代环境在自然环境的基础上叠加社会环境的影响，形成了不同于自然环境的演化方向。因此，必须综合研究区域的复合生态系统，从而研究其区域特征和区域差异，寻求编制环境规划与管理的方法，使编制出来的规划能充分体现地方特色，符合当地社会经济发展规律，有利于区域当地环境质量状况的实质性改观。

2.2.5.2　社会、经济子系统对环境规划与管理的指导作用

在复合生态系统中，社会、经济、自然三个子系统是互相联系、互相制约的，且总是在不断的动态发展之中。因此，环境规划必须考虑到社会和经济的发展及发展速度。如果随着社会和经济的发展速度的调整而环境规划与管理未能做出相应调整，那么环境规划与管理由于与实际情况相差太远，本身将失去意义；如果未能及时进行调整，会因牵涉的方面很多，工作量很大，从而影响规划的顺利实施。

科学技术的发展促使人类生态不断由低级向高级方向发展，大大促进了人类的健康和福利。然而，自然资源不合理地利用和管理的不善，人类活动对自然生态系统干扰的加剧，社会、经济的发展引起环境质量下降和生态退化，最终影响人类自身的生活、健康和福利。也就是说，许多的环境问题都是由社会、经济活动引起的，要处理好这些环境问题，做好环境规划与管理就必须摆好复合生态系统中社会、经济的位置，脱离这两大系统编制的环境规划与管理，必定是不切实际甚至毫无使用价值的。

综上所述，社会－经济－自然复合生态系统必然是环境规划与管理的理论基础。

2.3　空间结构理论

空间结构理论是研究人类活动空间分布及组织优化的科学。它是一门应用理论学科，为区域规划与管理提供理论基础和方法支持。区域性环境规划与管理是区域规划管理的重要组成部分。它从环境保护的目的出发，科学合理地安排生产规模、生产结构和布局，调控人类自身活动，是一项涉及自然、社会和经济巨系统的复杂的系统工程，因而需要环境科学、经济学、生态学和地理学等多学科知识共同来完成。与以往的区域规划不同的是，

区域性环境规划与管理在进行区位选择的时候，在考虑经济因素的同时，要以不破坏生态环境为前提，即将环境和生态因子放在同等重要的地位考虑。

2.3.1 城市空间结构理论要素

2.3.1.1 城市空间结构理论

城市空间结构理论又称为城市形态理论。城市的形态纷繁复杂，但又有一定的规律可循。城市内部由于土地利用形态存在差异，因而形成了不同的功能区和地域结构。随着城市规模的不断扩大，内部地域结构越来越复杂，各功能区之间的联系也趋向紧密。当旧的结构无法承担人口膨胀带来的压力，产生交通拥塞、环境污染、住宅拥挤、电力和水供应紧张等问题，便会以一定的方式向外围扩展，形成新的空间结构。因此，城市的不同发展阶段具有不同的空间结构。

世界各国已提出了多种城市空间结构理论模式，如同心带理论、扇形理论和多核理论等，前苏联和中国提出的分散集团模式、多层向心城镇体系模式等。认识城市空间结构的演化规律，才能因势利导地进行城市规划。城市的演化过程可分为四个阶段：

（1）城市膨胀阶段，市区逐渐向四周扩展，形成了向心环带的空间结构。其形态为团块状，我国的中小城市和一些人口小于 100 万人的大城市处在这一阶段。

（2）市区蔓生阶段，由于中心对外围的吸引力随城市的膨胀逐渐减小，城市近郊沿交通线兴起了新的工业区、居民区、文教区，第一代、第二代卫星城被并入市区，其形态由团块状变为星形。

（3）城市向心体系，城市远郊区出现第三代卫星城，它们相对独立，又与母城保持一定联系，有的还起到反磁力作用。

（4）城市连绵带，多个大城市的卫星城相互衔接、连绵成带。

正确认识城市发展的四个阶段，对于科学地规划、管理和预测具有重要意义。应注意，不是所有的城市都能从低级阶段发展到高级阶段，其规模与管理受区域环境承载力和社会经济条件决定，因此规划与管理应视具体情况而定。团块状的中小城市如果盲目地进行分散规划，将造成经济上的巨大浪费；星状的大城市应进行多中心集团式布局，不能片面强调单一中心的集聚。

2.3.1.2 环境功能区划

环境功能区划是从环境与人类活动相和谐的角度来规划城市或区域的功能区，它与城市和区域的总体规划管理相匹配。环境功能区是根据自然条件和土地利用现状和未来发展方向划分的，各功能区具有不同的环境承载力。因而对区域内城市的发展规模、产业结构和生产力布局产生一定限制和影响。

城市或区域各功能区之间是由许多网络相互联系的。例如城市都有经济、能源、交通、市政、商业、文教、卫生和信息网络等，它们各自构成区域大系统的子系统。如果把功能区比作人类的肢体或器官，那么贯穿其间的各种网络就是神经和血脉，它们相互联系和制约维系着系统生产和生活的正常运转，充分发挥其总体功能。城市功能区的分布千差万别，但基本上遵循距离衰减规律，大体上呈向心环带分布，但自然条件的差异、山脉走向、河流和地下水流向、盛行风向有时会使这种地带性分布出现变形。

2.3.2　城市空间结构的环境经济效应与集聚规模经济

城市环境规划与管理的目的在于取得最佳的经济、社会和环境效益，也就是说，以最小的土地、人力、物力、财力、时间和环境投入费用，获得最大的环境经济效益。合理的地域结构，能够提高劳动生产率，减少各方面的费用。

2.3.2.1　城市空间结构的环境经济效应

城市空间结构的环境经济效应包括：

（1）企业的集聚效应。城市边缘工业的集聚和市中心商业、服务业的集聚能够共同使用公用交通运输、环境治理及其他基础设施；有利于区域内各企业之间技术、产品和信息交流；便于统一的环境管理和污染治理，从而产生巨大的环境经济效益。

（2）功能区的邻近效应。居民区邻近工业区会产生正效应，而受到工业污染产生反效应，因此，要把工业区置于常年主导风向的下风向，在上风向邻近工业区或交通方便的地段安置居民区。

（3）城市设施间的协调效应。城市内的市政公用设施（交通、电力、给排水、供热和防火等）、生产和经营设施（工业、商业、服务业和农业等）以及社会设施（文教、卫生、科研、环保、绿化和旅游等）如果布局合理、配合紧密，不仅能够方便生产和生活，城市建设费用也将大大降低，实现这一目标必须进行统一的和长远的规划。

（4）土地利用的密度效应。按照杜能的地租理论，土地利用的集约化程度从中心至外围逐渐降低，这一规律同样适合于现代城市。我国人多地少，更应该通过征收级差地租，提高城市土地利用的集约化程度，如建筑向高空和地下发展、园林绿化立体化和多样化，珍惜使用每一寸土地，使城市绿地真正起到净化环境美化生活的作用。

（5）时间的经济效应。现代化的城市要求高效率、快节奏地运转，随着城市的扩展和功能结构的复杂化，各环节之间衔接不当会造成时间上的延误。例如，将各种站场集中布置，商业区和大型公共场所靠近交通站、停车场，可减少转换过程中时间的浪费。

（6）城市合理配置及对外联系效应。城市与郊区及其卫星城，区域内各城市之间要进行生产协作，存在着产品、信息的交流；区域性环境规划与管理通过对区内各城市的规模、生产结构和工业布局进行合理配置，使环境经济效益得到统一。

2.3.2.2　城市空间结构的集聚规模经济

所谓集聚规模经济是指产出和平均投入随经济规模而变的一种经济现象。一般情况下，生产规模扩大的初期，会使平均成本下降；如果投入过多，其平均产出反而减少。因此，企业、工业区和城市存在一个合理规模问题。规模经济包括三种类型：企业内部规模经济，是对单个企业而言的；布局规模经济，是指同一行业序列的一些企业的集聚；城市化规模经济，是指不同行业的各类企业的集聚、企业本身或集聚规模扩大的初期，由于降低了成本，加强了联系，规模经济效益显著；但如果人口、经济活动和土地利用过分密集，使得交通、地租等成本过高，生态环境恶化，则出现规模不经济现象。关于区域规模经济的衡量指标，应为内部规模经济、布局规模经济和城市化规模经济的函数。通常可采用投入产出表等动态分析方法使三种规模经济的总效益达到最佳，至于由于集聚规模的扩大引起的生态环境和社会损失的负效应，亦应转换成经济指标考虑进去，这也是区域性环境规划与管理的主要任务和研究方向。

2.4 可持续发展理论

2.4.1 可持续发展

20 世纪以来，地球上发生了很多影响深远的变化。同时由于自然资源的过度开发与消耗、污染物的大量排放，导致全球性的资源短缺、环境污染、生态破坏。这些问题的不断积累，加剧了人类与自然界的矛盾，对社会、经济的持续发展和人类自身的生存构成新的障碍。在这种形势下，人类不得不认真地回顾自己的发展历程，重新审视自己的社会、经济行为；同时发现那种传统的"末端治理"和以资源、环境为代价的高速发展经济已不适应未来的发展，必须探索新的发展战略。

2.4.1.1 可持续发展定义和内涵

在持续性、公平性和共同性原则下，可持续发展可以从宏观、中观、微观三个层次上进行阐述。宏观层次上可理解为人与自然共同协调进化，即"人－天"关系；中观层次上理解为既满足当代人需求，又不危及后代人需求能力，既符合局部人口利益，又符合全球人口利益的发展，即"人－地"关系；微观层次上，理解为经济、环境、社会协调发展，是在资源、环境的合理持续利用及保护条件下取得最大经济、社会效益的关系，即"人－人"关系。

可持续发展是一个综合的、动态的概念。可持续发展不是单一的经济问题，而是与社会和生态问题三者互相影响的综合体。我们认为可持续发展应是不断提高人群生活质量和环境承载力的、并满足当代人需求又不损害子孙后代满足其需求能力的；满足一个地区或一个国家的人群需求，不损害别的地区或别的国家的人群满足其需求能力的发展。

2.4.1.2 可持续发展的目标

可持续发展是当今社会的目标，同时可持续发展也有其自身的目标，包括以下几方面：

（1）集经济、文化等方面持续发展于一体的总体目标，是社会格局合理、社会生活稳定和连续，这也是人类所追求的最终目标。

（2）环境状况良好和稳定，没有环境赤字，且物种数量不减少，换句话说就是环境稳定性和物种的多样性。也可以说是在环境条件上的可持续性的外在表现。

（3）地区发展平衡，而且总体发展水平有所提高，这一目标实现的途径是人类活动的空间重新分配和全人类的共同努力。

（4）个体发展的相对独立性，没有独立性的发展而是受制于外界力量，从而也是不稳定、不连续的发展，其他如社会、经济、文化、技术等发展均如此。

（5）物质生活水平的真实提高，即实际收入水平的提高和物质财富的增加。

从上述分析可以把持续发展的目标概括为连续性、稳定性、多样性、均衡性、独立性和更新性。

2.4.1.3 持续与发展是统一的

"可持续"和"发展"是相辅相成的。可持续是指人类维持生存、延续繁衍的能力；而发展是指人类从事生产的经济活动，其中可持续的前提是发展，而持续性的发展是寻求的最终目的。从可持续和发展的统一中概括为：经济发展和社会发展是相互依存、相互促进的，经济发展是社会发展的前提和基础，高速的经济增长并不能直接解决社会发展中重大的问题，一些社会问题的产生甚至是由经济增长带来的。

总之，可持续发展是着眼于未来的发展，不仅考虑社会范围内的问题，而且还有经济的可持续能力和环境的承载能力和资源的永续利用问题，强调人类社会与生态环境及人与自然界的和谐共存前提下的延续，是"生态－经济"型的发展模式。因此，应该使经济和社会协调发展、共同繁荣；以各项事业的建设为载体，通过有力的政府行为、人民大众的积极参与，依靠科技进步，探索科技推动可持续发展的新机制和新模式，实现持续和发展的统一，最终达到可持续发展。

综上所述，可持续发展是从环境和自然资源角度提出的，关于人类长期发展的战略和模式。它不是在一般意义上所指的发展经济，而是特别指出环境自然资源的长期承载能力，这里也揭示了环境规划与管理对发展经济的重要性以及发展对改善生活质量的重要意义。

2.4.1.4　实现可持续发展

可持续发展思想正在改变人们的价值观和分析方法，其思想是建立人类与自然的命运共同体，实现人与自然的共同协调发展，这要求把长远问题和近期问题结合起来考虑。资源是持续发展的一个中心问题，可持续发展思想正在深刻地影响着资源类型选择、利用方式选择、利用时间安排和利用分析方法等方面。

为此，以自然资源永续利用为前提的可持续发展模式已被提出：对于可再生资源，要求人类在进行资源开发时，必须在后续时段中，使资源的数量和质量至少达到目前的水平；对不可再生资源，要求人类在逐渐消耗尽现有资源之前，必须找到能够替代的新资源。这就要求把软资源、自然资源结合起来，根据可持续发展原则，制定出相应的资源利用技术、方法及管理原则。

A　清洁生产与可持续发展

清洁生产是联合国环境规划署工业与环境规划活动中心在 1989 年首先提出来的，是对环境保护实践的科学总结。清洁生产是指将综合预防的环境策略，持续地应用于生产过程和产品中，以减少对人类和环境的风险性。

首先，对生产过程而言，清洁生产包括节约原材料和能源，淘汰有毒原材料，并在全部排放物和废物离开生产过程以前减少它们的数量和毒性；其次，对产品而言，清洁生产策略旨在减少产品在整个生命周期过程中（从原料提炼到产品的最终处理）对人类和环境的影响（不包括末端治理技术和空气污染控制、废水处理、固体废物焚烧或填埋）。其实，清洁生产是"生态化"、"整体化"的新时期科技发展方向，是将各门类科技综合使之整体上成为完善结构，扩大"绿色资源"利用范围，即把利用先进技术和改善资源利用方式结合起来。

清洁生产是绿色科技的一种技术，是符合生态规律的技术。它促进人类采用长久生存与发展的生产体系和生活方式，以及相应的科学技术；它强调自然资源的合理开发、综合利用和保护增值；强调发展清洁的生产技术和无污染的绿色产品。清洁生产不但含有技术上的可行性，还包括经济上的可盈利性，体现经济效益、环境效益和社会效益的统一，所以清洁生产是实施可持续发展战略的标志，已成为世界各国经济社会可持续发展的必然选择。

B 生态技术

各种自然灾害频繁，削弱了自然生态环境的承载能力，生态变化态势令人担忧。而生态技术可以改善这一现状。它是社会、经济能稳定、持续和快速发展的技术支撑，通过生态技术的开发和示范工程建设，可探索出一条符合我国国情的可持续发展的道路。

建立自然保护区是生态技术常用的一个典型示范。可持续发展理论规定了经济社会发展必须在生态环境的承载能力允许范围内，满足当代和后代人发展的需要。这也说明了"生态优先"是可持续发展的体现，符合可持续发展的内在本质要求。同时，自然保护区正是以"生态优先"为理论基础的，自然保护区对人类的生存和保护生态环境有着深远的意义。

生物圈保护，这种开放系统的管理是人与自然之间和谐关系的模式，是实现可持续发展的示范模式。

随着城市现代化步伐的加快，产生了一系列环境问题。在城市生态系统中，生物链呈倒金字塔形，消费者的比例大于生产者，而人是其中心；同时，它也不是自律系统，必须不断地从外界输入生产和生活所需，为此，建设可持续发展的城市－郊区复合生态系统是必要的。由于地理位置的原因，城市与郊区进行着频繁的物流、能量流和信息流的交换，郊区是城市输入的主要供应地，也是城市输出的主要排放地。所以实现可持续发展，必须把城市与郊区统一起来加以考虑：必须把城市和郊区纳入一个系统，使其完善化。

C 利用政府职能、促进可持续发展

可持续发展是各方面共同努力的结果，不仅仅是一种政府的行为、一项决策者所肩负的社会责任。在政府的宏观调控下，各微观部分协调运作、共同合作，实现可持续发展才有可能。利用政府职能包括很多方面：运用法规、法律、政策等强制手段；运用奖、罚、税收等经济手段。

环境资源商品化，就是确立环境资源的有偿使用，运用经济手段保护环境的一个重要方法。社会各界意识到无偿和微偿使用环境资源、免费和廉价消费环境是导致环境资源衰竭和生态环境恶化的根本原因，于是提出了环境资源商品化和环境资源有偿使用的设想，这明确了环境资源是国家所有。确立环境有偿使用的实质是将市场机制引入环境资源配置和利用之中，对环境实行商品化经营，通过排污费、环境税等调节手段，提高环境的配置效率和利用率。因而，必须创造条件，积极地开展环境资源多领域、多要素有偿使用试点，将其纳入法制轨道，实现环境资源的商品化，促进社会可持续发展的最终实现。

可持续发展已被确定为是社会发展的最终目标。而要将可持续发展转变为现实，必须以强有力的法制作保障。总之，可持续发展在国家来说要恰当加强国家的宏观调控。只有在相应法律规范的保障下，编制技术可行的环境规划才能实现调控的目标。

2.4.2 人地系统协调共生理论

2.4.2.1 人地系统协调共生的熵变描述

人地系统是地球表层上人类活动与地理环境相互作用形成的开放的复杂系统。区域环境规划的成效，应充分体现人地和谐共生这一主线。

　　从耗散结构理论分析，人地关系地域系统作为远离平衡态的开放系统，在外界条件达到某一"临界限制"时，通过涨落发生非平衡相变，在不断与外界交换物质、能量和信息的同时，由原来的无序混沌状态变为时空、结构和功能上的新的有序稳定状态，形成耗散结构分支。可见，人地关系形成耗散结构过程，正是靠系统开放，不断向其输入低熵能量物质和信息，产生负熵流得以维持。

　　根据热力学第二定律，人地系统遵循熵方程：

$$dS = dS_i + dS_e$$

式中　dS——人地系统的熵变，可以衡量人地关系状态的变化；

　　　dS_i——人地关系的熵产生，$dS_i \geqslant 0$；

　　　dS_e——人地系统与环境之间的熵交换引起的熵流，其值可正、可负、可为零。

人地系统协调共生状态的熵变类型可分为：人地系统 $dS < 0$ 的协调共生型；人地系统 $dS > 0$ 的人地冲突型；人地系统 $dS = 0$ 的警戒协调型；人地关系 dS 不确定的混沌型。

2.4.2.2　人地协调共生的机制响应

　　环境规划的区域是由人类活动系统和地理环境系统组成的人地协调共生系统，维持两者协调共生关系的充要条件是从其外部环境不断获取负熵流。复杂系统的因果反馈关系，主要是自我强化的正反馈关系和自我调节维持稳定的负反馈关系之间的相互耦合，决定着人地关系的行为和区域发展的前途。

　　区域可持续发展战略亦以人地关系协调共生为核心，注重建立人类活动系统内部和地理环境系统内部，以及两者之间的因果反馈关系网，力求把人类活动系统的熵产生降至最低，把地理环境系统为人类活动系统可持续发展提供负熵的能力提高到最高；力求通过熵变规律，创造一个自然、资源、人口、经济与环境诸要素相互依存、相互作用和复杂有序的区域人地关系协调共生系统。创造这种系统的一项重要手段就是编制区域性环境规划。这就要求规划内容、任务、目标和原则的确定必须紧紧围绕人地关系协调共生理论进行；必须同时遵循区域自然规律、经济发展规律和人地关系的熵变规律，对不同类型、不同发展阶段的区域人地系统，因地制宜、因势利导地制定出切合实际的区域发展服务的环境规划，促进区域保持经常性的持续、稳定、和谐发展状态。唯有这样，区域性的环境规划才能真正成功地调控区域人地关系地域系统，人类才能成为人地关系的真正主人。

2.4.3　人地系统持续发展理论

2.4.3.1　人地系统发展的动力学过程

　　区域性的人地系统是人占主导地位的复杂系统。人作为调控人地系统的主人，一方面不断适应其生存的区域环境；另一方面通过社会经济活动作用于区域环境，并深刻影响着区域环境的结构、功能。反过来，区域环境则通过其赋存的资源和环境质量状况为人类生产和社会活动提供物质基础和生存空间，并制约人类活动规模、强度和效果。在人地之间的这种相互作用过程中，资源环境作为"地"的一面，是自然过程的变化；人类社会经济活动作为"人"的一面，是人文过程的变化。区域人地系统由于人文过程伴随区域人口的增长、人的物质和能量的要求不断提高而日益得到强化。

　　人类的生存、享受、发展三大需求驱动力是区域人地系统发展的真正动力源。人类生产生活过程中的"三废"排放，是人类社会经济活动对资源、环境自然过程的反作用；

社会经济发展的技术进步是"人"与"地"双向作用的桥梁和手段，它通过对"人"的作用，提高人类作用于"地"的能力和人类社会经济活动的水平；通过对"地"的作用，增强了资源环境利用效益和恢复再生自净能力。在区域性环境规划过程中必须清醒看到人地系统的动力学作用关系，以科学技术进步作为主要手段，强化环境规划与管理的宏观指导管理作用。

2.4.3.2 人地系统持续发展的相互作用

区域人地系统的持续发展，可以看作是资源开发、产业结构调整、经济增长、社会进步和环境保护等物质实体发展，并且包括科技教育、政策体制和法规标准等非物质实体发展的多维综合协调发展过程。是把区域经济活动作为整体，寻求最经济的同生态环境协调；是把人类的生存利益同经济效益结合起来，把经济活动同改革社会活动结合，提高社会整体宏观效益。

不同类型的区域，由于其自然条件、资源禀赋、经济社会发展基础、发展先后及开发难易程度，面对的机遇、存在的问题和挑战，发展目标及决策的不同，人地之间矛盾激化程度不同，所处区域发展状态也不同。一些区域可能处于机械增长型发展状态，另一些区域可能处于协调增长型发展状态，而已有部分地区可能接近极限型增长发展状态。人地系统持续发展，必须相对准确判断某区域所处发展状态，给予科学定位；调整人地作用关系，科学地制定区域性环境、资源、人口协调型规划。

在编制经济与环境协调性规划时，必须明确人地系统协调观念，注意区域经济发展的不经济性，不仅要在规划中体现能源效率、环境容量使用效率、生存负荷效率、社会进步效率、各种资源使用效率和空间效率等，还要在维护人类良好生态环境前提下，分析人地系统的交叉效率及其整体协调程度，以保证人地系统协调持续发展。

2.5　循环经济理论

2.5.1　循环经济产生的背景

为应对世界范围内出现的经济发展与环境冲突，一些发达国家从可持续发展的观念出发，提出变革传统的经济发展模式，倡导工业生态系统模式，进而在这个基础上提出了建立循环经济的命题。循环经济作为一个经济学概念，是在生态经济学的基础上发展起来的。循环经济的提出启发了20世纪60年代末开始的关于资源与环境的国际经济研究。"循环经济"一词是美国经济学家K.波尔丁在20世纪60年代提出的。20世纪80年代末，杜邦公司展开循环经济理念的实验，提出3R制造法，即资源投入减量（reduce）、资源利用循环（recycle）和废弃物资源化（reuse）。到1994年，该公司生产造成的废弃物减少了25%，空气污染物排放量减少了70%。发达国家的循环经济已经从20世纪80年代的微观企业试点到20世纪90年代区域济的新型工厂——工业园区，进入了第三阶段——21世纪宏观经济立法阶段。

在我国，从20世纪80年代开始重视对工矿企业废物的综合利用，以末端治理思想为指导，通过回收利用达到节约资源、治理污染的目的。进入90年代，则提出源头治理的思想，以循环经济为指导的清洁生产得到发展。

　　围绕社会的可持续发展、资源能源的有效利用，世界各国都在努力探索和寻求具体的实施方法。虽然这些实施方法表现各异，也没有全都冠以循环经济的名称，但实质上都属于循环经济的范畴。可以说，循环经济已成为实施可持续发展战略的重要途径之一。

2.5.2　循环经济的内涵及特点

　　循环经济是可持续发展思想理论指导下的最佳经济模式，即以环境友好方式利用资源、保护环境和发展经济，逐步实现以最小的代价、更高的效率和效益，实现污染排放减量化、资源化和无害化。因此，所谓循环经济，"就是把清洁生产和废弃物的综合利用融为一体的经济，它要求运用生态学的规律来指导人类的经济活动。按照自然生态系统物质循环和能量流动规律重构经济系统，使得经济系统和谐地纳入到自然生态系统的物质循环过程中，建立起一种新态的经济"。

　　循环经济是指模拟自然生态系统的运行方式和规律要求，实现特定资源的可持续利用和总体资源的永续利用，实现经济活动的生态化。循环经济基础是对物质闭环流动型经济的简称，它指的是一种把物质、能量进行梯次和闭路循环使用，在环境方面表现为低污染排放，甚至零污染排放的一种经济运行模式。传统经济是一种"资源—产品—废物排放"单向流动的线性经济，人们通过生产和消费，高强度地把地球上的物质和能量大量地开发出来，然后又把污染和废物大量地弃置到空气、水系、土壤和植被等环境中。目前，循环经济主要是针对工业化运动以来高消耗、高排放的传统经济模式而言的。传统经济模式是粗放型和一次性的，它通过将资源持续不断地变成废物来实现经济的数量型增长，其最大特征就是"高开采，低利用，高排放"，从而必然导致自然资源的短缺和枯竭，并酿成灾难性的环境污染后果。

　　循环经济作为一种爱护资源、善待地球的经济发展新模式，把清洁生产、资源综合利用、生态设计和可持续消费等融为一体，实现了经济活动的生态化转向。它包括三个层面：（1）在技术层面上，循环经济通过融合生产技术与资源节约技术、环境保护技术体系，要求对污染和废物的产生进行源头预防和全过程治理，尽可能降低经济活动对自然环境的影响。强调减少单位产品资源的投入量，减少资源和能源的消耗；通过清洁生产，减少生产过程中污染的排放甚至实现"零"排放；通过废弃物综合回收利用和再生利用，实现物质资源的循环利用；通过垃圾无害化处理，实现生态环境永久平衡，最终实现经济和社会可持续发展。（2）在经济层面上，作为一种新的制度安排和经济运行方式，循环经济把自然资源和生态环境看成社会大众共有的稀缺的自然福利资本，因而要求将生态环境纳入经济循环过程之中；要求改变企业治理生态环境的内部成本与外部获利的不对称性，使外部效益内部化，最终实现经济增长、资源供给与生态环境的均衡，实现社会公平和福利最大化。（3）在社会层面，循环经济要求从生产到消费的各个领域倡导新的经济范式和行为范式，要求人类社会运用生态规律来指导人们的活动，倡导绿色消费，最终实现人与人、人与自然的和谐。

2.5.3　循环经济的研究层次

　　发展循环经济有企业、产业园区、城市和区域等层次，这些层次是由小到大依次递进的，前者是后者的基础，后者是前者的平台。

从企业层次来看，与传统企业资源消耗高、环境污染严重、通过外延增长获得企业效益的模式不同，循环型企业是通过在企业内部交换物流和能流，建立生态产业链，使得企业内部资源利用最大化、环境污染最小化和集约性经营和内涵性增长获得企业效益。

产业园区层次，生态工业园是一种新型工业组织形态，通过模拟自然生态系统来设计工业园区的物流和能流。园区内采用废物交换、清洁生产手段把一个企业产生的副产品或废物作为另一个企业的投入或原材料，实现物质闭路循环和能量多级利用，形成相互依存、类似自然生态系统食物链的工业生态系统，达到物质能量利用最大化和废物排放最小化的目的。生态工业园具有横向耦合性、纵向闭合性、区域整合性、柔性结构等特点，与传统工业园区的主要差别是园区内各企业之间进行副产物和废物的交换，能量和废水得到梯级利用，共享基础设施，并且有完善的信息交换系统。生态工业园区有别于传统的废料交换项目，在于它不满足于简单的一来一往的资源、能源循环，而旨在系统地使一个园区总体的资源、能源增值。由于园区企业之间的关系是互动协调的，使得企业可获得丰厚的经济、环境和社会效益。

在城市和区域层次，循环型城市和循环型区域通常以污染预防为出发点，以物质循环流动为特征，以社会、经济、环境可持续发展为最终目标，最大限度地高效利用资源和能源，减少污染物排放。循环型城市和循环型区域有四大要素：产业体系、城市基础设施、人文生态和社会消费。（1）循环型城市和循环型区域必须构建以工业共生和物质循环为特征的循环经济产业体系；（2）循环型城市和循环型区域必须建设包括水循环利用保护体系、清洁能源体系、清洁公共交通运营体系等在内的基础设施；（3）循环型城市和循环型区域必须致力于规划绿色化、景观绿色化和建筑绿色化的人文生态建设；（4）循环型城市和循环型区域必须努力倡导和实施绿色销售、绿色消费。

2.5.4　基于循环经济理念的环境规划与管理

2.5.4.1　循环经济应用于环境规划的重要意义

循环经济在本质上是一种生态经济，是经济活动的生态化转向，因此，在循环经济理念指引下，生态城市、循环经济示范区、生态工业园等的规划建设已经成为当前的研究热点。而传统的、以建设与发展为核心的规划理念，也逐步被"生态优先、保护优先"等新理念取代。在规划指导思想上，要从生产与消费领域推进发展模式的转变，从循环经济产业、城市基础设施、生态保障系统等多方面构建新型生态体系；在规划内容与手法上，将更加注重对自然生态、文化历史等的保护，进一步强化产业集聚、基础设施共享、污染物集中排放与处理，以及节能减排等课题的研究与落实。

同时，生态学理论与分析方法将更加被贯穿于环境规划的整个过程，"生态位势"、"环境承载力"、"生态足迹"、"生态健康"、"生态补偿"、"生态功能分区"等理念将被广泛普及，并将对规划编制单位和规划管理部门的指导思想造成越来越大的影响，生态型规划的程序和内容也将逐渐规范化、系统化、定量化，规划的科学性与可操作性也将能得到实质性提高。

2.5.4.2　循环经济理念在环境规划与管理中实现途径

在过去几十年里，我国经济发展与城市建设中，随意建设的现象比较普遍，工业区、商务区、生活区混杂在一起，造成城市市区规划、功能不清晰，特别是由于工业企业区域没有建成，企业没有形成集群优势，致使发展循环经济的空间受限和发展条件不足，"资源—产品—废物—资源产品"的循环经济生态链系统难以形成。因此，要使循环经济先进合理的核心内容落实、体现在环境规划上，就要在以循环经济理念为支撑的环境规划中，准确而充分地研究、掌握循环经济与环境规划的结合点，克服一般生态环境规划所面临的一些困境。

A　加强循环经济理念在环境规划方案优选中的应用

在环境规划过程中，需要进行环境规划方案的优选，即将多个不同的拟订方案进行技术经济论证，确定经济上合理、技术上可行，又满足环境目标的方案作为"推荐方案"。在循环经济理论中，构建稳定的循环经济链网结构，丰富循环经济系统产业链，使链条保持完整而不易被打断，对整个系统的成功运作起着至关重要的作用。而循环经济理念要求规划者在方案筛选中，要立足于将区域建设成为经济高效、运行良好、人居环境优美舒适、生态循环健康协调，经济效益、社会效益和环境效益相互协调和促进的生态型区域。

B　经济结构战略调整中贯彻循环经济理念

当前我国正处于产业结构战略性调整的关键时期，城市产业结构对城市的经济发展有深远的影响，对区域的环境保护也至关重要。产业结构是联结经济活动与生态环境的纽带，环境因素成为产业结构调整的主要因素。因此，环境规划要依据循环经济理念开展区域（包括各类开发区）产业与行业规划的环境影响评价，从环境保护、生态产业链构建、生态产业园建设等角度论证产业结构的合理性，提出调整产业结构的方案和建立循环经济模式的思路，促进经济与环境协调发展。

C　增强循环经济理念的环境规划实效性

不可否认，循环经济将对环境规划的理念与指导思想带来一些具有突破性的创新。但如果仅仅停留在抽象层面，而无法将循环经济在生态、资源循环利用等方面的理论与概念具体化、可度量化，尤其是不能有效地落实在资源利用、污染治理设施、节能减排等要素上，那就意味着没有找到循环经济与环境规划之间、产业与空间之间的有机结合点，循环经济对环境规划的实际效用将会变得有限，而且空泛。

D　循环经济理念在环境功能区划中的实践

在进行环境功能区划时，空间地域上的优化布局不仅要考虑环境因素，更要考虑区域企业内部、企业之间以及整个社会在生态产业链构建上的相似性和可行性，积极组建区域能量与物流多层次闭路循环交换的庞大网络。循环经济理论可以应用于同一功能区内部或不同的功能区之间，从而降低整个系统资源的消耗，减少污染物排放，达到发展经济、节约资源、发展循环经济的目的。

E　循环经济理念在环境规划指标体系构建中的应用

在环境规划中引入循环经济理念，具体操作首先要着眼于环境规划指标体系的调整，要把循环经济理念落实到规划提出的各项目标、指标中去。现有的指标包括污染源种类、资源能源利用情况、污染物产生、排放及达标情况、现状污染物处理情况、水的回用情况、废弃物综合利用情况、环境质量情况等，调整后的贯彻循环经济理念的指标体系应包括清洁能源替代率、清洁能源开发、利用种类、万元产值资源投入（投入产出价值比）、可再生资源利用率、绿色材料利用率、再回收资源利用率、固体废弃物及城镇垃圾循环利用率、中水回用率、清洁生产、产品生命周期评价的推广等内容。

复习思考题

2-1 什么是环境容量？

2-2 什么是环境承载力，它在环境规划与管理中的作用是什么？

2-3 如何理解人地系统的协调共生理论？

2-4 复合系统的结构、功能、特性是什么？

2-5 论述城市空间结构、集聚效应对环境规划与管理的影响作用。

2-6 循环经济理念如何在环境规划与管理中实现？

参考文献

[1] 刘利，潘伟斌．环境规划与管理［M］．北京：化学工业出版社，2006．

[2] 尚金城．环境规划与管理［M］．第2版．北京：科学出版社，2009．

[3] 海热提．环境规划与管理［M］．北京：中国环境科学出版社，2007．

[4] 丁忠浩．环境规划与管理［M］．北京：机械工业出版社，2007．

[5] 孙艳军，朱蕾，胡应成．基于循环经济理念的城市环境规划创新思路［J］．水资源保护［J］．水资源保护，2006，22（5）．

[6] 马晓明．环境规划理论与方法［M］．北京：化学工业出版社，2004．

[7] 马世骏，王如松．社会－经济－自然复合生态系统［J］．生态学报，1984，4（1）．

[8] 郭怀成，尚金城，张天柱．环境规划学［M］．北京：高等教育出版社，2001．

[9] 白志鹏，王珺．环境管理学［M］．北京：化学工业出版社，2007．

[10] 张承中．环境管理的原理和方法［M］．北京：中国环境科学出版社，1997．

[11] 叶文虎．环境管理学［M］．北京：高等教育出版社，2000．

3 环境规划技术方法

【本章要点】环境规划的技术方法主要包括环境评估、环境预测和环境决策等，其中环境预测和环境决策是环境规划中具有重要作用的两项基本工作，贯穿于环境规划的全过程。环境预测是在环境调查和现状评估的基础上，结合社会经济发展情况通过一定的分析推求未来环境状况，是开展区域环境规划工作的基础和前提，是决策和规划前提。决策分析主要采用经济学上的效益分析以及数学归纳法等工具帮助决策者有效地组织信息、改进决策、辅助决策。同时，本章还介绍了计算机技术在环境预测中的应用，重点阐述了GIS系统（如叠加分析、邻近度分析、网络分析等）空间分析法的使用，最后介绍了规划方案的设计与优化。

3.1 环境预测与社会经济发展预测方法

3.1.1 环境预测

环境预测是一类针对环境领域有关问题的预测活动，通常是在环境现状调查评价和科学实验基础上，结合经济社会发展情况，对环境的发展趋势做出科学的分析和判断。环境预测在环境影响的分析评价中起着重要的作用。实际中，环境影响一般考虑为环境质量的一个或多个度量值的具体变化。对于这类变化的分析把握是环境预测的核心内容。

环境规划中，为实现协调环境与经济发展所能达到的目标，环境预测是不可缺少的环节，这也是环境规划决策的基础。

3.1.1.1 环境预测的主要内容

环境预测的主要内容包括：

（1）社会发展预测。重点是人口预测，同时也包括一些其他社会相关因素的确定。

（2）经济发展预测。经济发展预测的重点是国内生产总值预测、工业总产值预测和能源消耗预测等，同时也包括对经济布局与结构、交通和其他重大经济建设项目的预测与分析。

（3）环境质量与污染预测。环境污染防治规划是环境规划的基本问题，与之相关的环境质量与污染源的预测活动构成了当前环境预测的重要内容。例如，污染物总量预测，重点是确定合理的排污系数（如单位产品排污量）和弹性系数（如工业废水排放量与工业产值的弹性系数）；环境质量预测的主要问题是确定排放源、污染物与受纳环境介质之间的输入响应关系。

（4）其他预测。根据规划对象具体情况和规划目标需要选定，如重大工程建设的环境效益或影响；土地利用、自然保护和区域生态环境趋势分析；科技进步及环保效益等等。

3.1.1.2 环境预测遵循的基本原则

环境预测遵循的基本原则有：

（1）经济社会发展是环境预测的基本依据，要注意经济社会与环境各系统之间和系统整体的相互联系和变化规律。

（2）科技进步的作用，即科学技术对经济社会发展的推动作用与对环境保护的贡献是影响环境预测的重要因素。

（3）突出重点，即抓住那些对未来环境发展动态具有最重要影响的因素，这不仅可大大减少工作量，而且可增加预测的准确性。

（4）具体问题具体分析，环境预测涉及面十分广泛，一般可分为宏观和微观两个层次，要注意不同层次的特点和要求。

3.1.1.3 预测方法选择与结果分析

A 基本思路

环境预测是在环境调查和现状评价的基础上，结合经济发展规划或预测，通过综合分析或一定的数学模拟手段，推求未来的环境状况，其技术关键是：

（1）把握影响环境的主要社会经济因素并获取充足的信息。

（2）寻求合适的表征环境变化规律的数理模式或了解预测对象的专家系统。

（3）对预测结果进行科学分析，得出正确的结论。这一点取决于规划人员的素质和综合问题的能力与水平。

B 预测方法选择

与一般预测的技术方法相同，有关环境预测的技术方法也大致分为定性和定量预测两类：

（1）定性预测技术，如专家调查法（召开会议、征询意见）、历史回顾法、列表定性直观预测等。这类方法以逻辑思维为基础，综合运用这些方法，对分析复杂、交叉和宏观问题十分有效。

（2）定量预测技术多种多样，常用的有外推法、回归分析法和环境系统的数学模型等。这类方法以运筹学、系统论、控制论、系统动态仿真和统计学为基础，其中环境系统的数学模型对定量分析环境演变，描述经济社会与环境相关关系比较有效。用于环境系统的数学模型，是综合代数方程或微分方程建立的。通常，它们依据科学定律，或者依据数据的统计分析，或者两者兼而有之。例如，物质不灭定律是用来预测环境质量（水、空气）影响的多数数学模型的基础。

环境预测方法的选择应力求简便和适用。由于目前所发展的预测模型大多还不完善，均有各自的不足与弱点，因而实际预测时，亦可采用几种模型同时对某一环境对象进行预测，然后通过比较、分析和判断，得出可以接受的结果。

C 预测结果的综合分析

预测结果的综合分析评价，目的在于找出主要环境问题及其主要原因，并由此进一步确定规划的对象、任务和指标。预测的综合分析主要包括下述内容：

（1）以资源态势和经济发展趋势分析规划区的经济发展趋势和资源供求矛盾，同时分析经济发展的主要制约因素，以此作为制定发展战略，确定规划方案等问题的重要依据。

（2）以环境发展趋势分析环境问题，两种类型的问题在预测分析时特别值得注意：一类是指某些重大的环境问题，例如全球气候变化、臭氧层破坏或严重的环境污染问题等，这些问题一旦发生会造成全球或区域性危害甚至灾难；另一类是指偶然或意外发生而对环境或人群安全和健康具有重大危害的事故，如核电站泄漏事故、化工厂爆炸、采油井喷、海上溢油、水库溃坝、交通运输中有毒物质的溢出和尾矿库或电厂灰库溃坝等。对这类环境风险的预测和评价，有助于采取针对性措施，或者制定应急措施防患于未然，从而一旦事故发生时可减少损失。

D　其他重要问题分析

规划区域中某些重要问题需进行分析，如特别需要的保护对象、重大工程的环境影响或效益等。

3.1.2　社会经济发展预测方法

3.1.2.1　人口预测

社会发展预测重点是人口预测，人口预测是指根据一个国家、一个地区现有人口状况及可以预测到的未来发展变化趋势，测算在未来某个时间人口的状况，是环境规划与管理的基本参数之一。通常，人口预测的变量主要采取直接影响人口自然变动的出生率、死亡率和社会变动的迁移率等参数，这些参数的选取必须考虑约束条件。进行人口预测，主要关心的是未来的人口总数，常见的人口预测模型见表 3-1。

表 3-1　常见的人口预测模型

项　目	公　式	说　明
算术级数法	$N_t = N_{t_0} + b(t - t_0)$	N_t—预测年的人口数量，万人； N_{t_0}—基准年的人口数量，万人；
几何级数法	$N_t = N_{t_0}(1 + K)^{t - t_0}$	b—逐年人口增加数（即 t 变动 1 年 N_t 的增加数），万人/a； t, t_0—预测年和基准年，a；
指数增长法	$N_t = N_{t_0} 2.718^{K(t - t_0)}$	K—人口自然增长率，是人口出生率与死亡率之差，常表示为人口每年净增的千分数

3.1.2.2　国内生产总值（GDP）预测

国内生产总值是指一国所有常住单位在一定时期内所生产的最终物质产品和服务的价值总和。

通过大量数据的回归分析，我国国内生产总值预测的常用经验模型的形式是：

$$Z_t = Z_{t_0}(1 + a)^{t - t_0} \tag{3-1}$$

式中　Z_t——t 年 GDP 值；

　　　Z_{t_0}——预测起始年（t_0 年）的 GDP 值；

　　　a——GDP 年增长率，%。

规划期国内生产总值的平均年增长率是国民经济发展规划的主要指标。环境预测可直接用它来预测有关的参数。

3.1.2.3 能耗预测

A 能耗指标

能耗包括以下几类：

（1）产品综合能耗。

$$单位产值综合能耗 = \frac{总能耗量}{产品总产值} \qquad (3-2)$$

$$单位产量综合能耗 = \frac{总能耗量}{产品总产量} \qquad (3-3)$$

总能耗量（标准煤）单位为 t，产品总产值单位为万元，产品总产量单位为 t 或万米。

（2）能源利用率。能源利用率是指有效利用的能量同供给的能量之比。

（3）能耗弹性系数。能耗弹性系数是指规划期内平均能耗量增长速度与平均经济增长速度之间的对比关系。

$$能耗弹性系数 = \frac{规划期内平均能耗量增长速度}{规划期内平均经济增长速度} \qquad 或 \qquad e = \frac{\Delta E/E}{\Delta G/G} \qquad (3-4)$$

式中　E——能耗量；

　　　G——总产值。

经济增长速度可采用工业总产值、工农业总产值、社会总产值或国民收入的增长速度等表示。

B 能耗预测方法

常用的能耗预测法主要是人均能耗法和能耗弹性系数法两种类型。

（1）人均能耗法。按人民生活中衣食住行对能源的需求来估算生活用能的方法。根据美国对 84 个发展中国家进行的调查表明：当每人每年的能耗量（标准煤）为 0.4t 时，只能维持生存；为 1.2~1.4t 时可以满足基本的生活需要。在一个现代化社会里，为了满足衣食住行和其他需要，每人每年的能耗量（标准煤）不低于 1.6t。

（2）能耗弹性系数法。这种方法是根据能耗与国民经济增长之间的关系，求出能耗弹性系数 e，再由已决定的国民经济增长速度，粗略地预测能耗的增长速度。计算公式为：

$$\beta = e\alpha \qquad (3-5)$$

式中　β——能耗增长速度；

　　　e——能耗弹性系数；

　　　α——工业产值增长速度。

能耗弹性系数 e 受经济结构的影响。一般来说，在工业化初期或国民经济高速发展时期，能耗的年平均增长速度超过国民生产总值年平均增长速度 1 倍以上，e 大于 1，甚至超过 2。以后，随着工业生产的发展和技术水平的提高，人口增长率的降低，国民经济结构的改变，能耗弹性系数 e 将下降，大都低于 1，一般为 0.4~1.1。

若已知能耗增长速度，规划期能耗预测计算公式如下：

$$E_t = E_0(1+\beta)^{t-t_0} \qquad (3-6)$$

式中　E_t，E_0——规划期 t 年、起始年 t_0 的能耗量。

3.2 环境规划决策分析方法

3.2.1 环境规划的决策分析

3.2.1.1 决策分析的概念

决策是一个对事物进行分析综合和思维判断的过程。所谓决策分析，是进行决策方案选择的一套系统分析方法，通常是关于决策过程中具体的程序、规则和推算的组合。决策分析并不意味着为决策者制定决策，它仅仅是试图通过一定适当的处理或分析方法帮助决策者有效地组织信息、改进决策过程、辅助决策。借助于决策分析工具将有益于帮助决策者科学合理地展开决策活动，解决复杂的决策问题。

按照决策问题的内容和信息的数量化特性，决策分析的方式可以分为两种：定性决策分析和定量决策分析。如果决策分析中，其内容、方法及信息以定性形式为其特征，则称其为定性的决策分析，这种决策分析方式主要依靠人的经验判断进行。如果数量化是决策分析方法、内容及信息的主要特征，则称其为定量决策分析。由于定量决策分析可以给出明确的数量结果，便于使用数学方法和计算机技术，也便于揭示一些直观难以表达的关系，因此可以更为有效地识别行动方案的效果，有利于对决策方案进行比较选择。能否采用定量决策分析一般取决于以下条件：

（1）决策问题的性质是否存在不可量化的因素或虽然问题的因素可以量化，但是难以建立它们之间的数量关系。

（2）决策分析人员的能力是否具有定量描述和构造决策问题的水平。

（3）数量化方法的发展：可供使用的定量决策分析方法的有效程度。在环境规划的决策问题中，往往既有部分可数量化描述的问题，也有许多难以定量化的成分。因此，合理地采取定性与定量决策分析并有机地结合，是支持决策的有效途径。

3.2.1.2 环境规划决策分析的基本框架

针对环境规划具有多方案、多目标决策问题的特征，可采用决策树这样的结构框架进行分析，即将这种多方案、多目标的决策过程，按因果关系、隶属层次和复杂程度分成若干有序的方案和若干等级的目标，形成由对策－目标组成的递阶展开的"树枝状"决策分析系统，如图3－1所示。

在上述对策－目标决策分析树系统中，如果能通过价值观念的评价实现对复杂因素的量化，把不同性质的环境、经济、社会目标指标，置于统一的价值系统之中，就可以对任意方案，求得其各级目标值（属性指标值）及其综合总目标的价值 u，从而得出各个方案的相对优劣排序。

在决策树分析过程中，关键的问题在于不同性质的目标之间的价值应如何综合比较分析。显然这种价值的估计带有很强的主观成分，这与分析者和决策者以及二者间的配合直接有关。但是原则上还是可以通过价值的测定，取得能反映出客观现实的价值共识，获得较为统一的认识和普遍可以接受的决策结果。

3.2.1.3 环境系统规划的决策分析模式

根据环境规划决策分析基本框架，在实际应用中，系统规划的决策分析可归纳为两种

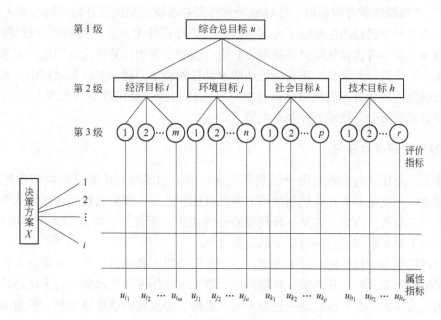

图 3 - 1   "树枝状"决策分析系统

类型：一是基于最优化技术构造的环境系统规划决策分析模型，可称为"最优化决策分析模型"；另一种是基于各种备选方案进行系统目标的模拟分析，从而选择满意方案，可称为"模拟优化决策分析模型"。

环境系统规划的"最优化决策分析模型"，通常是利用数学规划方法，建立数学模型并一次求解行动方案的决策分析过程。其定量化程度和计算机化程度高，但需要在一定条件下进行简化以建立模型，因而存在局限性，如：（1）优化过程的目标函数是单一的，经常需将其他目标因素表达为约束条件（如简单的水质约束），以致往往并不与实际的规划控制方案相对应；（2）决策分析过程不便于决策者和其他专家的参与；（3）数据不足时，建模困难、可靠性差。正因为"最优化"决策分析模型（或最优化数学规划模型）存在上述问题，这使得实际许多环境系统规划的范围、条件和因素往往不能满足构成的（已经简化了的）"最优化"规划模型的要求，从而无法将决策问题的多种考虑直接容纳到最优规划的目标和约束之中，加之社会影响的目标更无法直接表达在最优模型中，因此，在许多情况下这种最优决策分析模型难以适应复杂环境系统规划决策分析的实际需求。虽然在某些相当简化的条件下，研究开发了几种有关的水、气环境"最优"规划模型，可在一定场合或简单决策问题时作为规划决策分析应用，但对复杂的系统规划决策分析而言，则很少实际应用。

"模拟优化决策分析模型"是直接基于环境规划决策分析的对策－目标树框架，就各个备选组合方案，分别进行多种目标和综合指标的模拟（包括环境质量、费用及社会影响等）和评估的决策分析过程。这一决策分析过程基于多目标决策的基本思维方式，如既考虑环境质量的功能需求，也考虑污染源控制等问题，从而可以提供综合目标对应的协调方案的决策分析信息。由于这种决策分析的过程，便于决策者、分析者、受影响者以及有关专家的交流和参与，从而有利于对各种方案的相对优劣程度得出较为统一和适当的认识。因此，"模拟决策分析模型"往往成为进行复杂系统规划决策分析采纳的方式。

现代决策科学已经产生建立了许多有效的决策分析技术方法，特别是通过将决策论、系统分析和心理学等多领域研究成果融合起来，朝着定量和计算机化方向发展起来的决策分析技术方法及其计算工具，正在广泛地渗透到各种决策问题及其决策过程中。在环境规划中，目前使用较为普通的决策分析技术方法大体包括：费用效益（效果）分析、数学规划和多目标决策分析技术三种基本类型。

3.2.2　环境费用效益分析

传统上，费用效益分析是用于识别和度量一项活动或规划的经济效益和费用系统方法，其基本任务就是分析计算规划活动方案的费用和效益，然后通过比较评价从中选择净效益最大的方案提供决策。它是一种典型的经济决策分析框架，将其引入到环境规划中，可作为一项工具手段以进行环境规划的决策分析。

实施环境规划管理措施和技术方案，一方面需要投入和代价，另一方面它会直接获得环境功能的恢复和改善，从而减少环境污染、资源破坏所带来的损失。对于这种环境效益和相应的投入代价，在环境规划中选择不同方案时，最直接的思想是类似一般活动的经济分析那样，通过费用效益的分析评价方法进行。

3.2.2.1　环境费用效益分析的基本程序

环境费用效益分析的一般过程可概括如图 3 - 2 所示。

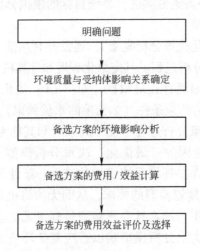

图 3 - 2　环境费用效益分析基本程序

A　明确问题

费用效益分析的首要工作是明确问题。对于一个环境规划，就是要弄清规划和受纳体影响的变化，重要的前提工作是确定一项环境资源的功能。在环境功能分析确定基础上，进一步的工作是对环境质量与环境受纳体的影响，即剂量反应关系进行识别确定，这是环境费用效益分析的关键，也是环境费用效益分析成功的科学基础。

B　环境质量与受纳体影响关系确定

对受纳体环境影响的估计，即剂量反应关系确定主要包括：（1）估计环境质量变化的时空分布；（2）估计受纳体在环境质量变化中的暴露程度；（3）估计暴露对受纳体产生的物理化学和生物效应。

C 备选方案的环境影响分析

不同的规划方案对应着不同的环境效果或环境损失（效益），伴随着规划方案的改变，相应的环境损失（效益）也会随之变化。因此，针对不同规划方案进行改善环境质量的定量化影响估计是环境效益或损失计算的前提。这一工作的有效程度取决于人为活动对环境质量及受纳体影响关系的识别确定。

D 备选方案的费用/效益计算

为了使规划方案的影响效果具有可比性，费用效益分析方法采取了将规划方案的定量化损失/效益统一为货币形式的表达方式。从决策分析的角度看，环境费用效益分析的货币化过程，实质上是将决策的多种目标统一为单一经济目标的过程。通常，在规划方案的制定中，投资、运行费用以及有关经济费用构成为费用效益分析的费用计算内容，而对规划方案的非经济效益（损失）则需要借助于货币化技术方法进行估计计算。

E 备选方案的费用效益评价

当完成备选方案的费用、效益货币化计算后，就可通过适当的评价准则进行不同方案的比较，完成最佳方案的筛选。

3.2.2.2 费用效益分析的评价准则

进行规划方案费用效益的比较评价，通常可采用净效益或费效比等评价准则。

（1）净效益。净效益是总效益现值扣除总费用现值的差额，其计算方法为：

$$Z_{NPV} = \sum \frac{B_t - C_t}{(1+r)^t} = \sum \frac{B_t}{(1+r)^t} - \sum \frac{C_t}{(1+r)^t} \qquad (3-7)$$

式中 Z_{NPV}——净效益（现值）；

B_t——第 t 年的效益；

C_t——第 t 年费用；

r——社会贴现率；

t——时间 t，a。

若 $Z_{NPV} > 0$，表明规划方案得大于失，方案可以接受：否则，方案不可取。对于多个满足净效益大于零的方案，可按净效益最大的准则进行备选方案的筛选。

（2）费效比。费效比即总费用现值与总效益现值之比，记作 α。

$$\alpha = \sum \frac{C_t}{(1+r)^t} \bigg/ \sum \frac{B_t}{(1+r)^t} \qquad (3-8)$$

如果费效比 α<1，方案的社会费用支出小于其所获得的效益，方案可以接受：如果费效比 α≥1，方案费用支出大于社会效益，方案应予拒绝。

此外，还可以采用内部收益率，即以净现值为零时的社会贴现率为准则，进行规划方案的评价筛选。

在利用费用效益分析方法评价规划方案的决策分析中，由于规划方案的实施往往是在一定时期内进行的，因而不同方案及其费用、效益发生的时间不尽相同。为此，在费用效益计算过程中，需要运用社会贴现率把不同时期的费用效益化为同一水平年的货币值，以使整个时期的费用效益具有可比性。理论上，社会贴现率应该在大量的国民经济评价资料的基础上，由国家根据资金的需求及供给情况、当前的投资收益水平、资金的机会成本、社会贴现率对长短期项目的影响、以往的经验和国际金融市场的长期贷款利率等因素综合确定。

3.2.2.3   环境效益评价的货币化技术方法

在环境费用效益分析中，由于环境质量及受纳体影响的多样性和复杂性，因而对人为活动产生的环境效益（或损失）的货币化技术方法种类繁多，正在不断发展过程中。实践中，还没有哪一种技术方法可以达到完全成熟、普遍适用的状况。这就需要根据具体条件，选择利用或需进一步加以研究，以开发新的适用技术方法。

现有常见的环境效益评价货币化技术方法大体有三类，它们分别为直接根据市场的方法、替代市场的方法以及调查法（表3-2）。下面针对前两类方法，简单介绍其中的一些基本思想。

表3-2   常见的环境效益评价货币化技术方法

类 型	评 价 方 法
市场的方法	市场价格法（生产率值） 人力资本法 机会成本法 防护费用法 恢复费用法 影子工程法
替代市场法	资产价值法 旅游费用法 工资差额法
调查法	支付愿望法 专家调查法

（1）市场价格法。市场价格法是直接根据物品或服务的价格，利用因环境质量变化引起的产量和利润的变化来计量环境质量变化的经济效益或经济损失。该方法应用广泛，如可用于因污染造成农产品减产的评价。

（2）人力资本法或工资损失法。人力资本法将劳动者作为生产要素而对其遭受环境影响，特别是通过人体健康进行环境价值经济评价的方法。环境质量恶化对人的经济损失有过早死亡、患病、提前退休等，这些可以通过个人的费用支出或损失反映出来。例如，用人力资本法可以评估大气污染对某地区人体造成危害的货币损失。

（3）机会成本法。经济学中，机会成本是指把一定的资源用在生产某种产品时，所放弃生产的其他产品所能获得的最大收益。如一块土地，可以种植小麦或大豆，为种植小麦而放弃的大豆产量就成为种植小麦的机会成本。根据这一思想方法，对一个规划的多个方案，就可以计算估计由于环境变化所引起的收益或损失。

（4）资产价值法。资产价值法是用环境质量的变化引起资产价值的变化来估计环境污染或改善环境质量所带来的经济损失或收益。噪声污染、大气污染、水污染等都会影响资产（如房地产）的价值，这样就可以用房地产价值的变化来评估某一环境质量的影响。

（5）工资差额法。工资差额法是利用不同环境质量条件下工人工资的差异，来估计环境质量变化造成的经济损失或经济效益。如果工人可以自由选择工作，污染地区的工作要用高工资来吸引工人，所以工资的地区差异可以部分地归功于工作地点的环境质量的不同。

（6）防护费用法。环境资源被破坏时带来的经济损失，可以通过为防护该环境资源不受破坏准备支付的费用来推断。例如评估公路噪声的危害，可以用建立噪声隔离墙所需的费用来衡量。

（7）恢复费用法。一种环境资源的破坏假定能恢复到原来状态，这种恢复所需要的费用可作为该环境资源被破坏带来的经济损失或它的经济价值估计。实际上，环境退化、生态破坏往往很难恢复到原来功能，所以恢复费用也只是它的最低损失费用。

（8）影子工程法。在环境资源受到破坏之后，如果用人工建造一个工程来代替原来的环境功能，这时所需的费用可用来估计破坏该环境资源的经济损失。例如，某处地下水受到污染而失去饮用水功能，可以用重新建造一个饮用水源所需的费用来评估该地下水资源受破坏的经济损失。

虽然已有许多对环境资源进行经济评价的估值技术，但大量环境影响的货币化仍然存在着相当大的困难，有时甚至是不可行的。为此，在费用效益分析基础上，可采用的一个简化方案评价方式是费用效果分析。所谓费用效果分析，在环境规划中，通常是指在满足一定环境要求的前提下，选择费用最小的活动方案的决策分析技术。许多利用数学规划建立的环境规划模型正是这种费用效果分析思想的体现。

总之，费用效益分析技术（包括费用效果分析）作为一类传统的经济评价方法，在用于环境规划决策问题中，尽管还存在许多未能解决的问题，包括未能考虑分配上的公平问题，但作为一种决策分析框架，它依然在发挥着重要的决策支持作用。

3.2.3 数学规划方法

数学规划方法是指利用数学规划最优化技术进行环境规划决策分析的一类技术方法。从决策分析的角度看，这类决策分析方法的使用，需要根据规划系统的具体特征，结合数学规划方法的基本要求，将环境系统规划决策问题概化成在预定的目标函数和约束条件下，对由若干决策变量所代表的规划方案，进行优化选择的数学规划模型。

用于环境规划中的数学规划决策分析方法主要有：线性规划、非线性规划以及动态规划等。

3.2.3.1 线性规划

线性规划是一种最基本也是最重要的最优化技术。从数学上说，线性规划问题可描述为：（1）通过一组未知量（又称决策变量）表示规划的待定方案，这组未知量的确定值代表了一个具体方案，通常要求这组未知量取值是非负的；（2）对于规划的对象，存在若干限制条件，这些限制条件均以未知量的线性等式或不等式约束来表达；（3）存在一个目标要求，这个目标由未知量的线性函数来描述。按所研究的规划问题的决策规则不同，要求目标函数值实现极大化或极小化。

线性规划的一般表达形式为：

$$\begin{cases} \max(\min) f = cx \\ Ax \leq (=, \geq) b \\ x_i \geq 0 \end{cases} \qquad (3-9)$$

式中　x——由 n 个决策变量构成的向量，即规划问题的备选，$x = (x_1, x_2, \cdots, x_n)^{\mathrm{T}}$；

　　　c——由目标函数中决策变量的系数构成的向量，$c = (c_1, c_2, \cdots, c_n)$；

　　　A——由线性规划问题的 m 个约束条件中关于决策变量的系数组成的矩阵；

　　　b——由 m 个约束条件中常数构成的向量，$b = (b_1, b_2, \cdots, b_n)^{\mathrm{T}}$。

任何决策问题，当被构造成线性规划模型时，其约束条件反映了一个决策问题中对决策变量（方案）的客观限制要求。此外，它也可作为对具有多目标的决策问题进行目标削减，实施简化处理的表达形式。线性规划中的目标函数，代表了规划方案选择的评价准则。它的确定，集中体现了决策分析中最主要的决策要求或考虑。

所谓运用线性规划方法进行决策分析，就是对一规划对象，通过建立线性规划模型，即在各种相互关联的多个决策变量的线性约束条件下，选择实现线性目标函数最优的规划方案的过程。一般线性规划问题求解，最常用的算法是单纯形法，已有大量标准的计算机程序可供选用。此外，在一定条件下，也可采取对偶单纯形法、两阶段法进行线性规划的求解。对于某些具有特殊结构的线性规划问题，如运输问题、系数矩阵具有分块结构等问题，还存在一些专门的有效算法。

线性规划问题中，如果部分或全部决策变量的取值有整数的限制要求，这类特殊的线性规划称为整数规划。对于整数规划，如果其所有决策变量都限制为（非负）整数，就称为纯整数或全整数规划，如果仅要求部分决策变量取整数值，则称其为混合整数规划。整数规划中的一种特殊情况是 0 - 1 规划，它的决策变量取值仅限于 0 或 1。

对于实际中存在的整数解要求，如污水处理设施数量或规划方案的取舍等污染控制系统规划的决策问题，整数规划是一种有效的支持技术。

求解整数规划，至今还没有像求解线性规划问题的单纯形法那样的通用算法。常用的主要算法有分支定界法、割平面法以及针对 0 - 1 规划的隐枚举法。其中，分支定界法一般说来对纯整数或混合整数规划求解均适用。该方法是从不考虑决策变量的整数限制条件的相应线性规划问题出发，如果其最优解不符合该整数规划问题的限制要求，则依其解对原问题进行分解，通过增加约束条件，压缩原问题解的可行域，逐步逼近整数规划问题的最优解。其实质仍是基于线性规划算法的求解方法。

3.2.3.2　非线性规划

在环境系统规划管理中，不少决策问题可以归纳或简化为线性规划问题，其目标函数和约束条件都是决策变量的线性关系式。但是，客观实际中大量复杂的非线性关系，由于精确化需要，不宜直接通过线性关系的模型来描述。例如，污水处理费用与污染物去除量（率）间的函数关系。如果在规划模型中，目标函数和约束条件表达式中存在至少一个关于决策变量的非线性关系式，这种数学规划问题称为非线性规划问题。非线性规划问题的一般数学模型常表示为如下形式：

$$\max(\min)f(\boldsymbol{x})$$

$$\begin{cases} h_i(\boldsymbol{x}) = 0 & (i = 1, 2, \cdots, m) \\ g_j(\boldsymbol{x}) \geqslant 0 & (j = 1, 2, \cdots, p) \end{cases} \tag{3-10}$$

式中　　　　　　$\boldsymbol{x}$——n 维欧氏空间 E_n 中的向量，它代表一组决策变量，$\boldsymbol{x} = (x_1, x_2, \cdots, x_n)$；

$f(\boldsymbol{x}), h_i(\boldsymbol{x}), g_j(\boldsymbol{x})$——均为决策向量 $\boldsymbol{x}$ 的函数。

　　和线性规划模型一样，该模型也由目标函数 $f(\boldsymbol{x})$ 和若干约束条件 $h_i(\boldsymbol{x}) = 0$、$g_j(\boldsymbol{x}) \geqslant 0$ 两部分构成。但在 $f(\boldsymbol{x})$ 或 $h_i(\boldsymbol{x}), g_j(\boldsymbol{x})$ 中已存在决策向量 $\boldsymbol{x}$ 的非线性关系。从决策分析角度看，非线性规划模型给出的是在非线性的目标函数和/或约束关系式条件下进行规划方案选择的描述。

　　一般地，非线性关系的复杂多样性，使得非线性规划问题求解要比线性规划问题求解困难得多。因而，不像线性规划那样存在普遍适用的求解算法。除在特殊条件下可通过解析法进行非线性规划求解外，绝大部分非线性规划采用数值求解。数值法求解非线性规划的算法大体分为两类：一是采用逐步线性逼近的思想，即通过一系列非线性函数线性化的过程，利用线性规划方法获得非线性规划的近似最优解。二是采用直接搜索的思想，即根据非线性规划的一些可行解或非线性函数在局部范围的某些特性，确定一有规律的迭代程序，通过不断改进目标值的搜索计算，获得最优或满足需要的局部最优解。各种非线性规划求解算法各有所长，这需要根据具体非线性规划问题的数学特征选择使用。

3.2.3.3　动态规划

　　动态规划是处理具有多阶段决策过程问题特征的优化方法。所谓多阶段决策过程问题是指对由一系列相互联系的阶段活动构成的过程，如何在预定的活动效果评价准则（目标函数）下，使各阶段所做出的一系列活动选择，达到活动整体效果最佳的问题。多阶段决策问题中，每一阶段可供选择的活动决策往往不止一个，由于活动过程各阶段相互联系，任一阶段决策的选择不仅取决于前一阶段的决策结果，而且影响下一阶段活动决策的选择。因此对这种具有相互联系的多阶段活动过程优化问题，其决策序列的选择确定，通常很难通过线性或非线性规划优化方法来描述并求解，特别对于离散性多阶段决策问题，处理连续性问题的数学规划方法更无用武之地，这时动态规划方法则是一种有效的建模和优化手段。

　　任何多阶段决策问题的最优决策序列，都具有一共同的基本性质，这就是动态规划问题的最优化原理或称贝尔曼优化原理。该原理可概括为：一个多阶段决策问题的最优决策序列，对其任一决策，无论过去的状态和决策如何，若以该决策导致的状态为起点，其后一系列决策必须构成最优决策序列。根据这一基本原理，可以把多阶段决策问题归结表达成一个连续的递推关系。这种递推关系，若以逆序的方式，即从多阶段活动过程的终点向起点方向对由 n 个阶段的活动过程建立模型，则动态规划逆序求解的递推关系的数学表达形式为：

活动过程顺序 →

```
A | 1 | 2 | 3 | 4 |    | n-1 | n | G
```

← 求解过程顺序

$$
\begin{cases}
f_k(x_k) = \text{opt}\{d_k[x_k, u_k(x_k)] + f_{k+1}(u_k)\} \\
f_n(x_n) = d(x_n, G)
\end{cases}
\quad (k = n-1, \cdots, 3, 2, 1) \qquad (3-11)
$$

式中　　　　　x_k——第 k 阶段的状态变量，它为 $k-1$ 阶段决策的结果，第 k 阶段所有状态成一状态集；

　　　　　$u_k(x_k)$——第 k 阶段的决策变量，它代表第 k 阶段处于状态 x_k 时的选择，即决策；

$d_k[x_k, u_k(x_k)]$——第 k 阶段从状态 x_k 转移到下一阶段状态 $u_k(x_k)$ 时的阶段效果，衡量阶段效果的指标，在具体的问题中，可以为距离、费用或时间等。

3.2.4　多目标决策分析方法

客观世界的多维性或多元化，使得人们的需求具有多重性，因而绝大多数决策问题都具有不同程度的多目标特征。环境规划的某些决策问题，虽然可经概括、简化，一定程度上将其处理为单一目标的数学规划问题，并以相应的优化方法求解，进行规划方案的选择确定，但基于多目标决策的概念方法将能更好地体现环境系统规划决策问题多目标的本质特征，支持环境规划决策问题的分析过。

3.2.4.1　多目标决策分析的概念

从决策的基本内容看，涉及多目标决策分析应用中最主要的概念是确定所要解决问题的目标体系和实现这些目标方案的评价选择问题。

A　决策问题的多目标体系

多目标决策分析与传统单目标优化的最大区别在于其决策问题中具有多个互相冲突的目标。通常多目标决策问题中，一组意义明确的多个冲突目标可表达为一递阶结构，或称目标体系（图 3-3）。

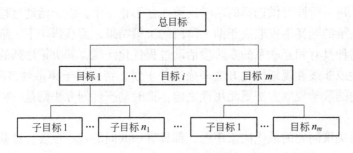

图 3-3　多目标递阶结构

这个目标体系是分层展开的，最高层是决策问题的总体目标，代表着决策者希望达到的总要求或状态。它反映了客观事物错综复杂的综合特性。一般，总体目标表达相对概括抽象，通过逐层分解，得到体现总体目标的下层目标或子目标。下层目标比上层目标表达具体精确。为了便于考察目标，易于决策，需对最底层目标给出相应的属性描述，以反映目标的概念特征。有些目标属性，可以确切定义，从而能被有效地度量。有些目标属性，则往往难以精确定义，因而只能定性地进行判断估计。无论何种情况，目标属性都应满足以下两个基本性质：

（1）可理解性，即目标属性值足以标定相应目标的实现满足程度。

（2）可测性，即可按照某种方式对决策方案进行目标属性赋值。

B 决策方案的多目标评价选择

清晰合理的目标体系和目标属性定义，是对规划方案进行多目标决策分析的基础。对于多目标规划问题，其数学模型可表述如下：

$$\max(\min) \mathbf{Z} = f(\mathbf{X})$$

$$\Phi(\mathbf{X}) \leqslant \mathbf{G} \tag{3-12}$$

式中　$\mathbf{X}$——决策变量向量，$\mathbf{X} = [x_1, x_2, \cdots, x_n]^T$；

　　　　$\mathbf{Z}$——K 维函数向量，$\mathbf{Z} = f(\mathbf{X})$；

　　　　K——目标函数的个数；

　　$\Phi(\mathbf{X})$——m 维函数向量；

　　　　$\mathbf{G}$——m 维常数向量；

　　　　m——约束方程的个数。

在多目标决策问题的求解中，非劣解是一个十分重要的概念，对于这一概念，可用下面的图加以说明。在图 3-4 中，就方案 a 和 b 来说，a 的目标值力比 b 大，但其目标值力比 b 小，因此无法确定这两个方案的优与劣。在各个方案之间，显然：c 比 b 好，g 比 c 好，e 比 d 好。而对于方案 e、f、g，它们之间无法确定优劣，而且又没有比它们更好的其他方案，它们就被称之为多目标决策问题的非劣解或有效解，其余方案都称为劣解。所有非劣解构成的集合称为非劣解集。

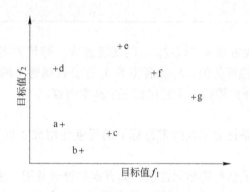

图 3-4　决策方案的过目标

由上述非劣解的概念可以看出，由于多个目标间的矛盾冲突性，多目标决策问题一般已不存在通常意义下的最优解，即不存在一个使全部目标属性值都达到最优状态的方案。但是多目标决策问题出现了难分上下的非劣解。这些非劣解的目标函数值此长彼消，对此，只有根据决策者对其变化的偏爱程度，才能确定最终决策。

所谓多目标决策分析，就是基于上述概念，运用种种数学支持技术，根据所建立的多个目标，找出全部或部分非劣解，并设计一些程序识别决策者对目标函数的意愿偏好，从非劣解集中选择"满意解"。

各种多目标决策分析技术，可依有限方案与无限方案分为两类。有限方案条件下的决策分析技术，在实际问题中使用更为普遍。

C　有限方案的多目标决策分析方法

当前，存在不少多目标决策分析方法可供环境规划的决策分析选用。但在实践中，最可行的多目标决策分析仍是基于一组目标对若干待定方案进行评价比较的形式。这不仅易于体现环境规划多目标决策分析的逻辑过程，而且易于适应环境规划决策问题的非结构化特征。以下介绍这类决策分析形式的两种基本方法：矩阵法和层次分析法。它们可单独使用，也可相互结合或作为其他决策方法的基础。

矩阵法是处理有限方案多目标决策问题最简单而直观的评价分析方法。设一决策问题，x_1，x_2，$\cdots$，x_n 是决策问题的 n 个目标（属性），A_1，A_2，$\cdots$，A_m 是满足 m 个目标要求的批个可行方案，在此基础上，则可建立决策评价矩阵表（表3-3）。

表 3-3　多目标决策评价矩阵

	x_1	x_2	$\cdots$	x_j	$\cdots$	x_n	V_j
	W_1	W_2	$\cdots$	W_j	$\cdots$	W_n	
A_1	V_{11}	V_{12}	$\cdots$	V_{1j}	$\cdots$	V_{1n}	V_1
A_2	V_{21}	V_{22}	$\cdots$	V_{2j}	$\cdots$	V_{2n}	V_2
$\vdots$	$\vdots$	$\vdots$		$\vdots$		$\vdots$	$\vdots$
A_i	V_{i1}	V_{i2}	$\cdots$	V_{ij}	$\cdots$	V_{in}	V_i
$\vdots$	$\vdots$	$\vdots$		$\vdots$		$\vdots$	$\vdots$
A_m	V_{m1}	V_{m2}	$\cdots$	V_{mj}	$\cdots$	V_{mn}	V_m

决策矩阵中，V_{ij} 代表方案 A_i 对目标 x_j 的实现程度，即该方案在目标 x_j 下的属性值。W_j 为各目标的相对重要性评价值，V_i 为各方案 A_i 在目标属性下的综合评价结果。运用矩阵法进行多目标的方案评价筛选，主要包括三个基本内容。

a　V_{ij} 的确定

所谓 V_{ij} 的确定是对备选方案在给定目标下的贡献作用或实现程度进行评价，一般 V_{ij} 的确定分为两种情况：

（1）通过直接计算或估计得出属性值，如方案的投资费用，水质效果等。

（2）通过建立分级定性指标，经判断得出属性值。如方案实施的技术难度，公众的可接受性等。

由于属性单位不同、数量级上的差异，难以对方案的不同目标属性进行比较分析，通常需要把属性值规范化，即把各属性值无量纲化统一变换到（0，1）范围内。常用的规范化方法有：

（1）向量规范化。

$$z_{ij} = \frac{V_{ij}}{\sqrt{\sum_{i=1}^{m} V_{ij}^2}} \qquad (3-13)$$

这种变换可把所有属性值无量纲化，但不能保证属性的最大或最小值都与1，0相对应。

（2）线性变换。当属性值均为越大越好或越小越好情况：

越大越好型：
$$z_{ij} = \frac{V_{ij}}{\max_j V_{ij}} \qquad (3-14)$$

越小越好型：
$$z_{ij} = 1 - \frac{V_{ij}}{\max_j V_{ij}} \qquad (3-15)$$

（3）其他变换。

越大越好型：
$$z_{ij} = \frac{V_{ij} - \min_j V_{ij}}{\max_j V_{ij} - \min_j V_{ij}} \qquad (3-16)$$

越小越好型：
$$z_{ij} = 1 - \frac{V_{ij} - \min_j V_{ij}}{\max_j V_{ij} - \min_j V_{ij}} \qquad (3-17)$$

根据具体问题不同可采用不同形式的变换。

b W_j 的确定

在多目标决策问题中，不同目标间的相对重要性或偏好一般可通过权重系数来反映。权重系数是多目标决策问题中价值观念的集中体现，它的确定直接影响规划方案的选择。在某种程度上说，多目标决策分析的关键就在于权重系数的确定。确定权重系数大体可分为非交互式和交互式两类方式。非交互式是指在获得决策方案前通过分析人员与决策者等有关人员的协调对话，先获得一组权重值分布，然后据此进行方案选择。交互式则指在决策分析过程中，通过决策分析人员与决策者等不断交流对话，在获得决策方案的同时确定权重系数值的做法，无论何种方式常见的具体确定权重系数方法主要有：

（1）专家法或德尔菲法。专家法或德尔菲法的基本思想是通过调查统计获得权重，即按照预先设计的一套程序，通过对若干有经验的专家（决策者）调查获得权重分布信息，经过分析人员的汇总、整理，并将结果反馈给专家。多次反复，逐步缩小各种不同结果的偏差，而获得最终权重结果的办法。

（2）其他方法。除广泛采用的专家法等外，其他还有特征向量法、平方和法等。这些方法从总体来看更侧重于对所收集信息的处理计算。它要在对问题目标重要性两两排序调查基础上，对这种两两比较的结果进行处理。具体计算的思路类似于下面的层次分析法。实际上，层次分析法本身就可用来确定权系数。

c V_i 确定

V_i 表达了任一备选方案在多个目标下的综合评价结果，通过 V_i 的大小即可对备选方案进行选择决策。V_i 的确定主要是根据每一方案对全部目标的贡献（属性值 V_{ij}）和各目标间的相对重要性（w_j），构造或选择一相应的算法，求得 V_i。最简单的算法是加性加权法，其计算过程的一般形式为：

$$V_i = \sum_j^n W_j Z_{ij} \qquad (3-18)$$

式中　W_j——目标 j 的权重系数；

　　　Z_{ij}——方案 i 在目标 j 下的属性规范值。

这里需注意，Z_{ij} 的计算需和 V_i 的排序规则相匹配。若是根据 V_i 最大进行方案的优劣排序，当目标中既含越大越好又含有越小越好两种类型的目标时，在对属性值规范化时必须注意采用相宜的办法，使其最优值都统一为1，以便进行比较。

此外，确定 V_i 还有其他对属性进行综合的算法，如乘积的方法。各种算法的使用应根据具体条件加以选择。

3.2.4.2　层次分析法

A　层次分析法解决问题的基本步骤

层次分析法是美国 Saaty A. L. 于20世纪70年代提出的一种系统分析方法，它适用于结构比较复杂、目标较多且不宜量化的决策问题。由于该方法思路简单、运算方便，能够与人们价值判断推理相结合，使其得到迅速广泛的应用。层次分析法解决问题的基本步骤如下：

（1）明确问题，建立目标、备选方案等要素构成的层次分析结构模型。

（2）对隶属同一级的要素，根据评价尺度建立判断矩阵。

（3）根据判断矩阵，计算确定各要素的相对重要程度。

（4）计算综合重要度，确定评价方案的优先序，提供决策支持。

B　层次分析法简介

a　建立层次分析结构模型

在这一步骤中，首要工作是建立所分析问题的多层次结构模型，即要根据具体决策问题的性质和要求，将问题的总目标及备选方案正确合理地进行层次划分，确定各层要素组成。并按照最高层（决策目标）、中间层（准则层）以及最低层（方案层）的形式排列起来。这种层次结构常用结构图来表示（图3-5），图中要标明上下层元素之间的关系。如果某一个元素与下一层的所有元素均有联系，则称这个元素与下一层次存在有完全层次的关系；如果某一个元素只与下一层的部分元素有联系，则称这个元素与下一层次存在有不完全层次关系。层次之间可以建立子层次，子层次从属于主层次中的某一个元素，它的元素与下一层的元素有联系，但不形成独立层次。

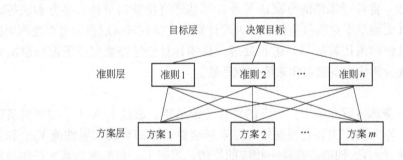

图3-5　层次结构模型

b　建立判断矩阵

判断矩阵是层次分析法的基本信息，也是进行相对重要度计算的重要依据。判断矩阵表示针对上一层次中的某元素而言，评定该层次中各有关元素相对重要性的状况。假设对上层某一元素 C_k 存在几隶属要素 A_1，A_2，…，A_n，以 C_k 为评价准则，进行 A_1，A_2，…，A_n 重要性的两两比较，所得判断矩阵如下：

$$\begin{bmatrix} A_1 & a_{11} & a_{1n} & \cdots & a_{1n} \\ A_2 & a_{21} & a_{22} & \cdots & a_{2n} \\ \vdots & \vdots & \vdots & \vdots & \vdots \\ A_n & a_{n1} & a_{n2} & \cdots & a_{nn} \end{bmatrix}$$

其中，a_{ij} 表示对于要素 A_i 与 A_j 就评价目标 C 而言的相对重要性的判断值。一般取 1、3、5、7、9 等 5 个标度，其意义分别表示 A_i 对 A_j 同等重要、略微重要、明显重要、特别重要、极端重要。而 2、4、6、8 表示相邻判断的中值，当 5 个等级不够时，可以使用这几个数值。显然，对于任何判断矩阵都应满足：

$$\begin{cases} a_{ij} = 1 \\ a_{ij} = \dfrac{1}{a_{ji}} \end{cases} (i,j = 1,2,\cdots,n) \tag{3-19}$$

因此，在构造判断矩阵时，只需写出上三角（或下三角）部分即可。

c 层次单排序

层次单排序的目的是对于上层次中的某元素而言，确定本层次与之有联系的元素重要性次序的权重值。层次单排序的任务可以归结为计算判断矩阵的特征根和特征向量问题，即对于判断矩阵 A，计算满足的特征根和特征向量。

$$AW = \lambda_{\max} W \tag{3-20}$$

式中　$\lambda_{\max}$——A 的最大特征根；

W——对应于 $\lambda_{\max}$ 的正规化特征向量，W 的分量 W_i 就是对应元素单排序的权重值。根据矩阵理论，可采用矩阵特征向量数值方法计算，常用的方法有方根法或和积法。

（1）方根法。

1）计算每一行元素的乘积，并开 n 次方根。

$$\overline{W}_i = \Big(\prod_{j=1}^{n} a_{ij} \Big)^{\frac{1}{n}} \quad (i = 1,2,\cdots,n) \tag{3-21}$$

2）将向量 $\overline{W} = [\overline{W}_1, \overline{W}_2, \cdots, \overline{W}_n]^{\mathrm{T}}$ 归一化：

$$W_i = W_i \Big/ \sum_{i=1}^{n} \overline{W}_i \quad (i = 1,2,\cdots,n) \tag{3-22}$$

则 $W = [W_1, W_2, \cdots, W_n]^{\mathrm{T}}$ 即为所求的特征向量。

计算最大特征根：

$$\lambda_{\max} = \sum_{i=1}^{n} \frac{(AW)_i}{nW_i} \tag{3-23}$$

式中　$(AW)_i$——向量 AW 的第 i 个分量。

（2）和积法。

1）将判断矩阵每一列归一化：

$$\bar{a}_{ij} = a_{ij} \bigg/ \sum_{k=1}^{n} a_{kj} \quad (i,j = 1,2,\cdots,n) \tag{3-24}$$

2）对按列归一化的判断矩阵，再按行求和：

$$\overline{W}_i = \prod_{j=1}^{n} a_{ij} \quad (i = 1,2,\cdots,n) \tag{3-25}$$

3）将向量 $\overline{W} = [\overline{W}_1, \overline{W}_2, \cdots, \overline{W}_n]^{\mathrm{T}}$ 归一化：

$$W_i = \overline{W}_i \bigg/ \sum_{i=1}^{n} \overline{W}_j \quad (i = 1,2,\cdots,n) \tag{3-26}$$

则 $W = [W_1, W_2, \cdots, W_n]^{\mathrm{T}}$ 即为所求的特征向量。

4）计算最大特征根：

$$\lambda_{\max} = \sum_{i=1}^{n} \frac{(AW)_i}{nW_i} \tag{3-27}$$

d　一致性检验

多数情况下，对要素 A_i 与 A_j 的比较结果 a_{ij} 只能是对客观事物的近似判断估计，这样难免使权重值 W_i 产生偏差。只有当判断矩阵满足一定条件时，才能认为权重计算较好地反映了对评价对象的认识。因此为了检验判断矩阵的一致性，需要计算它的一致性指标：

$$CI = \frac{\lambda_{\max} - n}{n - 1} \tag{3-28}$$

式中，当 $CI = 0$ 时，判断矩阵具有完全一致性；反之 CI 愈大，则判断矩阵的一致性就愈差。为了检验判断矩阵是否具有令人满意的一致性，则需要将 CI 与平均随机一致性指标 RI（表3-4）进行比较。一般而言，1 或 2 阶判断矩阵总是具有完全一致性的。对于 2 阶以上的判断矩阵，其一致性指标 CI 与同阶的平均随机一致性指标 RI 之比，称为判断矩阵的随机一致性比例，记为 CR。一般地，当 $CR = \dfrac{CI}{RI} < 0.10$ 时，我们就认为判断矩阵具有令人满意的一致性；否则，当 $CR \geqslant 0.1$ 时，就需要调整判断矩阵，直到满意为止。

表 3-4　平均随机一致性指标

阶数	3	4	5	6	7	8	9	10	11	12	13	14	15
RI	0.52	0.89	1.12	1.26	1.36	1.41	1.46	1.49	1.52	1.54	1.56	1.58	1.59

e　综合权重排序

综合权重排序是指对上一层所有要素，下层各要素的相对优先序。若已知某层要素为 C_1, C_2, $\cdots$, C_m，该层各要素在其上层要素下的综合权重为 a_1, a_2, $\cdots$, a_m，其下层要素为 A_1, A_2, $\cdots$, A_n，各要素 A_i 在其上层某要素 C_k 下的权重为 W_{ij}，则对 C_1, C_2, $\cdots$, C_m，要素 A_1, A_2, $\cdots$, A_n 的综合权重分布为：

$$W_i = \sum_{j=1}^{m} a_j W_{ij} \quad (i = 1,2,\cdots,n) \tag{3-29}$$

相邻层次要素及其权重的对应关系见表3-5。

表 3 – 5　相邻层次要素及其权重的对应关系

A 层	C_1,	C_2,	$\cdots$,	C_m	A 层全要素权重
	a_1,	a_2,	$\cdots$,	a_m	
A_1	W_{11},	W_{12},	$\cdots$,	W_{1m}	$W'_1 = \sum_{j=1}^{m} a_j W_{1j}$
A_2	W_{21},	W_{22},	$\cdots$,	W_{2m}	$W'_2 = \sum_{j=1}^{m} a_j W_{2j}$
$\vdots$		$\vdots$			$\vdots$
A_n	W_{n1},	W_{n2},	$\cdots$,	W_{nm}	$W'_n = \sum_{j=1}^{m} a_j W_{nj}$

　　类似地，对于综合排序结果同样也需进行一致性检验。为此，需要分别计算下列指标：

$$\begin{cases} CI = \sum_{j=1}^{m} a_{ij} CI_j \\ RI = \sum_{j=1}^{m} a_{ij} RI_j \\ CR = \dfrac{CI}{RI} \end{cases} \qquad (3-30)$$

式中，CI 为综合排序的一致性指标，CI_j 为与 a_j 对应的 A 层次中判断矩阵的一致性指标；RI 为综合排序的随机一致性指标，RI_j 为与 a_j 对应的 A 层次中判断矩阵的随机一致性指标；CR 为综合排序的随机一致性比例。

3.3　GIS 空间分析法

　　环境科学具有的多学科性及整体性，导致它带有明显的地理空间特点。对环境问题的研究和对环境的规划与管理，如流域级水污染控制、固体废弃物处置场址选择、自然保护区的规划等，都要处理大量的空间信息。为了准确地科学地进行规划与管理，首先必须要有足够的现状环境状态与特征的信息，例如，有关自然环境的空间数据包括气候、表层地质状况、水文数据、土壤、植被覆盖、野生动物栖息地等；有关能源的空间数据包括潜在能源的位置、大小、开发经费，现在能源分布体系的状况、利用模式，等等。而这些数据的处理和分析是很费时费力的，过程中难免会出现误差。随着社会和经济的发展，环境问题越来越突出，涉及的范围越来越广，与此相关的空间数据更新速度快，数量在迅速地增长，数据处理也越来越复杂，GIS 的引入成为必然。近年来，GIS 越来越多地被应用到环境规划与管理中，它的引入为环境规划与管理带来了巨大的优越性。

　　信息科学、空间科学和地球科学的交叉发展，计算机技术、遥感技术、信息工程及现代地理学方法的结合产生了地理信息系统。根据《中国大百科全书》的定义，地理信息系统（geographic information system, GIS）是由电子计算机网络系统支撑的，对地理环境信息进行采集、存储、检索、分析和显示的综合性技术系统。它一般包括数据源选择和规范化、资料编辑预处理、数据输入、数据管理、数据分析应用和数据输出、制图六个部分。

近 20 年来，GIS 在环境领域的应用发展非常迅速，经历了从数据处理与管理到多源信息的分析、服务与决策的发展过程。环境问题与地理要素紧密相关，运用 GIS 技术有效处理基于环境问题的大量复杂空间信息，在很大程度上促进了环境科研与管理领域的工作质量和效率。目前，GIS 在我国环境领域的应用进入了新的阶段，精细化、规范化和标准化的程度正在不断提高。

空间分析是 GIS 最为重要的内容。空间分析使 GIS 超越一般空间数据库、信息系统和地图制图系统，不仅能进行海量空间数据管理、信息查询检索与量测，而且可通过图形操作与数学模拟运算分析出地理空间数据中隐藏的模式、关系和趋势，挖掘出对科学决策具有指导意义的信息。空间分析是 GIS 区别于计算机辅助设计制图系统（CAD）的本质特征。GIS 与 CAD 都需要图形数字化和自动制图，但 GIS 更主要的目的是对数据进行深加工和空间分析，通过一系列的空间操作或运算，可以在环境等相关信息系统中进行地学分析，获得地理对象明确的空间位置关系、形态分布、形成演化等信息，提供空间决策信息。GIS 的奠基人之一 Goodchild M. F. 曾指出，"地理信息系统真正的功能在于其利用空间分析技术对空间数据的分析"。

3.3.1　空间数据查询

空间数据查询是指从数据库中找出所有满足属性约束条件和空间约束条件的对象，主要包括量算查询、空间关系查询、属性数据查询、空间关系与属性数据联合查询等查询类型。

3.3.1.1　查询类型

查询类型包括：

（1）量算查询。量算是定量化分析的基础。这些定量化的指标包括点的坐标，线段的长度，多边形的周长，曲线的曲率，多面体的体积和表面积，线、多边形和体的形心、质心等。

（2）空间关系查询。用地理对象间的包含、相交、分离、重叠、距离、方向等空间约束条件组成逻辑表达式。例如查询一条河流经过的城市，可用线与面的 Through 操作，如图 3 – 6 所示。

（3）属性数据的查询。包括对属性数据的检索定位、统计分析等。例如查询污染等级大于 5 的所有河段、查询大于一定面积的自然保护区等。可以针对已筛选或分析的属性数据绘制各类统计图，如折线图、直线图等。

（4）空间关系与属性数据联合查询。例如若要查询距离某河流 2.5km 以内，废水 BOD 排放量大于 200 的工厂，便是空间关系与属性数据联合查询相结合的。

3.3.1.2　查询方法

属性数据查询使用关系型数据库和标准查询 SQL（structured query language）。空间关系查询是空间数据的查询操作，与一般关系型数据的不同在于包含空间概念。为了支持空间查询运算，需要在标准的 SQL 上增加空间操作，发展一套空间结构化查询语言，即空间扩展 SQL（Spatial SQL）。空间扩展 SQL 主要从增加抽象数据类型和空间谓词（如包含、相交、分离、重叠、距离、方向等）等方面扩展了标准的关系查询语言 SQL，以满足空间数据（包括图形和属性）整体查询的要求。目前，空间结构化查询语言发展还不十分完善，而且它只能表示和处理精确数据，无法表达自然语言中的模糊概念，而由 SQL 演变

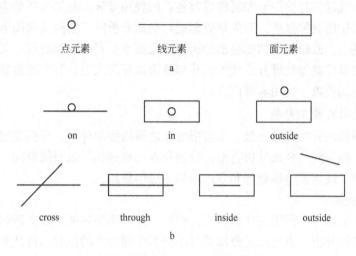

图 3 – 6　空间关系查询操作

a—基本元素；b—关于点的空间操作

出的模糊扩展 SQL 弥补了这一缺陷，可以表示地理信息中的模糊概念。

3.3.2　空间几何关系分析

地理空间目标及其错综复杂的空间关系共同构成了客观现实世界，GIS 环境下的空间分析主要目标之一就是从地理对象之间的空间关系中获取派生信息和新知识的分析技术。由于空间关系复杂多样，与地理位置、空间分布和对象属性等多方面因素有关，因此这里把空间关系限定为由空间目标几何特征所引起或决定的关系，即与空间目标的位置、形状、距离、方位等基本几何特征相关联的空间关系。空间几何关系分析主要包括叠加分析、邻近度分析、网络分析等。

3.3.2.1　叠加分析

叠加分析是 GIS 重要的空间分析功能之一。在 GIS 环境下，叠加分析是将两个或两个以上的地理要素图层进行叠加，产生空间区域的多种属性特征的分析方法。通过叠加分析操作可以得到包含原始图层空间信息以及与之相关联的属性信息的新图层。有人将叠加分析功能形象地理解为计算机化的透图桌，传统透图桌一次最多能叠加两张图件，而且对于研究多要素之间的关系是非常困难的。而 GIS 中的叠加分析可非常容易地实现图形叠加且中间结果可根据用户的需要进行保存，原则上可实现无限制的叠加，从而方便地对更多的专题要素进行研究，减少盲目性。例如，要分析排污口与最近河流的距离，就要把污染源数据层和河流数据层进行叠加。

叠加分析是指将同一地区、同一比例尺、同一数学基础、不同信息表达的两组或多组专题要素的图形或数据文件进行叠加，根据各类要素与多边形边界的交点或多边形属性建立具有多重属性组合的新图层，并对那些在结构和属性上既相互叠加，又相互联系的多种现象要素进行综合分析和评价；或者对反映不同时期同一地理现象的多边形图形进行多时相系列分析，从而深入提示各种现象要素的内在联系及其发展规律的一种空间分析方法。地理空间数据的处理与分析目的是获得潜在信息，叠加分析是非常有效的提取隐含信息的工具之一。

叠加分析对地理信息的图形和属性进行各自的叠加处理。叠加分析分为矢量数据的叠加分析和栅格数据的叠加分析。对矢量数据进行叠加分析时，空间要素图形处理相对栅格数据来说较为复杂，而栅格数据的叠加分析不涉及图形要素的叠加处理；矢量数据模型与栅格数据模型的属性叠加处理分为代数运算与逻辑运算两大类，其中栅格数据模型的叠加运算常被称为地图代数，应用非常广泛。

A　矢量数据的叠加分析

矢量数据的叠加分析即点、线、多边形对象之间的叠加分析，根据叠加的矢量图形不同，可以分为 6 种不同的叠加分析类型，分别是点与点叠加、点与线叠加、点与多边形叠加、线与线叠加、线与多边形叠加和多边形与多边形叠加。

a　点与点叠加

点与点的叠加是将不同图层中的点进行叠加，并为图层内的点建立新的属性，同时对点的属性进行统计分析。点与点的叠加通过不同图层间的点的位置和属性关系完成，得到一张新属性表，属性表示点之间的关系。图 3－7 所示为某城市中表示超市的图层与表示居民区的图层的叠加以及相应的属性表，从属性表中可判断超市与居住区的距离。

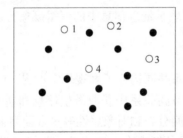

超市	超市与居民区的距离/m
1	120
2	130
3	125
4	140

图 3－7　超市图层与居民区图层的叠加

b　点与线叠加

点与线的叠加是把一个图层上的点目标与另一个图层上的线目标进行叠加，并为图层内的点与线建立新的属性。叠加分析的结果可用于点和线的关系分析，例如，寻找距某点最近的线，并计算点线距离，或查询一条线经过哪些点。图 3－8 为一个表示城市分布的图层与一个表示高速公路分布的图层叠加分析的结果，可以分析城市与高速公路之间的关系等。

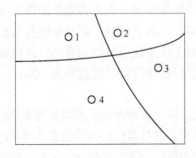

城市	城市与高速公路的距离/km
1	40
2	25
3	30
4	55

图 3－8　城市图层与高速公路图层的叠加

c　点与多边形叠加

点与多边形叠加，即是将一个含有点的图层叠加到另一个含有多边形的图层上，实际上是计算多边形对点的包含关系，以确定一个图层内的点落到另一个图层内的哪个多边形内。点与多边形的叠加通过点在多边形内的判别完成，并为这些点建立新的属性，如图3－9所示。

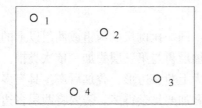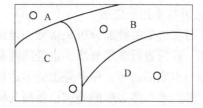

图3－9　点与多边形的叠加

在新生成的点的属性中不仅包含原来的属性信息，还含有落在那个多边形的目标标识，如果必要还可以在多边形的属性表中提取一些附加属性。例如地下水开采井落在哪个企业内，可用水井点图层与行政区划图层进行叠加，由此不仅可以得到水井本身的属性如井位、井深等，还可以得到企业的目标标识、企业名称等属性信息。

多边形也可以对点叠加，叠加后的多边形属性也发生变化。

d　线与线叠加

线与线的叠加是将不同图层的线进行叠加，分析线之间的关系，为图层中的线建立新的属性关系。图3－10所示为一个表示高速公路的图层与一个表示公路的图层叠加后的结果，由此可以分析交通运输的相关情况。

e　线与多边形叠加

线与多边形的叠加是将线的图层叠加在多边形的图层上，以确定哪一条线落在哪一个多边形内，同点与多边形叠加相似。线与多边形的叠加是比较线上坐标与多边形坐标的关系。与点与多边形叠加一个很大的不同之处是一个线目标可能跨越多个多边形，需要先进行线与多边形边界的求交，将线目标进行切割，对线段重新编号，形成新的空间目标的结果集，同时产生一个相应的属性数据表记录原线和多边形的属性信息。如图3－11所示，线状目标1与多边形A和多边形B的边界相交，因而将它分切成两个目标。建立起线状

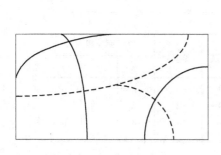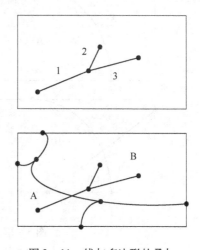

图3－10　高速公路图层与公路图层的叠加　　　图3－11　线与多边形的叠加

目标的属性表，包含原来线状目标的属性和被叠加的多边形的属性。如将线状图层定为河流，叠加的结果是多边形将穿过它的所有河流分割成弧段，可以查询多边形内的河流长度，进而计算河流密度。

　　f　多边形与多边形叠加

　　多边形与多边形的叠加分析是指同一地区、同一比例尺的两组或两组以上的多边形要素进行叠加。若需进行多层叠加，也是两两叠加后再与第三层叠加，依次类推。其中被叠加的多边形为本底多边形，用来叠加的多边形为上覆多边形，叠加后产生具有多重属性的新多边形。多边形与多边形的叠加比前面几种叠加要复杂得多。需要将两层多边形的边界全部进行边界求交的运算和切割。然后根据切割的弧段重建拓扑关系，最后判断新叠加的多边形分别落在原始多边形层的哪个多边形内，建立起叠加多边形与原多边形的关系，如果必要再抽取属性。

　　多边形与多边形叠加可以分为以下几种情况：（1）相交（intersect）：保留输入图层的相交部分；（2）判别（identity）：保留原来一个输入图层的多边形内的部分；（3）相减（erase）：保留原来一个输入图层的多边形以外的部分；（4）合并（union）：保留原来两个输入图层的所有多边形，并以交点为结点，生成新的多边形；（5）更新（update）：保留一个图层内的部分内容，并用这部分内容去更新另一个图层内的这部分位置。

　　多边形与多边形叠加基本的处理方法是根据两组多边形边界的交点来建立具有多重属性的多边形或进行多边形范围内的属性特性的统计分析。其中，前者叫做合成叠加，如图3−12a所示；后者称为统计叠加，如图3−12b所示。合成叠加的目的，是通过区域多重

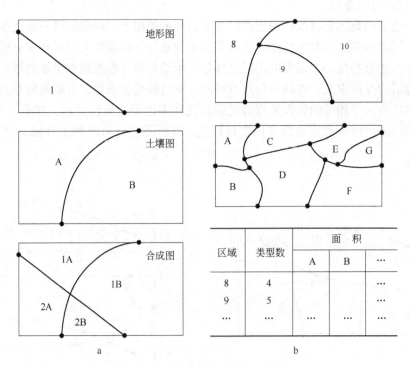

图3−12　合成叠加与统计叠加

a—合成叠加；b—统计叠加

属性的模拟，寻找和确定同时具有几种地理属性的分布区域，或者按照确定的地理目标，对叠加后产生的具有不同属性多边形进行重新分类或分级，因此叠加的结果为新的多边形数据文件。统计叠加的目的，是准确地计算一种要素（如土地利用）在另一种要素（如行政区域）的某个区域多边形范围内的分布状况和数量特征（包括拥有的类型数、各类型的面积等），或提取某个区域范围内某种专题内容的数据。

图层叠加完成后，根据新图层的属性表可以查询原图层的属性信息，新生成的图层和其他图层一样可以进行各种空间分析和查询操作。

矢量数据叠加分析的基本步骤：判定点、线、多边形；判定点的位置，进行线与多边形的裁剪、多边形与多边形裁剪；对应的点、线、多边形要素进行重组和合并。

B 栅格数据的叠加分析

栅格数据的叠加分析要求参与叠加分析的两个图层要素均为栅格数据。用栅格方式来组织存储数据的最大优点就是数据结构简单，不会出现类似于矢量数据多层叠加后精度有限导致边缘不吻合的问题，因为对于同一区域、同一比例尺、同一数据基础的不同信息表达的要素来说，其栅格编号不会发生变化，即对于任意栅格单元用作标识的行列号 I_0、J_0 是不变的，进行叠加的时候只是增加了属性表的长度，表 3 - 6 为进行多重叠加后的栅格多边形的数据结构。

表 3 - 6　一个栅格的多重属性表示

栅格编号		属性 1	属性 2	…	属性 n
I_0	J_0	R_1	R_2	…	R_n

栅格数据来源复杂，包括各种遥感数据、航测数据、航空雷达数据、各种摄影的图像数据，以及数字化和网格化的地质图、地形图，各种地球物理、地球化学数据和其他专业图像数据。栅格叠加可用于数量统计、益本分析、基本的类型叠加、进行动态变化分析以及几何提取等应用。例如，县域规划图和土地利用类型图叠加，由叠加结果可以看出各规划区内的土地利用类型个数以及各种土地利用类型的面积等。

栅格数据的叠加分析操作主要通过栅格之间的运算来实现。栅格之间的运算包括加、减、除、指数、对数等数据运算类型，也可通过数学关系式建立多个数据层之间的关系模型。

虽然栅格数据占用内存较大，但是运算过程简单，在各类离散数据叠加分析中十分有用，且没有矢量数据叠加时产生的碎多边形。

C 叠加模型

根据不同图层的地物类别、等级和其他属性，设计同一坐标位置上不同程度的运算模型，根据模型运算结果，对叠加后的地块进行取舍或分级。

3.3.2.2 邻近度分析

邻近度（proximity）是描述空间目标距离关系的重要物理量之一，表示地理空间中目标地物距离相近的程度。以距离关系为分析基础的邻近度分析是 GIS 空间几何关系分析的一个重要手段。例如对于有噪声污染的工厂企业，确定其污染范围是非常重要的，此类问题就属于邻近度分析。解决这类问题的方法很多，目前比较成熟的分析方法有缓冲区分析、泰森多边形分析等。这里主要介绍在环境规划和管理领域较为常用的邻近度分析方法及缓冲区分析。

　　缓冲区是指为了识别某一地理实体或空间物体对其周围地物的辐射范围或影响程度而在其周围建立的具有一定宽度的带状区域，以便为某项分析或决策提供依据。例如，由河流绘制出的环境敏感带，便可以看作缓冲区，如图3-13所示。缓冲区分析则是对一组或一类地物按缓冲的距离条件，建立缓冲区多边形，然后将这一图层与需要进行缓冲区分析的图层进行叠加分析，得到所需结果的一种空间分析方法。缓冲区分析适用于点、线或面对象，如点状的居民点、线状的公路或河流和面状的湖泊等，只要研究实体能对周围一定区域形成影响即可使用这种分析方法。

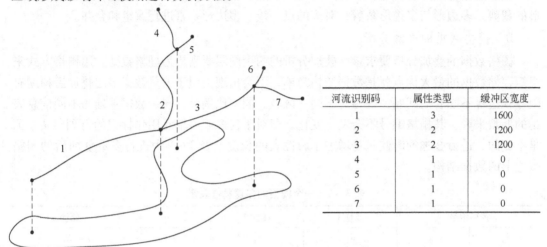

河流识别码	属性类型	缓冲区宽度
1	3	1600
2	2	1200
3	2	1200
4	1	0
5	1	0
6	1	0
7	1	0

图3-13　河流环境敏感带的缓冲区分析

　　影响缓冲区分析的因素可以抽象为三类：

　　（1）主体。需要进行缓冲分析的主要目标，可以是点、线、面。

　　（2）邻近对象。受主体影响的客体，如受水土流失的影响的区域、河流环境敏感带。

　　（3）缓冲区半径。缓冲区半径的设置与主体对邻近对象的作用强度有关，可采用分析模型进行计算，如在分析公路噪声污染的影响范围时，可采用线性模型，结合模型相关的各类属性，通过计算可自动生成缓冲区半径。

　　根据研究对象影响力的特点，同一类型实体的缓冲区半径可以不一致，还有一些特殊形态的缓冲区，如点对象有圆形缓冲区、三角形缓冲区、矩形缓冲区等，线对象有单侧缓冲区或不对称缓冲区，面对象有内侧缓冲区或外侧缓冲区。

　　地理信息系统中数据存储类型主要为矢量数据和栅格数据，不同数据存储类型的缓冲区建立的方法也会有所不同。另外，现实世界中很多空间对象或过程对于其周围的影响并不是只随着距离的变化而变化的，有时需要建立动态缓冲区，根据空间物体对周围空间环境影响度的变化性质，可以采用不同的分析模型来进行缓冲区的建立。

　　建立缓冲区需要注意的问题：

　　（1）当主体有不同缓冲区半径时，根据属性确定不同主体的缓冲区宽度。当缓冲区发生重叠时，通过拓扑分析的方法，自动识别出落在缓冲区内部的线段和弧段，然后对这些弧段进行删除，得到经处理后的互相连通的缓冲区。有时对主体建立缓冲区后，会产生一些新的多边形，为了区别哪些多边形在缓冲区内，哪些是非缓冲区多边形，也需要建立属性表，在属性表中通过标示码标示出多边形的种类。

（2）缓冲区作为一个独立的数据层，也可以参与叠加分析，常应用于河流、居民点、工厂（污染源）等生产生活设施的空间分析，为不同的工作需要（如污染范围确定、保护区划定等）提供相关科学依据。

3.3.2.3　网络分析

A　网络分析概述

在现实生活中，往往需要根据一定的约束条件选择空间位置或者区域范围，要解决这类问题就必须利用基于网络数据的空间分析方法——网络分析。网络是由节点和连线构成，表示诸多对象及其相互联系，网络的基本元素包括结点、链或弧段、中心、站点、拐点和障碍。网络分析是依据网络拓扑关系（线与线之间、线与结点之间、结点与结点之间的连续、连通关系），来描述物质或资源在空间上的流动和分配情况，对网络结构及其资源等的优化问题进行研究的一种空间分析方法。在环境领域中，常见的网络分析问题有很多，例如在某一区域发生污染事故时，可帮助事故管理人员制订可以最快疏散受污染地区或将要受污染地区人员的路线等。

在地理信息系统中，网络分析功能依据图论和运筹学原理，在计算机系统软硬件的支持下，将与网络有关的实际问题抽象化、模型化、可操作化，根据网络元素的拓扑关系，通过考察网络元素的空间、属性数据，对网络的性能特征进行多方面的分析计算，从而为制订系统的优化途径和方案提供科学决策的依据，最终达到使系统运行最优的目标。

网络分析主要用来解决两大类问题：一类是研究由线状实体以及连接线状实体的点状实体组成的地理网络的结构，其中涉及优化路径的求解、连通分量求解等问题；另一类是研究资源在网络系统中的分配与流动，主要包括资源分配范围或服务范围的确定、最大流与最小费用流等问题。

根据空间网络的拓扑学分类，网络可分为二维平面网络和立体网络，如图 3 - 14 所示。在树型网络中，点和线具有明显的等级特征，河流是树型网络最好的实例；道路型网

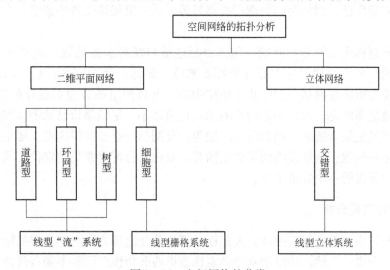

图 3 - 14　空间网络的分类

络最典型的实例是交通网经抽象后得到的拓扑结构图；环网型网络具有封闭的环形结构，如城市供水系统的环状供水管网；细胞型网络是将栅格数据的每个栅格作为一个细胞，细胞间发生联系。城市地下管线种类繁多，供水管线、排水管线、电力管线、热力管线、通信线路等各种管线交叉在一起，成为交错型网络，特点是具有复杂的横断面和纵剖面结构。

空间网络具有结点、链间抽象的拓扑特征外，还具有 GIS 空间数据的几何定位特征和地理属性特征。

B　网络分析功能

网络分析功能有多种，有路径分析、连通分析、资源分配、流分析、动态分段和地址匹配等。在环境规划与管理领域常用的有路径分析、资源分配。

a　路径分析

路径分析是 GIS 中最基本的功能，其核心是最佳路径分析和最短路径分析。最佳路径分析就是两节点间的一条阻碍强度最小的路径或者是最佳游历路径（游历所有的节点）。阻碍强度可设为经过结点和链的距离、时间或费用。

最佳路径分析也称最优路径分析，以最短路径分析为主，一直是计算机科学、环境规划等学科领域研究的热点。这里"最佳"包含很多含义，不仅指一般地理意义上的距离最短，还可以是成本最少、耗费时间最短、资源流量最大、线路利用率最高等标准。很多网络相关问题，如最可靠路径问题、最大容量问题、各种路径分配问题均可纳入最佳路径问题的范畴之中。无论判断标准和实际问题中的约束条件如何变化，其核心实现方法都是最短路径算法。

最短路径问题的表达是比较简单的，从算法研究的角度考虑最短路径问题通常可归纳为两大类：一类是所有点之间的最短路径；另一类是单源点间的最短线路。

b　资源分配

资源分配主要是在网络中对中心结点的供给量和其他结点的需求量的相互作用，或是对中心结点与周围结点的服务关系进行分析，实现网络设施的布局优化。这类问题在区域环境规划中应用广泛，例如污染处理厂的布局等，从一批候选位置中选定一个地点来建设相关设施。

资源分配也称定位与分配问题，包括目标选址和将需求按最近（这里远近是按加权距离来确定的）原则寻找供应中心（资源发散或汇集地）两个问题，也可以说，在多数的应用中，需要解决在网络中选定几个供应中心，并将网络的各边和点分配给某一中心，使各中心覆盖范围内每一点到中心的总的加权距离最小。定位是指已知需求源的分布，确定供应点在哪里是最合适的，例如选址问题等；分配指的是已知供应点，确定其为哪些需求源提供服务的问题，例如设施的服务范围等。定位与分配是常见的定位工具，也是在相关布局优化中所需的一个分析工具。

3.3.3　智能化空间分析

随着 GIS 应用水平的不断提高，人们逐渐开始关注地理方面问题具有的模糊性、不确定性及其分析方法。显然，传统的基于确定性数据的分析模型已经不能有效地解答这一问题。同时，越来越多的应用问题趋于复杂化，传统的 GIS 空间分析功能已经不能满足经济、社会快速发展的要求。如今，模糊数据、神经网络、遗传算法等数学、计算机科学和信息科学等领域的智能技术越来越多地引入到 GIS 领域，与 GIS 相结合进行研究，把不确定的数据处理转换为可靠、精确的知识和信息分析，把具有高度复杂性的客观世界的本质特征加以抽象和建模，这样可提高 GIS 空间数据分析和空间问题模拟的准确度。智能计算将数值计算与语义表达、形象思维等高级智能行为联系起来，通过模拟人脑判断与推理的行为与过程，处理关系错综复杂的数据，使高维非线性随机、动态或混沌系统行为的分析、预测和决策问题找到了更多有效的解决途径。

3.3.3.1　地理空间数据的不确定性

不确定性是客观世界的固有特征，是指处于混沌或模糊边缘的现象，存在于自然科学技术、社会经济和人文科学等各个领域。地理空间数据是对地理空间现象和过程的抽象和近似表达，存在着广泛的不确定性。不确定性问题存在于整个数据的生命周期，可能随时间发生变化，使地理空间数据分析与管理极其复杂。GIS 空间数据的不确定性包括空间位置的不确定性、属性的不确定性、时域的不确定性、逻辑上的不一致性及数据的不完整性等。

为实现不确定性空间数据的有效表达、分析和模拟，需要探索一种新理论、新方法。这种新理论、新方法具备自学习、自组织和自适应能力，能够处理关系错综复杂的信息，且具有通用、稳健、简单，便于并行处理，能模拟人脑的判断与推理，将数值计算与语义表达、形象思维等高级智能行为联系起来等特点。因此，智能计算（computation intelligence，CI）便被引入地理空间信息科学领域，用于处理这些不确定性问题。目前，处理不确定性问题采用的理论方法主要有模糊集合理论、熵值论、灰色理论、神经网络理论等理论方法。

GIS 空间分析并不是简单地从地理数据库中通过"检索"和"查询"提取空间信息，而是利用各种空间分析模型或空间操作技术对海量空间数据进行有效处理，发现新的知识和规律，其中必然涉及各种智能分析方法的运用问题。智能化的空间分析方法可以解决更加复杂的地理问题，并且提高解决地理问题的效率与精度。从近几十年的发展历程看，智能化空间分析方法主要经历了决策树、基于知识的专家系统、基于智能计算分析方法三个阶段。

3.3.3.2　模糊地理空间数据分析

自然界的许多现象很难用"是"或"不是"、"对"或"不对"等这样的非此即彼的精确语言来描述，地理空间信息分析本质上具有某种程度的模糊性，例如不同土地类型界线是模糊的；天气预报中说的"局部地区有小雨"，局部地区指的是哪里，它的边界有多大，等等。这些模糊性空间问题若单纯依靠传统数学方法是无法解决的。因此，将模糊数学等相关模糊理论引入到地理空间信息处理与分析中，可以使许多不确定性空间问题得到更好的解决。

A　模糊查询

一般意义上的模糊查询是指在数据库中，根据需要查询的数据项的部分内容查询，以得到所有数据项中具有该内容的记录。GIS 中的模糊查询与其他的数据库的模糊查询是相同的，只是更多地具有空间数据特性。属性数据的模糊查询完全等同于一般意义的数据库模糊查询；空间数据的模糊查询在于通过目标图形上某一点或者某一部分确定整个目标。由于地物目标的空间特性和计算机环境决定了用户不可能只通过点选完整地选取目标，而只能通过区域或者点选的方式进行图形的模糊查询。如查询某区域集雨面积较大、总库容约为 2.5 亿立方米、年均发电量偏低的水库。利用自然语言进行空间查询一直是 GIS 界面设计追求的理想目标，但目前的 GIS 技术还无法满足这种要求。

模糊扩展 SQL 可以表示地理信息中的模糊概念。模糊查询语句是含有模糊单词或还包含有三种主要算子（模糊查询语言中有些词放在另一些单词前面，用来调整、修饰原来的词义，这些词可以看成是一种算子。算子有很多类型，经常使用的有语气算子、模糊化算子和判定化算子）的查询语句。SQL 在模糊方面的扩展主要是使 WHERE 后的查询条件能容纳模糊单词（在模糊集合论中，通常用隶属函数表示模糊单词）和三种主要算子，即可以是一个查询语句。而模糊查询的关键是如何将模糊扩展 SQL 查询语言转化为标准 SQL 形式。

B   模糊叠加

常规的叠加模型基于精确的数学模型，它假定空间数据的边界和属性等均为确定的，叠加的结果也是二值的，要么"是"，要么"非"。然而，地理空间数据模糊的特征决定了叠加的结果不会是确定的。因此，将模糊集合论应用于常规的叠加方法即建立模糊叠加模型，可以改进和增强叠加模型的功能。

在模糊叠加中，首先用模糊方法表示待叠加各数据层的隶属度矩阵，然后根据式（3-31）计算叠加后的隶属度矩阵，从而得到更符合实际情况的新信息。

$$\mu(x) = \mu_A(x) \times \frac{1}{n} + \mu_B(x) \times \frac{1}{n} + \cdots + \mu_N(x) \times \frac{1}{n} \qquad (3-31)$$

式中 n——数据层的数目；

   $\mu(x)$——叠加后的隶属度矩阵。

简言之，模糊叠加过程可归纳如下：（1）选取叠加要素；（2）用常规栅格化方法表示各层数据；（3）确定隶属函数，计算隶属度矩阵；（4）选择适当算子相叠加。

C   空间决策支持系统

GIS 中大量的定量应用分析主要通过建立相应的预测和模拟模型、规划和决策模型来实现。虽然 GIS 具有强大的数据输入、存储、查询、运算、显示功能，但这些功能只属于数据级的决策支持，空间模型在系统中处于从属地位，而且因缺乏适当的空间建模能力和时空数据支持能力，使 GIS 难以满足决策者对复杂空间问题的决策需求。决策支持系统（decision support system，DSS）能够通过空间查询、建模、分析与显示解决病态空间问题，但 DSS 缺少空间数据表现功能。因此，在地理信息系统的基础上集成决策支持系统的相关技术，如知识工程技术（人工智能技术、知识获取、表现、推理等）和软件工程技术（集成数据库、模型、非结构化知识和智能用户界面等工具），发展空间决策支持系统，将使 GIS 处理空间信息的能力从数据处理上升到模型模拟层次，为空间决策支持提供新的平台和工具。

20 世纪 80 年代，空间决策支持系统（spatial decision support system，SDSS）伴随着地理信息技术的进步，并在地理学、管理学、运筹学、人工智能和计算机等多学科知识交叉融合下逐渐发展起来。空间决策支持系统最主要行为是对地理空间问题进行决策支持，主要解决非结构化或半结构化空间问题，是在传统决策支持系统和地理信息系统相结合的基础上发展起来的新型信息系统。空间决策支持系统应用空间分析对各种空间数据进行处理变换，提取出隐含于空间数据中的事实与关系，并用图形、表格和文字等形式直接表达。SDSS 以信息为基础和依据，能充分利用数据的现势性等特点，SDSS 提供的决策支持更加符合客观现实，为现实世界中的各种应用提供科学、合理的决策支持。

SDSS 以决策的有效性为主要目标，在 GIS 的支持下，通过集成空间数据库、数据库管理系统以及模型库、模型库管理系统等，对单纯的 GIS 不能解决的复杂的半结构化和非结构化空间问题进行求解和决策。因此，SDSS 不仅能提供各种空间信息以实现数据支持，还可以为决策提供多种实质性的决策方案。

SDSS 具有以下基本特征：SDSS 是支持决策的自适应系统；SDSS 能够辅助解决半结构化、非结构化空间问题；SDSS 是支持数据与模型有机集成的智能系统；SDSS 能够支持各种决策风格，易于适应用户的需求。

SDSS 与 GIS 的主要区别在于其具有专门的模型库及其管理系统，供决策人员分析和决策时进行模型选择和构造新模型。SDSS 更强调知识和模型在问题求解过程中的重要性。

目前，SDSS 空间模型与 GIS 的集成方式主要有两种形式，分别是松散集成模式和紧密集成模式。松散集成模式是参与集成的 GIS 软件和 SDSS 模型软件基本独立运行，利用文件交换机制来实现数据交换，如图 3-15a 所示。模型所需的数据从 GIS 数据库中获取，空间查询和显示在 GIS 中完成。松散集成的优点是开发费用低，风险小，易于实现，保持了空间分析模型的专业特色，有利于分析理解模拟结果。但这种系统的效率低，而且还增加了非专业人员掌握和应用的难度。紧密集成模式是以一个系统为主，加入另外一个系统的功能，两者具有共同的用户界面，通过共享文件和存储空间实现无缝连接，如图 3-

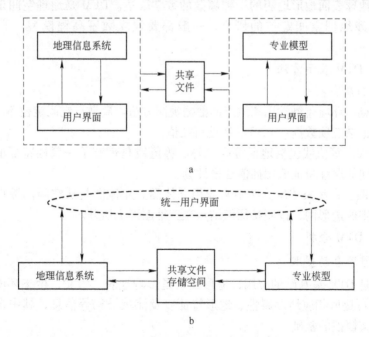

图 3-15　SDSS 空间模型与 GIS 的集成方式
a—松散集成模式；b—紧密集成模式

15b 所示。紧密集成有两种方式，一种是将专业模型嵌入 GIS 中，另一种是对模型进行功能扩充，使其具有 GIS 的基本功能。采用现有 GIS 软件与分析软件来构造 SDSS，不仅可以充分利用软件资源，而且具有开发周期短、系统稳定、费用低等优点。

GIS 与专业模型集成的主流开发方式是集成式二次开发，即利用 GIS 基础软件作为 GIS 平台，以通用软件开发工具尤其是可视化开发工具（如 Delphi、VB、VS、PowerBuilder 等）为模型库开发平台进行集成开发，具体集成方法有如下六种：源代码集成方法、函数库集成方法、可执行程序集成方法、DDE（动态数据交换）与 OLE（指对象连接和嵌入）集成方法、模型库的集成方法、基于组件的集成方法。其中基于组件技术的 WebGIS 与 OpenGIS 刚刚起步，应用模型的组件化将成为 GIS 发展的必然趋势。

3.3.4 三维数据的空间分析方法

地形的表达和分析是环境分析和 GIS 应用的重要部分。为了适应计算机的数字化处理，地形分析首先要将地形信息转换为地面点高程的数字形式。地球表面高低起伏，显现一种连续变化的形态，地形的变化可以用三维连续表面来表示，温度、降水、地球重力、磁力、污染物的空间分布等也可以三维连续表面形态表示。数字地面模型（digital terrain model，DTM）的通用定义是指描述地球表面形态多种信息空间分布的有序数值阵列。DTM 的概念提出后，相继又出现了其他相似的术语。如德国的 DHM（digital height model）、美国地质测量局的 DTEM（digital terrain elevation model）、数字高程模型（digital elevation model，DEM）等。这些术语在应用上可能有某些限制，实质上差别很小。相比而言，DTM 的含义比 DEM、DHM 等更广。

显然，DEM 是 DTM 的一个特例或者子集。从本质上来说，DEM 是 DTM 中最基本的部分，它是对地球表面地形地貌的一种离散的数学表达。DEM 是地理空间定位的数字数据集合，凡牵涉地理空间定位的研究，一般都要建立数字高程模型。下面将介绍一下 DTM。

3.3.4.1 DTM 表示方法

DTM 表示方法有：

（1）离散点。环境监测常用离散点的数据观测方法。离散点空间定位不一定规则，每个离散点最少记录三项数据：X、Y、属性特征值。

（2）等值线。等值线包括地形等高线等。等值线是带有某一属性特征值的弧段，每两条等值线之间的属性特征值用插值法来计算。

（3）立体图。在污染浓度分布中常应用立体图。立体图是从空间离散点生成不规则三角网，或规则四边形网，按照特征值结点在三维图形上展开。

3.3.4.2 DTM 分析

A 地形因子自动提取

地形分析是 DTM 最基础的应用，地形因素是影响地貌、水文、生态环境等过程的重要因子。DTM 可提取相应地形属性、地形特征以及流域结构等信息，其中自动提取流域地貌是流域水文模拟的基础。

B 立体透视分析

立体透视分析在地质分析中有重要的作用。把多个 DTM 的三维表面叠加在一起，每两层之间用同一材质填充，表示一种地层和岩性。

3.3.4.3 空间插值方法

等值线绘制之前，空间上必须有一定密度的均匀网格点数据。这些数据一部分来源于原始离散数据，大部分是由原始离散点经插值而来，并符合一个函数关系，该函数能够最好地逼近已有离散点空间数据。推求空间任一点属性值的方法称为空间估计。空间插值法包括移动拟合法、距离平方倒数法、趋势面拟合法、样条函数法、克吕金法等。

（1）移动拟合法。典型的逐点内插值法，其中任一点的属性估计值等于距离该点一定范围内其他点值的平均值。

（2）距离平方倒数法。以空间位置的加权平均表示任一点的属性估计值与周围各已知点值的距离平方的倒数的关系。

（3）趋势面拟合法。用多项式表示曲面，按最小二乘法进行拟合。

（4）样条函数法。采用分场拟合的方法，用低阶多项式进行局部拟合，构造一个局部曲面，并使由局部曲面组成的整个表面连续。

（5）克吕金法。根据相邻采样点的属性值，采用变差函数揭示的区域化变量的内在联系来确定权重，从而估计未知点的数值。区域性变量理论假设任一空间变量都可以表示为三个成分之和，即与空间趋势有关的结构性成分、随空间位置变化的随机变量、与空间位置无关的剩余误差。

以上各种方法的适用范围不同。样条函数插值适合场位等连续型数据，克吕金法适合随机性较强和采样点不规则的情况，这两种方法的精度较高。

3.4　规划方案的设计与优化

3.4.1　环境规划方案的设计

3.4.1.1　环境规划的制定

环境规划目标确定后，规划方案的设计是整个规划工作的中心和工作重点。应在综合考虑国家或地区有关政策规定、环境问题和环境目标、污染状况和污染削减量、投资能力和效益的情况下，提出针对规划范围的污染防治和自然保护的具体的措施和对策。规划工作包括从任务下达到编制、上报审批的全过程。编制规划的要求一般由各级政府层层下达，上级环保部门代表同级政府下达规划编制的要求，提出编制要领和工作进度，下级环保部门代表同级政府进行具体组织。任务下达后首先需要组织规划编制领导小组和技术小组。一般来说，前者由各政府职能部门的副职领导组成，负责与各部门互通信息，进行协调工作；后者由环境科学领域的科研人员和有关计划部门的干部组成，负责完成规划文本。

规划的首要工作是编写工作大纲，明确规划的任务、内容、工作进度安排。大纲完成后由上级环保部门、本级相关政府部门组织大纲评审，代表和专家组提出修改意见。根据这些意见修改大纲进入规划具体编制工作。规划基本编制完成后，报送同级政府初审或批准，如驳回或提出修改意见，规划编制组要根据审批意见进行修改、完善或重新编制。规划修改完成后，送同级政府审批和上级环保部门备案。

3.4.1.2　环境规划方案设计的原则

环境规划方案设计的原则如下:

(1) 因地制宜,紧扣目标。加强目标意识,充分了解环境问题和污染状况,明确自身的治理和管理技术、现有设备及可能投入的资金、环境污染削减能力和承载力。同时在设计中,提出的各种措施和对策一定要考虑是否抓住问题实质,能不能实现,是否对准目标等。

(2) 提高资源利用率为中心。环境污染实质是资源和能源的浪费,在规划方案设计中,空气污染综合整治、生态保护、总量控制、生产结构与布局规划都要围绕资源利用率这个中心。

(3) 遵循国家或地区有关政策法规。要在政策允许范围内考虑设计方案,提出对策和措施,避免与之抵触。

3.4.1.3　环境规划方案的设计过程

环境规划方案的设计过程如下:

(1) 分析调查评价结果。明确环境质量、污染状况、主要污染物和污染源,现有环境承载力、污染削减量、现有资金和技术,从而明确环境现状、治理能力和污染综合防治水平。

(2) 分析预测的结果。摆明环境存在的主要问题,明确环境现有承载能力、削减量和可能的投资、技术支持,从而综合考虑实际存在的问题和解决问题的能力。

(3) 详细列出环境规划总目标和各项分目标,明确现实环境与环境目标的差距。

(4) 制定环境发展战略和主要任务。从整体上提出环境保护方向、重点、主要任务和步骤。

(5) 制定环境规划的措施和对策。运用各种方法制定针对性强的措施和对策,如区域环境污染综合防治措施、生态环境保护措施、自然资源合理开发利用措施、调整生产力布局措施、土地规划措施、城乡建设规划措施和环境管理措施。环境规划方案和措施的制定参见相关专项规划章节。

3.4.1.4　环境规划的制订步骤

具体环境规划的制定步骤是:

(1) 环境调查。环境调查包括环境质量状况、污染状况、主要污染物和污染源;现有环境承载力、污染削减量、现有资金和技术,并进行自然条件、自然资源、社会和经济发展状况的全面调查,掌握丰富、确切的资料。

(2) 环境评价。在调查的基础上,进行综合分析,从而明确环境现状、治理能力和污染综合防治水平,对环境状况做出正确评价。

(3) 环境预测。在环境评价的基础上,分析预测的结果,明确环境存在的主要问题,明确环境现有承载能力、削减量和可能的投资、技术支持,从而综合考虑实际存在的问题和解决问题的能力。对环境发展趋势作出科学预测,以作为制定国民经济和社会发展长远规划的依据。

(4) 详细列出环境规划总目标和各项分目标,以明确现实环境与环境目标的差距;制定环境发展战略和主要任务,从整体上提出环境保护方向、重点、主要任务和步骤。

（5）制定环境规划的措施和对策，在目标与现实之间要通过措施的采用才能解决。重要的是运用各种方法制定针对性强的措施和对策，如区域环境污染综合防治措施、生态环境保护措施、自然资源合理开发利用措施、调整生产布局措施、土地规划措施、城乡建设规划措施和环境管理措施。

3.4.1.5 典型环境规划措施

环境规划针对不同的主体采取的措施不同，下面介绍几个典型环境规划措施。

（1）污染综合整治措施。污染综合整治措施包括水污染综合整治、大气污染综合整治、固体废物综合整治和噪声综合整治。首先应选用适当的计算公式计算污染削减量，再将污染削减量分配到污染源，明确削减任务；然后分析规划区域环境污染的主要原因，明确整治措施的重点与方向；最后有针对地制定措施。对老企业的管理措施应重点落实排污许可证、集中控制限期治理、排污收费、目标责任制、综合整治定量考核等；对新建工程要强化环保"三同时"、环境影响评价制度。对城市污染综合整治措施重点抓好污染源的集中治理，兴建大型污水处理厂、垃圾处理厂，设计烟尘处理、污水净化装置，以及区域系统的生态工程。就具体规划区要依据区域自身特点，考虑实际存在问题与治理能力，有选择有重点采用适合的措施。

（2）自然资源的开发利用与保护措施。自然资源的开发利用要以提高资源能源利用率为根本，遵循经济规律和生态规律，实行开发利用与保护增殖并重的方针，主要采用管理措施，加强执行有关资源保护的法律，如《中华人民共和国土地管理法》、《中华人民共和国矿产资源法》等。对土地占用应使用占地许可证制度并征收使用、补偿费，对矿产资源开发利用实行有偿使用制度，防止生态破坏、资源枯竭。对自然保护区、水源地及其他有特殊生态功能的地区，有计划地建立统一的经营管理体制。对生产单位实施资源能源指标控制和污染物排放的指标控制及实施资源税制、颁布生产经营许可证等措施，实现资源的保护与利用，同时加强资源恢复工程措施，鼓励资源增殖再生。

（3）生产布局调整措施。对城市和经济区要考虑区域的能流、物流、信息流，调整经济结构、产业结构和工业布局。对低效益、重污染和分布在居民区、风景区、水源区的污染源要限期关、停、并、转、迁。对新开发区，根据资源、能源和环境容量并考虑经济因素，合理划分功能区。兴建工业综合体，形成工业生产链，以提高资源利用率，减轻对其他功能区的污染与破坏。同时，采取措施实行清洁生产，从原材料的选择、产品结构调整到清洁生产工艺的采用，都要有利于清洁生产的调整。

3.4.1.6 环境规划基本格式

区域和城市环境规划具有典型意义，正式规划文本内容通常包括：自然环境和社会经济发展概况、环保工作情况概述、环境变化趋势分析、环境规划总目标、城市环境综合整治规划方案、环境要素（水、大气环境、噪声、固体废物等）污染控制规划、城市生态规划、环保系统自身建设规划、费用预算和资金来源、政策建议等。

3.4.2 环境规划方案的优化

3.4.2.1 环境规划方案优化的内涵

环境规划方案是指实现环境目标应采取的措施以及相应的环境保护投资，力争投资少效果好。在制定环境规划时，一般要作多个不同的规划方案，经过对比分析，确定经济上合理、技术上先进、满足环境目标要求的几个最佳方案作为推荐方案。方案优化是编制环境规划的重要步骤和内容。方案的对比要具有鲜明的特点，比较的项目不宜太多，要抓住起关键作用的因素作比较。值得注意的是，不要片面追求技术先进或过分强调投资，要从实际出发，注意采用费用 - 效益分析、最优化分析等科学方法，选择最佳方案。

3.4.2.2　规划方案的优化选择

为了实现环境目标要求，可以在有关因素（经济、社会、技术等）约束下提出各种初始方案；初始方案又是各种措施的组合，往往多达几个、十几个，因而需要选用恰当方法进行优化。在环境规划中，常用数学优化方法、费用效益分析方法、线性规划方法、非线性规划方法和多目标决策分析方法等进行项目方案的优化选择。

一般要注意的方面是：（1）根据区域自然资源的特点，建立合理的工业生产链，区域资源做到合理利用，提高自然资源的利用率，同时确定重污染工业在区域工业部门中的适当比例；（2）根据区域环境容量的特点，对重污染工业进行合理布局；（3）研究区域内的能源合理结构，以便减少大气污染；（4）研究区域水资源合理利用及区域环境污染的综合防治途径。

方案优化是编制环境规划的重要步骤和内容。环境规划方案优化的步骤是：

（1）分析、评价现存和潜在的环境问题，寻求解决的方法和途径，研究为实现预定环境目标而采取的措施。

（2）对所有拟定的环境规划草案进行经济效益分析、环境效益分析、社会效益分析和生态效益分析，建立优化模型，通过分析、比较和论证各种规划草案，选出最佳总体方案。

（3）概算实施区域环境规划所需的投资总额，确定投资方向、重点、构成、期限及评估投资效果等；预测评价区域环境规划方案的实施对社会、经济发展和环境产生的影响。

复习思考题

3 - 1　简述环境预测及社会经济发展预测的方法。

3 - 2　从方法学上试讨论费用效益分析、数学规划、多目标决策分析三类技术方法在解决问题上的差异与内在联系。

3 - 3　以某个环境规划为例，思考如何建立层次分析决策模型。

3 - 4　空间几何关系分析主要包括哪些方法，它们分别如何实现在环境规划过程中的具体应用？

3 - 5　建立缓冲区要注意什么内容？

3 - 6　如何制定一份详细的环境规划方案？

参考文献

[1] 郭怀成，尚金城，张天柱. 环境规划学 [M]. 北京：高等教育出版社，2001.

[2] 张承中. 环境规划与管理 [M]. 北京：高等教育出版社，2006.

[3] 丁忠浩. 环境规划与管理 [M]. 北京：机械工业出版社，2007.

[4] 曾思玉，傅国伟，刘志明，等. 推进 GIS 在环境规划中应用的探讨 [J]. 城市环境与城市生态，1996（1）：1～5.

［5］赵凤琴，杨洁，周德春. GIS 的空间分析技术在长春市大气环境功能分区中的应用［J］. 吉林大学学报（地球科学版），2002（3）：265～267.

［6］Breunig M. An approach to the integration of spatial data and systems for a 3D geo – information system［J］. Computers & Geosciences，1999（25）：39～48.

［7］邬伦，刘瑜. 地理信息系统：原理方法和应用［M］. 北京：科学出版社，2005.

［8］越勇胜，林学钰，等. 环境及水资源系统中的 GIS 技术［M］. 北京：高等教育出版社，2006.

［9］刘湘南，黄方，王平，等. GIS 空间分析原理与方法［M］. 北京：科学出版社，2008.

［10］秦昆. GIS 空间分析理论与方法［M］. 武汉：武汉大学出版社，2010.

［11］毋河海. 关于 GIS 缓冲区的建立问题［J］. 武汉测绘科技大学学报，1997（4）：358～365.

［12］张成才. GIS 空间分析理论与方法［M］. 武汉：武汉大学出版社，2004.

［13］杨海军，邵全琴. GIS 空间分析技术在地理数据处理中的应用研究［J］. 地理信息科学，2007（5）：70～75.

［14］朱长清，史文中. 空间分析建模与原理［M］. 北京：科学出版社，2006.

4 环境管理技术方法

【本章要点】早在20世纪70~80年代，人们把环境管理狭义地理解为环境保护部门采取各种有效措施和手段控制污染的行为。由于没有从环境与发展的决策高度，从国家经济、社会发展战略的高度来思考，因此，狭义环境管理不能从根本上解决环境问题。随着人们对环境问题认识的不断提高，逐渐确立了一个科学的概念来刻画环境管理的本质。所谓环境管理就是从环境与发展综合决策入手，对照实际环境设立模拟环境来监测、观察人类活动以及环境的变化。本章以实现广义环境管理为目标，主要介绍了环境管理技术方法中的基础方法，主要包括环境监测、环境标准的设定以及环境统计；通过应用环境管理技术，最终获得优秀的管理方案，才能正确调控人类各种行为，协调经济社会发展同环境保护之间的关系，限制人类损害环境质量的活动以维持区域正常的环境秩序和环境安全，实现区域社会可持续发展的行为总体。

4.1 环境管理技术方法基础

环境管理的对象是人类社会作用于自然环境的行为，以及作为这些行为物质载体和实质内容的物质流。因此，环境管理需要一系列的自然科学、工程科学，特别是环境自然科学和环境工程科学的研究成果作为其知识和技术基础。

获取环境信息是环境管理的基础工作，通过获取大量的环境信息可以全面掌握和了解环境的质量状况、环境容量、环境区域特征和环境承载力，为环境管理和发现主要的环境问题提供依据。而环境标准、环境监测、环境统计等是重要的环境管理学技术方法，它们或为环境管理提供第一手的现场监测数据，或提供大量的社会经济统计数据，或提供环境管理的基本参照体系和标准，或是环境管理制度是否得到贯彻执行的检查办法，因而成为环境管理技术方法的基础和保证。

4.1.1 环境监测

4.1.1.1 目的和任务

环境监测是环境管理工作的一个重要组成部分，它通过技术手段测定环境质量要素的代表值以及把握环境质量的状况及变化趋势。

通过长时期积累的大量的环境监测数据，可以判断该地区的环境质量现状是否符合国家的规定，预测环境质量的变化趋势，进而可以找出该地区的主要环境问题，甚至主要原因。在此基础上才有可能提出相应的治理方案、控制方案、预防方案以及法规、标准等一整套的环境管理办法，做出正确的环境决策。

　　另外，通过环境监测还可以不断发现新的和潜在的环境问题，掌握污染物的迁移、转化规律，为环境科学研究提供启示和可靠的数据。

　　作为环境管理的一项经常性的、制度化的工作，环境监测大致可以分为对污染源的监测和对环境质量（包括生态环境状况）的监测两个方面。通过对污染源的监测，可以检查、督促各企事业单位遵守国家规定的污染物排放标准。通过对环境质量的监测，可以掌握环境污染和生态破坏的变化情况，为选择防治措施，实施目标管理提供可靠的环境数据；为制定环保法规、标准及防治整治对策提供科学依据。

4.1.1.2　环境监测的特点

　　环境监测具有系统性、综合性和时序性三个特点：

　　（1）环境监测的系统性。要完成环境监测工作，获得可靠的数据、资料，必须系统地把握环境监测的一系列关键环节，比如布点和采样、分析测试、数据整理和处理、监测质量保证等。

　　（2）环境监测的综合性包括监测对象的综合与监测手段的综合。监测手段的综合是把化学的、物理的、生物的监测手段综合于统一的监测系统之中；由于监测对象包括大气、水体、土壤、固体废物、生物等环境要素，这些要素之间有着十分密切的联系，因此监测对象的综合性还指对这些要素的监测数据进行综合分析，只有这样才能说明环境质量的状况，才能揭示数据内涵。

　　（3）环境监测的时序性。环境污染和环境状态具有时空性等特点，只有坚持长期测定，才能从大量的数据中解释其变化规律，准确预测变化趋势。加之由于环境监测对象大多成分复杂、干扰因素多、变化大；另外，由于参与环境监测工作的技术人员多，仪器设备、试剂药品多种多样，因此，必须具有连续的数据，才有可能减少各种可能出现的误差，获得比较准确的信息，也才可能揭示出环境污染的发展趋势。

4.1.1.3　环境监测的分类

　　目前，环境监测通常分为常规监测和特殊目的监测两大类。常规监测是指对已知污染因素的现状和变化趋势进行的监测，包括环境要素监测和污染源监测；而特殊目的监测包括研究性监测、事故监测和仲裁监测等。

　　A　常规监测

　　常规监测包括：

　　（1）环境要素监测。针对大气、水体、土壤等各种环境要素，分别从物理、化学、生物角度对其污染现状进行定时、定点监测。

　　（2）污染源的监测。对各类污染源的排污情况从物理、化学、生物学角度进行定时监测。

　　B　特殊目的监测

　　特殊目的监测包括：

　　（1）研究性监测。这类监测是根据研究的需要确立需监测的污染物与监测方法，然后再确定监测点位与监测时间，组织监测，从而去探求污染物的迁移、转化规律以及所产生的各种环境影响，为开展环境科学研究提供科学依据。

　　（2）污染事故监测。这类监测是在发生污染事故以后在现场进行的监测，目的是确定污染的因子、程度和范围，从而确定产生污染事故的原因及其所造成的损失。

（3）仲裁监测。这类监测是为解决在执行环境保护法规过程中出现的在污染物排放及监测技术等方面发生的矛盾和争端时进行的，它通过所得的监测数据为公正的仲裁提供基本依据。

4.1.1.4　环境监测的程序与方法

环境监测的程序因监测目的不同而有所差异，但其基本程序是一致的。首先是进行现场调查与资料搜集，调查的主要内容是区域内各种污染源的情况及其排放规律、自然和社会的环境特征；其次是确定监测项目；之后是监测点布设及采样时间和方法的确定；最后，进行数据处理和分析，形成结果报告。

环境监测的方法多种多样。从技术上来看，包括物理的、化学的、生物的，还有人工的、自动化的。由于遥感技术、信息技术和科学技术的迅猛发展，环境监测的方法也在发展、更新。但不管什么方法，都取决于环境监测的目的与现实的可能条件。

4.1.1.5　环境监测的质量保证

为了提供准确可靠的环境数据，满足环境管理的需要，环境监测的结果必须有可靠的质量保证，其目的是为了使监测数据满足以下五个方面的要求：

（1）准确性。测量数据的平均值与真实值的接近程度。

（2）精确性。测量数据的离散程度。

（3）完整性。测量数据与预期的或计划要求的符合程度。

（4）可比性。不同地区、不同时期所得的测量数据与处理结果要有可比性。

（5）代表性。要求监测结果能表示所测要素在一定时间和空间范围内的情况。

环境监测质量保证的内容有三个方面：一是采样的质量控制，主要是审查采样点的布设和采样时间、时段选择；审查样品数的总量是否满足统计分析的要求；审查采样仪器和分析仪器是否合乎标准和经过校准，运转是否正常。二是样品运送和储存中的质量控制，主要是样品的包装情况、运输条件和运输时间是否符合规定的技术要求，防止样品在运输和保存过程中发生变化。三是数据处理方面的质量控制。

4.1.2　环境标准

4.1.2.1　环境标准的基本概念

环境标准是环境管理目标和效果的表示，是环境管理的基础性数据。它是环境管理由定性转入定量、更加科学化的显示。

环境标准是为维持环境资源的价值，对某种物质或参数设置的最低（或最高）含量，是通过分析影响资源的敏感参数，确定维持该资源所需水平的关键浓度而制定的，这些参数在标准中有所体现。

亚洲开发银行从环境资源价值角度给环境标准下的定义是：环境标准是为了保护人群健康、社会物质财富和维持生态平衡，对大气、水、土壤等环境质量，对污染源的检测方法及其他需要所指定的标准。

环境标准是有关保护环境、控制环境污染与破坏的各种具有法律效力的标准的总称。《中华人民共和国环境保护标准管理办法》中对环境标准的定义是：环境标准是为了保护人群健康、社会物质财富和维持生态平衡，对大气、水、土壤等环境质量，对污染源的监测方法以及其他需要所制定的标准。

根据《中华人民共和国环境保护标准管理办法》，我国的环境标准分三大类六小类（图4-1），即环境质量标准、污染物排放标准、环境基础标准、环境方法标准、环境物质标准以及环境保护仪器设备标准，按等级分为国家环境标准和地方环境标准两级。我国的地方标准是指省、自治区、直辖市级的地方标准。环境基础标准和环境方法标准只有国家级标准。

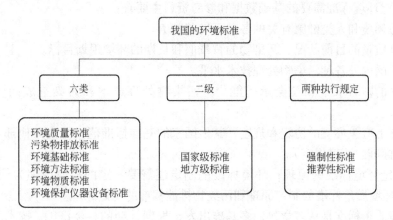

图4-1 我国环境标准体系的分类

环境质量标准有大气、地面水、海水、噪声、振动、电磁辐射、放射性辐射以及土壤等各个方面的标准。污染物排放标准除了污水综合排放标准以及行业的排放标准外，还有烟尘排放标准，同时对噪声、振动、放射性、电磁辐射也都做了防护规定。环境基础和环境方法标准是对标准的原则、指南和导则、计算公式、名词、术语、符号所做的规定，是制定其他环境标准的基础。

国家标准具有全国范围的共性，或针对普遍问题和具有深远影响的重要事物，具有战略性的意义。而地方标准和行业标准带有区域性和行业特殊性，它们是对国家标准的补充和具体化。同时，各种方法标准、标准样品标准和仪器设备标准是正确实施标准的技术保证。

环境标准作为一种法规性的技术指标和准则，是环境保护法制系统的一个组成部分。因此，环境标准是国家进行科学的环境管理所依靠的技术基础和准则，它是环保工作的核心和目标。合理的环境标准可以指导经济和环境协调发展，严格执行环境标准可以保护和恢复环境资源价值，维持生态平衡，提高人类生活质量和健康水平，并为制定区域发展负载容量奠定基础。对于某些有价值的环境资源已被污染干扰而破坏的地区，采用严格的区域排放标准可以使其逐步达到环境质量标准，恢复资源环境价值。

4.1.2.2 环境标准的制定

（1）在制定环境标准时，一般需要考虑以下原则：

1）保障人体健康是制定环境质量标准的首要原则。因此在制定标准时首先需要研究多种污染物浓度对人体、生物、建筑等的影响，制定出环境基准。

2）制定环境标准，要综合考虑社会、经济、环境三方面效益的统一。具体说就是既要考虑治理污染的投入，又要考虑治理污染可能减少的经济损失，还要考虑环境的承载能力和社会的承受力。

3）制定环境标准，要综合考虑各种类型的资源管理，各地的区域经济发展规划和环境规划的要求和目标，贯彻高功能区用高标准，低功能区用低标准的原则。

4）制定环境标准，要和国内其他标准和规划相协调，还要和国际上的有关协定和规定相协调。

（2）制定环境标准需要的基础数据和参考资料主要有：

1）生态环境和人类健康有关的各种环境基准值。

2）环境质量的目前状况、污染物的背景值和长期的环境规划目标。

3）当前国内外各种污染物处理技术水平。

4）国家的财力水平和社会承受能力，污染物处理成本和污染造成的资源经济损失等。

5）国际上有关环境的协定和规定，其他国家的基准标准值；国内其他部门的环境标准（如卫生标准、劳保规定）。

（3）制定环境标准的原理：环境标准的制定还需要一定的科学原理为依据和指导，一般认为有环境质量标准的制定原理和污染物排放标准的制定原理。

1）环境质量标准是从多学科、多基准出发，根据社会的、经济的、技术的和生态的多种效应与环境污染物剂量的综合关系而制定的技术法规。

环境质量基准是制定环境质量标准的科学依据。基准值是纯科学数据，它反映的是单一学科所表达的效应与污染物剂量之间的关系。环境标准中最低类别大多与这些基准值有关。将各种基准值综合以后，还需与国内的环境质量现状、污染物负荷情况、社会的经济和技术力量对环境的改善能力、区域功能类别和环境资源价值等权衡协调，这样才能将环境质量标准置于合理可靠的水平上。

2）污染物排放标准是指可排入环境的某种物质的数量或含量，在这个数量范围内排放不会使环境参数超出已确定的环境质量标准范围。

其制定的原理，可用图 4 – 2 来加以说明。图中横坐标代表处理效果，用去除率（%）表示，纵坐标代表成本。在点 a 以前，成本增加不多，而去除率增加很快；在点 a 以后成本增加很多，而去污率增加不大，这反映了污染处理成本与效果的一般特征，所以

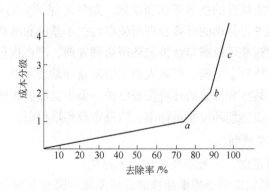

图 4 – 2　污染物排放标准的设置

拐点 a 具有最大经济效益。

较发达的工业国家都采用"最佳实用技术"（BPT）和"最佳可行技术"（BAT）的方法制定排放标准，其含义是排放标准的制定是以经济上适用的污染物综合治理技术为依据，其中 BAT 要求较高，BPT 处于图上点 b 的位置，BAT 处于图上点 c 的位置。可见，排放标准可以随控制时期的国家经济技术条件的变化而变化。

4.1.2.3 环境标准的应用

环境标准是环境管理的基础，是环境管理工作的一个重要工具和手段，同时，环境标准在环境管理中有众多应用。首先，它是表述环境管理目标和衡量环境管理效果的重要标志之一。例如，在进行环境现状评价和环境影响评价时，环境标准承担一个衡量好坏、大小的尺度，从而作为能否允许、是否接受的判断。又如在制定环境规划时，首要的任务就是进行功能分区，并用环境标准来明确各功能区的环境目标，然后才能作下一步的各种规划安排。而在制订排污量或排放浓度的分配方案时，也必须在明确了环境目标的前提下才能进行。同样，在制定各种环境保护的法规和管理办法时，也必须以环境标准为准则，才能分清环境事故的责任人与责任大小，做出正确的裁判或评判。

4.1.3 环境统计

4.1.3.1 环境统计的概念和特点

环境统计是社会经济统计中一个重要组成部分，也是环境保护事业中一项十分重要的基础工作。在环境管理中要做出正确的决策，编制合乎实际的规划和计划，搞好科学分析预测，进行有效的环境监督和检查，必须掌握准确、丰富、灵通的环境统计信息。

环境统计是用数字反映并计量人类活动引起的环境变化和环境变化对人类的影响。环境统计是以环境为主要研究对象，其研究范围涉及人类赖以生存和进行生产活动的全部条件，包括影响生态平衡的诸因素及其变化带来的后果。环境统计包括为了取得环境统计资料而进行的设计、调查、整理和统计分析等各项工作。

环境统计资料是环境统计工作的结果，包括两个方面的内容：一是统计数字资料，反映了经济社会现象，人对自然环境的利用、改造和污染的规模、水平、发展速度和比例关系；二是统计分析报告，反映了经济社会发展与环境保护的相互关系及其发展变化的原因和规律。

环境统计除了具有与经济社会统计同样的社会性、广泛性、客观性等特点外，还具有如下一些特点：

（1）环境统计的范围涉及面广、综合性强。环境统计的对象是人类生存与发展的空间和物质条件，涉及人口、卫生、工农业生产、基本建设、文物保护、城市发展、居民生活等许多社会部门和领域，是一门综合性极强的统计工作。

（2）环境统计的对象介于社会与自然之间，技术性强。环境统计的许多内容涉及自然科学、社会科学、工程科学的多个学科领域，许多基础资料来源于环境监测数据，必须借助物理、化学、生物学的测试手段才能获得。

（3）环境统计是一门新兴的边缘学科，还处于创建阶段，许多理论、方法、手段、标准、口径等问题还有待于进一步探索和完善，环境统计的管理体系也需要不断健全。

4.1.3.2　环境统计的内容

环境统计的特点是范围涉及面广、综合性强，其统计范围涉及人类赖以生存与发展的全部环境条件和多个行业、学科，以及对自然环境产生影响的一切人类活动及其后果，因此，环境统计是一项庞大复杂的系统工作。

联合国统计司 1977 年提出，环境统计的范围包括土地、自然资源、能源、人类居住区和环境污染五个方面，但对各国的环境统计没有提出统一的指导意见。

在我国，环境统计范围大致包括：

（1）土地环境统计，反映土地及其构成的实际数量、利用程度和保护情况。

（2）自然资源统计，反映生物、森林、水、矿产资源、文物古迹、自然保护区、风景游览区、草原、水生生物的现有量、利用程度和保护情况。

（3）能源环境统计，反映能源的开发利用情况。

（4）人类居住区环境统计，反映人类健康、营养状况、劳动条件、居住条件、娱乐文化条件及公共设施等情况。

（5）环境污染统计，反映大气、水域、土壤等环境污染状况，以及污染源排放和治理等情况。

（6）环境保护机构自身建设统计，反映环保队伍中人员变化和专业人员构成情况，及装备、监测事业建设情况等。

4.1.3.3　环境统计在环境管理中的作用

环境统计是环境管理工作中一个重要环节，通过大量的观察、调查，搜集有关资料、数据，并与具体的环境情况结合起来，经过系统、科学的整理、核算和分析，运用定量化的数字语言，以环境统计资料的形式表现出环境现象的数量关系，评价环境污染的状况、污染治理成果和生态环境建设等情况，为科学地进行环境管理提供数据基础和保证。

（1）在环境统计资料的基础上，根据需要运用恰当的统计分析方法和指标，将丰富的环境统计资料和具体的案例结合起来，揭示出这些数据资料中包含的环境变化与经济发展的内在联系和规律，是环境统计分析的一项重要任务。

（2）通过环境统计分析，研究工业生产过程中三废污染排放水平及其影响。

（3）通过环境统计分析，可以知道环境污染治理水平和效益，可以掌握排污费征收及使用情况、环境质量现状和环境变化趋势等。

4.2　环境管理实证方法

环境管理的目标之一是调整人类社会的环境行为，这就首先需要了解和认识这些环境行为的规律，以及如何调整这些环境行为的规律，即环境管理的规律。传统上，对这些规律的研究多是采用一些定性的、思辨性的、总结性的方法，而缺少定量的、科学实验的实证方法。这就使得很多环境管理研究成果显现出较大的随意性，在一些行政干预较强的情况下还会出现用"长官意志"代替科学决策的情况。相比而言，无论是管理科学整体，还是专门的环境管理，最缺少的就是科学的实证精神、实证方法及大量的实证研究，这是当前环境管理学发展急需解决的一个薄弱环节。

包括实验在内的实证研究是一切科学的方法学基础，环境管理学也不例外。环境管理学所有的基础知识、理论和方法都需要而且只能由第一手的观察、实验、案例及研究者的经验来提供。因此，包括实验、调查问卷、案例研究、实地研究、无干扰文本分析等在内的实证研究方法，就成为环境管理学获取知识的可靠来源，是保持严谨性和科学性的基础和保证。

4.2.1　实验方法

4.2.1.1　实验方法对于管理科学的重要性

实验是近代自然科学发展的方法学基础。现代管理科学也是在实验的基础上发展起来的。管理科学创立时期的三个经典实验，对于管理能够成为一门科学发挥了重要作用。类似的著名管理科学实验还有很多，涉及范围也很广，在生产管理、组织管理、人才选拔、教育理论、激励理论、评价理论等许多管理科学理论背后都有一系列的实验或实证研究作为支撑。这些理论有一个共同的发展轨迹，就是"实验—假设—实验—再假设"，如此推进，逐步形成成熟的理论体系。可以说，管理科学使管理从经验走向科学。

4.2.1.2　环境管理实验方法的主要步骤

由于各种原因，环境管理实验的教学和研究还非常薄弱，这与实验方法对于发展环境管理科学的重要性是非常不适应的。因此，我国环境管理科学的发展要充分注意发挥这一手段的作用。

环境管理实验方法具有双重特性。一方面，它与企业管理、工商管理等学科中的管理科学实验有相似相通之处；另一方面它还与环境化学、环境生物学、环境物理学、环境地学中的环境科学实验方法有着天然的联系。因此，环境管理需要从管理科学实验方法和环境科学实验方法两大母体中汲取知识和经验，发展自己的实验方法和技能。

环境管理实验可分为两种类型。一种是实验室实验，是在人为建造的特定环境下进行；另一种是现场实验，是在日常工作环境下进行。这两种类型的实验大体上都包括实验的设计、实验的实施和实验结果的分析三个步骤。

A　实验的设计

由于环境管理问题涉及的因素非常多且一般比较复杂，环境管理实验设计必须十分缜密，其主要内容应包括：

（1）提出实验问题、明确实验目的、选择实验对象，给出实验假设。由于实验问题是来源于环境管理工作实践和研究中的管理问题，因此，其目的应是揭示出某一个或一类环境管理问题背后的环境行为规律和环境管理规律，其对象需要根据实验目的和问题来选取，且必须有代表性和适当数量。

（2）相关实验因素的控制。管理实验的影响因素主要来自实验者、实验环境和实验对象三个方面。管理实验设计要充分考虑这三个方面的影响因素，提出相应的控制和解决办法。

（3）预备实验。其目的是为正式实验提供必要的实验参数、实验过程的指导。在预备实验中通常需要确定实验对象数目、指标的有效性、自变量的操作方法、无关变量的控制方法、实验指导语、实验过程的演练。

B　实验的实施

做实验是一个比较复杂的过程，要严格按照实验设计的程序和要求进行，特别是要注意做好实验因素的控制。

C　实验结果的分析

实验结果的分析是对实验的结果进行系统地比较和分析，确认实验的效果，是否或者多大程度证实了研究假设，并对实验提出相应的改进措施，另外还要消除实验中的随机误差和系统误差。

4.2.1.3　实验方法的注意事项

环境管理学实验的对象主要是人和人的环境行为，与以物为对象的传统自然科学实验有一定区别。因此，环境管理学实验在方法上须注意以下事项：

（1）在实验者和被实验者之间，会出现人与人之间相互影响，如"迎合心理"、"逆反心理"等。因此，要采取"参考组"、"对比组"等方法来排除这种影响。

（2）实验往往是在"纯化"了的环境中进行的，因此在实验结果的概括、应用上，不宜拔高或夸大，而应该把实验结果和更广泛的社会调查结果联系起来考虑。

（3）管理科学中的实验，特别是"现场实验"，涉及的人员多、周期长、成本高，难以反复进行，因此，需要精心设计和进行实验，力争一次获取足够信息。

（4）因为管理实验的主要对象是人，就会涉及一些伦理问题，因此要注意以下原则：自愿受试、保守受试者的私人机密、对受试者无害、让受试者知情等。

4.2.2　问卷调查方法

4.2.2.1　问卷调查方法概述

问卷调查方法是通过设计、发放、回收问卷，获取某些社会群体对某种社会行为、社会状况的反映的方法。研究者可以通过对这些问卷的统计分析来认识社会现象及其规律。问卷调查方法有三个基本特征：（1）问卷调查要求从调查总体中抽取一定规模的随机样本；（2）对问卷的收集有一套系统的、特定的程序要求；（3）通过调查问卷所得到的是数量巨大的定量化资料，需要运用各种统计分析方法才能得到研究结论。这三个重要特征，使问卷调查方法不仅成为众多社会科学领域中广泛使用的、强有力的实证方法，也成为当前国际上通用的管理科学规范的研究方法之一。

问卷调查方法的调查问题的内容涵盖面非常广泛。各种社会现象、社会行为都可以成为问卷调查的问题，但概括地说，主要可以分为以下三大类：

（1）人群的社会背景，即有关被调查样本人群的各种社会特征的问题。包括人口统计方面的问题，如性别、年龄、职业、婚姻状况、文化程度等；经济方面的问题，如工资收入、家庭消费、各项支出等；社会生活方面的问题，如家庭构成、居住形式、社区特点等。总体而言，这一类调查问题客观性很强，资料搜集也相对容易，绝大多数问卷调查都包括这一类问题。

（2）某一人群的社会行为和活动，即有关被调查样本人群"做了什么"以及"怎么做"等方面的问题。如人们每天几点钟上班、每周去几次超市、每月锻炼几次身体等。这类问题也是客观的，通常构成很多问卷调查的主要内容。

（3）某一人群的意见和态度，即有关被调查样本人群"想些什么"、"如何想的"或"有什么想法"、"持什么态度"等方面的问题。如人们如何看待节约用水，对于垃圾收费有什么意见, 是否愿意为改善周围环境质量支付一定费用等。这类问题的性质是观念性、价值性的, 用于了解出人们的主观意愿和要求, 在很多问卷调查中也十分重要。

在环境管理工作中也大量使用了问卷调查方法。问卷调查的应用领域非常广泛, 一些重要的问卷调查类型有社会生活状况调查、社会问题调查、市场调查、民意调查、学术性调查等。

问卷调查方法的主要步骤包括: 一是正确地设计问卷, 主要依靠对调查对象和内容的系统认识和分析; 二是正确地开展调查过程, 主要是采用正确地调查方式获取数据; 三是正确地处理调查数据, 主要靠恰当地运用各种统计方法和相应的计算机统计软件。

4.2.2.2 调查问卷的设计

A 问卷的结构

问卷是问卷调查方法中用来搜集资料的主要工具, 它在形式上是一份精心设计的问题表格, 用于测量人们的行为、态度和社会特征。一般而言, 问卷应包括以下一些内容:

(1) 封面信, 即一封致被调查者的短信。封面信的作用是向被调查者介绍和说明问卷调查的目的、调查单位或调查者的身份、调查的大概内容、调查对象的选取方法和对结果的保密措施等。

(2) 指导语, 即用来指导被调查者填写问卷的各种解释和说明。

(3) 问题及答案, 这是问卷的主体, 按问题形式分两类: 一类是只提问题不给答案, 由被调查者填写回答的开放式问题; 另一类是既提问题又给答案, 要求被调查者进行选择的封闭式问题。

(4) 编码及其他资料, 是对每个问题及答案赋予一个代码, 以方便计算机处理。

B 问卷设计的原则

(1) 要围绕研究的问题和被调查对象进行问卷设计, 问题总数不能过多, 内容不能过于复杂, 要尽量考虑为被调查者提供方便, 减少困难和麻烦。

(2) 分析和排除被调查者可能出现的主观障碍和客观障碍。主观障碍指被调查者在心理和思想上对问卷产生的不良反应, 如问题过多、过难、涉及隐私等引起的反感。客观障碍指被调查者自身能力、条件方面的限制, 如阅读能力、文字表达能力方面的限制等。

(3) 明确与问卷设计相关的各种因素。应了解调查目的、调查内容、样本特征等因素对问卷设计的影响, 并采取相关的应对措施。

C 问卷设计的步骤

(1) 探索性工作, 即问卷设计前的初步调查和分析工作, 这是设计问卷的基础。

(2) 设计问卷初稿。

(3) 试用, 对问卷初稿进行试调查或送交专家和管理人员评论, 发现存在的问题并加以修改。

(4) 修改定稿并印制, 经过试用和修改, 反复校对后再定稿印刷。

D 题型及答案设计

(1) 问题可以采用填空式、是否式、多面选择式、矩阵式、表格式等形式设计。

(2) 答案设计要与问题设计协调一致, 并注意答案应具有穷尽性和互斥性。穷尽性是指答案包括了所有可能的情况; 互斥性是指答案互相之间不能交叉重叠或相互包含。

E 问题的语言及提问方式

问题措辞的基本原则是简短、明确、通俗、易懂。具体包括：问题语言尽量简单，陈述尽量简短，避免双重或多重含义，不能带有倾向性，不要有否定形式提问，不要问被调查者不知道的问题，不要直接询问感性问题等。

F 问题的数量及顺序

一份问卷中的问题数量不宜太多，问卷不宜太长，通常以被调查者在 20 分钟以内完成为宜。在问题排序上，被调查者容易回答、感兴趣和熟悉的问题在前，客观性的问题在前，关于态度、意见、看法的主观性问题在后。

4.2.2.3 问卷调查的实施

A 问卷调查方法的选择

开展问卷调查工作的方法有自填问卷法和结构访问法两种。

自填问卷法是指将调查问卷发送、邮寄给被调查者，由被调查者自己阅读和填写回答，然后由调查者收回的方法，包括个别发送法、邮寄填答法和集中填答法三种。其优点是节省时间、经费和人力，具有较好的匿名性，并可避免人为因素的影响；缺点是回收数量、问卷回答质量等常常得不到保证。

结构访问法是指调查者依据结构式的调查问题，向被调查者逐一地提出问题，并根据调查者的回答在问卷上选择合适答案的方法，包括当面访问法和电话访问法两种。其优点是回答率高、回答质量好，缺点是时间和费用成本较大，匿名性差，受访问者和被调查者的互动影响较大。

B 问卷调查的组织与实施

由于问卷调查以一定规模的调查样本为前提，因此，整个问卷调查的过程和工作需要很好的组织和实施。一般而言，包括调查员的挑选、调查员的训练、联系被调查对象、对调查进行的质量监控等方面。

4.2.2.4 调查结果的数据处理和分析

一般而言，通过问卷调查会得到大量的包括研究对象的行为、活动、态度等方面信息的数据资料。数据处理和分析的任务就是对这些大量的数据进行后期的整理和分析，以总结和发现包含在这些数据里的结论和规律。

数据处理是将原始观测数据转换成清晰、规范的数字、代码，供后续定量分析使用，其主要工作是编码、分类，将数据输入计算机系统。数据分析是利用计算机统计软件，从问卷调查得到的数据中发现变量的特征、变化规律及变量之间关联的分析过程。在数据分析中，常采用各种统计学分析方法和软件进行。

4.2.3 实地研究方法

4.2.3.1 实地研究方法概述

实地研究方法是一种深入到研究对象的生活背景中，以参与观察和无结构访谈的方式搜集资料，并通过这些资料的定性定量分析来理解和解释现象的研究方法。所谓"参与观察"，指研究者必须深入到研究对象所处的真实社会生活之中，通过看、听、问、想，甚至体验、感受、领悟等进行观察。

　　实地研究方法的基本特征是"实地"，即深入研究对象的社会生活环境中，在其中生活相当长一段时间，并用观察、询问、感受和领悟，来理解研究现象。这种方法保证了研究者可以对自然状态下的研究对象进行直接观察，从而获取许多第一手的数据、资料、形象、感觉等信息供定性定量分析和直觉判断，因此可以发现许多其他方法难以发现的问题。

　　实地研究方法中的研究者身份，可分为"作为观察者的参与者"和"作为参与者的观察者"两种类型。前者是指研究者的身份对于所研究的群体是公开的，后者则是将研究者的真实身份隐藏起来，而以某种虚假身份参与到所研究的地点或人群中进行观察。一般而言，研究者以何种身份进行实地研究，要根据具体情况做出判断，还要同时考虑研究方法和研究道德的要求。

　　实地研究的主要方式是观察和访谈。观察可根据研究者所处的位置或角色，分为局外观察和局内观察。访谈可分为正式访谈和非正式访谈，前者指的是研究者事先有计划、有准备、有安排、有预约的访谈，如正式的采访、座谈会和参观等；后者是研究者在实地参与研究对象社会生活的过程中，无事先准备的、随生活环境和事件自然进行的各种旁听和闲谈。

4.2.3.2　实地研究方法的主要步骤

　　从实施程序上看，实地研究方法通常可分为五个主要阶段：

　　（1）选择实地。选择"实地"是进行实地研究的第一步。在客观条件许可时，应尽量选择既与研究问题或现象密切相关，又容易进入、容易观察的实地。对于完全观测者，可以选择不易被观察对象注意和感觉到的地方，如在调查大城市中人们对交通规则的遵守情况时，可以选择繁华十字路口旁边视野开阔但本身却不为人注意的一个三层楼房的窗口。对于完全参与者，则应选择那种能够为研究者自然地进入、自然地参与其中，容易为当地社区接受，且能较快熟悉的实地。

　　（2）获准进入。进行实地研究，需要能够进入或融入当地社会生活环境。一般有三种途径，一是正式的、合法的身份以及单位的介绍信，或上级领导的推荐介绍等，这是获准进入的必要条件；二是某些"关键人物"或"中间人"的帮助，他们一般生活在研究对象所生活的地方，可以十分便利地将研究者"带入"研究对象的社会生活中，这对于研究者真正融入当地非常重要；三是研究者通过自身努力进入被研究对象的生活世界。如为制定垃圾回收管理政策，在研究北京生活垃圾回收者的社会组织时，有名大学教授和他的研究生们就主要通过个人的努力，包括化装、短期从事垃圾收集工作等方法，融入当地由垃圾回收人群组成的社会组织，获取了关于垃圾回收过程中的一些关键资料和信息，完成了课题研究。

　　（3）取得信任和建立友善关系。当获准进入当地社会后，尽快获取当地人的信任，尽快与他们建立友善关系，对于研究者非常重要。这种信任和友善关系是今后观察和记录的重要保障。

　　（4）记录。记录包括观察记录和访谈记录两个方面，总要求是尽量客观、详细、具体。

　　观察记录通常是先看在眼里，然后再记录在本子上，一般必须在当天晚上进行回忆和记录。白天观察要尽可能地多看多听多记，晚上记录要尽可能详细。

访谈记录可分两种。对于正式的、事先约好的访谈，应尽可能完整记录，但不宜干扰访谈过程，如果得到允许可以使用录音设备，记录效果会更好。对于非正式的、偶然的、闲聊式的、非常随便式的访谈，则可采用与观察记录一样的方法。

（5）资料分析和总结。根据对实地研究记录的分析和研究者的切身体会和领悟，判别和发现实地研究中的重要现象、事实及背后的规律，得到研究结论。

4.2.3.3　实地研究方法的特点

与其他实证方法相比，实地研究既是一个资料搜集和调查的过程，同时也是一个思考和形成理论的过程，这是一个非常明显的特点。在实地研究中，研究者作为真实的社会成员和行为者参与到被研究对象的实际社会生活中，通过尽可能全面地、直接地观察和访谈，搜集具体、详细的定性定量资料，依靠研究者主观感受的体验来理解所得到的各种印象、感觉和其他资料，并在归纳、概括的基础上建立起对这些现象的理论解释。

实地研究方法的优点主要有：（1）适合在真实的自然和社会条件下观察和研究人们的态度和行为；（2）研究的成果详细、真实、说服力强，研究者常常可以举出大量生动、具体、详细的事件说明研究结论；（3）方式比较灵活，弹性较大，相比实验和问卷调查，操作程序不十分严格，在过程中可进行灵活的调整；（4）适合研究现象发展变化的过程及其特征。

实地研究方法的缺点主要有：（1）资料的概括性较差，以定性资料为主，一般缺少定量的分析，所得结论难以推广到更大范围；（2）可信度较低，由于研究者所处地位、能力、主观判断的差别，加上实地研究很难重复进行，导致研究结论难以检验；（3）实地研究不可避免会对被研究者施加影响；（4）所需要的时间长、精力多、各项花费大；（5）可能涉及一些社会伦理道德问题。

4.2.4　无干扰研究方法

4.2.4.1　无干扰研究方法概述

前述的实验方法、问卷调查方法、实地研究方法，都会存在不同程度的研究者（或调查者）干扰（或打扰）被实验者、被调查者正常工作生活的情况，根据"测不准原理"，就会存在一定程度的误差。与以上方法不同，无干扰研究方法是指研究者不直接观察研究对象的行为，也不直接沟通，不引起研究对象的反应，更不干扰其行为的一种方法。无干扰研究方法在现实生活中有很多浅显的例子，如可以通过观察图书馆中书籍的破损及手渍等痕迹来估计它的借阅次数，通过观察居室内的摆设大致推算主人的兴趣和爱好，通过观察工作场地的布置状况来推测一个企业或组织的内部管理水平等。

无干扰研究方法可分为文本分析方法、现有统计数据分析方法和历史比较分析方法三大类。文本分析方法借助各种文件、报纸期刊和书籍等各种出版物来发现和分析问题；现有统计数据分析方法利用所能搜集到的统计数据进行论证；历史比较分析方法则旨在从历史记录中掌握关键情节。

无干扰研究方法主要有以下三个特征：（1）研究者无法操纵和控制所研究的变量和对象；（2）研究者在研究之前不需要进行假设，一般也不存在先入之见；（3）研究者不用直接接触也不会干扰研究对象。由于具有以上三个特征，无干扰研究不一定像自然科学、工程科学那样需要实验室或工程装置，而可以广泛利用图书馆、各种新闻媒体和网络进行研究，这是管理科学实证方法的一个优势所在。

无干扰研究方法的缺点主要有资料搜集存在多种困难，搜集到的信息的准确程度难以核实，研究者的研究能力和时间经费条件对研究的影响很大，研究结果难以比较等，这些都需要在应用该方法时充分考虑。

4.2.4.2　文本分析方法

文本分析方法是将文件中的文字和图像信息从零碎和定性形式转换成系统和定量形式的一种研究方法。与问卷调查和实地研究方法不同，文本分析方法是利用他人为了其他目的而搜集或编写的研究资料，借以达到自己的研究目标。文本分析方法主要步骤如下：

（1）提出假设。提出假设可以在文本分析之前，也可在之后。假设根据具体研究问题而定，比如，用文本分析方法研究公众参与对于环境影响报告书质量的影响时，就可以预先假设："公众参与的好坏对于环境影响报告书质量有重要影响"。

（2）变量抽取和属性分类。变量是度量某个因素的指标，在上述问题中，"公众参与的好坏"可以用环境影响报告书中公众参与内容的篇幅来表示，分为"单独一章、单独一节、无单独内容"三个水平；对于"环境影响报告书的质量"，可以用专家评审会的结论来表示，分为"通过、修改后再审、不通过"三个水平。

（3）资料分析。在确定变量及其属性后，就可以进行文本分析了。在上述问题中，可以选择 100 本环境影响报告书，分析其公众参与章节的篇幅，及专家对报告书的评审结论，然后进行分类统计分析。

（4）结果分析。根据变量之间的统计结果及分析，对假设进行检验，提出文本分析的结论。

4.2.4.3　现有数据统计分析方法

现有的统计数据可以来自多个方面，主要有三大类：第一类是研究报告，包括各种社会组织和研究组织公开发表的报告，这些报告中的大量数据可供其他研究课题重新分析或二次分析之用；第二类是官方统计资料，包括各种各样的年鉴、公报、统计报告、报告、报表等；第三类是信息调查研究机构和咨询公司的数据库。在一些经济发达国家，这三类数据的来源都比较丰富，有专业的机构和人员从事工作，而且也便于其他人员使用这些数据。相比而言，我国数据资料在来源、数量、共享等方便还存在不少差距，这对管理科学的研究是一个很大的制约。

现有统计数据分析方法是利用所能搜集到的统计数据进行论证的一种方法。该方法能够从现有的统计数据中发现问题，提出假设，通过统计分析进行检验和解释，非常有利于发现研究对象中存在的现实问题，相对而言，比较容易做出有创新性和发现性的成果和结论。

现有数据统计分析方法与文本分析方法类似，也分为提出假设、变量提取和属性分析、数据分析和结果分析等步骤。

4.2.4.4　历史比较分析方法

历史数据和知识能够使研究者从更广阔的时空视野来观察和思考当前的管理研究对象和管理环境，从而更深刻地发现和解释问题。

历史比较分析方法是通过系统地搜集和客观评价以往的有关资料，用以验证涉及因果关系、相关关系的问题假设，起到解释当前事件和预测未来事件的作用。

使用历史比较分析方法有助于规范地研究过去事件的发生过程，其基本步骤也分为提出假设、变量设置、资料搜集和分析、验证结果等。

在历史比较分析方法中，"事件研究方法"是一种发展的比较完善的数据观测和分析技术，在很多个经济或管理事件中，特别是工商管理事件中得到很多应用。在环境管理领域，一些历史上重要环境事件的分析也采用这个方法。

4.2.5　案例研究方法

4.2.5.1　案例研究方法概述

案例研究方法就是通过对一个或多个案例进行调查、研究、分析、概括、总结而发现新知识的过程。案例研究方法是通过对相对小的样本进行深度调查，归纳、总结现象背后的意义和基本规律，它是与实验方法、问卷调查方法相并列的一种管理科学研究方法。

案例研究方法通过对一个或多个具体案例，如个人、公司、社会组织等深入、全面、详细和聚焦式的研究，一般可以获得非常丰富、生动、具体、翔实的资料，能够较好地反映出研究对象发生、发展变化的过程，为后来较大的总体研究提供重要的实证支持和理论假设。因此，案例研究方法在管理科学中具有非常重要的作用，很多有影响的管理科学理论包括环境管理是基于一个或多个案例，进行长时间研究、总结和提炼的结果。

从案例研究目前使用的具体方法而言，多是实验方法、调查方法、实地研究方法、无干扰研究方法等在一个具体的案例中的综合应用，只是其研究重点不在于单一方法的严谨性和科学性，而更注重以案例分析为中心，突出方法的有效性和适用性。因此，案例研究方法是否可以单独成为一类管理研究方法，在不同教材和著作中的叙述也不尽相同。

4.2.5.2　案例研究方法的主要步骤

案例研究一般包括建立研究框架、选择案例、搜集数据、分析数据、撰写报告与检验结果等步骤。

（1）建立研究框架。案例研究首先需要建立一个指导性的框架，一般包括案例研究的目的和要回答的问题、已有的理论或假设、案例的范围三个部分。

（2）选择案例。案例研究可以使用一个案例，也可以包含多个案例。案例的性质和数量必须满足研究的要求。一般而言，被选择的案例应该与研究主题具有较强的相关性。案例数量可以不遵从统计意义上的样本数量规则。对大多数研究而言，4~10个案例是比较合适的；当少于4个案例而情况又比较复杂时，就很难得出有意义的结论或理论；当案例数量超过10个时，数据资料就会变得很多，案例之间的横向比较困难。

（3）搜集数据。案例研究的数据搜集方法与实验方法、问卷调查方法、实地研究方法、无干扰研究方法中的相关数据搜集方法相同，包括观察、访谈、问卷、文本分析等方法都可以用于案例研究中的数据搜集。

（4）分析数据。案例研究的数据分析方法也与实验方法、问卷调查方法、实地研究方法、无干扰研究方法中的相关数据分析方法相同。

（5）撰写报告与检验。案例研究的成果一般是研究报告，正式的案例研究报告一般比较长，非正式的案例报告则可根据不同读者的阅读需求进行缩减和特殊编辑。案例研究报告中一般还需要提供必要的原始数据、图表、附录，用以说明案例研究的科学性和可信度，以方便他人对案例研究过程和结论进行检验。

4.3　环境管理模型方法

4.3.1　环境模拟模型

环境模拟模型是利用定量化的指标和数学模型对环境社会系统中的人类社会行为及其引起环境变化情况进行模拟和模仿，以便科学和准确地描述环境社会系统的运行状况和规律，为环境管理提供技术依据。

4.3.1.1　人类社会环境行为的模拟

人类社会的发展行为可以从不同的角度和侧面来认识和分类。比如，从功能的角度可分为生产活动、流通行动和消费活动；从技术和管理的角度可分为工业、农业和第三产业；从环境社会系统的角度，可以把人类社会行为放在一个四维空间里进行描述和分析。这个四维空间由层次、类型、范围和时序组成。人类社会行为在层次上可分为战略层次、政策层次和技术层次；在类型上可分为工业、农业和第三产业；在范围上可根据涉及空间的大小和特征划分；在时序上可划分为不同的行为阶段。

另外，对人类社会行为进行模拟和分析，还必须考虑这些人类社会行为背后所反映的人类社会的环境需要，包括适应生存的需要、环境安全的需要、环境健康的需要、环境舒适的需要、环境欣赏的需要等。只有对行为背后的环境需要有深入的理解和认识，才能更好地模拟和分析人类社会行为。

由于人类社会行为的无限多样性和丰富性，要精确地进行模拟是极为困难的。以目前科学发展的认识水平和模拟能力而言，无论是在宏观上还是微观上，能够精确模拟的人类社会行为都是比较少的。

比如，以人口数量发展的模拟为例，常用的指数模拟模型为：

$$N_t = N_{t_0} \mathrm{e}^{k(t-t_0)} \tag{4-1}$$

式中　N_t——t 年的人口总数；

　　　　N_{t_0}——t_0 年人口基数；

　　　　k——人口增长率。

4.3.1.2　环境要素的模拟

相比于人类社会行为的模拟，有关环境要素的模拟已经有了较多成熟的模拟模型，多称为环境质量模拟模型。这些模型根据环境要素的运动、迁移、转化规律，模拟出它们在人类社会活动影响下的变化情况和趋势，为科学和定量了解、认识人类社会活动对环境的影响提供了技术依据。

以大气和水环境模拟模型为例，其理论基础都是三维的流体动力学模型：

$$\frac{\partial c}{\partial t} = E_x \frac{\partial c}{\partial x^2} + E_y \frac{\partial c}{\partial y^2} + E_z \frac{\partial c}{\partial z^2} - u_x \frac{\partial c}{\partial x} - u_y \frac{\partial c}{\partial y} - u_z \frac{\partial c}{\partial z} - Kc \tag{4-2}$$

式中　　　　c——污染物浓度；

E_x，E_y，E_z——分别为 x，y，z 方向上的湍流扩散系数；

u_x，u_y，u_z——分别为 x，y，z 方向上的流速分量；

　　　　　K——反应速率常数。

由于环境要素的复杂性和多样性，环境要素模拟模型的数量非常多，包括水、气、声、土壤、生态等多个类别，具体模型可参见相关书籍。

4.3.2 环境预测模型

环境预测是依据调查或监测所得到的历史资料，运用现代科学方法和手段给出未来的环境状况和发展趋势，为提出防止环境进一步恶化和改善环境的对策提供依据。由于在环境管理活动中，需要不断分析形势、了解情况、估计后果。因此，环境预测是环境管理的重要依据和内容之一。

4.3.2.1 预测与预测模型

所谓预测，是指预测者依据历史资料对未来所作的推断。预测结果的正确性在很大程度上取决于预测者选用的预测方法是否恰当。目前常用的预测方法大体上可分为五大类。第一类是统计分析方法，它的要点是在掌握大量历史数据资料的基础上，运用数理统计的方法进行处理，从而揭示出这些数据资料所反映的内在规律，并据此对未来的状况进行预测。第二类是因果分析方法，它的要点是对事物和它的影响因子之间的因果联系进行定量分析，通过演绎或归纳获得其内在规律，然后对未来进行预测。第三类是类比分析方法，它的要点是把正在发展中的事物与历史上曾发生过的相似事件做类比分析，从而对未来进行预测。第四类是专家系统方法，它的要点是用层次分析技术将众多专家对事物未来所做的估计进行综合分析，从而对未来做出预测。第五类是物理模拟预测法，它的要点是建立与原型相似的实物模型，如水槽、风洞等，通过实验进行预测。这五类方法各有自己的适用条件和范围，可分别称之为统计推断法、模式法、类比分析法、专家系统法和物理模拟法。

在预测方法中，预测模型是偏重于使用数学工具的一类预测方法。因此，环境预测模型常指环境数学模型，即用一个或一组数学方程（包括代数方程、微分方程或差分方程等）来表示所预测的环境社会因素随时间变化的形式或环境社会系统各要素之间的关系，据此计算环境社会系统未来的变化与状态，达到环境预测的目的。

4.3.2.2 主要的环境预测模型

按环境预测模型原理的不同，主要有趋势外推预测模型、因果关系预测模型、灰色预测模型和专家系统预测模型四大类。

A 趋势外推预测模型

趋势外推预测模型通过研究对象历史和现在的统计数据资料，利用数学模型表示事物随时间变化的形式，发现其变化趋势，并根据此趋势推测其未来的状况。主要有线性模型、指数模型、对数模型、生长曲线模型等。其关键是对历史数据的定性、定量分析，建立符合数据变化趋势的曲线。一些常见的环境预测模型见表 4 - 1。

表 4 - 1 环境预测的趋势外推预测模型举例

类　型	数学表达式	符　号　注　释
一元线性回归模型	$y = \beta_0 + \beta x + \varepsilon$	β, β_0—回归参数； ε—随机变量
多元线性回归模型	$y = \beta_0 + \beta_1 x_1 + \cdots + \beta_m x_m + \varepsilon$	$\beta_0, \beta_1, \cdots, \beta_m$—回归参数； ε—随机变量

类　　型	数学表达式	符　号　注　释
指数模型	$y(t) = ka^t$	t—时间； a, b, k—待定参数； L—y 的生长上限
生长曲线（皮尔模型）	$y(t) = \dfrac{L}{1 + ae^{-bt}}$	
生长曲线（皮龚珀兹模型）	$y(t) = Le^{-bt^{-kt}}$	

B　因果关系预测模型

因果关系预测模型通过分析预测对象与有关因素的因果关系，利用数学模型代表事物之间的相互关系，如大气和水污染的预测模型、各种计量经济模型等。这种模型的关键是事物之间的客观关系应该抽象成怎样的数学方程式，以及方程中参数值的确定。

以大气环境质量预测为例，最常用的高斯模型就是因果关系预测模型，在一系列条件假定后，可推导出其标准形式为：

$$C(x, y, z, H) = \frac{Q}{2\pi u \sigma_y \sigma_z} \exp\left(-\frac{y^2}{2\sigma_y^2}\right) \exp\left(-\frac{H_e^2}{2\sigma_x^2}\right) \tag{4-3}$$

式中　C——污染物浓度；

Q——污染源源强；

u——平均风速；

σ_y, σ_z——分别用浓度分布标准差表示的 y 和 z 轴上的扩散参数；

H_e——烟囱有效高度。

以水环境质量预测为例，最常用的 S - P 模型也是因果关系预测模型：

$$\begin{cases} v\dfrac{\mathrm{d}L}{\mathrm{d}x} = -K_1 L \\ v\dfrac{\mathrm{d}c}{\mathrm{d}x} = -K_1 L + K_2(c_s - c) \end{cases} \tag{4-4}$$

式中　v——平均流速；

L, c——分别为距离起点 x 处的 BOD 和 DO 浓度；

K_1, K_2——BOD 的耗氧和大气复氧系数；

c_s——河水中饱和溶解氧浓度。

C　灰色预测模型

灰色预测模型是根据灰色系统理论建立的模型。灰色系统理论将部分信息已知，另一部分信息未知的系统称为灰色系统。由于部分信息未知，所以很难建立对信息量要求较大的因果关系预测模型，这时可采用对信息量要求较少的灰色预测模型。目前 GM (1, 1) 模型是灰色系统中应用最多的一种预测模型。

GM (1, 1) 模型是预测一个变量的一阶微分方程模型，其计算步骤为：（1）对原始数据进行累加生成；（2）利用生成后的数列进行建模；（3）在预测时再通过反生成以恢复原貌，计算预测值。GM (1, 1) 模型的白化微分方程为：

$$\frac{\mathrm{d}x}{\mathrm{d}t} + ax = u \tag{4-5}$$

D　专家系统预测模型

该方法是将专家群体作为索取预测信息的对象，组织环境科学领域（有时也需要请其他科学领域）的专家运用专业知识和经验进行环境预测的方法。专家预测法的特点在于可以将某些难以用数学模型定量化的因素考虑在内，在缺乏足够统计数据和原始资料的情况下，可以给出定量估计。

现代的专家预测法与历史上古老的、直观的预测方法相比已有了质的飞跃，主要体现在三个方面：一是形成了一套如何组织专家、充分利用专家们的创造性思维进行预测的理论和方法；二是不依靠一个或少数专家，而是依靠专家群体（包括不同领域的专家），可以消除个别专家的局限性和片面性；三是现代的专家预测法可以在定性分析的基础上，以打分的方式做出定量预测。

常用的专家预测法主要有德尔斐法等，其详细介绍可参照有关书籍。

E　其他环境预测模型

其他一些应用于环境预测的模型还包括人工神经网络预测模型、马尔可夫链预测模型、突变模型、遗传算法模型等。

4.3.2.3　环境预测的程序

环境预测因其内容、要求不同，因而其程序也不完全一样。一般而言，环境预测的程序可大致分为四个阶段：

（1）准备阶段，包括确定预测目的和任务、确定预测时间、制订预测计划。

（2）搜集并分析信息阶段，根据预测的目的和任务，有针对性地搜集资料并对资料进行分析检验。

（3）预测分析阶段，包括选择预测方法、建立预测模型、进行预测计算、预测结果检验。

（4）输入结果阶段，指输出和提交预测结果，并按要求提交决策部门，以制定环境管理方案。

4.3.3　环境评价模型

4.3.3.1　环境评价模型概述

环境评价是从人类社会的环境需要出发，按照一定的环境标准和评价方法对环境的优劣及其满足人类需要的程度进行评估，预测环境质量的发展趋势及评价人类活动对环境的影响。

环境评价一般也称为环境质量评价，根据环境管理的需要，可以分为多种不同类型，如从时间上可分为环境回顾评价、环境现状评价和环境影响评价；从环境要素上可分为大气环境评价、水环境评价、土壤环境评价、噪声环境评价等；从评价的层次上可分为项目环境评价、规划环境评价、战略环境评价；从评价内容上可分为经济影响评价、社会影响评价、区域环境评价、生态影响评价、环境风险评价、累积环境评价、产品环境评价等。

所谓环境评价模型，就是通过一些定量化的指标来反映环境的客观属性及其对人类社会需要的满足程度，并将这些定量化的指标利用数学手段构建起相应的数学模型，从而定量评价和反映环境的优劣和满足人类社会需要的程度，并评价人类活动对环境的影响。

4.3.3.2 综合指数评价模型

综合指数评价模型的表达式为：

$$Q = \sum_{k=1}^{n} W_k I_k \tag{4-6}$$

式中　Q——多环境要素的综合评价指数；

　　　W_k——第 k 个环境要素的权重；

　　　n——参加评价的环境要素的数目。

一些常见的环境质量评价模型类型见表 4-2。

表 4-2　环境质量的评价模型

类　型	数　学　表　达	符　号　注　释
代数叠加型	$I = \sum_{i=1}^{n} \dfrac{p_i}{s_i} = \sum_{i=1}^{n} I_i$	p_i—第 i 种污染物在环境中的浓度； s_i—第 i 种污染物对人类影响程度的标准
均值型	$I = \dfrac{1}{n}\sum_{i=1}^{n} \dfrac{p_i}{s_i} = \dfrac{1}{n}\sum_{n} I_i$	I_i—第 i 种污染物环境质量指数
加权型	$I = \sum_{i=1}^{n} W_i I_i$	W_i—第 i 种污染物的权重
加权平均型	$I = \dfrac{1}{n}\sum_{i=1}^{n} W_i I_i$	W_i—第 i 种污染物的权重
突出极值型 1	$I = \sqrt{\max(I_i) \cdot \dfrac{1}{n}\sum_{i=1}^{n} W_i I_i}$	取分指数中极大值与平均值的几何平均值
突出极值型 2	$I = \sqrt{\dfrac{[\max(I_i)]^2 + \left[\dfrac{1}{n}\sum_{i=1}^{n} W_i I_i\right]^2}{2}}$	取分指数中极大值平方与平均值平方的平均值的平方根
幂指数型	$I = \prod_{i=1}^{m} I_i W_i$	I_i—第 i 种污染物环境质量指数； W_i—第 i 种污染物的权重
向量模型	$I = \left(\sum_{i=1}^{n} I_i^2\right)^{\frac{1}{2}}$	I_i—第 i 种污染物环境质量指数
均方根型	$I = \sqrt{\dfrac{1}{n}\sum_{i=1}^{n} I_i^2}$	I_i—第 i 种污染物环境质量指数
极值型	$I = \max(I_i)$	在所有分指数中取最大值

4.3.3.3 其他环境评价模型

在环境评价中，经常用到的其他一些模型主要有污染损失率评价模型、区域污染源评价模型、层次分析法评价模型、模糊综合评价模型、灰色系统评价模型、人工神经网络评价模型、主成分分析模型、因子分析模型、数据包络分析评价模型等。这些模型依据数学和统计学中的不同原理和方法，根据水体、大气、噪声、土壤、污染源等各种评价对象的特征，设计出不同的评价公式、算法和标准。

环境评价模型涉及的内容很多，每一个模型的应用都涉及相应的数学知识，且需要结合评价对象的特征进行选择和修正，因此，应用环境评价模型时需要充分注意到这一点。

更多更详细的环境评价模型内容可以参考专门的著作。

　　环境规划是指为使环境社会系统协调发展，对人类社会活动和行为做出的时间和空间上的合理安排，其实质是一种克服人类社会活动和行为的盲目性和主观随意性而进行的科学决策活动。

　　环境规划是环境管理工作的一个重要组成部分。根据环境管理的需要，环境规划可以分为多种不同类型：（1）从规划时间上可分为长期环境规划、中期环境规划和年度环境保护计划；（2）从规划内容上可分为大气环境规划、水环境规划、固体废物环境规划、生态环境规划等；（3）从规划性质可分为生态建设规划、污染综合防治规划、自然保护规划、环境科学技术与产业发展规划等；（4）从规划区域和管理级别可分为国家环境规划、省市环境规划、部门环境规划、县区环境规划、开发区环境规划、小城镇环境规划、农村环境规划、自然保护区环境规划、企业环境规划、企业园区环境规划等。

　　所谓环境规划模型，就是在环境模拟、预测和评价模型的基础上，进一步选用一些反映人类社会未来活动和行为的强度、性质的定量化指标构建的数学模型。对这些模型可利用数学优化或经济优化方法计算出一组规划方案的最优解或满意解，作为在时间和空间上合理安排人类社会活动和行为的环境规划方案。

复习思考题

4-1　环境监测的特点、分类和方法是什么？

4-2　什么是环境标准，制定环境标准时要考虑哪些问题？

4-3　环境统计在环境管理中的作用是什么？

4-4　环境管理实证方法包括哪些内容？

4-5　什么是环境预测模型，有哪些主要的预测模型？

参考文献

[1] 郭廷忠，周艳梅，王琳. 环境管理学［M］. 北京：科学出版社，2009.

[2] 姚建. 环境规划与管理［M］. 北京：化学工业出版社，2009.

[3] 丁忠浩. 环境规划与管理［M］. 北京：机械工业出版社，2007.

[4] 刘利. 环境规划与管理［M］. 北京：化学工业出版社，2006.

[5] 张承中. 环境管理的原理与方法［M］. 北京：中国环境科学出版社，1997.

[6] 李晓冰. 环境影响评价［M］. 北京：中国环境科学出版社，2007.

[7] 周贵荣，王铮，刘臻. 环境管理中的数学模型综述［J］. 科学对社会的影响，1997（2）：25～33.

[8] 易丹辉. 统计预测方法与应用［M］. 北京：中国统计出版社，2001.

[9] 李云雁，胡传荣. 试验设计和数据处理［M］. 北京：化学工业出版社，2005.

[10] 郑彤，陈云生. 环境系统数学模型［M］. 北京：化学工业出版社，2003.

[11] 程声通，陈毓龄. 环境系统分析教程［M］. 北京：高等教育出版社，2006.

5 水环境保护与污染防治类规划

【本章要点】 人类习惯把水看作是取之不尽、用之不竭的最廉价的自然资源，但随着人口的膨胀和经济的发展，水资源短缺的现象在很多地区相继出现，水污染及其所带来的危害更加剧了水资源的紧张，并对人类的生命健康形成威胁。保护水资源、防治水污染已成为当今人类的迫切任务。目前，水环境规划是解决水资源、水污染的重要途径。通过本章学习，了解水资源、水污染的概念及水环境规划的类型；熟悉水环境调查与评价的内容及水环境功能区划的原则，掌握水环境功能区划的方法与步骤；熟悉水资源预测、污染物预测及水质预测的方法和内容；了解水环境指标体系和水环境规划的措施。

5.1 引 言

5.1.1 水资源

水，是人类所需的不可替代的一种资源，是社会持续发展的重要支持之一。但由于过去人类对水资源认识和利用上的误区，使许多地区进入水环境的污染物质超过其环境容量和自净能力，导致水体污染、水环境恶化。随着社会经济的高速发展和人类活动影响的加剧，我国当前正面临着严峻的水环境问题，包括辽河、淮河、黄河、珠江等大江大河的水污染问题日趋严重，不仅影响国民经济和社会的可持续发展，威胁人民群众的身体健康，而且已成为制约和困扰我国持续发展的一大障碍。1972年，联合国就发出警告："水，将导致严重的社会危机"。20世纪70年代以来，尽管我国在水污染防治方面做了很多工作，但水污染的发展趋势仍未得到有效控制，许多江、河、湖泊、水库的水质仍在下降。我国本来就是一个缺水国家，全国600多个城市，约有一半的城市缺水，而水污染使缺水形势显得更为严峻。日趋严重的水污染不仅降低了水体的使用功能，进一步加剧了水资源短缺的矛盾，给我国正在实施的可持续发展战略带来了严重的负面影响，而且还严重威胁城乡居民的饮水安全和人民群众的健康。

"水资源"较准确完整的定义是：在现有的技术、经济条件下能够获取的，并可作为人类生产资料或生活资料的水的天然资源。从目前来说，通常所说的"水资源"是指陆地上可供生产、生活直接利用的江河、湖沼以及部分储存在地下的淡水资源，亦即"可利用的水资源"。这部分水量只占地球总水量的极少一部分。

如果从可持续发展的角度来看，水资源仅指一定区域内逐年可以恢复更新的淡水量，具体来说是指以河川径流量表征的地表水资源，以及参与水循环的以地下径流量表征的地下水资源。对一定区域范围而言，水资源的量并不是恒定不变的，它随用水的目的与水质要求的不同、科学技术与经济发展水平的不同而变化。

5.1.2　水资源的特性

从上面的分析可知，水和水资源是不同的概念。不是任何地方、任何状态的水都是水资源。水资源是发展国民经济不可缺少的重要自然资源。作为一种自然资源，水资源不同于土地资源和矿产资源，水资源有其独特的性质，认识这些特性对合理开发利用水资源有着重要意义。

5.1.2.1　再生性与有限性

水在太阳的辐射及地球气象因素的作用下，会发生气、液、固三种形态不断的转化、迁移，形成水的循环，使地球上的各种水体不断得到补给、更新，使水资源呈现再生性。但是，水资源的可再生性并不表明水是"取之不尽，用之不竭"的，相反，水资源是非常有限的。全球陆地上可供生产、生活直接利用的液态淡水资源仅占全球水量的0.796%，除去其中目前还难以开采的深层地下水，实际能够利用的水只占全球水量的0.2%左右。从动态平衡的观点看，某一时期的水量消耗量应接近于同期的水量补给量，以维持全球水平衡。因此，地球上通过各种水循环的水总量是一定的，世界陆地年径流量约为470000亿立方米，可以说这是目前可资人类利用的水资源的极限。

5.1.2.2　时空分布上的不均匀性

水资源的时空变化是由气候条件、地理条件等因素综合决定的。各区域所处的地理纬度、大气环流、地形条件的变化决定了该区域的降水量，从而决定了该区域水资源的多少。世界的水资源分布十分不均。除了欧洲因地理环境优越、水资源较为丰富以外，其他各洲都不同程度地存在一些严重缺水地区，最为明显的是非洲撒哈拉沙漠以南的内陆国家，那里几乎没有一个国家不存在严重缺水的问题，在亚洲部分地区也存在类似问题。我国位于欧亚大陆东部，主要受季风气候的影响，降雨随东南季风和西南季风的进退变化，水资源的时空变化非常大。年降水量的地区分布是：濒临东南沿海的地区湿润多雨；深入亚洲腹地的西北大陆由于高山和山脉的阻隔，加上距离海洋遥远，干旱少雨。年降水的年内分布也很不均匀。春暖后，南方开始进入雨季，随后雨带不断北移。进入夏季，全国大部分地区处在雨季，雨量集中。秋后，随着夏季风的迅速南撤，天气很快变凉，雨季结束。水资源在时空分布上的不均匀性使得一些区域的可更新水量非常有限。一旦实际利用量超过可更新的水量，就会面临水资源的不足，发生水荒甚至水资源的枯竭，造成严重的生态问题。

5.1.2.3　利弊的两重性

前已述及，在常温下水主要以液态的形式存在，具有流动性和很强的溶解性。这种流动性使水得以被拦蓄、调节、引调，从而使水资源的各种价值得到充分的开发利用，不仅广泛应用于农业、工业，还用于航运、发电、水产、旅游和环境景观等多种用途；同时也使水具有一些危害，造成洪涝灾害、泥石流、水土的流失与侵蚀等。另外，水在流动并与地表、地层及大气相接触的过程中会夹带和溶入各种杂质，使水质发生变化。这一方面使水中具有各种生物所必需的有用物质，但也会使水质变坏、受到污染。这些都体现了水具有利弊的双重性。

5.1.2.4　社会性与商品性

水资源有着多种功能，并渗透到人类社会的各个领域。它既为人类提供生活资料，又为人类的生产活动提供生产资料、能源与交通运输条件。水资源的多种用途与综合经济效益是其他自然资源难以相比的，对人类社会的进步与发展起着极为重要的作用，充分体现了水的社会性。由于水具有利用的广泛性与社会性，具有一般物品难以替代的价值，且水资源经供水部门提供给用水部门后已成为用来交换的产品，因而具有一定的商品属性。科学、合理地建立居民用水、工农业用水的价格机制，有步骤、有条件地实行以政府宏观调控为主体的水业市场经济运作，是体现水的这种商品应有的价值，合理利用宝贵水资源的重要途径之一。

水具有许多有益于人类的价值，但是它也会给人类带来灾害。水资源的这些特性表明对它的开发利用是一个极其复杂的综合工程，应尽可能考虑涉及的各个方面，最大可能地做到兴利除弊。

5.1.3　水资源利用存在的问题

中国在水资源开发利用方面虽然取得了重大进展，但是由于过去开发利用的不合理，目前我国的水环境仍存在以下几个主要问题：

一是水资源短缺。我国多年平均降水总量为 6.2 亿立方米，除蒸发以及通过土壤直接利用于天然生态系统和人工生态系统外，可通过水循环更新的地表水和地下水的多年平均水资源总量为 2.8 亿立方米，按 1997 年人口统计，人均水资源量为 $2220m^3$，仅为世界平均值的 1/4。预测到 2030 年人口增至 16 亿时，人均水资源量将降到 $1760m^3$。按国际上一般标准，人均水资源少于 $1700m^3$ 为水资源紧缺的国家。我国已是水资源十分紧缺的国家。

二是水污染。我国水污染情况是十分严重的，有四分之一的人口在饮用不符合卫生标准的水，"水污染"已经成为我国最主要的水环境问题。水污染情况有这样一个特点，随着我国工业化的进程和区位转移，水污染正从东部向西部发展，从支流向干流延伸，从城市向农村蔓延，从地表向地下渗透，从区域向流域扩散。根据 20 世纪末水利部对全国 700 余条河流约 10 万千米河长的水资源质量调查，目前已有 46.15% 的河长受到污染（相当于四、五类水质）；10.16% 的河长严重污染（已超五类水质），水体已丧失使用价值；90% 以上的城市水域污染严重。在全国七大流域中太湖、淮河、黄河流域都有 70% 以上的河段受到了污染；海河、辽松流域污染也相当严重，污染河段占 60% 以上。江河污染主要是城市和工矿企业以及乡镇工业的点源污染，其中县以下的乡镇工业排污增长最快，几乎每年以 17% 的速度递增，到 2000 年其排污量已超过县以上工业，成为水环境的主要污染源。水质污染严重影响工业、农业、渔业的正常发展和人民生活健康。一个入河排污口污染一大片，在大江大河形成岸边污染带；支流小河一个工厂的污染就会使整条河流受到污染，变成"排污沟"。

三是用水的极大浪费和缺水现象并存，节水还有较大潜力。工农业用水紧张，同时浪费也很严重。全国农业灌溉水的利用系数平均在 0.45 左右，和先进国家的 0.7 ~ 0.8 相比，我国灌区用水效率相对落后。全国万元工业增加值用水量、工业用水的重复利用率等数值与发达国家相比，有明显差距。全国多数城市自来水管网仅跑、冒、滴、漏的损失率至少达 20%。节水、污水处理回用及雨水利用还没有很好地推广。此外，由于长期以来工程维修费用不足，供水工程老化失修，严重影响了工程供水效益的发挥。

四是旱涝灾害。我国幅员辽阔，各地气候、地势、地质情况差别很大，地表水在时空分布上表现为很强的不均匀性。在地区分布上，由东南沿海向内陆地区呈梯状递减。全国81%的水资源集中在耕地面积仅占全国36%的长江及以南地区，而占全国耕地面积64%的淮河及以北地区水资源量仅占全国的19%。因此，我国的水资源分布南北不均匀，经常南涝北旱。而一年的降水大多集中在每年的6~9月。频繁的旱涝灾害不仅造成了大量的经济损失，更严重威胁着经济社会的发展。

五是地下水开采过量。由于地下水具有水质好、温差小、提取易、费用低等特点，以及用水增加等原因，人们常会超量抽取地下水，以致抽取的水量远大于它的自然补给量，造成地下含水层衰竭、地面沉降以及海水入侵、地下水污染等恶果。如我国苏州市区近30年内最大沉降量达到1.02m，上海、天津等城市也都发生了地面下沉问题，有些地方还造成了建筑物的严重损毁。地下水过度开采往往形成恶性循环，最终引起严重的生态退化。

5.1.4　水环境规划的类型

水环境规划是对某一时期内的水环境保护目标和措施所作出的统筹安排和设计，其目的是在发展经济的同时保护好水质，合理地开发和利用水资源，充分发挥水体的多功能用途和实现效益最大化。

区域水污染控制规划是对某个区域地区内的污染源提出控制措施，以保证该区域内水污染总量控制目标的实现，其应成为地方政府解决当地水污染问题的计划依据。区域水环境规划首先应分析区域水污染现状和发展趋势，之后划分控制单元，确定规划目标，设计规划方案，并对所设计规划方案进行优化分析与决策。

5.1.4.1　水环境规划的内涵与步骤

水环境规划是对某一时期内的水环境保护目标和措施所做出的统筹安排和设计，目的是在发展经济的同时保护好水质，合理地开发和利用水资源，充分发挥水体的多功能用途，在达到水环境目标的基础上，寻求最小（或较小）的经济代价或最大（或较大）的经济和生态效益。

在水环境规划时，首先应对水环境系统进行综合分析，摸清水量水质的供用情况，明确城市水环境出现的问题；合理确定水体功能和水质目标；对水的开采、供给、使用、处理和排放等各个环节做出统筹安排和决策，拟定规划措施，提出供选方案。总而言之，水环境规划过程是一个反复协调决策的过程，以寻求一个最佳的统筹兼顾方案。因此，在规划时，要特别处理好近期与远期、需要与可能、经济与环境等的相互关系，以确保规划方案的科学性和实用性。

5.1.4.2　水环境规划的原则

水环境规划是区域规划的重要组成部分，在规划中必须贯彻可持续发展和科学发展观的原则，并根据规划类型和内容的不同体现一些基本原则：前瞻性和可操作性的原则；突出重点和分期实施的原则；以人为本、生态优先、尊重自然的原则；坚持预防为主、防治结合的原则；水环境保护与水资源开发利用并重、社会经济发展与水环境保护协调发展的原则。

5.1.4.3 水环境规划的类型

根据水环境规划研究的对象，可将其大体分为两大类型，即水污染控制系统规划（或称水质控制规划）和水资源系统规划（或称水资源利用规划）。前者以实现水体功能要求为目标，是水环境规划的基础；后者强调水资源的合理开发利用和水环境保护，它以满足国民经济和社会发展的需要为宗旨，是水环境规划的落脚点。

A 水污染控制系统规划

水污染控制系统是由污染物的产生、排出、输送、处理到水体中迁移转化等各种过程和影响因素所组成的系统。从广义上讲，它可以涉及人类的资源开发、人口规划、经济发展与水环境保护之间的协调问题。从地域上来看，其既可在一条河流的整个流域上进行水资源的开发、利用和水污染的综合整治规划；也可在一个相对较小区域（或城市、或工业区）内进行水质与污水处理系统，乃至一个具体的污水处理设施的规划、设计和运行。因此，水污染控制系统可因研究问题的范围和性质的不同而异。

水污染控制系统规划是以国家颁布的法规和标准为基本依据，以环境保护科学技术和地区经济发展规划为指导，以区域水污染控制系统的最佳综合效益为总目标，以最佳适用防治技术为对策措施群，统筹考虑污染发生、防治、排污体制、污水处理、水体质量及其与经济发展、技术改进和加强管理之间的关系，进行系统的调查、监测、评价、预测、模拟和优化决策，寻求整体优化的近、远期污染控制规划方案。

根据水污染控制系统的特点，一般可将其分为三个层次：流域系统、城市（或区域）系统和单个企业系统（如废水处理厂系统）。因此，亦可将水污染控制系统规划分成三个相互联系的规划层次，即流域水污染控制规划、城市（区域）水污染控制规划和水污染控制设施规划。

B 水资源系统规划

水资源系统是以水为主体构成的一种特定的系统，是一个由相互联系、相互制约及相互作用的若干水资源工程单元和管理技术单元所组成的有机体。水资源系统规划是指应用系统分析的方法和原理，在某区域内为水资源的开发利用和水患的防治所制定的总体措施、计划与安排。它的基本任务是：根据国家或地区的经济发展计划，改善生态环境要求以及各行各业对水资源的需求，结合区域内水资源的条件和特点，选定规划目标，拟定合理开发利用方案，提出工程规模和开发程序方案。它将作为区域内各项水工程设计的基础和编制国家水利建设长远计划的依据。根据水资源系统规划的不同范围，可分为流域水资源规划、地区水资源规划和专业水资源规划三个层次。

5.2 区域水环境评价与分析

5.2.1 区域水环境质量评价

为了搞清楚水污染现状以及分布（一般以画图或列表的形式给出），首先要进行区域水环境质量现状调查。水环境质量现状的调查方法在此不再赘述。下面简要介绍水环境质量评价（水环境污染现状评价）的程序和方法。

5.2.1.1 水环境质量（水质）评价的类型

现状评价是水质调查的继续。一般来说，通过对水质调查结果进行统计和评价，即可说明水污染的程度。

进行水质现状评价时，主要采用文字分析与描述，并辅之以数学表达式。在文字分析与描述中，叙述时可采用检出率、超标率等统计数值。数学表达式分为两种，一种用于单项水质参数评价；另一种用于多项水质参数综合评价。在水环境质量评价中，当有一项指标超过相应功能的标准值时，就表示该水体已经不能完全满足该功能的要求，因此单项水质参数评价可以简单明了地了解水质参数现状与标准的关系，即了解水域是否满足功能要求，是水环境质量评价最常用的方法；多项水质参数综合评价只在调查的水质参数较多时方可应用，但此方法只能了解多个水质参数的现状与相应标准之间的综合相对关系。

水质评价的内容很广泛。当工作目的不同、研究问题的角度不同时，分类的方法也不同。按水资源或水体的功能、用途来划分，有饮用水质量评价、渔业用水质量评价、工业用水质量评价、观赏水体质量评价、灌溉用水质量评价，等等。当水的用途不同、功能不同时，参数的选择、评价标准和方法也不尽相同。如果按水体的类型来分，则有河流水质评价、湖泊水质评价、海洋水质评价、地下水水质评价等。在水质评价中，可以只评价水体的水质（如某水库或湖泊的水质），也可以对水库、湖泊等整个水体（包括水质、水生生物、底质）进行综合评价；可以只选一个评价参数（BOD_5），也可以选多个评价参数。总之，要从实际出发，评价的目的不同，选用的参数、评价方法和标准也不尽相同，评价类型也就不同。

5.2.1.2 水质评价的程序与方法

虽然与大气质量评价的程序、方法基本相同，但水质评价的范围广，评价参数的选择较为复杂，所以评价方法也有自己的特点。在水质评价时要首先确定水体（或水域）的功能，并进行水环境特征及背景值和污染源调查，取得必要的监测数据，然后进行下列工作。

A 选择评价参数

评价参数（评价因子）选择遵循的一般原则：（1）根据现状评价的目的选择评价参数；（2）根据被评价水体的功能（饮用、渔业、公共娱乐等）选择评价参数；（3）根据污染源调查评价结果得出的评价区域主要污染物选择评价参数；（4）根据水环境评价标准选择评价参数；（5）根据对该水体污染现状的观察和试验选择评价参数。

在水质评价中常见的参数有：（1）水温、色度、透明度、悬浮固体（SS）、pH 值、硬度、总盐量等一般水质参数；（2）DO、COD、BOD_5 等氧平衡参数；（3）酚、氰、多氢联苯等有机污染物；（4）硝酸盐类、硫化物、硫酸盐类等无机污染物；（5）汞、镉、铬等重金属；（6）大肠菌群等生物参数，等等。

B 选择或建立评价标准

评价标准应采用《地表水环境质量标准（GB 3838—2002）》或相应的水质标准，海湾水质标准应采用 GB3097，如有些水质参数国内尚无标准，可参照国外标准或建立临时标准，所采用的国外标准和建立的临时标准应按国家环保总局规定的程序报有关部门批准。评价区内不同功能的水域应采用不同类别的水质标准。选用的标准均应报主管环保部门审查认定。综合水质的分级应与《地表水环境质量标准（GB 3838—2002）》中水域功能的分类一致，其分级判据与所采用综合评价方法有关。

与地表水水域功能对应，地表水环境质量标准基本项目标准值分为五类，不同功能类别分别执行相应类别的标准值。水域功能类别高的标准值严于水域功能类别低的标准值。同一水域兼有多类使用功能的，执行最高功能类别对应的标准值。

C　选择评价方法

主要评价方法如下：

（1）单因子指数评价。单因子指数评价是将每个污染因子单独进行评价，利用统计得出各自的达标率、超标率、超标倍数、平均值等结果。单因子指数评价能客观地反映水体的污染程度，可清晰地判断出主要污染因子、主要污染时段和水体的主要污染区域，能较完整地提供监测水域的时空污染变化，反映污染历史。

1）一般水质因子（随污染物本身浓度增加而使水质变差的水质因子）的标准指数为：

$$S_{ij} = C_{ij} / C_{si} \tag{5-1}$$

式中　S_{ij}——单项水质参数 i 在第 j 点的标准指数；

　　　C_{ij}——i 污染物在第 j 点的浓度，mg/L；

　　　C_{si}——i 污染物的水质评价标准，mg/L。

2）溶解氧（DO）的标准指数为：

$$s_{\mathrm{DO},j} = \frac{|\mathrm{DO}_f - \mathrm{DO}_j|}{\mathrm{DO}_f - \mathrm{DO}_s} \quad (\mathrm{DO}_f \geqslant \mathrm{DO}_s) \tag{5-2}$$

$$s_{\mathrm{DO},j} = 10 - 9\frac{\mathrm{DO}_j}{\mathrm{DO}_s} \quad (\mathrm{DO}_f < \mathrm{DO}_s) \tag{5-3}$$

式中　$s_{\mathrm{DO},j}$——溶解氧在第 j 点的标准指数；

　　　DO_j——溶解氧在第 j 点的浓度，mg/L；

　　　DO_f——饱和溶解氧的浓度，mg/L；

　　　DO_s——溶解氧的评价标准，mg/L。

3）pH 的标准指数为：

$$S_{\mathrm{pH},j} = \frac{7.0 - \mathrm{pH}_j}{7.0 - \mathrm{pH}_{sd}} \quad (\mathrm{pH}_j \leqslant 7.0) \tag{5-4}$$

$$S_{\mathrm{pH},j} = \frac{\mathrm{pH}_j - 7.0}{\mathrm{pH}_{su} - 7.0} \quad (\mathrm{pH}_j > 7.0) \tag{5-5}$$

式中　pH_j——实测值；

　　　pH_{sd}——评价标准规定的 pH 值下限；

　　　pH_{su}——评价标准规定的 pH 值上限。

若水质参数的标准指数大于 1，即超标，表明该水质参数超过了规定的水质标准，已经不能满足使用要求。

在单项水质参数评价中，一般情况下，某水质参数的数值可采用多次监测的平均值，但如该水质参数变化很大，为了突出高值的影响可采用内梅罗（N. L. Nemerow）平均值，或其他计算高值影响的平均值。式（5-6）为内梅罗平均值的表达式：

$$C = \left(\frac{C_{max}^2 - \overline{C}^2}{2} \right)^{1/2} \tag{5-6}$$

式中　C——内梅罗平均值，mg/L；

　　　C_{max}——水质参数 i 的最大检测值，mg/L；

　　　$\overline{C}$——水质参数 i 的平均检测值，mg/L。

（2）多因子综合指数评价是选取多个水质评价参数进行水质综合评价。一是首先计算各个评价参数的分指数（I_i），然后选用适当模型计算水环境质量综合指数（PI_w）；二是也可因时因地制宜，选择适当模型直接计算综合指数。供参考选用的水质评价模型如下：

1）直接叠加。

$$I_i = \frac{c_i}{S_i}$$

$$PI_w = \sum_{i=1}^{n} I_i \tag{5-7}$$

式中　I_i——i 种水污染物（评价参数）的分指数；

　　　c_i——i 种水污染物的实测浓度，mg/L；

　　　S_i——i 种水污染物的评价标准；

　　　PI_w——水环境质量综合指数；

　　　n——水污染物的种类数（评价参数的个数）。

2）加权均值法。按水污染物的污染贡献率的大小，给予不同的权值，然后对分指数加权求和平均的评价方法称为加权均值法。如式（5-8）所示：

$$PI_w = \frac{1}{n} \sum_{i=1}^{n} W_i I_i \tag{5-8}$$

式中　W_i——i 种水污染物的权值。

3）内梅罗水质指数。内梅罗水质指数的特点是，不仅考虑到各种水污染物实测含量值与相应的评价标准的平均值，而且也考虑了水污染物中水环境含量最大的污染物实测值与评价标准的比。根据这种模型进行水质评价时，它首先考虑到水质的用途；其次，在计算时不仅考虑到各种参数（水污染物）的平均污染状况，而且还考虑到污染严重的水污染物对水污染指数的影响，这对进行必要的水质处理提供了科学依据。

$$PI_w = \sqrt{\frac{(c_i/L_{ij})_{max}^2 + \overline{(c_i/L_{ij})^2}}{2}} \tag{5-9}$$

式中　PI_w——水质指数（有些资料上用 P_{ij} 表示）；

　　　c_i——水中 i 污染物的实测浓度；

　　　L_{ij}——水中 i 污染物作 j 用途时的水质评价标准。

5.2.2　水环境污染物及污染源调查与分析

在水的循环过程中，由于环境污染进入水中的杂质称为污染物。当进入水体中的污染物量超过了水体自净能力而使水体丧失规定的使用价值时，称为水体污染或水污染。

5.2.2.1 水污染物

水污染物是指使水质恶化的污染物质，是指水中的盐分、微量元素或放射性物质浓度超出临界值，使水体的物理、化学性质或生物群落组成发生变化。影响水体的污染物种类繁多，水环境污染物主要有四种类型：持久性污染物、非持久性污染物、酸碱和废热。

持久性污染物是指在水环境中很难通过物理、化学、生物作用分解、沉淀或挥发的污染物。通常包括在水环境中难降解、毒性大、易长期积累的有毒物质，如重金属、无机盐和许多高分子有机化合物等。如果水体的 $BOD_5/COD < 0.3$，通常认为其可生化性差，其中所含的污染物可视为持久性污染物。

非持久性污染物是指在水环境中某些因素作用下，由于发生化学或生物反应而不断衰减的污染物，如耗氧有机物。通常表征水质状况的 COD、BOD_5 等指标均视为非持久性污染物。

酸碱污染物是指各种废酸、废碱等，通常以 pH 值表征。

废热主要指排放热废水，由水温表征。

5.2.2.2 水污染源

水环境可受到多方面的污染，其中主要污染源有：大气降水及地面径流；农业面源污染；向水体排放的各类污、废水；垃圾、固体废物及其渗出液；船舶废水、固体废物及船舶漏油。其中最普遍的污染源为降雨、农业面源污染和排放的各类污、废水。

水环境的污染源虽有以上许多方面，但由污、废水排放引起的水体污染有需氧有机物污染、水体富营养化、毒物污染、放射性污染等基本类型。

水污染源调查是为了弄清水污染物的种类、数量、排放方式、排放途径及污染源的类型和位置等，在此基础上判断出主要的污染物和主要的污染源，为评价提供依据。

5.3 水资源及水环境污染预测

水资源及水环境污染预测主要包括三部分：一是水资源预测及供需平衡分析；二是主要水污染物排放量增长预测；三是水环境污染预测。

5.3.1 水资源预测与平衡分析

5.3.1.1 水资源需求预测

随着工农业等的快速持续发展、人口的增长和人民物质文化生活水平的提高，对水资源的需求量不断增长。但是，我国当前存在着严重浪费水资源的现象，1999 年我国万元 GDP 用水量 680t，比西方发达国家高出 10 倍以上，节水潜力很大。所以，在水资源需求预测时，必须将节水因素考虑在内。

A 基本思路

水资源需求预测可以有两种途径。一是逐项预测生产需水和生活需水，相加求和计算出总的水资源需求量。生产需水是指由经济产出的各类生产活动所需的水量，包括第一产业（种植业、林牧渔业）、第二产业（工业、建筑业）及第三产业（商饮业、服务业）。生活需水是指城镇、农村居民维持正常生活所需的水量（不包括公共用水、牲畜用水），即维持日常生活的家庭和个人用水，包括饮用、洗涤、清洁、冲厕、洗澡等用水。

即：水资源总需求量（W_t）等于工业生产需水量（W_g）、农田灌溉需水量（W_n）、交通运输需水量（W_j）、建筑业需水量（W_b），以及城镇居民生活需水量（W_{s_1}）、农村居民生活需水量（W_{s_2}）之和。

$$W_t = W_g + W_n + W_j + W_b + W_{s_1} + W_{s_2} \tag{5-10}$$

工业、农业、交通运输、建筑业等逐项预测，增加了调查数据资料的工作和难度，也增大了预测计算量，却不一定能使预测结果更精确。

针对不同的用水行业，需水预测方法不同。

（1）工业需水预测的方法。工业需水预测，通常根据万元 GDP 需水量、万元工业产值需水量、万元工业产值增加值需水量，采用净定额法进行计算。对于火（核）电工业可以根据发电量单位需水量为需水定额来进行计算。

工业需水定额的预测方法包括：重复利用率法、趋势法、规划定额法和多因子综合法等，以重复利用率法为基本预测方法。

一般情况下，工业用水年内分配相对均匀，仅对于年内用水变幅较大的地区，可通过典型调查进行用水过程分析，计算工业需水量月分配系数，进而确定工业需水的年内需水过程。

（2）农业需水预测分析。农业需水包括种植业和林牧渔业需水。种植业主要根据田间灌溉定额和渠系水利用系数来进行计算；林业主要采用灌溉定额法来进行计算；牧业可以按大牲畜和小牲畜日需水定额法进行计算；渔业可以采用亩均补水定额法进行计算。

农业需水具有季节性特点，为了反映农业需水量的年内分配过程，要求提出农业需水量的月分配系数。农业需水量月分配系数可根据种植结构、灌溉制度及典型调查加以综合确定。

（3）建筑业和第三产业需水预测方法。建筑业需水预测以单位建筑面积需水量法为主，以建筑业万元增加值需水量法进行复核。第三产业需水可采用万元增加值需水量法进行预测，根据这些产业发展规划成果，结合用水现状分析，预测各规划水平年的净需水定额和水利用系数，进行净需水量和毛需水量的预测。

建筑业和第三产业需水量年内分配比较均匀，仅对年内用水量变幅较大的地区，通过典型调查进行用水量分析，计算需水月分配系数，确定需水量的年内需水过程。

（4）生活需水预测方法。生活需水分城镇居民生活需水和农村居民生活需水两类，可采用人均日需水量方法进行预测。

根据经济社会发展水平、人均收入水平、水价水平、节水器具推广与普及情况，结合生活用水习惯和现状用水水平，参照建设部门已制定的城市（镇）用水标准，参考国内外同类地区或城市生活用水定额，分别拟定各水平年城镇和农村居民生活需水净定额；根据供水预测成果以及供水系统的水利用系数，结合人口预测成果，进行生活净需水量和毛需水量的预测。

城镇和农村生活需水量年内分配比较均匀，可按年内月平均需水量确定其年内需水过程。对于年内用水量变幅较大的地区，可通过典型调查和现状用水量分析，确定生活需水月分配系数，进而确定生活需水的年内需水过程。

另外，水资源供需平衡分析是一种宏观性的概略分析，可以采取一种更简便的方法。

如式（5-11）所示：

$$W_t = W_{GDP} + W_{s_1} + W_{s_2} \qquad (5-11)$$

W_{GDP} 即国内生产总值需水量，GDP 包括农业、工业、建筑业、交通运输、商业、电信，等等。所以，可以用简化后的公式预测水资源总需求量（W_t）。

B GDP 水资源需求量预测

GDP 水资源需求量预测主要有两种方法。

（1）弹性系数法。

$$C_w = \frac{水资源需求年平均增长率}{GDP 年平均增长率} = \frac{\alpha}{\beta} \qquad (5-12)$$

式中 C_w——水资源弹性系数；

α——水价与原水价的倍比，亦称水资源需求年平均增长率；

β——用水量与原用水量的倍比。

GDP 年平均增长率是经济和社会发展计划中确定的，一般约为 8%。

通常情况下，水价高，可引起水资源的需求量减少；反之，水价低时，水资源的使用量增加。弹性系数对水资源需求量有很大影响，当弹性系数很小时，变化不很明显。

要计算出 α，关键是恰当的确定 C_w。如果有多年的统计资料，可以利用已有统计资源，求出 $\frac{\alpha}{\beta}$ 的比值，再将今后的发展趋势与国内外已经历过类似发展阶段的地区进行类比分析，这样确定的水资源弹性系数（C_w）可能较为切合实际。如果没有多年的统计数据，则可根据节水潜力和节水技术水平用经验判断的方法加以确定。如："十五"期间一般可确定 $C_w = 0.5$。如果节水潜力更大，节水的投入较大、节水技术水平较高，也可确定 $C_w = 0.4$ 或 $C_w = 0.3$。按 $C_w = 0.5$，其预测方法如下：

$$C_w = \frac{\alpha}{\beta}, \ 0.5 = \frac{\alpha}{0.08}, \ \alpha = 0.04$$

$$W_{GDP}^t = W_{GDP}^0 (1 + 0.04)^5 = 1.22 W_{GDP}^0 \qquad (5-13)$$

式中 W_{GDP}^t——预测年（2005 年）GDP 需水量；

W_{GDP}^0——基准年（2000 年）GDP 需水量。

（2）万元 GDP 用水量递减率法。如式（5-14）所示：

$$W_{GDP}^t = GDP^t \cdot B_0 (1 + \gamma_w)^{t-t_0} \qquad (5-14)$$

式中 W_{GDP}^t——预测年 GDP 需水量，t/a；

GDP^t——预测年 GDP，亿元；

B_0——基准年万元 GDP 需水量，t/万元；

γ_w——万元 GDP 需水量平均递减率。

例题：以基准年为 2000 年，预测 2005 年 GDP 需水量。

解：$t - t_0 = 5$，GDP 年平均增长率已知为 8%，根据本地区的节水潜力及经济技术水平，确定 γ_w 为 -0.04（或 -4%），预测 W_{GDP}^t：

$$W_{GDP}^t = GDP^t \times B_0 (1 - 0.04)^5 = GDP^t \times 0.82 B_0$$

由于 $$GDP^t = GDP^0 \times (1 + 0.08)^5 = 1.47 GDP^0$$

代入上式：

$$W_{GDP}^t = 1.47 \times 0.82 GDP^0 B_0 = 1.21 W_{GDP}^0$$

$$(GDP^0 B_0 = W_{GDP}^0)$$

由上述两种预测方法得出结果基本一致,即 2005 年 GDP 需水量(W_{GDP}^t)为 2000 年 GDP 需水量(W_{GDP}^0)的 1.2 倍。

C 城镇及居民生活需水量预测

城镇及居民生活需水量预测均可用系数法预测。如式(5-15)、式(5-16)所示:

$$W_{s_1} = K_c P_{cy} \tag{5-15}$$

$$W_{s_2} = K_n P_n \tag{5-16}$$

式中 K_c,K_n——城镇居民生活需水系数及农村人口生活需水系数,L/(人·d);

P_{cy},P_n——城镇人口数和农村人口数,万人。

在运用式(5-15)、式(5-16)预测时,P_{cy}、P_n 可以由城乡建设总体规划中得到数据,或根据人口年均增长率进行预测。

主要是 K_c、K_n 如何确定。1999 年《中国水资源公报》公布的用水指标:城镇人均生活用水量为 227L/(人·d),农村人均生活用水量为每日 89L(含牲畜),农村人均生活用水量约为城镇人均生活用水量的 40%。

到 2005 年由于城乡人民生活水平的提高,人均生活用水量会有所增长。据此确定 2005 年,$K_c = 250L/(人·d) = 912500t/(万人·a)$;$K_n = 0.4P_c = 365000t/(人·a)$。

汇总 b、c 两部分的预测结果,相加求和即可得到 2005 年水资源需求总量 W_t。

5.3.1.2 水资源供求平衡分析

A 基本概念

可用水资源总量与总供水能力是两个既有区别又有联系的概念。可用水资源总量是指规划评价区域内因当地降水形成的地表、地下产水量;由地表水资源量与地下水资源量相加,扣除两者之间互相转化的重复量而得。总供水能力是指各种水源工程可为用户提供包括输水损失在内的毛供水量的能力。我国多年平均可用水资源总量为 2.8 万亿立方米,1999 年可用水资源总量为 2.8196 万亿立方米;而 1999 年全国总供水量为 5613 亿立方米,据此估算全国总供水能力约 0.6 万亿立方米。由此可以看出可用水资源总量(W_u)是供水的资源基础,但不等同于总供水能力(W_p);总供水能力是各种水源工程为用户提供水资源的能力之和。

水资源供需平衡分析是指在一定区域、一定时段内,对某一水平年(如现状或规划水平年)及某一保证率的各部门供水量和需水量平衡关系的分析。

其目的是通过对水资源的供需情况进行综合评价,明确水资源的当前状况和变化趋势,分析导致水资源危机和产生环境问题的主要原因,揭示水资源在供、用、排环节中存在的主要问题,以便找出解决问题的办法和措施,使有限的水资源能发挥更大的社会经济效益。

水资源供需平衡分析的内容包括:(1)分析水资源供需现状,查找当前存在的各类水问题;(2)针对不同水平年,进行水资源供需状况分析,寻求在将来实现水资源供需平衡的目标和问题;(3)最终找出实现水资源可持续利用的规划方案和措施。

B 水资源供需平衡分析

水资源供需平衡也有两种不同的概念。

（1）水资源承载力 H_w 分析。

$$H_w = \frac{W_t}{W_u} \qquad (5-17)$$

可分为 3 级，$H_w \leqslant 0.8$，积极开发利用；$0.8 < H_w \leqslant 1$，平衡；$H_w > 1$，过度开发利用。

（2）水资源供需平衡 S_w 分析。

$$S_w = \frac{W_t}{W_p} \qquad (5-18)$$

分为两级，$0.9 \leqslant S_w \leqslant 1$，平衡；$S_w > 1$，供水能力不足。

5.3.2 水环境污染源预测

水环境污染预测是研究污染物排入河流（或其他水体）后，河水水质变化趋势和控制断面水环境污染物浓度的变化。水环境污染预测模型类型较多，下面仅以 COD 污染预测为例介绍简便实用的模型。

这种方法只考虑河水的扩散稀释能力。当污染物由排污口排入河流后能够完全与河水混合，可采用河流混合稀释模型。如式（5-19）所示：

$$c = \frac{c_h Q_h + c_p Q_P}{Q_E + Q_P} \qquad (5-19)$$

式中　c——河水与污染物完全混合后，河流下断面某污染物浓度，mg/L；

Q_h，c_h——河流上游来水流量（m^3/s）与水质浓度（mg/L），即上断面某种污染物浓度；

Q_P，c_P——废水排放量（m^3/s）与污染物的排放浓度（mg/L）。

上游来水流量一般是指 90% 保证率多年平均的设计流量。

采用河流稀释混合模型进行水环境污染预测，因为仅考虑了河水的扩散稀释能力（基本水环境容量），而没有考虑生物降解、化学及物理化学净化能力（可变水环境容量），因而预测值可能比实际监测值偏高。如果有多年的排污量及下断面 COD 浓度监测值对应的统计数据，并有同步的水文资料，可用这种模型进行预测对比，得到一个校正系数。

5.3.3 水环境质量预测

5.3.3.1 水环境质量预测要点

水环境预测的主要目的，就是预先推测经济社会发展达到某一水平年时的环境状况，以便在时间和空间上作出保护环境的具体安排和部署。城镇水环境预测包括排污量预测和水环境质量与测量方面的内容。区域水体污染的控制目标应包括水质目标和总量削减目标。

对水污染控制区（单元）来说，排放的污染物总量和水体浓度之间，并不是简单的水量稀释关系，而是由沉淀、悬浮吸附、解吸、光解、挥发、物化、生化等多种过程的综合效应所决定。因此，确定水污染总量削减目标的技术关键是建立反映污染物在水体中运动变化规律及影响因素相互关系的水质模型，据此在一定的设计条件和排放条件下，建立反映污染物排放总量与水质浓度之间关系的输入 – 响应模型。常用模型有：零维稀释混合模型、零维箱模型、一维 BOD – DO 耦合模型、一维水质模型、湖泊箱模型等。

A 确定预测目标

一般水质预测的目的，主要有建设工程的影响评价；进行流域治理、制定水质管理规划；进行水质预测的基本理论研究等。由于预测的目的不同，所需的信息和模式计算的精度不尽相同。

B 水质等信息的搜集和分析

水质、水文、气象和污染源等信息的搜集和分析是水质预测的基础工作。从某种程度上讲，这些信息量的大小和信息的真实程度将决定水质预测结果的可靠性。水环境质量的信息也带有随机性与不确定性。为了更好地利用这些信息进行预测，需要利用统计学的方法对所得到的水质、水量、污染物量等信息进行加工处理，由表及里，去伪存真，以获得它们之间的相互作用规律。

建立水质预测模式应在拥有大量可靠信息的基础上，通常水质预测主要通过水质模型进行。为了实现水环境规划系统的最佳组合运行，必须弄清系统行为与系统结构间的关系。当一个系统的组成结构给定时，为了知道其行为，可以用实际系统进行实验。但目前更为常用的方法是通过建立系统的模型，然后在模式上进行研究。这种利用模型进行实验的过程称之为模拟。模拟包括物理模拟（如河工模型）和数学模拟两种。

5.3.3.2 水质基本预测方法

水体环境复杂，水环境质量预测方法各不相同，目前尚处于发展、形成阶段，水质基本预测方法可分为水质相关法和水质模型法两类。这里只介绍水质相关法。

水质相关法是指将水质参数与影响该水质参数的主要因素建立相关关系，以此作为进行水质参数预测的方法。由于所建立的相关关系中必须忽略一些次要的因素，这会使水质相关法的预测精度受到一定限制。常用的水质相关法模型有水质流量相关法、河流湖泊水质的灰色预测模型法和河流湖泊水质的多元回归分析法等。

A 水质流量相关法

水质相关法中，如将流量作为影响水质的主要因素，与水质参数建立相关关系，称为水质流量相关法。如在莱茵河威沙登站曾对溶解有机碳（COD）与月平均流量建立关系，该曲线呈上升趋势，即流量越大，COD 的输送率也越大。

这种模型中假设难降解的有机污染物与流量无关，是一常数；而易降解的有机污染物随流量呈指数衰减。例如对于河流，其有机污染物总量预测可表达为：

$$L_t = L_R + L_a \exp(-Kn/q_V) \tag{5-20}$$

式中　L_t——有机污染物总量，kg/s；

L_R——难降解的有机污染物量，kg/s；

L_a——易降解的有机污染物量，kg/s；

K——常数；

n——比例常数；

q_V——流量，m^3/s。

B 河流、湖泊水质的灰色预测模型

若给出河流、湖泊或水库水质的一个时间序列，则可以用灰色建模方法建立 GM(1, 1)模型，进行水体水质预测。预测模型的形式为：

$$\begin{cases} \hat{C}^{(1)}(k+1) = \left[C^{(0)}(1) - \dfrac{u}{a} \right] e^{-ak} + \dfrac{u}{a} & (5-21) \\ \hat{C}^{(0)}(k+1) = \hat{C}^{(1)}(k+1) - \hat{C}^{(1)}(k) \end{cases}$$

$$\hat{C}^{(0)}(k) = \left(\frac{1-0.5a}{1+0.5a} \right)^{k-2} \left[\frac{u-aC^{(0)}(1)}{1+0.5a} \right] \qquad (5-22)$$

水质灰色预测模型的实质是一种利用水质自身相关关系的预测方法。

C　河流、湖泊水质的多元回归分析

由于河水和湖水中污染物浓度的变化主要取决于沿河或沿湖地区工农业生产的发展和河流、湖泊水文条件的影响,因此,可根据历年河水或湖水中污染物浓度实测值和沿河或沿湖地区工农业产值及河流或湖泊的水文资料进行多元回归分析,从而建立河流或湖泊的水质预测模型。

设河流或湖泊中某污染物的浓度与其影响因素 x_1, x_2, $\cdots$, x_m 之间存在着线性相关关系,则其多元回归方程为:

$$\rho_B = a + b_1 x_1 + b_2 x_2 + \cdots + b_m x_m \qquad (5-23)$$

式中　　　　ρ_B——河水或湖水中某污染物浓度,mg/L;

$a, b_1, b_2, \cdots, b_m$——回归方程中的待定系数;

$x_1, x_2, \cdots, x_m$——影响河流或湖泊水质的有关因素。

5.4　水环境功能区划

5.4.1　水环境功能区划与水污染控制单元

5.4.1.1　水环境功能区划

A　水环境功能区划及其目的

环境功能区是指对经济和社会发展起特定作用的地域或环境单元。事实上,环境功能区也常是经济、社会与环境的综合性功能区。由于每个区域的自然条件和人为利用方式不同,区域内执行的环境功能不同,对环境的影响程度也各异,因此达到同一环境质量标准的难度也就不一样。

随着我国经济社会的发展和城市化进程的加快,水资源短缺、水污染严重已经成为制约国民经济可持续发展的重要因素。一些城市的供水水源地水质恶化,直接影响人民身体健康;城市河流水质恶化,影响城市景观与工农业生产。分析这些问题产生的原因,除了工业污染源没有达标处理及生活类污水大量增加外,水资源开发利用布局不尽合理,开发利用与保护的关系不协调,水域保护目标不明确,入河排污口管理不规范,导致污水随意排放也是原因之一。

水环境功能区划即根据当地的水环境自然条件、水资源利用状况和社会经济发展需要,权衡人类需求功能,将水域划分为不同的分类管理功能区,为水资源利用、水环境改善提供基础与依据。

对于未建成区或新开发区、新兴城市来说,环境功能区划对其未来环境状态有决定性影响。在环境规划中进行功能区的划分,具体目的有以下几个方面:

（1）合理布局。不同地区划分环境功能区有助于引导不同类型工业园区及产业集群的形成，促进产业集中。

（2）为环境管理决策者提供科学依据。不同功能区的地位和作用不同，产业类型不同，资源需求和污染排放情况也不同。掌握了这些情况，才能制订合理的环境管理目标。

（3）使各种法律制度得到实施。目前有关环境保护方面的法律有《中华人民共和国环境保护法》、《中华人民共和国水污染防治法》、《中华人民共和国大气污染防治法》、《中华人民共和国森林法》、《中华人民共和国草原法》、《中华人民共和国海洋环境保护法》等，这些都是从事环境保护的法律依据。环境功能分区有利于针对具体环境单元实施法律制度。

B　水环境功能区划的原则

水环境功能区是指为满足水资源开发和有效保护的需求，根据自然条件、功能要求、开发利用现状，按照流域综合规划、水资源保护规划和经济社会发展要求，在相应水域按其主导功能进行划分并执行相应质量标准的特定区域。

我国的水环境功能区划工作主要是依据《地表水环境质量标准（GB 3838—2002）》开展的。自2002年开始，在全国各省市水环境功能区划工作的基础之上，国家环境保护总局开展了全国水环境功能区划的汇总工作，编制完成全国水环境功能区划：（1）国家层次，具体包括全国水环境功能区划、国控断面和省界断面所在的水环境功能区、分流域或水资源区水环境功能区划、31个省级的水环境功能区划等。（2）重点城市层次，113个环境保护重点城市城区水环境功能区划。

划分水环境功能区的原则可结合水资源保护情况及社会经济发展需要，因地制宜。一般可从以下几个方面考虑：

（1）集中式饮用水源地优先保护。在规定的五类功能区中，以集中式饮用水水源地、具有生物学与科研价值的敏感地区（如自然保护区、珍贵鱼虾产卵场等）为优先保护对象。如果出现功能混乱时，应优先考虑这些功能的保护。在保护重点功能区的前提下，可兼顾其他功能区的划分。饮用水水源地优先保护将是我国未来一段时间内水环境管理的核心。

（2）不得降低现状使用功能，兼顾规划功能。水体现状使用功能间接反映了水体受污染影响的程度，也是城市与经济发展现状的体现。而且，现状水体功能对未来水体水质目标的可达性也具有重要影响。对于一些水资源丰富、水质较好的地区，在开发经济、发展工业、制定规划功能时，应经过严格的经济技术论证，并报上级批准。

统筹考虑、合理组合水环境功能区划。应该从整个流域的总体进行考虑，局部服从整体，同时在划分各功能断面时，要注意上下游功能组合的合理性，不能产生矛盾。例如上游为Ⅳ类水体，下游若定为Ⅲ水体，则必须根据实际计算论述这种划分方法的科学性，否则，下游水体功能就可能定得太高，难以实现。

综合考虑流域内生产力布局及排污口分布。水环境功能区划必须与陆上的工业布局相适应，对工业集中、排污口密集的地区，其水域功能不能定得太高。水环境功能区划中，可尽可能保持现状功能，同时兼顾未来对水体功能的更深要求。

（3）统筹考虑专业用水标准要求。对于专业用水区，如卫生部门划定的集中式饮用水取水口及其卫生防护区，渔业部门划定的渔业水域，排污河渠的农灌用水，均执行专业用水标准。

要考虑经济技术约束。在水环境功能区划中，对存在有关部门及上下游之间矛盾的水域，应充分考虑经济技术条件的约束，研究功能目标是否可达，对削减污染负荷的费用、加强给水处理的费用、季节调控费用等加以估算，作多种方案，比较、优化。

（4）上下游、区域间互相兼顾，适当考虑潜在功能要求。划分功能区不应影响潜在功能的开发和下游功能的保障。在功能区划分中，不同水环境功能区边界水质应该达标交接，要对可被生物富集的或环境累积的有毒有害物质所造成的环境影响给予充分考虑。

便于管理目标可行。水环境功能区划要有利于强化水环境质量管理，要有利于实行按功能区进行污染物排放总量控制，以及实施水污染物排放许可证制度。此外，水环境功能区划应立足流域整体性与生态完整性，局部服从整体，在划分各功能断面时，要注意上下游功能组合的合理性，避免矛盾，具有达标可行性。

（5）合理利用水体自净能力和环境容量。合理的功能分区应有利于最大限度地利用水体容量资源，降低污染削减与治理费用，引导城市与工业的优化合理布局，实现社会、经济与环境效益的统一。同时，要从不同水域的水文特点出发，充分利用水体的自净能力和水环境容量。

（6）与陆上工业合理布局相结合。划分功能区要层次分明，突出污染源的合理布局，使水域功能区划分与陆上工业合理布局、城市发展规划相结合。

（7）对地下饮用水源地污染的影响。如属地下饮用水源地的补给水，或地质结构造成明显渗漏时，应考虑对地下饮用水源地的影响。

（8）实用可行，便于管理。功能区划分方案实用可行，有利于强化目标管理，有利于解决有关部门利益冲突与上下游、左右岸矛盾，解决实际问题。

（9）优质水优用及低质水低用。

C　水环境功能区划分标准

应该根据水环境功能区划分的条件指标来划分功能区，每类功能区执行特定的环境标准。

水环境功能区划分的主要依据为《中华人民共和国水法》、《中华人民共和国环境保护法》，《中华人民共和国水污染防治法》等。

功能区划的主要标准为：《地表水环境质量标准（GB 3832—2002）》、《渔业水质标准（GB 11607—1989）》、《农田灌溉水质标准（GB 5084—2005）》、《景观娱乐用水水质标准（GB 12941—1991）》、《污水综合排放标准（GB 8978—2006）》、《自然保护区类型与级别划分原则（GB/T 14529—1993）》等。

D　水环境功能区划分类分级系统

水环境功能区目前按照两级区划、11 分区的基本方法划分。两级区划即一级区划和二级区划。一级区划是水资源的基本分区，这个基本分区体现了持续、保护和利用相结合的原则，也为流域统一管理提供了依据。一级区划中分为保护区、缓冲区、开发利用区和保留区等四类区。所谓保护的原则体现在两个方面，一是为保护特殊水域或水生生态系统和珍稀濒危物种设立的保护区，二是对一些目前尚未开发的水域设立的保留区。所谓持续的原则突出表现在对保留区的设立上，保留区的设立为今后水资源的开发以及保护留有余地。而开发利用区是目前应该着力管理的水域。

因为水资源的利用形式和服务对象不同，所以为管理方便，在一级区划的基础上，将开发利用区再划分为饮用水源区、工业用水区、农业用水区、渔业用水区、景观娱乐用水区、过渡区和排污控制区等7个二级分区，体现了重保护、严管理的基本指导思想。

E 水环境功能区划的方法

水环境功能区划分的目的，就是提出明确的水质保护目标并最终加以实现。确定该水质目标的过程是一个系统分析过程（图5-1）。

（1）系统分析的开始与终结。从拟定的环境保护目标出发，到确定最终的环境目标，这是一个反复论证和考核的过程。因为，初定的环境目标往往不止一个，且经济、技术可行性也有多个约束，对环境保护目标进行全面分析，既要考虑环境保护的需要，又要考虑经济、技术的可行，所以环境目标必须经过多次重复过程才能确定。

（2）将环境目标具体化为环境质量标准中的数值。

（3）对功能可达性进行分析，确定引起污染的主要人为污染源。

（4）建立污染源与水质目标之间的定量关系及影响评价。建立污染源与水质目标之间的相应关系，将各种污染源排放的污染物输入各类水质模型，以评价污染源对水质目标的影响。

（5）分析减少污染物排放以实现环境目标的各种可能的途径和措施，为定量优化选择可行方案做准备。

（6）通过对多个可行方案的优化决策，确定技术、经济最优的方案组合。

（7）为政策协调和管理决策，最终确定环境保护目标和水环境功能区划方案。

如果步骤（6）所提方案不合适，则返回到步骤（1），再重复后面的过程。

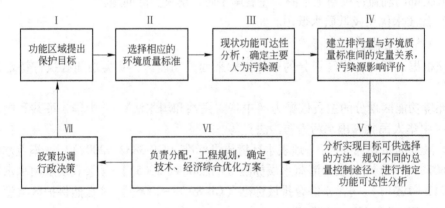

图5-1 确定环境保护目标的系统分析过程图

（资料来源：总量控制技术手册. 北京：中国环境科学出版社，1990）

F 水环境功能区划技术路线

水环境功能区划的技术路线贯穿整个规划的工作过程，遵循"技术准备→定性判断→定量计算→综合决策"的过程。

a 搜集基础资料、综合分析与调查阶段

（1）搜集和汇总现有的基础资料、数据。内容包括：区域自然环境调查，如气候、地质、地貌、植被条件等，与水功能区划密切相关的水文、流量、流速和径流量等；城镇发展规划调查，如人口数量与分布、工业区、农业区和风景区布局等；污染源和水污染现状及治理措施调查，如污染源数量和排放口位置、污染物种类和排放量、水体水质及季节变化、水污染治理措施等；水质监测状况调查，如监测点位置、监测断面分布、监测项目和采样频率等；水资源开发利用情况调查，如取水口位置、水厂位置、各部门用水量及对水质的要求，以及各用水部门间、上下游间用水矛盾与否；生态需水量调查；水利设施调查，如工农业和生活取水、调水、蓄水、防洪、水力发电和通航水位等相关设施及运行情况；区域经济发展状况调查；政策和法规调查等。

（2）确定工作方案。初步划分工作范围与工作深度；对需补测的项目，制定必要的现场监测方案；所需专业与行政管理合理组合。

b 定性判断阶段与分析

（1）分析使用功能及其影响因素。在资料调研与实地调查的基础上，对水环境现状进行评价，预测污染源及污水量的增加与削减量，分析水体的现状使用功能、规划功能，确定影响使用功能的污染因子和污染时段；分析各类水质监测控制断面、点位的实测资料是否合理配套、是否可靠而具有代表性；分析污染源优先控制顺序，将现状功能区中水质要求不符合标准的水域，依据污染因子列出相应污染源；提出规划功能及相应水质标准，预测污染物排放量的增长与削减。

（2）在考虑上下游、左右岸关系基础上，提出功能区划分的初选方案或多种供选方案。

c 定量模拟阶段

此阶段重点解决水环境功能可达性分析、混合区范围划定、技术经济评价和方案选择等需要定量解决的问题。对于水体功能明确，且无可替代方案供选择的区域，如集中式饮用水源保护区等，可不进行定量模拟确定。

（1）确定设计条件。设计条件必须在定量计算前进行，主要包括设计流量、设计水温、设计流速、设计排污量、设计达标率与标准、设计分期目标。在概化设计条件时有两种方法：一种是定常条件下平均，另一种是在概率分布条件下平均。

（2）选择水质模型及计算。对水环境功能区划，在河道与排污口概化的基础上，一般采用一维稳态模型，涉及潜在污染冲突的河段，也可考虑用二维模型，提高划分的精度。

（3）计算混合区范围。在削减排污量方案费用较高、技术不可行时，为了保证功能区水质符合要求，可考虑改变排污去向至低功能水域，或减少混合区范围以及利用大水体稀释扩散能力。在这些情况下，如开辟新取水口均应进行混合区范围计算。

（4）优化模拟。对功能区达到各个环境目标的技术方案及投资进行可达性分析，提供决策依据。

d 综合决策阶段

（1）通过对水环境功能区的综合评价，确定切实可行的区划方案。

（2）拟订保障水环境区划目标分期实施方案。

5.4.1.2 水污染控制单元

以往的水污染防治是以行政区域为基本单位进行管理的，实践证明这种"一刀切"的做法存在很大的盲目性，容易引起跨界污染行政纠纷。水环境系统可以看成是由许多水污染控制单元组成的大系统，划分水污染控制单元的过程就是将复杂大系统分解处理的过程，是水环境规划过程的一个重要步骤。水污染控制单元的概念，就是在这种背景下提出来的。水污染控制单元是最终落实水污染控制目标和控制方案的基本单元，也是实施环境目标责任制和定量考核的基本单元。

水域是根据水体不同的使用功能并结合行政区划而定，源则是排入相应受纳水域的所有污染源的集合。水污染控制单元作为可操作实体，既可体现输入响应关系时间、空间与污染物类型的基本特征，又可以在单元内与单元间建立量化的输入响应模型，反映源与目标之间、区域与区域之间的相互作用；优化决策方案可以在控制单元内得以实施；复杂的系统问题可以分解为单元问题来处理，以使整个系统的问题得到最终解决。

划分水污染控制单元后，应阐明各功能区相关情况，主要内容有：功能说明（属于哪类功能区、执行的水质标准等）、水质现状分析、污染源分析、水质预测、技术措施制定（不同污染物控制与削减的控制方法）、环境容量计算等。

通过对各个控制单元的解析与评价，给出所研究水域内各单元的总体综合性结论。其水污染控制单元属性可以列表形式给出，列表要求清楚反映各控制单元的主要特征，可参照表5-1。

表5-1　水污染控制单元属性列表

控制单元		主要属性	特　征　值
序号	名称		
1	×× ××	单元内的主要功能区	功能区类型、所在位置、范围、应执行标准的类别、专业用水标准等
		水质现状及控制断面	单元内设立的控制断面及其作用、水质情况
		排污量与水质预测	预测年控制单元内污染物的排放情况
		主要污染物及污染源	
		主要水环境问题	
		允许排放量	根据各控制断面控制因子应达到的标准值，计算单元内各排放口排入受纳水域的允许纳污量
		控制目标	
		控制路线	浓度控制、总量控制或浓度控制与总量控制相结合
⋮	⋮	⋮	⋮

5.4.2　区域水环境容量

水环境规划备受世人关注，水环境容量理论成为当前的研究热点之一。根据水环境容量制定科学的改善策略，具有一定的前瞻性和可操作性，不仅可以改善水环境，还可以节约人力、物力和财力，实现人与自然和谐相处和可持续发展。

5.4.2.1　水环境容量的定义

水环境容量是基于对流域水文特征、排污方式、污染物迁移转化规律进行充分科学研究的基础上，结合环境管理需求确定的管理控制目标。国内外学者提出过诸多水环境容量的定义，大致可分为以下几类：（1）水环境容量是污染物容许排放总量与相应的环境标准浓度的比值；（2）水环境容量是环境的自净化能力；（3）水环境容量是指不危害环境的最大允许纳污能力；（4）水环境容量是环境标准值与本底值确定的基本水环境容量和自净同化能力确定的变动水环境容量之和。上述定义从不同侧面反映了水环境容量的部分含义（图5-2），但并非对水环境容量的全面论述。目前普遍接受的定义为：在给定水域范围和水文条件，规定排污方式和水质目标的前提下，单位时间内该水域的最大允许纳污量，称作水环境容量。

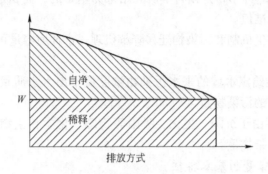

图5-2　水环境容量概念示意图

　　由此定义可见，在理论上，水环境容量是水环境的自然规律参数与社会效益参数的多变函数。水环境容量随着水资源情况的不断变化和人们环境需求的不断提高而不断发生变化。水环境容量既反映流域的自然属性（水文特征），同时又反映人类对环境的要求（水质目标）。换句话说，它既反映污染物在水体中的迁移、转化规律，也满足特定功能条件下，水环境对污染物的承受能力。在实践上，水环境容量是环境目标管理的基本依据，是水环境规划与管理的主要环境约束条件，也是污染物总量控制的关键参数。

　　受纳水体不同，其消纳污染物的能力也不同。环境容量所指"环境"是一个较大的范围。若受纳水体范围较小，而边界与外界进行的物质、能量交换量相对于水体自身所占的比例较大，此时通常改称为环境承载力。

　　水环境容量的主要作用是：对排污进行控制，利用水体自净能力进行环境规划。水环境容量的确定是水污染物实施总量控制的依据，是水环境管理的基础。

5.4.2.2　水环境容量的分类

　　根据水环境质量目标，水环境容量可分为自然水环境容量和管理水环境容量。

　　（1）自然水环境容量是指以污染物在水体的自然基准值作为水质目标时的水体的允许纳污量。其模型为：

$$E = \int K_{自}(\rho_{B基} - \rho_B)\,dV \qquad (5-24)$$

式中　　E——水环境容量；

　　　　$K_{自}$——水体自净系数；

　　　　$\rho_{B基}$——污染物在水体中的基准值；

　　　　ρ_B——污染物在水体中的背景浓度；

　　　　V——水的体积。

　　（2）管理水环境容量是指当以满足一定的水环境质量标准作为环境目标时的水体的允许纳污量。其模型为：

$$E = \int K_{自}(\rho_{B标} - \rho_B) = \int K_{自}(K_{标}\rho_{B基} - \rho_B)\mathrm{d}V \tag{5-25}$$

式中　$\rho_{B标}$——污染物在水体中的标准值；

　　　$K_{标}$——以技术经济指标为约束条件的社会效益参数，一般 $K_{标} \geqslant 1$。

比较式（5-24）与式（5-25），可知两者的主要差别在于式（5-25）中以 $\rho_{B标}$ 代替了式（5-24）中的 $\rho_{B基}$。$\rho_{B基}$ 是以科学研究结果为基础的，而 $\rho_{B标}$ 则是以国家标准所规定并具有法律约束的标准值。

根据水环境容量产生机制和污染物迁移降解机理，水环境容量可分为稀释容量和自净容量。

（1）稀释容量是指给定水域的来水污染物浓度低于出水水质目标时，依靠稀释作用达到水质目标所能承纳的污染物量。

（2）自净容量是指由于沉降、生化、吸附等物理、化学和生物作用，给定水域达到水质目标所能自净的污染物量。

5.4.2.3　水环境容量的基本特征

环境容量有两种表达方式：其一是在能满足环境目标值范围内，区域环境容纳污染物的能力。其大小由环境的自净能力和区域环境"自净介质"总量来决定；其二是在维持环境目标值的限度内（极限内）、区域环境容许排放的某种污染物总量。就水环境而言，其环境容量由两部分构成。即：

$$水环境容量 = W_0 + W_s$$

式中　W_0——基本环境容量，是指稀释环境容量，其大小主要取决于稀释介质量（水量）的多少，而与生化降解、化学及物理化学降解等自净能力无关；

　　　W_s——可变环境容量，主要取决于生化降解、化学及物理化学降解等水环境自净能力。

这种环境容量，因水域和水域所在的区域的环境特征和生态特征不同而有差异。这里论述的水环境容量分布是指基本水环境容量分布。

水环境容量的大小与水体特征、水质目标和污染物特性有关，同时还受污染物的排放方式和排放的时空分布影响。水环境容量具有区域性、系统性和资源性三个基本特征。

A　区域性

理论上，水环境容量是水环境参数的多变量函数，它受污染物在环境中的迁移、转化和积存规律的影响，受水体对污染物稀释扩散能力和自净能力的制约。不同地域的水文、地理和气候条件不同，使不同水域对污染物的物理、化学和生物净化能力存在明显的差异，从而导致水环境容量具有明显的地域特征。

B　系统性

河流、湖泊等水域通常都处在大的流域系统中，水域与陆域、上游与下游、左岸与右岸构成不同尺度的空间生态系统。因此，在确定局部水域水环境容量时，必须从流域的角度出发，合理协调流域内各水环境容量。一个城市、一条支流是流域系统中的一个要素，水环境容量既要考虑本区域条件，又要兼顾流域整体特征。

C　资源性

任何生产过程均要输入资源、能源，输出社会经济产品，同时排出废物（污染物），利用环境容量来消纳污染物。从整个生产过程来看，环境容量是构成整个生产系统的不可缺少的组成部分，是维持生产过程正常运转的重要物质基础的一部分。因此，环境经济学认为环境容量是资源。

水环境容量是一种自然资源，其价值体现在水环境通过对纳入的污染物的稀释扩散，既容纳一定量的污染物，又不影响水域的使用功能，也能满足人类生产、生活和生态系统的需要。但水域的环境容量又是有限的可再生自然资源，一旦污染负荷超过水环境容量，其恢复将是十分缓慢与艰巨的。

5.4.2.4　水环境容量的确定原则

水环境容量的确定，要遵循以下两条基本原则：

（1）保持环境资源的可持续利用。要在科学论证的基础上，首先确定合理的环境资源利用率，在保持水体有不断地自我更新与水质修复能力的基础上，尽量利用水域环境容量，以降低污水治理成本。

（2）维持流域各段水域环境容量的相对平衡。影响水环境容量确定的因素很多，筑坝，引水，新建排污口、取水口等都可能改变整个流域内水环境容量分布，因此，水环境容量的确定应充分考虑当地的客观条件，并分析局部水环境容量的主要影响因素，以利于从流域的角度，合理调配环境容量。

5.4.2.5　水环境容量的计算

通常情况下，需根据水环境自身特点进行概化，如对较小的河流或者研究范围较大、流程较长的大河，允许不考虑混合过程或设定混合距离，可按一维问题处理，在河系与排污口概化条件计算。对于计算范围较短的大江大河，需考虑其混合流速时，应按二维概化条件计算。不同时空范围内，河流的水文条件是不同的，计算时应根据具体要求进行分段处理、均化处理或随机处理等。计算中还应特别注意不同的排污方式，如单点排放，则可视作点源排放进行计算；如使用水下多孔扩散器，则应根据多孔扩散器的大小、污水排放方向做相应概化计算。计算步骤一般为：基础资料调查与分析，水系与排污口概化，选择控制边界，建立水质模型，模拟计算与分析，确定水环境容量。

5.5　水环境保护与污染控制方案

5.5.1　水环境目标

环境保护目标是水环境规划的出发点与归宿。环境保护目标通过一系列环境保护指标来体现。水环境目标包括水资源保护目标和水污染防治目标，这是由于水质与水量是辩证统一的关系。水量大、水体的环境容量增大，不易造成严重污染，水质较易保证；污染物持续过量地排入水体，水遭受污染，水质下降，可用水资源量也随之减少。自然生态系统和人类社会需要的是水质和水量两者的辩证统一。水质好，水量不足；或是水量虽大，但水质恶劣，都会引起生态破坏，无法保证人类经济和社会的可持续发展。所以，有些专家提出"开清之源与节污之流"要并举，也就是说水污染综合防治，不能只着眼于污染的防和治，还要合理开发利用和保护水资源并重。

规划目标是经济与水环境协调发展的综合体现，是水环境规划的出发点和归宿。

5.5.2　水环境规划指标体系

5.5.2.1　设计指标体系框架

规划目标需要通过规划指标来具体体现，兼顾水质水量，根据水质水量辩证统一的指导思想和污染防治与生态保护并重的方针，水环境目标及其相关指标组成的指标体系应包括下列几部分：

（1）水环境质量指标。水环境质量指标是指标体系的主体。主要有：1）饮用水：水源水质达标率、饮用水源数；2）地表水：水质达到地表水水质标准的类别或 COD；3）地下水：矿化度、总硬度、COD、硝酸盐氮和亚硝酸盐氮；4）海水：水质达到近海海域水质标准类别或 COD、石油、氨氮和磷等。

（2）水资源保护及管理指标。主要有：万元 GDP 用水量，万元 GDP 用水量年均递减率，万元工业产值用水量年均递减率，农田节水灌溉工程的比重（已建节水工程的农田占农田灌溉总面积的百分比），水资源循环利用率（%），水资源重复利用率（%），水资源过度开发率，地下水超采率（%）等。

（3）水污染控制指标。主要有：工业废水排放量，主要水污染物排放量，如 COD、NH_3-N、石油类等的排放量，工业废水处理率，工业废水排放达标率等。

（4）环境建设及环境管理指标。环境建设及环境管理指标主要有：城镇供水能力（t/d），城镇排水管网普及率（%），城镇污水处理率，水源涵养林系统完善度，水土保持林及河岸防护林完善度，水资源管理体系完善度，水资源保护投资占的百分比（%），水污染防治投资占的百分比（%），水环境保护法规标准执行率（%）等。

5.5.2.2　参数筛选及分指标权值的确定

参数筛选及分指标权值如下确定：

（1）参数筛选。方法与大气污染防治目标的参数筛选基本相同。1）根据指标体系框架列出各类供筛选的参数，要把可作为筛选对象的参数尽量列出；2）采用专家咨询或专题讨论会的方法筛选参数，确定分指标（约 20～25 个）。

（2）确定各项分指标的权值。通过与参数筛选同样的方法（可同时进行），将各项分指标的相对重要性排序，确定各项分指标的权值。各项分指标组成指标体系。各项分指标及其权值确定以后，即可按设计的指标体系框架组成指标体系。指标体系的综合评分采用百分制，即各项分指标都达到满分时，分指标之和为 100 分。

5.5.3　水环境污染物总量控制

5.5.3.1　水环境污染物总量控制概述

水环境污染物总量控制简称总量控制，是在某一区域（流域）环境范围内，为了达到预定环境目标，通过一定方式，核定主要污染物的环境最大允许负荷（环境容量），并以此进行合理分配，最终确定区域范围内各污染源允许的污染物排放量。我国"十二五"期间水环境总量控制因子为化学需氧量和氨氮。

5.5.3.2　水环境污染物总量控制分类

实施污染物排放总量控制，应综合考虑环境目标、污染源特点、排污单位技术经济水平和环境承载力，对污染源从整体上有计划、有目的地削减排放量，使环境质量逐步得到改善。按"总量"的确定方法，我国水污染总量控制划分为目标总量控制、容量总量控制和行业总量控制。

（1）目标总量控制，是把允许排放污染物总量控制在管理目标所规定的污染负荷削减范围内，即目标总量控制的总量基于源排放的污染物不超过规定的管理上能达到的允许限额。其特点是可达性清晰。目标总量控制以排放限制为控制基点，从污染源可控性研究入手，进行总量负荷分配；主要步骤为：

控制区域容许排污量—总量控制方案技术、经济评价—排放口总量控制负荷指标。

（2）容量总量控制，是把允许排放的污染物总量控制在受纳水体给定功能所确定的水质标准范围内。容量总量控制从受纳水体环境容量出发，制定排放口总量控制指标。容量总量控制以水质标准为控制基点，从污染源可控性、环境目标可达性两个方面进行总量控制负荷分配。此时的"总量"是基于受纳水体中的污染物不超过水质标准所允许的排放限额。容量控制的特点是把水污染控制管理目标与水质目标紧密联系在一起，用水环境容量计算方法直接推算受纳水体的纳污总量，并将其分配到陆面上污染控制区及污染源。该方法适用于确定总量控制的最终目标，也可以作为总量控制阶段性目标可达性分析的依据。主要步骤为：

受纳水域容许纳污量—控制区域容许排污量—总量控制方案技术、经济评价—排放口总量控制负荷指标。

（3）行业总量控制，是从工艺着手，通过控制生产过程中的资源和能源的投入以及控制污染源的产生，使其排放的污染物总量限制在管理目标所规定的限额之内，即行业总量控制的总量是基于资源、能源的利用水平以及"少废"、"无废"工艺的发展水平，其特点是把污染控制与生产工艺的改革及资源、能源的利用紧密联系起来。行业总量控制以能源、资源合理利用为控制基点，从最佳生产工艺和实用处理技术两个方面进行总量控制负荷分配。主要步骤为：

总量控制方案技术、经济评价—排放口总量控制负荷指标。

5.5.3.3 水环境污染物总量分配原则

水环境污染物总量分配原则如下：

（1）功能区域差异。在控制污染物允许排放量时应该考虑到不同功能区域中不同行业的自身特点。按照不同的功能区域进行划分，由于各种行业间污染物产生数量、技术水平或污染物处理边际费用的差异，处理相同数量污染物所需费用相差很大或生产单位产品排放污染物数量相差甚远，因此在各个功能区域间分配污染物允许排放量时应该兼顾这种功能划分的差别，适当进行调整，以较小的成本实现环境的达标。

（2）环境容量充分利用。各个排污系统或各单元分配的容量要使得区域的允许排放总量为最大，以体现环境容量得到充分利用。

（3）集中控制原则。对于位置邻近、污染物种类相同的污染源，首先要考虑实行集中控制，然后再将排放余量分配给其他污染源。

（4）规模差异原则。在已经划分的功能区内部，污染物允许排放量与企业规模成正比。在新开发区的具体实践中，推荐采用按照地块面积分配区域内部污染排放量的方法。

（5）清洁生产原则。允许排放量的分配中应该按照行业先进的生产标准设计排污指标，促使企业采用清洁生产技术。削减废水排放量与降低生产、生活用水量有密切关系，合理开发利用水资源、节约用水、提高水的重复利用率是削减废水排放量的根本途径。

5.5.4　水环境污染物削减总量

在确定水环境目标之后，要制定能满足水环境目标要求的规划方案及主要措施。

5.5.4.1　一般方法

$$水污染物削减量 = 预测排放量 - 允许排放量$$

（1）预测排放量。即在源强变化中所做的警告性预测。按照原始运行状态（技术水平、管理水平等维持原有水平）预测随着经济增长、人口增长而产生的水污染物排放量的增长数量。

（2）允许排放量。功能水域（水环境功能区）保持规定的环境目标值，所能允许的某种污染物的最大排放量。通过水环境容量分析可计算出水污染物允许排放量。

对于非重点水域，污染现状严重，规划期内达不到国家（或地方）规定的功能水域的水质标准，可以确定一个过渡性的规划目标，计算出允许排放量。规划目标要切实可行，但又不能对经济社会发展有明显损害。

5.5.4.2　水污染物削减量的分配

有两种分配方法：一是将全市域（规划区域）的水污染物允许排放量作为总量控制目标，分配到各个水污染控制单元。然后各个水污染控制单元再根据污染现状和源强变化预测，分别计算各个污染控制单元的水污染物削减量；二是由全规划区域（市域）统一计算出总的水污染物削减量，作为主要水污染物排放总量削减指标，分配到各个水污染控制单元。

不论是哪种分配方法，都要遵循"总量分配原则"，公开、公平、公正分配主要水污染物排放总量控制指标或总量削减指标。

下面简单介绍以下非数学优化分配的 VPDT 法。其计算公式为：

$$W_{pij} = D_{ij}\left(1 + \frac{T_{ij}}{K_j}\right)\sqrt{V_{ij}P_{ij}} \qquad (5-26)$$

式中　W_{pij}——i 单元 j 排污用户所分配的允许排放量系数；

　　　　D_{ij}——i 单元 j 排污用户的行业排污系数；

　　　　T_{ij}——i 单元 j 排污用户的单位污染治理投资，元/t，$T_{ij} = \dfrac{M_{Rij}}{W_{Rij}}$，其中，$M_{Rij}$ 为现状污染治理投入费用，W_{Rij} 为现状排污量；

　　　　K_j——j 排污用户所在行业单位污水平均治理投资，元/t；

　　　　V_{ij}——i 单元 j 排污用户的利税值；

　　　　P_{ij}——i 单元 j 排污用户的就业人数。

i 单元 k 用户的允许排放量为：

$$W_{ik} = C_m \frac{W_{pij}}{\displaystyle\sum_{j=1}^{n} W_{pij}}$$

式中　C_m——分配系数。

5.5.4.3 削减废水排放量与降低生产、生活用水相互关联

$$W_{用} = W_{排} K_P \qquad (5-27)$$

式中 K_P——排水系数。

通过水资源平衡分析，可以得出结论：合理开发利用水资源、节约用水、提高水的重复利用率是削减废水排放量的根本途径。

5.6 水环境污染防治措施

水污染控制的基本途径有两种：一是减少污染物排放负荷，环境质量不能达到功能要求的区域，实施污染物排放总量控制；二是提高或充分利用水体的自净能力，提高水环境承载力，并有效利用环境容量。而制订水资源保护措施是水环境综合整治的第一步。

5.6.1 水资源保护

水资源保护主要的目的是通过区域水资源的可开采量、供水及耗水情况，制定水资源综合开发计划，做到计划用水、节约用水。

（1）根据水环境功能区的划分结果，确定各功能水域的保护范围及保护要求。在水资源保护中，首先应该明确的是饮用水源的保护问题，这是水资源保护的重点。对于区域饮用水源的保护，主要体现在取水口的保护上。应该明确划分出保护界限，即对于水环境功能区划定的饮用水源地设一级及二级保护区。

一级保护区：以取水口为圆心，半径100m的区域，包括陆域。

二级保护区：以一级保护区的边缘为起点，上游1000m，下游100m的范围（主要指河流）。

对于设置一、二级保护区不能满足要求的区域，可增设准保护区，即以二级保护区的边缘为起点，上游1000m，下游50m（主要指河流）。

上述各保护区应设有明显的标记。国家环境保护局、卫生部、水利部、地质矿产部联合颁发的《饮用水源保护区污染防治管理规定》对饮用水源的保护作了规定。

（2）根据区域耗水量预测结果，分析水资源供需平衡情况，制定水资源综合开发计划。

（3）合理利用和保护水资源的措施。要因地制宜，从下列几方面去制定措施：

1）统一管理，控制污染，防治枯竭。

2）合理利用，降低万元产值耗水量。提倡一水多用，积极推广和采用无水和少水新工艺、新技术、新设备。

3）限制冶金、化工和食品加工等三大污染行业的工业用水指标，调整工业结构，努力发展纺织、服装和其他深加工的节水型企业，采取"有奖有罚"的工业用水经济手段，提高工业用水循环利用率。

4）严格控制生活用水指标，大力提倡节约用水。

可以从以下这些方面去进行水资源保护与开发利用：

（1）建立多途径的水资源供给体系。实行水资源的可持续利用，最根本的是要解决水资源的供给问题。首先要从源头抓起，通过科学合理地开发、调配和保护水源，建立起多途径的、有足够数量和可靠质量的、可适时适地调节的水资源供给体系，以满足各地

区、各产量长期发展的需要。

1）广开水源。这是实现水资源可持续利用的基本保障。包括：科学利用河川径流水；合理开采地下水；积极开发海洋水；重视污水废水。

2）调配水源。我国水资源分布不平衡，存在着较大的季节性差异和区域性差异，造成水资源供求的时空矛盾，这是当前我国水资源可持续利用面临的现实问题，必须通过水源的合理调配来解决。尤其是大的规划区域，可以考虑增建蓄水调节工程，对水资源进行季节性的调配，或者兴建跨流域调水工程，对水资源进行区域性调配。

3）涵养水源。涵养水源是指通过改善生态环境、改良区域小气候，减少水分蒸发，控制水土流失，从而提高土壤的蓄水、保水能力，使现有水资源得到最大化利用，这是实现水资源可持续利用的必要条件。对此，可以采取生物措施、工程措施和耕作措施相结合的办法。

（2）形成节约型的水资源利用方式。随着人口的急剧增长、城市化和工业化以及农业生产的持续发展，水资源的需求将不断增加且消耗巨大。要实现水资源的可持续利用，必须做到开源与节流并举，在充分挖掘可供利用的水资源潜力的同时，要尽快改变现存的不合理、粗放型、高耗型的水资源利用方式，走节水型的经济和社会发展道路。目前，我国的水资源节约潜力主要包括农业节水、工业节水和生活节水三个方面。

1）农业节水。我国是农业大国，农业用水是第一用水大户。只有发展节水型农业，才能使有限的水资源更好地满足农业生产的需要。节水主要可分为工程节水和农业节水。主要措施包括：加强灌溉工程建设，提高输配水效率；改进灌溉技术和制度，提高用水效率；调整农作物布局和农业结构，发展节水旱作农业。

2）工业节水。我国工业用水集中，浪费现象比较突出，万元产值取水量很大，重复利用率低，常对局部地区的水资源开发利用形成很大压力，从而加剧了水资源供需矛盾。因此，工业生产要大力推行节约用水，主要可以采取以下措施：调整产业结构和工业布局，避开水资源约束；改进工艺更新设备，降低水消耗，提高复用率。

3）生活节水。虽然城乡居民生活用水比重不大，但随着人口的快速增加和生活条件的不断改善，用水量增长较快，而且生活用水对水质和保证程度都有很高的要求。因此，在生活用水领域厉行节约也是十分重要的。目前，城市用水存在普遍的浪费现象，特别是公共用水尤为严重，在当前我国大部分城市出现"水荒"的情况下，必须采取措施节约用水，如加强用水管理和实行计划用水，加快节水型用水器具和计量仪表的研制和推广，重视生活污水处理和回收利用。

（3）加强水污染的治理。当前，我国水污染问题日益严重，水体质量不断下降，不仅对人民的身体健康造成了很大的威胁，而且加剧了水资源短缺的矛盾。因此，必须加强对水污染的治理。

5.6.2　水污染综合整治措施

水污染综合整治是指应用多种手段，采取系统分析的方法，全面控制水污染。水污染综合整治措施的内容非常丰富。

5.6.2.1　采取有力措施节水、降耗，减少污染物排放负荷

A　节约用水，积极推行废水资源化

实践证明，综合防治水污染的最有效最合理的方法是节约用水、提高水资源的利用

率，如实现闭路循环，提高水的重复利用率，推行废水资源化。因此，全面节流、适当开源、合理调度，从各个方面采取节约用水、提高水资源利用率的措施，不仅关系到经济与社会的可持续发展，而且直接关系到水污染的根治。无论是水资源短缺的地区还是水资源丰富的地区，都需要建设节水型社会，提高水资源的利用效率和效益。

要全面推行各种节水技术和措施，发展节水型产业，建立节水型社会。采用先进工艺技术，发展工业用水重复和循环使用系统；开展城市废水的再生及回用；改进灌溉技术，采用新型耕作技术和进行更合理的农作物结构和品种设计；加强管理、杜绝浪费，是建立节水型工业、农业和经济，缓解水资源紧张，减少废污水排放的有效措施。以管理体制和管理手段为保障，实施水权制度，加强水权管理，既能从水资源利用的源头上促进节水，又能形成节水的经济激励机制，这是促进节水在体制上的必然选择。同时，要加强节水宣传教育，普及节水知识，增强人们的节水意识，必要时，要使用价格机制，调整水价。

B　调整工业结构，推行清洁生产工艺

从我国当前水污染现状来看，工业污染源仍是主要的。我国防治工业污染的立足点不是以净化治理为重点的尾部控制，而是以预防为主的源头控制。主要有：

（1）调整工业结构，进行源头控制。包括根据国家产业政策调整行业结构、产品结构、原料结构、规模结构，逐步淘汰或限制发展耗水量大、水污染物排放量大的行业和产品，积极发展对水环境危害小、耗水量小的高新技术产业；不使用有毒原料，以无毒、无害原料代替有毒有害原料。一般方法是，筛选有代表性的水污染物，如：工业废水、COD、NH_4^+-N、酚等（3～5个），建立或选定适当的模型，然后由环保部门根据经济和社会发展计划的要求，会同有关部门制定出调整工业结构的5～7种方案，运用模型优选，提出建议方案。

（2）改革生产工艺，推行清洁生产。2002年6月29日颁布的《中华人民共和国清洁生产促进法》指出："本法所称清洁生产是指不断采用改进设计，使用清洁的能源、采用先进的工艺技术与设备、改善管理、综合利用，从源头削减污染，提高资源利用效率，减少或者避免生产、服务和产品使用过程中污染物的产生和排放，以减轻或者消除对人类健康和环境的危害。"这是减少废水排放量的重要手段。主要目的是节水、减污。如炼油厂，在20世纪80年代初的旧生产工艺，每炼1t油排含油废水20～30t；依靠技术进步、改革生产工艺以后，到80年代末、90年代初每炼1t油排含油废水4t左右；现在发达的工业国家先进的生产工艺，每炼1t油仅排0.2～0.3t含油废水。对生产过程，包括节约原材料和能源，革除有毒材料，减少所有排放物的排放量和毒性；对产品来说，则要减少从原材料到最终处理产品的整个生命周期对人类健康和环境的影响。实施清洁生产是深化我国工业污染防治工作，实现可持续发展战略的根本途径，也是水环境规划中的重要措施。

C　污水处理

建立污水处理厂是水环境规划方案中应该考虑采用的重要措施。准确估算污水处理费用是评价污水处理措施的关键环节。

5.6.2.2　按水环境功能区划，实施污染物排放总量控制

总量控制就是依据某一区域的环境容量确定该区域污染物容许排放总量，再按照一定原则分配给区域内的各个污染源，同时制定出一系列政策和措施，以保证区域内污染物排

放总量不超过容许排放量。水污染综合防治的目的主要是保证各功能水域的水质达到国家（或地方）规定的标准，使各水环境功能区能持续地为经济、社会发展和人民生活质量的提高服务。要做到这一点，必须控制排向功能水域的污染物总量，不允许污染物排放总量超过功能水域的环境容量。《水污染防治法》规定："省级以上人民政府对实现水污染物达标排放仍不能达到国家规定的水环境质量标准的水体，可以实施重点污染物排放的总量控制制度，并对有排污量削减任务的企业实施该重点污染物排放量的核定制度。"

实施重点污染物排放总量控制，通常采取如下措施：一是公平合理分配削减指标，核定重点污染源的重点污染物允许排放量指标，实行排污许可证制度；二是在环保年度计划中，向重点污染源下达万元工业产值排污量递减率指标，促使其采取防治措施，削减重点污染物排放量；三是优化排污口分布，合理调整水域的纳污负荷，将污染负荷引入环境容量较大的水体，四是实行污染物集中控制，减少散乱污染源的排放。

5.6.2.3　提高或充分利用水体纳污容量

提高、充分利用水体纳污容量措施有：

（1）人工复氧。人工复氧是改善河流水质的重要措施之一，它是借助安装增氧器来提高河流中的溶解氧浓度。在溶解氧浓度很低的河段使用这项措施尤为有效。人工复氧的费用可表示为增氧机功率的函数。

（2）污水调节。在河流水量低的时期，用蓄污池把污水暂时蓄存起来，待河流水量高时释放，可以更合理地利用河流的自净能力来提高河流的水质。污水调节费用主要是建池费用。缺点是占地面积大、有可能污染地下水等。国外蓄存的污水大都是经过处理的水，避免或减轻了恶臭现象的发生。

（3）河流流量控制。国外对流量调控以及从外流域引水冲污的研究较早，并已经应用于河流的污染控制。世界上很多河流径流量在时间上分配不均，在枯水期水质恶化，而在高流量期，河流的自净能力得不到充分利用。因此，提高河流的枯水量成为水质控制的一个重要措施。实行流量调控可利用现有的水利设施，也可新建水利工程。

利用现有水利工程提高河流枯水流量造成的损失，主要包括由于减少了可用于其他有益用途的水量而使来自这些用途的收益的减少量。新建流量调控工程除了控制水质方面的效益外，还同时具有防洪、发电、灌溉和娱乐等效益。由于水利工程具有多目标性，建立其费用函数具有很大的困难。目前把流量调控费用引入水质规划最优化模型常用的方法有两个：一是分别把不同比例的流量调控费用武断地分配给水污染控制，研究与各比值对应的水质规划最优解下的流量调控量；二是研究不同调控流量时系统的边际费用，控制经济效益。

5.6.2.4　优选水污染治理技术，强化水污染治理

"预防为主，防治结合，综合治理"的政策充分说明，预防为主、源头控制在水污染防治中应作为主体优先考虑。但是，尽管我们积极推行清洁生产，采取一切可能防止产生污染物的措施，也难以实行不产生污染物的零排放，所以要防治结合。综合治理是要求对水污染进行系统分析，优化治理方案、优选治理技术。

对工业企业的水污染治理，要突出清洁生产，从源头减少废水排放，对末端排放废水要优选处理技术，保证污染物稳定达标排放。对四类工业废水，其治理方案和治理技术的

选用是各不相同的。第一类工业废水中主要是重金属及放射性污染物等不能生物降解的水污染物，属于污水综合排放标准中规定的第一类污染物，不允许稀释排放，必须在车间或厂内适当地点就地治理（回收利用或无害化处理）；第二类工业废水，与一类的性质近似；第三类工业废水主要有含酚废水、含油废水、高浓度有机（COD）废水等，可尽量回收利用，然后适当预处理后，排入排水管网与生活污水合并处理；第四类是可以循环利用的工业废水，为了保持循环水的水质稳定，可每隔一段时间从循环系统排出一部分水，补充新鲜水，必要时也可加水质稳定剂。

对生活污水，要提高污水的处理率和污水再生回用率；对农业面源污染，要合理规划农业用地，加强农田管理，防止水体流失，合理使用化肥、农药，优化水肥结构，施行节水灌溉，大力发展生态农业。

5.6.2.5　水污染综合防治工程措施汇总分析

根据规划区域（全市域或省域）水污染综合防治的环境目标要求而采取的工程措施，要汇总列表估算投资、分析可能获得的环境效益（水功能区水质达标、削减主要水污染物总量、达标排放等），以及经济效益（节水、降耗的经济收益），并汇集分析是否达到了水环境目标的相应要求。

5.6.2.6　加强节水农业灌溉工程建设，减少面源污染

合理利用并节约水资源，防治水污染，绝不能仅着眼于城镇和工业污染源，而忽视农业生产造成的问题。农业是用水大户，1999 年中国水资源公报公布的资料：农田灌溉用水占总用水量的 63.7%，且存在严重浪费现象。2008 年《中国水资源公报》公布的资料，农业用水占全国总用水量的 62%。农田灌溉全国亩均用水量 484m^3，比先进的发达国家高出 5 倍以上；西北地区农田灌溉亩均用水量达到 718m^3，浪费更加严重。喷灌等节水灌溉工程在农田灌溉工程中所占的比重小，亟待开发建设适合国情的节水灌溉示范工程，总结经验尽快推广。

一些地区调查研究表明，农田排水等面源污染是造成水体富营养化的重要来源；化肥、农药的流失已普遍引起重视；科学合理施肥、减少农药用量并合理使用，控制农田排水等面源污染已成为水污染防治的重要措施。

5.6.2.7　加强生态建设，保护水资源

河流、湖泊、水库等水系的水生生态系统与流域的陆地生态系统是相互依存、相互制约的复合生态系统。水资源保护必须从流域整体出发，以生态理论为指导，不但要重视水生生态系统的建设，防止生态入侵和各种干扰破坏因素，维护生态平衡；也要积极规划和实施流域的陆地生态建设。森林是陆地生态系统的主体，要特别重视水源涵养林、水土保持林及水系防护林的建设，尽可能扩大林地面积，并尽快使林种、树种的组合科学合理，形成完善的森林生态系统。

5.6.3　规划方案的实施

水资源保护及水污染综合防治方案能否顺利实施并达到预期目标，取决于如下几个因素：一是要有足够的投资和运转费用；二是法规、政策和管理措施的支持和保证；三是技术的支持和保证。

5.6.3.1　资金的支持和保证

A　资金来源分析

水污染防治的投资，主要来源是环保投资，水污染防治的费用大约占环保总投资（污染防治总费用）的40%。随着国家经济实力的增强和水资源已成为经济发展的主要制约因素，这部分投资必然会逐渐增多。应该注意到城乡基础建设投资、水利建设投资、生态建设投资中相当一部分也直接或间接用于水资源保护和水污染防治，投资渠道逐渐拓宽。虽然目前投资渠道逐渐拓宽，但是，受制于经济发展水平，水污染防治投资仍感不足，运转费更为困难。要从不同的资金来源渠道，争取资金、项目支持，以保证环境规划的工程方案的实施。

B　水污染防治引入市场机制

环境保护设施运营市场化、专业化是社会主义市场经济的必然产物。多年来，我国环境保护靠政府，市场机制发挥不了作用，在很大程度上制约了我国环境保护进一步快速发展。一方面，环境保护任务集中于政府，使有限的财力捉襟见肘；另一方面，对环境设置实行非专业化、非社会化管理，效率低下，其结果是环保设施因缺乏资金而无力兴建，即使建得起也无力运行，建得越多，包袱越重，严重影响环境污染治理效果。将市场机制引入水污染防治领域可以解决水污染防治投资不足及运转费用处于困境的难题。

环境保护设施运营市场化、专业化可以有多种形式：一是排放水污染物的工业企业，可实行"一厂两制"、"一厂两业"或全权委托方式，即由排污企业组织自己的专业运营队伍，以承包的方式负责环保设备的运营；或者将环保设施委托给专业化的运营公司，实行社会化的有偿服务；二是城市污水处理可实行两权分离，即设施建设权与设施运营权分离。

5.6.3.2　法规政策与管理的支持与保证

《环境保护法》、《水法》、《水污染防治法》及一系列的政策、条例、标准，以及行之有效的各项环境管理制度，已形成了实施"水资源保护及水污染防治规划方案"的有力的支持系统。但是，就我国当前的情况来看，还有以下几项水环境管理工作需认真解决好：

（1）按功能水域进行总量控制，实行排污许可证制度。进行总量控制，实行排污许可证制度是水质管理工作由浓度控制转向目标管理的转折点。经过试点表明，实行排污许可证制度是适合我国国情的综合整治水污染的有力措施，它可以弥补国家排放标准"一刀切"的弊端，有利于实施水质规划和控制目标管理。

实行排污许可证制度是以污染物总量控制为基础，以环境和经济协调发展为目的，并以法律手段强化监督管理，促进企业开展污染治理的重要环境管理措施和手段。

总量控制要求各地区的污染物排放量必须控制在核定总量指标范围内，即根据水域功能和国家标准确定水体纳污能力。由于总量指标的有限，各部门在安排经济项目时，应尽可能优先考虑污染轻且经济效益好的项目。

（2）建立水资源的统一管理机构。我国城市的水资源多年来一直是多头管理，称为5龙（或6龙）治水，这是造成水资源不能合理利用、浪费，以及水污染严重的主要原因之一；作为饮用水源地的水库（或湖泊）虽也建立了管理委员会，但管理权限仅是水库本身，对流域（汇水区域）无权管理，无力控制入库河流的水污染，难以保证水库（或湖泊）的水质。以黄河为例，在 20 世纪 70 年代和 80 年代，5～6 月开始断流，每年平均断流天数仅 15 天左右；而进入 90 年代，2～3 月即开始断流，平均断流天数超过 100 天；例如 1997 年，2 月初开始断流，平均断流河长达 700 km，断流天数竟达到 226 天。主要原因之一就是流域水资源管理的力度不够，对优化水资源分配、节约用水缺乏有效的规划和监督。

所以，必须按地区、按流域建立有效的水资源统一管理机构，制定水环境质量管理规划，水质、水量统一管理，强化监管力度，引入市场机制。

（3）环境目标责任制度。制订的规划方案，应确定每个时期的环境质量改善指标，每个污染源应该削减的排放量、采用的治理措施和投资费用，为政府主管部门和各工厂、企业等单位，定量确定每个期限的环境目标和责任。规划可为实现环境目标责任制度提供科学依据，环境目标管理制度有助于规划的实施。

（4）城市综合考核。城市综合考核是实现城市环境目标管理的手段，也是推动城市环境综合整治的有效措施。综合考核指标包括生活污水治理率等指标，通过城市综合考核，促进环境规划方案的落实。

（5）环境评价制度。环境评价往往只局限于指出建设项目投产后主要污染物在环境中的浓度分布情况，而不能回答对区域环境污染的贡献量，不能说明建设项目所产生的污染物是否在环境容量许可内。环境规划的结果要引入环境评价工作中，就可以明确区域允许排放污染量和建设项目允许排污量。在水环境容量明显有富裕的区域，对水环境影响很小的项目，符合国家相关政策，就可以简化审批过程。反之，如果是环境规划中明确限制的项目类型，特别是水环境容量匮乏的地区，则环境评价工作要做深入。

（6）"三同时"制度相结合。"三同时"制度是我国环境保护工作的三大法宝之一，是控制污染源产生，强化环境管理的一项重要制度。在控制污染源发展中起到了重要作用，减缓了污染恶化的趋势，一定程度上扭转了"先污染后治理"的被动局面。在实施环境规划确定的总量控制计划后，建设项目也要纳入到总量控制的方案中来。所有新扩改项目必须事先申请污染总量指标，对区域或行业而言，要求通过总体平衡，不超出区域和行业的总指标；对企业则要求通过内部不平衡，不超出核定的总量指标。并且，把污染总量指标是否达到要求，作为"三同时"验收的标准。

（7）污染集中控制相结合。污染集中控制是相对于污染源分散治理而言的污染源治理措施，它具有投资少、效益高、便于运行管理等特点，适应社会化大生产的要求，是控制污染的一项重要措施。环境污染集中控制是以统一规划为基础的，这一制度也为环境规划的集中控制方案提供了制度保证。将环境规划与污染集中控制相结合，可促进环境规划的实施。因为在环境规划的优化分配过程中，一般应对包括集中处理方案在内的各种方案进行比较，一旦发现经济、技术上有集中控制的可能，要通过集中控制制度促进废水厂际联用和联片处理工作的开展。

5.7　案　例

5.7.1　保定市水环境规划案例

根据国家、河北省、保定市相关政策法规和技术标准，为使保定市水环境质量在

"十二五"期间进一步改善，全面提高环境保护能力，保障人体健康，促进水环境与经济协调发展，建设资源节约型和环境友好型社会，构建低碳城市，特制定本规划。

5.7.1.1 规划区背景

A 社会经济状况

"十一五"期间，保定市以城镇面貌"三年大变样"为契机，构建环境保护污染监控、科技支撑、资金投入和公众参与"四大体系"，依靠"工程减排、结构减排和管理减排"，大力推进主要污染物排放总量控制。一是抓好工程减排。充分发挥"双三十"和"8+13"减排作用，圆满完成了奥运环境安全保障工作。二是落实结构减排。加大高耗能、高污染行业落后产能淘汰力度，取缔、关停了造纸、印染、有色金属熔炼和水泥企业等重污染企业。三是狠抓减排管理。加快城镇污水处理厂扩建速度；全面治理了白洋淀流域城市和工业点源污染和淀区农村面源污染；强制进行了国控、省控企业清洁生产审核；开展了企业达标排放百日排查、污染减排专项集中整治等行动；构建跨县界河流断面水质考核制度并实施；建立主要污染物总量减排预警机制，围绕污染减排加快建设"低碳保定"，广泛开展各种形式的环境宣传教育等活动以提高公民环境意识。

虽然通过污染减排工程的实施，环境质量得到明显改善，但是城市水危机仍严重地制约当地经济和社会的发展，而且还严重影响了人民群众的生活。

B 水文水系分布

境内河流主要为海河流域大清河水系。大清河主要分为南北2支，长10km以上的支流小河达79条。区域内河流名称及断面属性见表5-2。

表5-2 区域内河流名称及断面属性

河流名称	断面名称	断面属性	适用标准类别 （GB 3838—2002）
府河	焦庄	国控	Ⅳ
	望亭	省控	Ⅳ
	安州	国控	Ⅳ
拒马河	涞源	省控	Ⅱ
	紫荆关	省控	Ⅱ
	落宝滩	省控	Ⅲ
	码头	国控、京-冀交界	Ⅲ
	北河店	省控	Ⅲ
	新盖房	国控	Ⅲ
唐河	水堡	省控、晋-冀交界	Ⅱ
	白合	省控	Ⅱ
	倒马关	省控	Ⅱ
潴龙河	沙窝	省控、晋-冀交界	Ⅱ
	阜平	省控	Ⅱ
	玉林口	省控	Ⅱ

C 规划目标与指标

到 2015 年各河流、湖泊（水库）达到相应的水质要求，2016～2020 年在保持水质达标的情况下，水质继续好转。

根据河北省水环境规划，西大洋水库、安格庄水库、龙门水库和王快水库均执行Ⅱ类水标准；白洋淀水位 8.4m（大沽高程）时，鸹丁淀为Ⅴ类水质区，南刘庄为Ⅳ类水质区，烧车淀、王家寨、枣林庄、圈头、采蒲台、端村、光电张庄为Ⅲ类水质区。

5.7.1.2 水环境系统综合分析与评价

由于保定市的废水主要排入府河，之后流经府河排入白洋淀的烧车淀。所以本次规划主要考虑府河和白洋淀。

府河主要污染物为氨氮、总磷、化学需氧量，表现出生活污染特征。根据府河水质污染源评价标准，确定氨氮和化学需氧量为主要污染物。

白洋淀主要污染物为高锰酸钾盐、化学需氧量，表现出有机物污染特征。根据白洋淀污染源评价标准，确定氨氮和化学需氧量为主要污染物。

经查找相关资料得出 2011 保定市的工业废水排放量为 792.79 万吨。

经查找相关资料，保定市人口总数为 1199.44 万人，每人每天用水量为 180L/（a·人）。生活污水的总量为 79244.7 万吨。

未预见废水量为工业废水、生活污水之和的 10%，该流量为 8003.75 万吨。

废水总量等于工业废水、生活污水、未预见废水量的和。根据上面的数据，得出废水总量为 88041.25 万吨/年。COD 总量为 2047.65t/a，$NH_3\text{-}N$ 总量为 1069.45t/a。

具体情况见表 5-3、表 5-4。

表 5-3 府河的主要污染源 （t/a）

断 面	污染源	废水量	污染物排放量	
			COD	氨氮
焦 庄	保定市欣泰印染有限公司	45	38	19.2
	立中集团通铝业公司	28	16	5.1
	保定时尚纺织有限公司	30	26	15
	总 计	103	80	39.3
望 亭	河北今译纺织有限公司	46	25	10.4
	保定端元丰胶带有限公司	30	22	26
	总 计	76	47	36.4
安 州	河北华硕纸业有限责任公司	70	56	29
	保定德源白水泥有限公司	100	85	36
	总 计	170	141	65
总 计		347	258	140.7

表 5 - 4 保定市主要污染源

污　染　源	地理位置	COD（流量及浓度）	NH₃-N（流量及浓度）
高阳县海天染织有限公司	高阳县	24.91t/a 100mg/L	2.92t/a 15mg/L
河北向宇纺织印染有限公司	高阳县	5.5 t/a 500mg/L	无
河北保定酒业有限责任公司	保定市	1.48t/a 500mg/L	无
保定市兴冀特种纸业有限责任公司	保定市	64.6t/a 330mg/L	无
河北小人国纸业有限公司	保定市	11.55t/a 330mg/L	无
清苑县金水湾纸业有限公司	清苑县	13.8t/a 500mg/L	无

5.7.1.3　主要污染物排放和环境影响预测

主要污染物选取 COD 和 NH₃-N 作为预测指标，以 2011 年为规划基准年，预测时段为中期规划 2011 ~ 2015 年，远期规划 2015 ~ 2020 年。其中，府河在保定市的行政区划中长度为 9070m，府河的水容量计算模型为一维河流水环境容量计算模型；白洋淀为浅水湖，所以应用浅水湖污染物水环境容量的计算模型（假设湖水完全混合的条件下）。

A　府河水环境容量

府河为Ⅳ类地表水标准，府河水保证率为 75%，其河流参数见表 5 - 5。

表 5 - 5　府河水保证率为 75% 时的河流参数

丰水期	流量/m³·s⁻¹	400
	流速/m·s⁻¹	4.58
平水期	流量/m³·s⁻¹	180
	流速/m·s⁻¹	0.62
枯水期	流量/m³·s⁻¹	8
	流速/m·s⁻¹	0.28

因为保定市的四季分明，冬天寒冷有雪，所以考虑用枯水期的数值。

根据两点实测法，在拟计算的河段（功能区上），沿水流方向选定两个断面，上游断面为 A，下游为 B，分别采样。在选定实测断面时要注意两断面间无其他入流及排出口，A、B 两断面的宽度、深度基本相等，并且取样时天气晴朗无风。按照上述方法采样，实测断面 A、B 的有机物平均浓度后，根据下式计算 K：

$$K = \ln(c_A - c_B) \cdot 86400u/X$$

式中　c_A，c_B——分别为河流中断面 A、B 的污染物平均浓度；

　　　　u——河流流速，具体数值见表 5 - 6；

　　　　X——两断面之间的距离。

表 5-6 有机物综合衰减速度常数 K 计算所需相关数值

有机物类别	$c_A/\text{mg} \cdot \text{L}^{-1}$	$c_B/\text{mg} \cdot \text{L}^{-1}$	X/m	$u/\text{m} \cdot \text{s}^{-1}$
COD	69	68.39	800	0.28
NH_3-N	28.3	28.238	800	0.28

经过计算得：

COD：$K_1 = 0.268\text{d}^{-1}$

NH_3-N：$K_2 = 52.42\text{d}^{-1}$

经过计算得出水环境总容量为：$E_{COD} = 1580.45\text{t/a}$，$E_{NH_3-N} = 864.8\text{t/a}$。

B　白洋淀水环境容量

（1）按照 GB 3838—2002，根据白洋淀功能区划，COD 和 NH_3-N 的Ⅲ类水质标准为 20mg/L 和 1mg/L，Ⅳ类水质标准为 30mg/L 和 1.5mg/L。

（2）有机物衰减系数 K 的确定。

白洋淀容量及综合衰减速度常数计算结果见表 5-7。

表 5-7 白洋淀容量及综合衰减速度常数计算结果

控制单元	K_{COD}	K_{NH_3-N}	COD 容量$/\text{t} \cdot \text{a}^{-1}$	NH_3-N 容量$/\text{t} \cdot \text{a}^{-1}$
南刘庄	0.01	0.02	2526.8	155
烧车淀	0.001	0.01	328.5	73
采蒲台	0.001	0.01	1430.8	255.5

由于白洋淀基本没有排放的水流量，所以迁移容量可忽略不计。得出排入白洋淀的废水总量（保定市）：

$$\text{COD} = 3640.94\text{t/a}, \quad NH_3\text{-N} = 1821.19\text{t/a}$$

白洋淀的总容量（保定市）：

$$\text{COD} = 2806.86\ \text{t/a}, \quad NH_3\text{-N} = 325.85\text{t/a}$$

由此得出规划基准年（2011 年）的主要污染物削减量，见表 5-8。

表 5-8 规划基准年（2011 年）的主要污染物削减量

主要污染物	COD	NH_3-N
府河总容量	1580.45	846.8
府河污染物总量	2047.65	1069.45
污染物削减量	467.2	222.65
白洋淀总容量	2806.86	325.85
白洋淀污染物总量	3640.94	1821.19
污染物削减量	834.08	1495.34

5.7.1.4　规划目标年排污量预测及控制

2011 年保定市的人口总数为 1199.44 万人，GDP 为 2400 亿元，其中第二产业（工业）所占比重为55%，万元GDP排水量为600.6kg/万元。

A 规划目标年废水总量预测

规划目标年的经济预测见表5-9。

表5-9 规划目标年的经济预测

年　份	GDP/亿元	GDP增速/%
2011年	2400	11
2012年	2664	11
2013年	2957.04	11
2014年	3252.744	10
2015年	3561.755	9.5
2016年	3846.695	8
2017年	4145.431	8
2018年	4486.786	8
2019年	4845.728	8
2020年	5233.387	8

规划目标年的人口预测见表5-10。

表5-10 规划目标年的人口预测

年　份	人口/万人	增速/%
2011年	1199.44	0.6
2012年	1206.64	0.6
2013年	1212.88	0.6
2014年	1221.16	0.6
2015年	1228.49	0.6
2016年	1235.86	0.6
2017年	1243.27	0.6
2018年	1250.73	0.6
2019年	1258.24	0.6
2020年	1265.79	0.6

根据公式：

$$W_{ti} = G_T K_t$$

式中　W_{ti}——规划目标年工业废水排放量，t；

　　　G_T——规划目标年工业GDP预测值，万元；

　　　K_t——万元GDP排水量。

$$W_t = 0.365AF$$

式中　W_t——规划目标年生活污水量，万立方米；

　　　A——规划目标年份人口，万人；

　　　F——规划目标年人均污水排放量，L/（人·d）。

经过计算得出：

2015 年，工业废水 $Q_1 = 2319.19$ 万吨，生活污水 $Q_2 = 81153.293$ 万吨，未预见废水 $Q_4 = 8003.75$ 万吨，废水总量为 $Q = 91296.24$ 万吨。

2020 年，工业废水 $Q_1 = 3143.17$ 万吨，生活污水 $Q_2 = 83203.90$ 万吨，未预见废水 $Q_4 = 8003.75$ 万吨，废水总量为 $Q = 94750.83$ 万吨。

B　规划目标年污染物预测

规划目标年主要污染物排放浓度为 $COD = 155mg/L$，$NH_3\text{-}N = 81mg/L$，根据以下公式预测规划目标年污染物排放量。

（1）工业污染物排放量预测。

$$P_t = W_t C_t$$

式中　P_t——规划目标年工业污染物排放量，t；

　　　W_t——规划目标年废水排放量，t；

　　　C_t——规划目标年废水排放浓度，mg/L。

（2）城市生活污染物排放量预测。

$$P_{tu} = W_{tu} C_{tu}$$

式中　P_{tu}——规划目标年生活污染物排放量，t；

　　　W_{tu}——规划目标年生活污水排放量，t；

　　　C_{tu}——规划目标年生活污染物浓度，mg/L。

经过计算得出，规划目标年污染物排放量为：

2015 年，$COD = 2122.64t/a$，$NH_3\text{-}N = 1109.25t/a$；

2020 年，$COD = 2202.96t/a$，$NH_3\text{-}N = 1151.22t/a$。

由此得出规划目标年的削减量，见表 5-11。

表 5-11　规划目标年的削减量　　　　　　　　　　　　　　　　（t/a）

主 要 污 染 物	COD	NH$_3$-N
2015 年水环境总容量	1580.45	846.8
2015 年污染物排放量	2122.64	1109.25
2015 年污染物削减量	542.19	262.45
2020 年水环境总容量	1580.45	846.8
2020 年污染物排放量	2202.96	1151.22
2020 年污染物削减量	621.55	304.42

5.7.1.5　保定市水资源供需平衡预测及水环境容量

河流功能分区见表 5-12。

表5-12　河流功能分区

河　流	区　段　范　围		水质类别
	起	止	
府　河	焦　庄	焦　庄	IV
拒马河	涞源	紫荆关	II
	落宝滩	新盖房	III
唐　河	水　堡	倒马关	II
潴龙河	沙　窝	玉林口	II

水库和湖泊功能分区见表5-13。

表5-13　水库和湖泊功能分区

水库（湖泊）	监　测　位　点	水质类别
王快水库	水库中心	II
西大洋水库	水库中心	II
安各庄水库	水库中心	II
龙门水库	水库中心	II
白洋淀	鸪丁淀	V
	南刘庄	IV
	烧车淀、王家寨、枣林庄、圈头、采蒲台、端村、光电张庄	III

5.7.1.6　水污染控制方案

水污染控制方案包括：

（1）治理工业污染源，提高清洁生产能力。保定市重点工业污染源主要集中在造纸、啤酒、食品加工、皮革、纺织、水泥等行业，应严格控制全市范围内工业污染规模，积极推行清洁生产审核制度，提高工业企业清洁生产能力，降低原料消耗，提升产品。规划安排工业污染源治理项目16项，总投资3亿元，COD削减量180.25t/a，氨氮削减量82.02 t/a。所有工业污染源治理项目均要求在2020年底以前完成。

在治理重点工业污染源的同时，要做好以下两项工作：

1）结合产业结构调整，关闭浪费资源、污染严重、治理无望的企业，要严格按照国家规定的期限，对物耗能耗高、污染严重的落后生产能力、工艺和产品予以调整和淘汰，结构调整的重点为制浆造纸、化工、印染、酿造等重污染行业。

2）推行清洁生产，实现污染从末端治理转向全过程控制。污染物排放超过国家和地方规定的排放标准或者超过地方人民政府核定的污染物排放总量控制指标的企业，应当实施清洁生产审核。使用有毒、有害原料进行生产或者在生产中排放有毒、有害物质的企业，应当定期实施清洁生产审核，并将审核结果报告所在地的县级以上地方人民政府环境保护行政主管部门和经济贸易行政主管部门。

（2）完善污水处理和雨污分流工程体系建设，提高污水处理能力。加快污水收集管网建设，管网采取雨污分流制。规划期间在建或已经建成污水处理厂，在其服务范围内尽快建全配套相应收集管网，使污水入网率达到90%，同时加快污水处理厂的运行调试工作，争取早日达到运行标准。在建污水处理厂，要切实加强配套管网建设，落实收费政策，实行企业化运行，安装污染物在线监测设备，形成稳定减排能力。

加快污水处理厂升级改造。为达到保定市污水处理排放要求标准和规划期间国家对氨氮总量控制的新要求，对早期建成的污水处理厂需进行设备更新或添加后续处理单元，使其具备脱氮除磷功能，并且要对其加强管理，优化运行，确保到2020年，已建污水处理厂出水达到一级A标准。

谋划一批污水处理新项目。加大对县城和重点乡镇的水污染治理投入，新建城市污水处理与再生利用工程、重点行业水污染物减排工程、规模化畜禽养殖水污染物减排工程，提升工业企业和生活污水的集中处理能力。

（3）建设污水处理厂。环评将排水规划调整后，在府河、白洋淀等重点污染区域建设5座污水处理厂，规划末期，保定污水处理设计能力总计达36万立方米/d。规划建设城市污水处理厂6座，总投资4.39亿元，实现COD削减量441.30 t/a，氨氮削减量222.40t/a。

将在各企业处理达到污水处理厂入水标准的生产废水以及生活污水由各片区的排水管网统一收集后，汇入各自片区污水处理厂进行统一处理。环评要求保定市各区污水处理厂出水必须达到《城镇污水处理厂污染物排放标准（GB 18918—2002）》中一级标准A标准，作为中水进行回用。

（4）确保饮水安全，开展农村综合整治。加强水源保护，保证用水安全。划定水源地保护区，严禁任何威胁水源安全的污染源存在。在农村饮用水公共卫生体系建设中，发挥环保部门的作用，实现水源地水质达标。

开展农村生活污水污染防治。加大污水处理设施投入，因地制宜选用集中或分散的污水处理技术；推广生态卫生厕所；鼓励采用沼气池处理人畜粪便，并实施"一池五改"（一池为沼气池，五改为改圈、改厕、改厨、改院和改水），推广"四位一体"等农业生态模式。

（5）严格落实跨界断面水质目标责任考核机制。规划期间，严格落实跨界断面水质目标考核并与财政挂钩的补偿制度，实行预警机制，及时排除影响河流水质的各类污染隐患，确保辖区地表水水质稳步改善。进一步强化对府河、拒马河、孝义河等河流的水质控制，各县（市、区）加大排污企业监管力度，禁止不达标水排入河流，确保全流域和白洋淀水体稳定达到功能区划要求。

（6）推进工业园区化建设，减少单位产值的污染物排放强度。引导分散企业向园区集中，实施废水集中治理，建设工业园区的水循环体系，提高工业用水重复率，减少单位产值的污染物排放强度。

（7）加强白洋淀水环境综合治理。严格控制排入白洋淀的污染物量，加大白洋淀水污染治理力度，加强淀区水质监测，提高监管能力。

以保护饮用水源地、改善重点污染河流水质为目标，加快城市生活污水治理步伐，继续深化工业污染防治，推行清洁生产，逐步实行污水资源化，并应多途径寻找水源。加强水资源综合平衡与集中、分质供水，增强区域水资源的循环利用能力；同时实施严格的水环境功能区划，合理利用水环境容量。

5.7.1.7　可行性分析及保障措施

A　可行性分析

保定市范围内规划建设的 32 座污水处理厂全部建成，形成 104.7 万吨/d 的污水处理能力，污水处理能力大大提高。保定市市区城市污水集中处理率为 82.7%，达到"十一五"规划的城市污水集中处理率 80% 的目标。

在规划期间计划筹建城市污水处理与再生利用工程 15 个，其中新建污水处理厂 11 座，扩建污水处理厂 2 座，污水管网建设工程 1 座，中水回用工程 1 座。与"十一五"污水处理能力相比可提高 34.5 万吨/d。造纸、制革、印染、机械制造、纺织、化工、食品等重点行业水污染物减排工程 12 个：其中废水的深度处理与利用工程可增加回用水量 10000t/d；深度处理污水量可达 2000t/d；县区工业集中区污水入网水量 8300t/d；新增污水处理设施可降低污水排放总量 7.53 万吨/d。农村规模化养殖水污染物减排工程 17 个，可降低污水排放量 2399t/d，大型沼气综合利用规模达到 1000m³/d。

规划期间污水处理厂及给排水管网建设共需 5.2 亿元，工业减排清洁生产等投资共需 3.8 亿元。

通过以上工程措施，到规划末期，保定市污水处理能力明显提高，污水达标排放率上升，市区生活污水处理率达到 95%，工业废水排放达标率达到 95%，污水中 COD 和氨氮等主要污染物排放总量可降低到 1580.45t/a 和 846.8t/a，较 2011 年减少 80%，水环境质量得到改善，规划目标可达。

B　保障措施

保定市政府对保护治理工作实施统一领导，并且负责组建保护治理工作组，对整个流域工程措施统一指挥和协调；组建由专家和人大代表组成的项目监督组，对工程实施情况进行监督；组建由环保部门专家组成的效果评估小组，对竣工工程进行效果评估。

在两湖流域严格执行现有法律法规。根据本地实际情况，尽快制定相关的实施细则，完善现有法律法规体系，充分做到有法可依。加强对执法人员的法律培训，增强执法能力，对流域内环境违法行为依法进行查处和处罚。

加大政府的投资力度，支持重点工程。积极争取国债资金，保证重点工程措施的资金到位，保障工程顺利实施。

拓宽融资渠道，实现投资主体多元化。采取 BOT（建设—经营—移交）、债券和证券市场等多种方式，吸引社会资本投资，实现投资主体多元化，融资渠道多样化，运行管理市场化。积极寻求和推进环保国际合作，努力争取国际援助和贷款。

加大信息公开化力度，增强环境管理透明度。充分利用新闻媒体和各种宣传方式，开展环境保护宣传，提高广大干部群众的环保意识。建立公众环保听证制度，扩大公众对环境的知情权，提高社会公众对环境保护与环境规划认知度和支持度。加强公众对环境违法行为和环保执法工作的监督。

5.7.2　邕江水环境综合污染防治规划案例

邕江是过境河流郁江在南宁市的一段，穿越南宁市城区中心，为南宁市最大河流。邕江河段全长 133.8km，流域面积 6120km²，是南宁市城市及工农业的主要水源，也是通向市内外的航运干线。

5.7.2.1 明确问题

邕江水域具有集中式生活饮用水水源、工业用水、农业灌溉、航运、渔业、娱乐和纳污等功能。随着南宁市实行沿海开放城市政策，经济发展比较快，工农业用水和生活用水也不断增加。除市区固定用水人口 80 万、非农业用水人口 74 万外，还有一定数量的流动人口。因此，集中式生活饮用水水源成为邕江南宁段的首要功能。此外，随着城市经济的发展，污水量会越来越多，纳污也成为邕江的重要功能。如何协调不同层次的用水需求，是规划面临的主要任务。

5.7.2.2 确定规划目标与水域功能区划分

规划的总体目标是保证邕江达到多种水体功能。为此，首先需要进行水体功能的划分，根据水域功能区划的依据、原则、方法与步骤，以及邕江水质现状、社会经济发展对水资源的要求，将邕江水域的功能划分为五大类：心圩江以上流域为Ⅱ类，心圩江至二坑为Ⅱ～Ⅲ类，大坑至青秀山风景区为Ⅲ类，青秀山至莲花为Ⅱ～Ⅲ类，莲花至六景为Ⅲ类，邕江各支流、心圩江、竹排冲为Ⅲ～Ⅳ类，大坑、二坑、水塘江为Ⅳ～Ⅴ类，良凤江为Ⅲ类，八尺江为Ⅲ～Ⅳ类。控制各河段水质达到相应的水质标准是规划的具体目标。

5.7.2.3 确定规划方法

A 混合区划分

规划中常用的混合区标准有两类，一类是面积控制标准，另一类是距离控制标准，后者应用较广泛。距离控制标准允许排污口下游若干距离内水质超标，允许距离的长短，视河段的功能和所处位置的重要性而定。邕江混合区的划分采用距离控制标准。以竹排冲河段为例，由于数十千米范围内无集中供水水源吸水口，排污口下游 2000m 处的岸边污染物最大浓度达到功能区水质标准即可满足要求。

B 水质模型与水质指标的确定

南宁市污水是通过几条排污沟流入邕江的，因此，控制排污沟与邕江入河处的排放量是水污染控制的关键。污水排放有两种方式，一是通过工程措施使断面均匀混合排放，二是岸边直接排放。前者的控制排放量可通过全江段一维模型进行计算，后者的控制排放量可通过污染带模型进行计算。根据南宁市水系分布特点，确定可能纳污点为马巢河口、可利江口（共 10 个）。根据邕江的污染特点，确定代表性水质指标为 COD 和 BOD_5。

5.7.2.4 拟定规划措施

首先采取措施保护引用水源。邕江上已有四座饮用水厂，其中，凌铁水厂处在水质较差的支流大坑入口下游、亭子冲入口对面，受污染威胁较大，水质较差。拟对排入大坑支流的污水采取截流措施，将污水引至下游，经处理后排入邕江；亭子冲入口的污染带形成的原因，是南宁电厂的锅炉冲灰水、南宁制糖厂和造纸厂的工业废水污染所造成，拟采取工程措施，要求削减其排污量。为满足水体其他功能要求，拟通过各个河段的水环境容量的计算，确定相应污染源的污染物削减量。

5.7.2.5 计算水环境容量与提出供选方案

A 水文条件设计

江段水文条件是决定河道稀释自净能力的主要因素。根据国家标准规定，采用保证率为 90% 的最小月平均流量作为计算条件，同时选用保证率为 50% 的年均流量作为比较研究的计算条件。邕江南宁站 90% 保证率最小月平均流量为 $170\mathrm{m}^3/\mathrm{s}$，50% 保证率年均流量为 $1330\mathrm{m}^3/\mathrm{s}$。

B　允许排放量的计算

a　断面均匀混合允许排放量的计算

（1）BOD_5 约束。BOD_5 模型采用 S–P 模型：

$$c = c_0 \mathrm{e}^{-k_d t} \tag{5-28}$$

式中　c——河水中 t 时刻的 BOD_5 浓度，mg/L；

　　c_0——初始断面 BOD_5 浓度，mg/L；

　　k_d——河水中 BOD_5 衰减（耗氧）速率常数，d^{-1}；

　　t——河水流经一定距离花费的时间（t = 距离/流速），当流速稳定时，表征河水流经的距离，d。

要求距纳污断面最近的下游水质控制断面的 BOD_5 最大浓度（c）不能超过要求的水质标准值，可得 $c_{0,\max}$，并由式（5–29）求得允许排放量 W：

$$W + q_{v,0} c_0 = c_{0,\max}(q_{v,0} + q_v) \tag{5-29}$$

式中　W——BOD_5 允许排放量；

　　$q_{v,0}$——上游来水量；

　　c_0——上游来水 BOD_5 浓度；

　　q_v——污水量。

（2）DO 约束。根据 $c_{0,\max}$，由式（5–30）计算：

$$O = O_\mathrm{s} - \frac{K_\mathrm{d} O_0}{K_\mathrm{a} - K_\mathrm{d}}(\mathrm{e}^{-K_d t} - \mathrm{e}^{-K_a t}) - DO_0 \mathrm{e}^{-K_a t} \tag{5-30}$$

式中　O——河流中 t 时刻的溶解氧浓度，mg/L；

　　O_s——饱和溶解氧浓度，mg/L；

　　O_0——饱和起始断面的溶解氧浓度，mg/L；

　　DO_0——河段起始断面的氧亏值，$DO_0 = O_\mathrm{s} - O_0$，mg/L；

　　K_a——河流复氧速率常数。

计算控制断面的 DO 值 O_L，若 $O_\mathrm{L} < DO_0$（溶氧水质标准），则减小数值，直至 $O_\mathrm{L} \geqslant DO_0$ 为止，再计算对应的 W 值。

（3）BOD_5 允许排放量。取 BOD_5 约束下控制排放量的较小值，即为该纳污断面的 BOD_5 允许排放量。

测定的 BOD_5 与 COD 的关系，估计 BOD_5 允许排放量对应的 COD 值。

b　岸边直接排放的允许排放量计算

邕江流量较大，稀释能力强，江段各断面平均水质均良好；但由于靠岸边水流相对平缓，在排污口下游一定范围内形成污染带。尽管在全江段的宏观控制上采用一维模型已经足够，但为了确保局部江段的水源水质不受污染，以二维污染带模型来计算控制排放量。

根据上述原理，可以分别求得断面均匀混合排放和岸边排放的允许排放量。表 5–14 是典型支流（竹排冲）入口处的允许排放量。

表 5-14　竹排冲口的允许排放量　　　　　（g/s）

排放方式	90% 最枯月		50% 平水年	
	BOD$_5$	COD	BOD$_5$	COD
断面均匀混合	74.1	107.5	220.0	296.0
岸边排放	62.1	90.6	172.0	238.4

C　提出允许排污量分配方案

南宁市的绝大部分工业废水和生活污水主要通过六条排污沟流入邕江。因此，控制六条排污沟的污染物总量，就能基本控制邕江水体的总纳污量。水污染控制单元的划分以各条排污沟为单位。

（1）允许排污量的分配方法。采用非数学优化分配的 VPDT 法进行各控制单元的允许排放量在各用户之间的分配。

（2）各控制单元排污用户允许排放量及削减量分配方案。以竹排冲单元为例，采用上述 VPDT 方法，计算出单元各用户的允许排放量，见表 5-15。

表 5-15　竹排冲控制单元用户允许排污量与削减量

厂　名	COD			
	现状排放量/kg·d^{-1}	允许排放量/kg·d^{-1}	削减量/kg·d^{-1}	削减率/%
茅桥造纸厂	19894.79	10089.59	3805.20	27.49
茅桥玻璃厂	9.59	9.59	0	0
毛巾被单厂	22.12	22.12	0	0
市翻胎厂	28.78	28.78	0	0
针织厂	86.77	86.77	0	0
第二化工厂	1136.98	783.95	353.03	31.04

5.7.2.6　规划方案实施

根据规划提出的各污染源的污染物削减量，限定时间，要求工厂采取必要的工程措施，减少污染物排放，同时采取经济措施，通过征收排污费，推动污染治理。

复习思考题

5-1　水质评价模型主要有哪几种？

5-2　简述水环境功能区划的原则。

5-3　水污染综合防治的主要措施有哪些？

5-4　水环境规划可分为哪几部分？

5-5　简述水污染控制规划系统的内容和特点。

5-6　简述水环境容量的类型。

5-7　水环境功能区如何划分？

5-8　地表水环境特征调查主要包括哪些内容？

5-9　简述水环境功能区划的步骤。

5-10　水资源预测包括哪些方面，具体如何预测？

5-11　水污染物预测包括哪些方面，具体如何预测？

研讨题

　　邕江水域具有集中式生活饮用水水源、工业用水、农业灌溉、航运、渔业、娱乐和纳污等功能。随着南宁市实行沿海开放城市政策，经济发展比较快，工农业用水和生活用水也不断增加。除市区固定用水人口 80 万、非农业用水人口 74 万外，还有一定数量的流动人口。因此，集中式生活饮用水水源成为邕江南宁段的首要功能。此外，随着城市经济的发展，污水量会越来越多，纳污也成为邕江的重要功能。为协调不同层次的用水需求，保证邕江的多种水体功能达标，以邕江水域的水质、水量调查分析为基础，建立南宁市水资源优化配置与水安全保障体系，确立南宁市经济发展与社会生活所需水资源量，提出邕江水域水环境保护与治理体系的综合治理与监管管理体系，为该市的经济发展与水环境保护提供依据。

参考文献

［1］曹型荣. 城市水资源的调查利用和预测［M］. 北京：中国环境科学出版社，1998.

［2］傅国伟. 环境工程手册·环境规划卷［M］. 北京：高等教育出版社，2003.

［3］郭怀成. 环境规划与应用［M］. 北京：化学工业出版社，2006.

［4］陈玉成. 污染环境生物修复工程［M］. 北京：化学工业出版社，2003.

［5］丁忠浩. 环境规划与管理［M］. 北京：机械工业出版社，2006.

［6］张永良. 水环境容量基本概念的发展［J］. 环境科学研究，1992（3）：59～61.

6 大气环境保护与污染防治类规划

【本章要点】本章在分析区域大气环境现状的基础上，主要介绍了大气污染的预测与评价方法，提出了大气环境功能区划及环境目标、大气环境保护与污染控制方案。通过区域大气污染源监测、调查内容及源强变化预测分析方法，如比例法、箱式模型等，研究了不同大气污染源烟尘和 SO_2 年排放量的估算，大气污染源的评价方法；提出的能耗量增长预测及污染物排放量预测模型、环境容量的计算方法及大气污染物允许排放总量计算方法等，可有效实现环境功能区划、大气污染物分配与削减措施等方案的制定。

6.1 区域大气环境现状分析与评价

6.1.1 大气污染源监测与评价

6.1.1.1 区域大气污染源

某个释放污染物到大气中的装置（指排放大气污染物的设施或排放大气污染物的建筑构造）和活动称为大气污染源（或排放源），可分为工业污染源、生活污染源和交通污染源等。

A 工业污染源

工业污染源主要包括工业用燃料燃烧排放的废气及工业生产过程的排气。工业生产过程中排放到大气中的污染物种类多、数量大，是城市或工业区大气的重要污染源。工业生产过程中排放废气的工厂很多。例如，石油化工企业排放二氧化硫、硫化氢、二氧化碳、氮氧化物；有色金属冶炼工业排出的二氧化硫、氮氧化物及含重金属元素的烟尘；磷肥厂排出氟化物；酸碱盐化工工业排出的二氧化硫、氮氧化物、氯化氢及各种酸性气体；钢铁工业在炼铁、炼钢、炼焦过程中排出粉尘、硫氧化物、氰化物、一氧化碳、硫化氢、酚、苯类、烃类等。总之，工业生产过程排放的污染物的组成与工业企业的性质密切相关。

B 生活污染源

人们由于做饭、取暖、沐浴等生活上的需要，燃烧化石燃料向大气排放烟尘所造成的大气污染的污染源，称为生活污染源。煤、石油、天然气等燃料的燃烧过程是向大气输送污染物的重要发生源。煤是主要的工业和民用燃料，它的主要成分是碳，并含有氢、氧、氮、硫及金属化合物。煤燃烧时除产生大量烟尘外，在燃烧过程中还会形成一氧化碳、二氧化碳、二氧化硫、氮氧化物、有机化合物及烟尘等有害物质。家庭炉灶排气是一种排放量大、分布广、排放高度低、危害性不容忽视的空气污染源。

C　交通污染源

汽车尾气已构成大气污染的另一重要主要污染源。目前大城市大气污染正在从燃煤型污染向交通型污染转变。在我国，汽车和各种机动车的发展速度很快。1950 年全球机动车保有量为 7000 万辆，1996 年增长到 7.1 亿辆。2005 年，我国汽车保有量超过 2000 万辆，摩托车 4500 万辆，农用运输车 2400 万辆。汽油车排放的主要污染物是 CO、NO_x、PM（如果使用含铅汽油）；柴油车排放的污染物主要有 NO_x、PM（细微颗粒物）、HC、CO、SO_2。同发达国家相比，我国机动车污染物排放量相当惊人。以日本东京为例，20 世纪 90 年代东京拥有机动车 400 万辆，CO 和 NO_x 的排放量基本稳定在 10 万吨和 5 万吨左右；北京市 1995 年机动车仅为 100 万辆，CO 和 NO_x 的排放量却高达 97.2 万吨和 9.8t。到 2020 年，北京市机动车保有量有可能突破 500 万辆，在整个大气污染中，汽车尾气排放将占到 60% ~ 70%。

6.1.1.2　污染源监测的目的、内容和要求

A　监测目的

一是污染源监测，即定期检查、督促污染源排放废气中的有害物质含量是否符合国家规定的大气污染物排放标准的要求；二是环境质量的监测，对污染源排放污染物的种类、排放量、排放规律进行监测，有利于查清空气污染的主要来源，探讨空气污染发展的趋势，制定污染控制措施，改善环境空气质量，为制定环保法规、标准及防治整治对策提供科学依据。

B　污染源监测的内容

对各类污染源的排放情况从物理、化学、生物学的角度进行定时监测。具体监测内容有排放废气中有害物质的浓度（mg/m³）；废气排放量（m³/h）；有害物质的排放量（kg/h）等。

C　监测要求

进行监测时生产设备应处于正常运转状态下；因生产过程引起排放变化的污染源，应根据其变化特点和周期进行系统性监测；当测定工业锅炉烟尘浓度时，锅炉应在稳定的负荷下运作，不能低于额定负荷的 85%；对于手烧炉，测定时间不得少于两个加煤周期。与环境空气质量监测相比，污染源排放的废气中有害物质浓度高、排放量大，因此监测过程中采样方法和分析方法与环境空气质量监测有一定的差异。在确定监测时间和频率时，主要考虑当地的气候条件和人们的生活、工作规律等。现状监测应与污染气象观测同步进行。对于不需要进行气象观测的规划，应收集其附近有代表性的气象台站各监测时间的地面风速、风向、气温、气压等资料。

D　监测项目

《固定污染源排气中颗粒物测定与气态污染物采样方法（GB/T 16157—1996）》规定了各种锅炉、工业炉窑及其他固定污染源排气中颗粒物的测定方法和气态污染物的采样方法。

E　监测结果的统计与分析

首先对少数极大值、极小值作出认真分析，剔除异常值，保留真实值。浓度统计一般包括：一次最高值、日均值、监测期均值、超标率等。同时，一般以时、日为研究对象，

绘制各测点各污染物时变、日变曲线，分析污染物浓度与各影响因素（污染排放、生产生活活动、地势地形等）之间的关系。

6.1.2 大气污染源调查与评价

6.1.2.1 大气污染源调查与分析

在进行大气污染源调查时，工业污染源调查要按照国家环境保护总局的统一要求进行，生活污染源和交通污染源的调查可以结合各城市的具体情况进行。但是，调查所得的基础资料和数据，必须能满足环境污染预测与制订污染综合整治方案的需求，主要包括下列几方面。

A　画出污染源分布图

大气污染源可以按类型标在网格内（每个网格 $1km^2$），如工业污染源，在网格内标明工厂及大装置的位置、排放口、废气排放烟囱的高度等，但在编制环境规划工作时，大气污染源分布图是在规划区域内的网格上标明大气污染的分布。烟囱高度大于等于 40m 的高架源要逐个标出；烟囱在 40m 以下的锅炉、窑炉和一般小炉灶都视为面源，可划分成若干片，按片标明位置、能耗及排污量。对于点源及面源调查统计内容如下：

（1）点源调查统计内容有：排气筒底部中心坐标（X、Y、Z）及分布平面图；烟囱高度（m）及出口内径（m）；烟气出口平均温度（℃）；烟气出口速度（m/s）；污染物代码；烟囱代码；各主要污染物正常排放量（t/a，t/h 或 kg/h）。

（2）面源调查统计内容有：将规划区在选定的坐标系内网格化。网格单元一般可取 $1000m \times 1000m$，规划区较小时，可取 $500m \times 500m$，按网格统计面源的下述参数：1）污染源坐标（X、Y、Z）；2）面源排放高度（m），如网格内排放高度不等时，可按照排放量加权平均取平均排放高度；3）面源面积（m^2）；4）烟气平均温度（℃）；5）烟气排放速度（m/s）；6）主要污染物排放量（$t/(h \cdot km^2)$）；7）污染物代码。

B　排污量及排污分担率

通常调查计算的大气污染物有烟尘、工业粉尘、SO_2、CO、NO_x 等。下面以烟尘及 SO_2 为例计算大气污染源污染物排放量及排污分担率。

（1）调查工业污染源因燃煤排放的烟尘及 SO_2。首先调查工业耗煤量，按行业或逐个工业污染源列表调查统计年耗煤量（最好能有近 5 年的调查统计）。然后，估算每个行业或每个污染源的烟尘和 SO_2 的排放量。再计算工业污染源的总排放量和每个行业（或每个污染源）的排放分担率。

SO_2 及烟尘估算（年排放量）按下式计算：

$$\begin{cases} m'_s = 1.6BS \\ m'_p = BAb(1-n) \end{cases} \tag{6-1}$$

式中　m'_s，m'_p——燃煤排放的 SO_2 及烟尘量，t；

B——年耗煤量，t；

S——煤的含硫量，%；

A——灰粉含量；

b——飞灰量（质量分数），自然通风取 $b = 15\% \sim 20\%$，风动炉取 $b =$

　　　　　　　　　30% ~ 40%，沸腾炉 $b = 60\% \sim 80\%$；

　　　　n——平均除尘效率。

　　总排放量按式（6-2）计算：

$$\begin{cases} m_\text{s} = m'_\text{s} + m''_\text{s} \\ m_\text{p} = m'_\text{p} + m''_\text{p} \end{cases} \tag{6-2}$$

式中　m''_s，m''_p——工艺生产过程排放的 SO_2 及工业粉尘，由监测数据按式（6-3）计算：

$$\begin{cases} m''_\text{s} = 10^{-9} Q_\text{s} c_\text{s} \\ m''_\text{p} = 10^{-9} Q_\text{p} c_\text{p} \end{cases} \tag{6-3}$$

式中　Q_s——含 SO_2 的工业废气排放量，m^3；

　　　　Q_p——含工业粉尘的废气排放量，m^3；

　　　　c_s，c_p——监测浓度，mg/m^3；

　　　　10^{-9}——量纲转换系数。

　　如无监测数据可用物料衡算等方法计算。

　　（2）调查生活污染源 SO_2 及烟尘的排放量。首先调查近 5 年的生活能耗及人均生活能耗；然后估算 SO_2 及烟尘的年排放量，计算参照式（6-1）。一般不调查生活污染源的排放分担率。

　　（3）交通污染源调查主要为道路扬尘、NO_x、Pb、CO 等由汽车等交通污染源产生的主要污染物，在大城市中交通污染源已逐渐成为主要污染源，应认真调查分析。

　　C　排污系数

　　工业污染源的排污系数一般有三种类型，即吨煤的排污量、吨产品排污量、万元工业产值排污量。调查计算排污系数，对于排污总量的预测有重要作用。

　　对于大气污染而言，主要是燃煤的排污系数。调查大量锅炉燃煤量及排污量，并取平均值，作为一个地区的排污系数。如河北省环保部门确定，燃煤排放的 SO_2、烟尘、其排污系数分别为 $0.024t/t$、$0.0465t/t$、$0.00908t/t$。在编制区域环境规划时，NO_x、CO 的排污系数的研究很重要。因 SO_2、烟尘的排放量易于估算，所以可以首先查清本区域的供煤来源，根据煤中硫及灰分含量，即可估算 SO_2、烟尘的排放量，不一定要应用统一的排放系数。

　　6.1.2.2　大气污染源评价

　　在大气污染源评价部分，编制环境规划时，主要介绍对工业污染源进行评价，确定主要污染源与主要污染物。

　　A　大气污染源

　　（1）污染源位置。污染源是否处在居民稠密区，处在盛行风向的上风还是下风，在水系的上游还是下游；在附近地区只有一个污染源，还是有诸多污染源集中在一起等。污染源所处位置不同，尽管排出污染物的数量相同，但其危害程度却不尽相同。

　　（2）污染源排放规律。污染源排污规律不同（连续还是间歇、均匀还是不均匀、夜间排放还是白天排放等），其危害性也不同。

　　（3）污染物排放方式。对于废气及其所含污染物来说，排放高度是重要因素。对于废水来说，有无排污管道；是清污分流，还是混合排放；排污口如何分布，对环境的影响显然不同。对于废渣来说，是直接排入河道，还是堆放待处理，其危害也不相同。

（4）污染物理化特征。污染物的物理、化学及生物特征不同，即使排放量相等，对环境的影响（或危害）也不相同。

对污染源评价的方法虽较多，但能把以上各种因素都考虑在内，筛选出工业污染源的评价参数（特征参数），然后用模式识别或聚类分析等恰当的数学方法，建立评价模型，确定主要污染源的方法还不成熟。在实际工作中，通常采用标化评价法来评价污染源及污染物的潜在危害，经分析比较确定出主要污染物和主要污染源。

B 标化评价法

对污染物的潜在危害进行评价时，可采用标化评价法，即把各种污染物的排放量进行标准化计算。这就犹如商品价值用货币进行标化，各种能源用热量进行标化一样。各种不同的污染物质只有标化后才能彼此进行比较。例如：某工厂每年排放铅 1000kg，排放汞 100kg，仅从质量来比较，铅应是主要污染物。但是，污染物的质量并不代表它对环境的潜在危害，如果依据上述判断去制定环境规划，很可能造成失误。所以，要选用恰当的标化系数，对污染物的排放量进行标化计算，再分析比较。假定选用污染物三废排放标准作为标化系数，对上述例子中铅与汞的排放量进行标化计算，即可得到如下的结果：

$$P_{Pb} = \frac{1000}{1}kg = 1000kg$$

$$P_{Hg} = \frac{100}{0.05}kg = 2000kg$$

由此可以明显地看出 100kg 汞的潜在危害大于 1000kg 铅的潜在危害。标化评价方法因所选的评价系数不同而各异，下面主要介绍两种标化评价方法，分别为等标污染负荷法和排毒系数法。

（1）等标污染负荷法：一般采用等标污染负荷法对区域工业污染源进行评价，并对污染源及污染物进行排序。如 j 污染源 i 污染物的等标污染负荷（P_{ji}）按式（6-4）计算：

$$P_{ji} = \frac{m_{ji}}{c_{oi}} \tag{6-4}$$

式中　P_{ji}——等标污染负荷（标态），t 或 kg；

　　　m_{ji}——j 污染源 i 污染物年或日排放量，t 或 kg；

　　　c_{oj}——i 污染物的排放标准数值（无量纲）。

j 污染源的等标污染负荷（P_n）是其所排各种污染物等标污染负荷之和，即

$$P_n = \sum_{i=1}^{n} P_{ji} = \sum_{i=1}^{n} \frac{m_{ji}}{c_{oi}} \tag{6-5}$$

一个城市整个市区的 i 污染物等标污染负荷（P_i）按下式计算：

$$P_i = \frac{m_i}{c_{oi}} \tag{6-6}$$

式中　m_i——i 污染物排放总量（t 或 kg）。

（2）排毒系数法。全市区 i 污染物的排毒系数（F_i）定义为

$$F_i = \frac{m_i}{d_i} \tag{6-7}$$

式中　m_i——i 污染物排放量（t 或 kg）；

　　　　d_i——能够导致一个人出现毒作用反应的污染物最小摄入量（阈值）；d_i 值根据毒理学实验所得出的毒作用阈剂量计算求得。

废水中污染物 d_i 值按下式计算：

$$d_i = 污染物\ i\ 毒作用阈剂量(mg/kg) \times 成年人平均体重(55kg)$$

废气中污染物 d_i 值按下式计算：

$$d_i = 污染物毒作用阈剂量(mg/m^3) \times 人体每日呼吸的空气量(10m^3)$$

F_i 值的意义是很明显的，它表示当污染物充分、长期作用于人体时，能够引起中毒反应的人数。F_i 值完全是一个反映污染物排放水平的系数，它不反映任何外环境的影响，因此可以作为污染源评价的一个客观指标。

应用标化评价法应注意的问题，一是标化系数的选择是关键。大气污染物、水污染物等不同类型和形态的污染物，可根据各自的特点和实际情况选择恰当的标化系数。但同一类型和形态的污染物所选标化系数必须属于同一系列。二是大气污染物（如 SO_2、NO_x 等）的等标污染负荷（或是水污染物等标污染负荷）自身可以直接相加；但是其他毒害作用效应差别比较大的大气污染物的等标污染负荷与水污染物的等标污染负荷，两者不能直接相加，需要分别加权后才能相加。

C　确定大气主要污染物及主要污染源

（1）确定大气主要污染物。

一是根据国家确定的量大面广的大气污染物，如 SO_2、烟尘、工业粉尘、NO_x（或 NO_2）、CO 等，以及在本区域污染源调查中发现的排放量大的大气污染物（如氟化物），或是排放量虽不大但危害严重的污染物（如铅、苯并芘 [a] 等），作为初步选定的主要污染物。

二是逐个计算这些污染物的等标污染负荷，比较其潜在危害。

三是按等标污染负荷的大小排序，一般截取排在前 5 位或前 6 位的 5~6 个大气污染物作为主要污染物。

（2）确定主要工业污染源。确定主要工业污染源的方法是：1）计算本规划区域各工业污染源的等标污染负荷（逐个计算）；2）根据等标污染负荷的大小由大到小排序；3）按国家规定确定截取线，第一道截取线截取的工业污染源，其等标污染负荷之和占全区域工业污染源总等标污染负荷的 65% 左右；第二道截取线的工业污染源，其等标污染负荷之和约占总等标污染负荷的 75%；第三道截取线截取的工业污染源的等标污染负荷之和约占总等标污染负荷的 85%。

6.2　大气污染预测与评价

6.2.1　大气污染预测与评价

在进行大气污染预测时，首先根据能源消耗和生产水平进行污染物排放量的预测，之后利用数学模型对其进行环境影响的预测。大气污染预测包括污染物排放量预测（包括污染物排放量增长预测和排放量预测）和大气环境质量预测。

6.2.1.1 大气污染源源强变化预测分析

大气污染是人类的各种活动向大气排放各种污染物质，使得大气的组成发生了改变，并对人类健康和动植物生长产生危害，甚至破坏了生态系统的良性循环。

随着国民经济的发展、人口的不断增加和燃料消耗量的增长，排入大气中的各种污染物也逐年上升。大气中的污染物主要来自燃煤产生的烟尘排放、工业生产的废气排放，以及机动车辆尾气排放。

按部门系统分类，大气污染物的来源可分为工业生产、交通运输及民用三大类。其中工业生产产生的污染物排放量大、种类多、危害严重。其来源有三条途径：一是工业生产要消耗大量的动力，通过燃料的燃烧向大气中排放各种污染物；二是工业生产过程中各种化学反应向大气中排放各种污染物；三是生产过程中产生的各种工业粉尘及固体废弃物。大气源强变化预测，即污染物排放量增长预测，首先预测因燃烧煤等化石燃料所排放的污染物。

源强是研究大气的基础数据，其定义就是污染物的排放速率。对瞬时点源，源强就是点源一次排放的总量；对连续点源，源强就是点源在单位时间里的排放量。

A 源强预测的一般模型

预测源强的一般模型为

$$Q_i = K_i W_i (1 - \eta_i) \tag{6-8}$$

式中　Q_i——源强，对瞬时排放源以 kg 或 t 计，对连续稳定排放源以 kg/h 或 t/d 计；

　　　K_i——某污染物的排放因子；

　　　W_i——燃料消耗量，对固体燃料以 kg 或 t 计，对液体燃料以 L 计，对气体燃料以 100m³ 计，时间单位以 h 或 d 计算；

　　　η_i——净化设备对污染物的去除率；

　　　i——污染物编号。

B 能耗量增长预测

a 工业耗煤量增长预测

工业耗煤量常用的预测方法有：弹性系数法、回归分析法、灰色预测法、投入产出法、系数法等。

工业耗煤增长预测通常采用弹性系数（C_E）法。以弹性系数法为例，预测方法如下：设工业耗煤量平均增长率为 α，工业总产值平均增长率为 β，则有：

$$M = M_0 (1 + \beta)^{t - t_0} \tag{6-9}$$
$$E = E_0 (1 + \alpha)^{t - t_0}$$

式中　M——t 年工业总产值，万吨；

　　　M_0——t_0 年工业总产值，万吨；

　　　t——预测年；

　　　t_0——起始（基准）年；

　　　β——工业产值年平均增长率，%；

　　　α——工业耗煤量平均增长率，%；

　　　E——预测年工业耗煤量，万吨/a；

E_0——基准年工业耗煤量，万吨/a。

若将上述两式转化为 α、β 表达式，则：

$$\alpha = (E/E_0)^{1/(t-t_0)} - 1$$

$$\beta = (M/M_0)^{1/(t-t_0)} - 1$$

于是，工业耗煤量弹性系数 C_E 可表示为：

$$C_E = \frac{\alpha}{\beta} = \frac{(E/E_0)^{\frac{1}{t-t_0}} - 1}{(M/M_0)^{\frac{1}{t-t_0}} - 1}$$

采用这种方法最主要的问题是如何确定能耗弹性系数（C_E）。简单的办法是经验判断法，如我国的经济发展战略目标是产值翻两番，能耗翻一番，即 $C_E = 0.5$。节能水平较低的地区，可取值 0.6~0.7。如果有近 10 年的统计数字，计算出 α/β 的比值，考虑到节能水平的高低，可进一步确定出应较为切合实际的值。

b　取暖耗煤量预测

$$E_{暖} = A_s S \qquad\qquad (6-10)$$

式中　$E_{暖}$——预测年采暖耗煤，t/a 或万吨/a；

　　　A_s——采暖耗煤系数，$t/(m^2 \cdot a)$ 或 $万吨/(m^2 \cdot a)$；

　　　S——预测年采暖面积，m^2。

c　居民生活耗煤量预测

根据人口增长（户数）或人口总数预测居民生活耗煤量。

$$E_{生} = A_N N_t \qquad\qquad (6-11)$$

式中　$E_{生}$——预测年居民生活耗煤量，t/a 或万吨/a；

　　　A_N——人均年耗煤量，$t/(人 \cdot a)$；

　　　N_t——预测年人口总数。

根据人口户数预测耗煤量：

（1）非采暖期耗煤量（t/a 或万吨/a）

$$E_1 = d_1 A \qquad\qquad (6-12)$$

（2）采暖期耗煤量（t/a 或万吨/a）

$$E_2 = d_2 A \qquad\qquad (6-13)$$

式中　E_1——非采暖期居民生活耗煤量，t/a 或万吨/a；

　　　E_2——采暖期居民生活耗煤量，t/a 或万吨/a；

　　　d_1——非采暖期每户年均耗煤量，$t/(户 \cdot a)$；

　　　d_2——采暖期每户年均耗煤量，$t/(户 \cdot a)$；

　　　A——地区或城市居民总户数。

$$E_{生} = E_1 + E_2 \qquad\qquad (6-14)$$

d　蒸汽机车年耗煤量预测

$$E_{蒸} = fD \qquad\qquad (6-15)$$

式中　$E_{蒸}$——预测年蒸汽机车耗煤量，t/a；

　　　f——每台蒸汽机车年均耗煤量，$t/(台 \cdot a)$；

　　　D——预测年蒸汽机车台数，台。

e 若有年耗煤量大的工厂（$E_大$），企业可单独预测。

将以上预测年各种耗煤量求和，即为预测年的耗煤总量。

$$E = E_2 + E_生 + E_蒸 + E_大 \tag{6-16}$$

各功能区耗煤预测方法基本同上（或分别统计各功能区的燃煤量）。

通过以上预测结果，可以计算如下指标：人均耗煤量 [t/（年·人）]，单位面积耗煤量（t/km²），万元产值耗煤量（t/万元），单位面积、单位时间耗煤量 [t/（km² · a）]。

f 耗油量预测

流动污染源耗油量可根据全市最近各年度实际耗油量（汽油、柴油）的平均增长率及预测年各种车辆总台数预测汽油和柴油的消耗量（t/a 或万吨/a）。

各工厂企业燃油可单独预测，然后求其燃油总量。

以上能耗量可作为预测各种污染物的依据。

6.2.1.2 污染物排放量预测

污染物排放量预测主要包括燃料燃烧向大气排放的各种污染物和工艺生产过程中向大气排放的各种污染物，两部分之和就是污染物排放总量。我国的大气污染主要是煤烟型污染，应控制的主要污染物一般为粉尘、SO_2、NO_x、CO，有些城市有特殊污染物，如氟污染。主要污染物的确定要从实际出发，一般确定为粉尘和 SO_2、NO_x。

A 烟尘排放量预测

$$G_烟 = Ad_{fh}B \qquad （无措施） \tag{6-17}$$

$$G_烟 = Ad_{fh}B（1-\eta） \qquad （有措施） \tag{6-18}$$

式中 $G_烟$——预测年烟尘排放量，t/a；

A——煤的灰分，%；

d_{fh}——烟气中烟尘占灰分的百分数，%；

B——燃煤量，t/a；

η——除尘效率，%。

若安装二级除尘器，有

$$\eta = \eta_1 + (1-\eta_1)(1-\eta_2)$$

式中 η_1——第一级除尘器效率；

η_2——第二级除尘器效率。

B SO_2 排放量预测

若将燃煤量记为 B，煤中的全硫分质量分数记为 S，可用式（6-19）计算吨煤燃烧后 SO_2 排放量，即：

$$G_{SO_2} = 2BS（按无脱硫措施预测） \tag{6-19}$$

式中 G_{SO_2}——预测年 SO_2 排放量，t/a；

B——煤量，t/a；

S——煤中的全硫分质量分数，%。

注意煤中含有 10% ~20% 不可燃的无机硫，所以在预测时要把这部分考虑进去，根据用煤情况乘以 0.8 或 0.9 的修正系数。

C　NO_x、CO 排放量预测

NO_x、CO 排放量可以根据锅炉类型和用途，以及排放系数进行预测。具体参数见表 6－1。

表6－1　烧1t煤排放的各种污染物的量   (t/a)

污染物	炉　型		
	电站炉	工业锅炉	采暖及家用炉
一氧化碳（CO）	23	1.36	22.7
氮氧化物（NO_x）	9.08	9.08	3.62

燃油排放的各种污染物预测采用有关统计参数进行预测。

D　生产工艺排放的粉尘、SO_2、NO_x

按产品产量递增率进行预测，或在排放源不多的情况下可逐个源预测，然后求出总量。

$$G = KM \tag{6－20}$$

式中　　G——预测年生产工艺排放某种污染物总量，t/a；

K——某产品产量排放系数，kg/t 或 kg/m^3；

M——某产品产量，t 或 m^3。

对 K 值的求得可通过历史资料调查确定，主要为 $K_{粉}$、K_{SO_2}、K_{NO_x}、K_{CO} 等排放系数。

将以上各同类污染物相加就得到预测年该项污染物排放总量，污染物排放量汇总表见表 6－2。

表6－2　污染物排放总量汇总表   (t/a)

年份	污染物	大型工厂企业排放量	生产工艺排放量	工业燃煤排放量	采暖耗煤排放量	居民生活燃煤排放量	流 动 源		排放总量
							火车燃煤（油）排放量	汽车燃油排放量	
2005	燃煤(油)量 烟尘 SO_2 NO_x CO								
2010	燃煤(油)量 烟尘 SO_2 NO_x CO								

6.2.1.3　大气环境质量预测

区域的大气环境质量不但受到污染源的影响，还要受到污染气象条件的影响。大气环境污染控制模型是建立在设计气象条件下的污染源排放与大气环境质量响应关系之上的。设计气象条件是指综合考虑气象条件、环境目标、经济技术水平、污染特点等因素后，确定的较不利（以保证率给出）气象条件。大气环境规划工作经常使用的大气质量预测模型有箱式模型、高斯模型、线源扩散模式、面源扩散模式和总悬浮微粒扩散模式等。

根据源强变化，预测大气环境污染物浓度变化（大气环境污染预测）的方法较多，常用的方法为比例法，这是一种简单的概略性预测。但如有 5 年左右或更多的监测统计数据，可以利用这种方法求出一个转换系数。在无大的高架源的地区用转换系数预测，也可取得较为满意的结果。

以 SO_2 为例，假设 m_s 为 SO_2 年排放量，C_s 为 SO_2 环境浓度（年均值），那么转换系数 K_s 的表达式为：

$$K_s = \frac{C_s}{m_s} \qquad\qquad (6-21)$$

$$C_s = K_s m_s \qquad\qquad (6-22)$$

求出 K_s 以后，在预测规划期 SO_2 年排放量（m_{st}）的基础上，即可预测规划期 SO_2 的环境浓度（C_{st}）。

$$C_{st} = K_s m_{st} \qquad\qquad (6-23)$$

如：用北戴河1985 年、1986 年、1987 年、1988 年连续 4 年的监测统计数字求转换系数 K_s，$\frac{C_s}{m_s} = K_s$，结果如下：

1985 年为 $41/1896 = 0.022$，1986 年为 $33/1728 = 0.019$，1987 年为 $39/1872 = 0.021$，1988 年为 $55/2352 = 0.023$，取平均值 $K_s = 0.021$。

除用较为简单的比例转换系数法外，各地区也可根据本规划区域的实际情况，因地制宜选取预测模型来进行大气污染预测。常用的预测模型见表 6 – 3。

表6 – 3　大气污染预测模型

分类	适应性	模型	特　点
物理预测法	常规预测	风洞模型	适于含有气流脱体现象的扩散预测
		水流模型	
		扩散微分模型	适用于无气流脱体现象的扩散预测
	实时预测	烟流模型	处理因场所而产生的浓度随源距离和时间的变化预测
		烟团模型	适于非定常场的扩散浓度预测
		箱式模型	适于非定常场的浓度预测，但不能考虑预测空间各点的浓度变化
统计预测法		相关分析预测	可进行浓度与气象因素的相关分析预测，但不能考虑追随污染源状态的变化
		回归模型	假定各变量之间存在线性关系而进行预测

下面概括介绍常用的两种大气污染预测模型，即箱式模型和高斯烟流模型。

A　箱式模型（黑箱模型）

箱式模型是研究污染物排放量与环境质量之间关系的一种最简单模型，在环境规划预测工作中，箱式模型用得较多。根据模型建立的方式可以分为白箱模型、黑箱模型和灰箱模型三大类。

白箱模型在控制论中指的不仅反映输入 – 输出关系，而且也反映过程的状态。建立这类模型的前提是必须对所表述的要素或过程的规律有清楚的认识，对于各有关因素也有深刻的了解。但由于问题的复杂性，迄今为止，对于各要素和过程的研究都远远不够，因此，还没有见到可以实际用于环境预测工作的白箱模型。

黑箱模型是环境预测工作中应用较多的一类模型，它是根据输入－输出关系建立起来的，反映了有关因素间的一种笼统的直接因果关系。用于环境预测的黑箱模型，只涉及开发活动的性质、强度与其环境后果之间的因果关系。如果未来的变化超出一定的范围，用这类模型的可靠性明显下降。黑箱模型本身不能表述过程。若能得到较多符合实际要求的实测数据时，应用黑箱模型进行环境预测还是适合的。特别是涉及开发活动对环境中化学过程、生物过程、社会经济过程等的影响时，限于目前的研究水平往往采用这种模型。

灰箱模型在环境预测工作中属应用最多、发展最快的一类模型。这类模型是介于白箱与黑箱之间的模型。目前多用于开发活动对物理过程影响的预测。这类模型表示了大气或水中污染物的扩散和稀释降解过程及其影响因素之间的关系。但是模型中的系数，必须是凭经验假设或对实测及试验数据进行统计处理求得。

在实际应用中，可以根据具体情况来确定和估计预测模型的精度。一般来说，精度较高的预测模型，对数据等条件要求也较高，使用起来比较困难。但有时使用比较简单的模型，用手计算往往也能获得十分满意的结果。

在使用箱式模型时，若地区或城市自然条件等差异较大，可将地区或城市不同地域划为几个箱分别进行预测，然后多个箱并列起来，最后计算出污染物平均浓度。

箱式模型在考虑问题时是为了预测和推算地区或城市空间的平均浓度，所以它是用于排出源分布较为均匀或系统内部扩散物信息难以得到的场合。在应用这一模型时，系统中的现象是作为一个"黑箱"处理的，因此对应于箱容积内的粗略的平均风速数据和大气稳定度等数据都较容易得到。若箱子取得很大，则箱式模型可以用于排出源分布均匀的城市预测总量和控制规划等方面，若系统中的某处存在较大的偏在源，此模型就不适用了。使用箱式模型虽然难以求出箱内各坐标点的污染物浓度分布，但是它可以追踪污染物浓度随时间的变化情况，用它可以作为进行大气污染紧急控制的模型，也可以用于小烟群较多的城市大气污染预测。

使用箱模型还应注意由于烟在"箱"内滞留时间较长，因此必须考虑烟向地面（或水面）的沉降和基地面（或水面）对烟的吸附，合理地给出由此产生的浓度减少的比例。单纯的箱式模型，因为不能描述"箱"内污染物浓度的空间分布等细节，所以从本质上说，它只是一种广域的污染状态模型。针对箱式模型这一弱点，有人对箱式模型进行了使用上的改进，主要是对低烟源采用箱式模型，对高烟源使用烟流（或烟团）模型作为大气污染的实施预测模型。

箱式模型可表示为如下形式

$$C_A = PL/(Hu) + C_0' \qquad\qquad (6-24)$$

式中　C_A——预测年污染物浓度，mg/m^3；

　　　P——源强（排放量），t/a 或 kg/d；

　　　L——箱边长，m；

　　　H——混合层高度，m；

　　　u——平均风速（箱体内），m/s；

C_0'——本底浓度，mg/m³。

若无大的偏在源，预测效果较好。

混合层高度（H）可从当地气象部门得到；若没有，可利用有关气象资料直接求得。如冬季利用探空资料，求 12 月温度廓线。利用当地月平均地面最高温度引于绝热线与之相交，求出 P_h 值；再利用等面积图解法求出混合层内平均温度 t，根据 $h = 29.28 \times (273.15 + t) \cdot \ln(P_0/P_h)$ 求出历年混合层最大顶高（日平均）；利用白天典型的混合层增长百分比曲线求混合层厚度值。

混合层高度实质上是表征大气污染物在垂直方向被热力湍流（或对流）稀释的范围，它是计算污染物浓度的重要参数之一。

B　高斯烟流模型（点源模型）

高斯烟流模型的假设条件为：（1）污染物浓度在 x，y，z 轴上的分布符合正态分布；（2）在全部空间中风速是均匀的、稳定的；（3）源强是连续均匀的；（4）在扩散过程中污染物质的质量是守恒的。这一模型同时假定烟流截面上的浓度分布为二维高斯分布（图 6-1）。

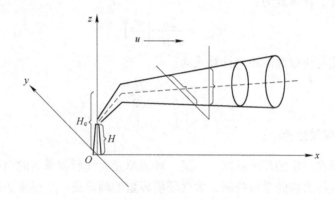

图 6-1　高斯烟流模型

高斯烟流模型由于计算简单、形式简明，是目前常用的预测模型之一。在图 6-1 所示的坐标中，若烟的有效排放高度为 H_e，排放的是气体或气溶胶（粒子直径 20μm），假设地面对烟全部反射，即没有沉降和化学反应发生，在空间任一点（x，y，z）处的某污染物的浓度 C 可以用式（6-25）求出：

$$C(x,y,z) = \frac{q}{2\pi \bar{u} \sigma_y \sigma_z} \cdot F(y) F(z)$$

$$F(y) = \exp\left(-\frac{y^2}{2\sigma_y^2}\right)$$

$$F(z) = \exp\left[-\frac{(z-H_e)^2}{2\sigma_z^2}\right] + \exp\left[-\frac{(z+H_e)^2}{2\sigma_z^2}\right] \qquad (6-25)$$

式中　C——污染物的浓度，g/m³；

　　　q——污染物排放源强，g/s；

　　　$\bar{u}$——平均风速，m/s；

σ_y——用浓度标准偏差表示的 y 轴上的扩散参数，m；

σ_z——用浓度标准偏差表示的 z 轴上的扩散参数，m；

H_e——烟流中心线距地面的高度，即烟囱的有效高度，m。

式（6-25）适用于忽略在烟流移动方向上的扩散。若排放是连续的，或排放时间不小于从源到计算位置的运动时间时，这种假设条件就可以成立，即可以忽略输送方向上的扩散。

在应用式（6-25）计算地面浓度时，可简化为（$z=0$）：

$$C_{(x,y,0)} = \frac{q}{\pi \bar{u} \sigma_y \sigma_z} \cdot \exp\left(-\frac{y^2}{2\sigma_y^2}\right) \cdot \exp\left(-\frac{H_e^2}{2\sigma_z^2}\right) \tag{6-26}$$

在计算烟流中心线处的地面浓度时，可简化为（$z=0$，$y=0$）：

$$C_{(x,0,0)} = \frac{q}{\pi \bar{u} \sigma_y \sigma_z} \cdot \exp\left(-\frac{H_e^2}{2\sigma_z^2}\right) \tag{6-27}$$

利用高斯烟流模型的基础公式（6-25），也可以计算出最大的落地浓度和最大落地浓度离排放源的距离。

最大落地浓度的计算式为：

$$C_{\max} = \frac{2q}{\pi \bar{u} H_e^2}\left(\frac{\sigma_z}{\sigma_y}\right) \tag{6-28}$$

最大落地浓度与排放源的距离计算式为：

$$\sigma_z \bigg|_{x=x_{c_{\max}}} = \frac{H}{\sqrt{2}} \tag{6-29}$$

6.2.2　大气环境容量分析

大气容量是指在一定的环境标准下，某一环境单元大气所能承纳的污染物的最大允许量。为了实施大气污染物的总量控制，大气环境容量的确定是一个很重要的环节。大气环境容量分析是选取适用的模型和方法，计算环境单元（大气环境功能区）在保持规定的环境质量标准的前提下，所能允许的某种污染物的最大排放总量。只有确定大气环境容量后，才能建立污染源排放总量与环境目标的输入响应关系、负荷分配到源和总量控制方案的优化。以下介绍几种区域大气环境容量的计算方法。

6.2.2.1　某一环境单元中大气环境容量模型

某一环境单元中大气环境容量的计算，可根据该单元的地方性大气环境标准与清洁对照区的环境本底值之差，并加上大气的净化能力求得。可用式（6-30）表示：

$$A_v = V(S_a - B_a) + C_a \tag{6-30}$$

式中　A_v——某环境单元中大气的环境容量；

　　　V——某环境单元大气体积；

　　　S_a——某大气污染物国家规定的环境质量标准或地方标准；

　　　B_a——大气中某污染物的本底值；

　　　C_a——大气的净化能力。

6.2.2.2　运用大气污染预测模型进行反推

在实际工作中，对同一环境单元进行大气污染预测和用反推法进行大气环境容量分析

（计算某种污染物最大排放总量）时，前后所用的模型应是同一种模型。

A 箱式模型确定大气环境容量

假设大气总量控制区域是一个矩形的箱子，便可根据区域大气环境质量标准，用箱式模型来反推区域大气环境的容许纳污量，即

$$C_A = PL/(Hu) + C_0'$$ (6-31)

式中 C_A——预测的污染物环境浓度；

P——预测得到的源强（排放量），为已知数；

L, H, u——分别为箱的边长、混合层高度及平均风速；

C_0'——本底浓度。

将式（6-31）变换为下式：

$$P = (C_A - C_0')Hu/L$$ (6-32)

可用式（6-32）计算出该功能区所能允许的最大排污总量（P_0），即：

$$P_0 = (C_A - C_0')Hu/L$$ (6-33)

同样，也可利用其他预测模型反推。

B 等效点源模型确定区域大气环境容量

将控制区域划分为很多面源单元（小区），把每一个面源单元简化成"等效面源"，该"等效点源"位置处在该面源单元的上风向作为一个虚拟点源，此时，可以用"等效点源"计算式反推面源单元（小区）污染物的容许纳污量，即

$$W_c = \frac{C_s \pi y (\sigma_{y0} + \sigma_y)(\sigma_{z0} + \sigma_z)}{\exp\left\{ -\frac{1}{2}\left[\frac{y^2}{(\sigma_{y0} + \sigma_y)^2} + \frac{H^2}{\sigma_{z0} + \sigma_z} \right] \right\}}$$ (6-34)

式中 W_c——面源单元（小区）大气污染物允许纳污量，$mg/(m^2 \cdot s)$；

C_s——单元（小区）大气环境质量标准，mg/m^3；

σ_{y0}, σ_{z0}——初始扩散参数；

σ_y, σ_z——扩散参数；

H——排放烟囱的平均有效高度，m。

若扩散参数按式（6-35）确定：

$$\sigma_y = ax^p, \qquad \sigma_z = bx^q$$ (6-35)

根据常用的经验方法，取

$$\sigma_{y0} = \frac{L}{4.3}, \qquad \sigma_{z0} = \frac{H}{4.0}$$ (6-36)

式中 L——面源单元（小区）的边长。

C 按排放标准计算区域大气环境容量

污染物排放标准是以实现环境质量标准为目的而对污染物源规定的排放浓度和允许排放量，是对污染源实行排污总量控制的依据。

a 二氧化硫容许排放量的计算

根据二氧化硫排放源的情况不同，可分为甲乙两类容许排放量的计算。

（1）适应于甲类标准的容许排放量计算。甲类标准适用于平原地区的农村和城市的远郊区、平原地区城市的城区，排气筒高度大于50m者，或二氧化硫排放量大于40kg/h

的排放源。

适用于甲类标准二氧化硫容许排放量的计算公式为：

$$W_c = P \times 10^{-6} \cdot H^2 \qquad (6-37)$$

式中　W_c——二氧化碳的容许排放量，kg/h；

　　　P——二氧化硫的容许排放指标，kg/(h·m²)；

　　　H——排气筒有效高度，m。

其中，关于 P 值的确定，可参照国家标准《制定地方大气污染物排放标准的技术方法（GB/T 3840—91）》。

关于烟气抬升高度 Δh 的计算方法如下：

1）当烟气热释放率 $Q_H > 2100\text{kW}$，且烟气温度 T_s 与环境温度 T_a 的差值 $\Delta T > 35\text{K}$ 时，ΔH 采用式（6-38）计算：

$$\Delta H = n_0 Q_H^{n_1} H_s^{n_2} \bar{u}^{-1} \qquad (6-38)$$

$$Q_H = 0.35 P_a Q_v \frac{\Delta T}{T_s} \qquad (6-39)$$

$$\Delta T = T_s - T_a \qquad (6-40)$$

式中　P_a——大气压力，hPa，取邻近气象站年平均值；

　　　Q_v——实际排烟量，m³/s；

　　　Q_H——烟气热释放量，kJ/s；

　　　T_s——排气筒出口烟气温度，K；

　　　T_a——环境平均气温，K；

　　　$\bar{u}$——烟囱出口处平均风速，m/s；

n_0，n_1，n_2——系数，按表6-4选取。

表6-4　系数 n_0、n_1、n_2 的值

Q_H/kW	地表形态（平原）	n_0	n_1	n_2
$Q_H \geqslant 21000$	农村或城市远郊区	1.427	1/3	2/3
	城区及近郊区	1.303	1/3	2/3
$21000 > Q_H \geqslant 2100$ 且 $\Delta T \geqslant 35\text{K}$	农村或城市远郊区	0.332	3/5	2/5
	城区及近郊区	0.292	3/5	2/5

2）当 $2100\text{kW} > Q_H > 1700\text{kW}$ 时：

$$\Delta H = \Delta H_1 + (\Delta H_2 - \Delta H_1) \frac{Q_H - 1700}{400} \qquad (6-41)$$

$$\Delta H_1 = \frac{2(1.5 v_s D + 0.01 Q_H)}{\bar{u}} - \frac{0.048(Q_H - 1700)}{\bar{u}} \qquad (6-42)$$

ΔH_2 是按式（6-38）计算的抬升高度。

3）$Q_H \leqslant 1700\text{kW}$ 或 $\Delta T < 35\text{K}$ 时，ΔH 采用下式计算：

$$\Delta H = 2(1.5 v_s D + 0.01 Q_H)/\bar{u} \qquad (6-43)$$

4）当10m高处的年平均风速小于或等于1.5m/s时：

$$\Delta H = 5.5Q_H^{1/4}\left(\frac{dT_a}{dZ} + 0.0098\right)^{-3/8} \quad (6-44)$$

式中 dT_a/dZ——排放源高度以上气温直减率，K/m，取值不得小于 $0.01K/m$。

（2）适用于乙类标准的容许排放量计算。乙类标准适用于平原地区、城市内排放高度低于 50m 和二氧化硫排放量小于 40kg/h 的排放源。此条件下二氧化硫的容许排放量用式（6-45）、式（6-46）计算：

$$W_C = p_s \times 10^{-6}S \quad (6-45)$$
$$W_C = \sum q_i B_i \quad (6-46)$$

式中 W_C——总允许排放当量，kg/h；

S——城区或城区某一区域面积，m^2；

q_i——第 i 个排放源的排放量，kg/h；

B_i——第 i 个排放源的高度参数，按表 6-5 选取，并按 $B = aH^{-6}$ 计算；

p_s——排放指标，$kg/(h \cdot m^2)$，按式（6-47）计算：

$$p_s = 9u_{10}CP_{s1}P_{s2} \quad (6-47)$$

式中 u_{10}——距地面 10m 高出的平均风速，m/s；

C——大气质量标准值，mg/m^3；

P_{s1}——面源污染分担率，见表 6-6；

P_{s2}——区域污染分担率，见表 6-6。

表6-5 排放源高度参数 B_i

城市半径/km	排气筒高度 $H = 4 \sim 20m$		排气筒高度 $H = 20 \sim 40m$	
	a	b	a	b
2.0	323.59	0.5700	1096.5	0.9800
2.5	323.59	0.5400	831.76	0.8540
3.5	309.03	0.4600	741.31	0.7500
4.5	316.23	0.4400	707.95	0.7100
6.0	331.13	0.4400	660.69	0.6700
7.5	363.08	0.4200	616.60	0.6000
10.0	371.54	0.4000	562.34	0.5400
15.0	416.87	0.4000	498.97	0.4300

表6-6 各种区域内的 P_{s1} 及 P_{s2} 值

区域性质	工厂主要分布在远郊区的城市城区	区域界线不明显，间有工厂的城区	区域界线较明显的城区		
			城区中的工业区	与工业区直接相邻的其他区	与工业区不直接相邻的直接区
P_{s1}	0.70	0.55	0.45	0.65	0.65
P_{s2}	0.90	0.95	0.95	0.80	0.85

b 其他有害气体容许排放量的计算

排气筒离地面高度大于或等于 15m 时，除二氧化硫之外的有害气体容许排放量可按式（6-48）计算：

$$W_c = 12.8 \times 10^{-3} P_2 K C u_{10} H^2 \tag{6-48}$$

式中 W_c——有害气体允许排放量，kg/h；

      K——其他有害气体区域调节系数，城区 $K=1$，其余地区 $K=1.0 \sim 1.5$；

      P_2——风向方位系数，农村地区和城区 P_2 取值为 1，城市远郊按其相对城市的方位，P_2 取值为 P_{2i}；

      C——GB 3095—2012 中规定的居民区大气中有害物质一次最大最大允许浓度（mg/m^3），对于 GB 3095—2012 中未规定的有害气体，则采用 TJ 36—79 的规定，若规定中仅有日平均浓度者，取其 3 倍。

c 丘陵山区大气污染物容许排放量的计算

前面介绍的是平原地区污染物容许排放量的计算。对于丘陵山区及水域附近等地形复杂区域大气污染物容许排放量按式（6-49）计算：

$$W_c = a \cdot W_{C_0} \cdot C/C_0 \tag{6-49}$$

式中 W_c——容许排放量，kg/h；

      W_{C_0}——排污单位实际排放量，kg/h；

      C——污染物排放标准值，mg/m^3；

      C_0——污染物实测浓度值，mg/m^3；

      a——系数，在 $0.7 \sim C/C_0$ 之间。

d 按排放标准计算颗粒物容许排放量

发电厂烟尘容许排放量按式（6-50）计算：

$$W_c = 1.67 \times 10^{-6} \frac{P}{1-\eta} H^2 \tag{6-50}$$

式中 W_c——烟尘容许排放量，kg/L；

      P——容许排放指标，$kg/(h \cdot m)$，计算 P 值时，应用大气环境质量标准中总悬浮微粒日平均限值；

      H——排气筒有效高度，m；

      η——除尘设备的除尘效率（应采用实测值计算）。

6.2.2.3 各大气环境功能区环境容量

大气环境功能区环境容量，即污染物宏观控制总量限值，可以按照《制定地方大气污染物排放标准的技术方法（GB/T 13201—91）》中规定的方法计算。

$$Q_{ak} = \sum_{i=1}^{n} Q_{aki} \tag{6-51}$$

式中 Q_{ak}——总量控制区某种污染物年允许排放总量限值，万吨；

      Q_{aki}——第 i 功能区某种污染物年允许排放总量限值，万吨；

      n——功能区总数；

      i——功能区编号。

$$Q_{aki} = A_{ki} \frac{S_i}{\sqrt{S}} \qquad (6-52)$$

$$S = \sum_{i=1}^{n} S_i \qquad (6-53)$$

式中 S——总量控制区面积；

S_i——第 i 功能区面积；

A_{ki}——第 i 功能区某种污染物排放总量控制系数，万吨/（a·km）。

由式（6-52）、式（6-53）可以看出，控制区和功能区划定以后，总量限值的计算关键在于如何确 A_{ki} 值，根据国家标准规定，A_{ki} 与污染物控制标准、地理区域有关。

各类功能区内某种污染物排放总量控制系数 A_{ki} 由式（6-54）计算：

$$A_{ki} = AC_{ki} \qquad (6-54)$$

式中 A——地理区域性总量控制系数，可参照表 6-7 所列数据选取；

C_{ki}——GB 3095—2012 等国家和地方有关大气环境质量标准所规定的与第 i 功能区类别相应的年日平均浓度限值（标态），mg/m^3。

A_{ki} 可按国家标准《制定地方大气污染物排放标准的技术方法（GB/T 13201—91）》求取，或经环境大气质量评价和预测研究后确定。

表 6-7 地理区域性总量控制系数 A

地区序号	省（市、自治区）名	A
1	西藏、新疆、青海	7.0~8.4
2	黑龙江、吉林、辽宁、内蒙古（阴山以北）	5.6~7.0
3	北京、河北、天津、河南、山东	4.2~5.6
4	内蒙古（阴山以南）、陕西（秦岭以北）、山西、宁夏、甘肃（渭河以北）	3.5~4.9
5	上海、广东、广西、湖南、湖北、江苏、浙江、安徽、海南、台湾、福建、江西	3.5~4.9
6	云南、贵州、四川、甘肃（渭河以南）、陕西（秦岭以南）	2.8~4.2
7	静风区（年平均风速小于1m/s）	1.4~2.8

6.3 大气环境功能区划及环境目标

6.3.1 大气环境功能区划

大气环境功能区划是按功能区对大气污染物实行总量控制和进行大气环境管理的依据。所谓大气环境功能区并不是对大气环境的区划，而是指为确定研究地区的大气环境规划目标而对这些地区进行的功能区划。

大气环境功能区的划分应遵循以下原则：（1）应充分利用现行行政区界或自然分界；（2）宜粗不宜细；（3）既要考虑空气污染状况，又要兼顾城市发展规划；（4）不能随意降低已划定的功能区类别。

大气环境功能区划，属于专项环境区划工作，在宏观区域环境规划的综合环境功能区划的基础上进行，其区划程序和方法如下：

（1）调查区域现行的功能区划。在进行大气环境功能区划以前，要先对大气环境功能区的现状进行调查。

（2）提出大气环境功能区划方案。

1）提出方案的依据。根据《环境空气质量标准（GB 3095—2012）》，当地的气象特征，以及城乡建设总体规划的功能区，可将区域大气环境划分为 3 类功能区，并注明应执行的环境空气质量标准（表 6-8）。

表 6-8　大气环境功能区划

功能区	范　　围	应执行的标准 （GB 3095—2012）
一类	自然保护区、风景游览区、疗养区、特殊保护区	一级
二类	居民区，商业、交通、居民混合区，文化区，一般工业和农村地区	二级
三类	特定工业区，交通枢纽干线等地区	三级

自然保护区、风景游览区、名胜古迹和疗养地等属于清洁区，主要是生活污染物和少量的商业活动产生的污染物，居民区是居民生活、休息的场所，由于用餐、取暖也释放出大量的污染物；文化区是指文化、教育、科技相对集中的区域，但我国的实际情况往往是文化区夹杂着居民区；工业区以各种工业为主体，由于释放大量的烟尘、SO_2、NO_2 等，使这里的大气污染十分严重，一般难以治理清洁，故居民区一般与工业区之间都有一定的间隔；交通稠密地区由于汽车排放出的大量尾气而使污染十分严重，它包括城市交通枢纽和交通干线两侧，一般把交通线两侧到以外 50m 处的范围都化成交通稠密区。

2）大气环境功能区划宜粗不宜细。大气环境是由流动的空气构成，大气流场相互影响，难以人为隔开，因而大气环境功能区不宜划小、划细。

3）征求各部门意见。将初步方案送交有关部门征求意见，并汇总各部门的意见要求，进行补充、修改。

4）绘制大气环境功能区划图。在规划区域的地图上（1：10000 或 1：50000 的行政区划图），画出各类大气功能区的边界及范围，并附必要的说明。

在划分大气环境功能区过程中，要注意以下几点：①每个功能区不得小于 $4km^2$；②三类区中的生活区，应根据实际情况和可能，有计划地迁出；③三类区不应设在一、二类功能区的主导风向的上风向；④一、二类区间，一类与三类间，二类与三类之间设置一定宽度的缓冲带，一般一类与三类间的缓冲带宽度不小于 500m，其他类别功能区之间缓冲带的宽度不小于 300m；⑤位于缓冲带内的污染源，应根据其对环境空气质量要求高的功能区影响情况，确定该污染源执行排放标准的级别。

大气环境功能区划分采取的步骤为：①确定评价因子；②单因子分级评分标准的确定；③单因子权重的确定；④单因子综合分级评分标准的确定；⑤评价结果的最终确定。

6.3.2　大气污染综合防治目标

大气污染综合防治环境目标是制定专项环境规划的具体环境目标，制定目标的方法步骤如下：

（1）确定指标体系。提出大气污染综合防治环境目标，首先要确定恰当的指标体系。

1）设计指标体系框架。大气污染综合防治的指标体系框架主要包括以下几部分：

① 环境质量指标。如：TSP 年日均值、SO_2 年日均值、酸雨频率等。

② 污染控制指标。主要有大气污染物排放总量控制指标，工艺尾气达标率、汽车尾气达标率等达标率指标，以及城市烟尘控制区覆盖率，万元 GDP 综合能耗递减率等指标。

③ 环境建设指标。如城镇绿化覆盖率、人均公共绿地、森林覆盖率等。

④ 环境管理指标。如环境保护投资比，环保法律、法规执行率等。

2）参数筛选（分指标的确定）。按照指标体系框架的 4 个方面，参照国家提出的有关大气污染防治的指标，结合本地区的实际情况，提出供筛选的多个参数（分指标）；通过专家咨询或邀请有关部门负责人及专家开专题讨论会，筛选参数确定分指标。数目不宜多，一般在 20~25 个，并要符合下列原则：①各项分指标既有联系又有相对独立性，不能重叠；②每项指标都要有代表性、科学性；③各项分指标能组成一个完整的指标体系；④便于管理和实施。

3）分指标权值的确定。分指标的权值表明了分指标在整个指标体系中的重要程度。可以这样说，大气污染综合防治规划的指标体系，确定了污染防治的组成和范围，分指标的权值确定了污染防治的重点。也就是说，对大气环境质量影响大的分指标要给以比较大的权值。可以在参数筛选的同时，通过专家咨询或专题讨论，确定分指标的权值。

4）分指标的综合。综合指标的确定，经过专家咨询或专题讨论会确定分指标及其权值后，一般采用百分制分项评分，相加求和计算出综合分值，代表区域（市域、省域、城镇等）的大气环境质量和污染控制的综合水平。但当前尚没有一致公认的综合指标来表达。

（2）确定环境目标。在确定指标体系以后，即可提出和确定各项分指标的控制水平（环境目标）。确定环境目标的原则和方法应根据国家的要求和本规划区域（省域、市域、城镇等）的性质功能，从实际出发，既不能超出本规划区域的经济技术发展水平，又要满足人民生活和生产所必需的大气环境质量。可采用费用效益分析等方法确定最佳控制水平。

（3）环境目标的可达性分析。初步确定环境目标之后，要从客观上，从发展与环境的协调关系出发，论述目标是否可达。只有从整体上认为目标可达之后，才能将目标分解，落实到具体污染源、具体区域、具体环境工程项目和措施。因此，从总体上定性或半定量论述目标可达性是非常重要的。客观上论述目标可达性，一般从以下几个方面考虑：

1）从投资分析环境目标的可达性。环境目标确定以后，污染物的总量削减指标以及环境污染控制和环境建设的指标就确定了。根据完成这些指标的总投资，可以计算出总的环保投资，然后与同时期的国民生产总值进行比较。根据我国的国情，环保投资应占同时期国民生产总值的 1%，对污染严重的城市，应高于 1%。如果计算得到的环保投资超过国民生产总值的 2% 以上，则可认为目标定得高了一些，应适当调整；如果目标定得确实不高，则应从发展方式的重新选择、发展速度的调整出发，控制污染；如果达到目标的环保投资占同期国民生产总值的 0.5% 以下，说明目标定得低了一些，或者发展速度太慢，可以提高环境目标或增大发展速度。

在根据环保投资占同期国民生产总值的比例论述目标可达性时，一定要结合具体的工业结构而言，因为不同工业结构，环保投资比例相同时，环境效益会出现明显的差异。

2）从环境管理水平和污染防治技术的提高论述目标的可达性。根据我国的基本国情，尤其是"六五"以来，环境管理的经验和教训，"八五"期间，我国环境管理以全面推行五项新制度为核心，使我国的环境管理上新台阶。五项新制度的实施，标志着我国环境管理发展到了一个新的水平，也标志着我国环境管理发展到了由定性转向定量，由点源治理转向区域综合防治的新阶段。环境管理水平的提高必将进一步促进强化环境管理，为环境目标的实施提供保证。

随着科学技术的发展，许多污染治理技术也在发展，生产的工艺技术在不断更新，不远的将来将会逐渐淘汰一大批高消耗、低效益的生产设备。一些新技术的普及必将为环境目标的实现提供技术保证。

3）从污染负荷削减的可行性论述环境目标的可达性。在分析总量削减的可行性时，可以先调查目前本市污染物削减的平均水平，在此基础上，分析目前削减的潜力及挖掘潜力的可能性，然后粗略地分析今后一定时期内可能增加的污染负荷的削减能力。综合以上分析，即可比较污染物总量负荷削减能力和目标要求的削减能力。如果总量削减能力大于目标削减量，一方面说明目标可能定得太低；另一方面说明目标可达。如果总量削减能力小于目标削减量，一方面说明目标可能定得太高；另一方面说明在不重新增加污染负荷削减能力的条件下，目标难以实现。

6.4 大气环境保护与污染控制方案

6.4.1 大气环境规划（质量）目标

环境规划的目的是为了实现预定的环境目标。所以，制定科学、合理的大气环境规划目标是编制大气环境的重要内容之一。大气环境规划目标是在区域大气环境调查评价和预测以及区域大气环境功能区划的基础上，根据规划期内所要解决的主要大气环境问题和区域社会、经济与环境协调发展的需要制定的。大气环境规划目标的制定要根据国家的要求和本规划区域（省域、市域、城镇等）的性质功能，从实际出发，既不能超出本规划区域的经济技术发展水平，又满足人民生活和生产所必需的大气环境质量。

大气环境规划目标主要包括大气环境质量目标和大气环境污染总量控制目标。

（1）大气环境质量目标：本目标因不同的地域和功能区而不同，由表征环境质量的指标来体现。

（2）大气环境污染总量控制目标：以大气环境功能区环境容量为基础的目标，将污染物控制在功能区环境容量的限度内，其余的部分作为削减目标或者削减量。决策过程包括初步拟定目标，编制达到环境目标的方案，论证环境目标方案的可行性，反馈及修改方案，论证和确定大气环境目标。

6.4.2 大气环境指标体系

大气环境规划的指标体系是用来表征所研究具体区域大气环境特性和质量的指标体系。大气环境规划指标体系必须具备以下特点：（1）能反映大气环境的主要因素；（2）必须是一个完整的指标体系，各个指标体系之间是相互关联的；（3）能定量或者至少能半定量的表达；（4）表征这些指标的信息是可以得到的。根据这些基本要求和大气环境的基本特征，可以提出一般的大气环境规划指标体系。

6.4.2.1 大气环境规划指标

大气环境规划指标包括：

（1）气象气候指标。气象、气候等指标是决定大气扩散能力的最重要因素，也是进行大气环境规划前需要首先了解的基础大气资料。主要指标有气温、气压、风向、风速、风频、日照、大气稳定度、混合层高度等。

（2）大气环境质量指标。其主要指标有总悬浮颗粒物、飘尘、二氧化硫、降尘、氮氧化物、一氧化碳、光化学氧化剂、臭氧、氟化物、苯并芘和细菌总数等。

（3）大气环境污染控制指标。其主要指标有废气排放总量、二氧化硫排放量、二氧化硫的回收率、烟气排放量、工业粉尘排放量、工业粉尘回收量、烟尘及粉尘的去除率、一氧化碳的排放量、氮氧化物排放量、光化学氧化剂排放量、烟尘控制区覆盖率、工艺尾气达标率、汽车尾气达标率等。

（4）城市环境建设指标。其主要指标有城市气化率、城市集中供热率、城市型煤普及率、城市绿地覆盖率、人均公共绿地等。

（5）城市社会经济指标。其主要指标有国内生产总值、人均国内生产总值、工业总产值、各行业产值、能耗、各行业能耗、生活耗煤量、万元工业产值能耗、城市人口总量、分区人口数、人口密度及分布、人口自然增长率等。

6.4.2.2 筛选大气环境规划指标的方法

大气环境规划属于综合性的环境规划，因此指标涉及面广，内容比较复杂。为了编制环境规划，期望从众多的统计和监测指标中科学地选取出大气环境规划指标。一般指标筛选方法主要有综合指数法、层次分析法、加权平均法、矩阵相关分析法等。

6.4.3 大气污染物总量控制

大气污染物总量控制是通过控制给定区域污染源允许排放总量，并将其优化分配到污染源，以确保实现大气环境质量目标值的方法。随着我国城市经济的不断发展，实行浓度控制和 P 值控制已不能阻止污染源密集区域的形成，也不能实现大气环境质量目标。因此，根据我国国情和城市现有大气污染特征，提出在我国城市推行区域大气总量控制法。只有实行总量控制，才能建立大气污染物排放总量与大气环境质量的定量关系，建立污染物削减与最低治理投资费用的定量关系，从而确保实现城市的大气环境质量目标。

尽管实施大气污染物总量控制的具体做法各有不同，但其工作步骤基本相似，大致如下所述。大气污染综合治理总量控制研究技术路线如图 6-2 所示。

6.4.3.1 准备工作

按通常调查城市空气质量的方法准备下述资料：（1）确定所控制的污染物环境标准、环境目标值，以及基准年；（2）将城市控制区网格化；（3）按排放高度、排放源的密集程度等项将基准年内污染源划分为点、面等类源，并按网格添入；（4）调查基准年的气象条件，给出污染严重季节的风向、速度、稳定度、联合频率或典型日的相应资料，确定湍流扩散参数，视当地地形复杂程度和所选用的扩散模式而定；（5）选择扩散模式；（6）给出有关控制点的监测资料；（7）调查当地污染防治的可行措施以及有关的规划、政策、

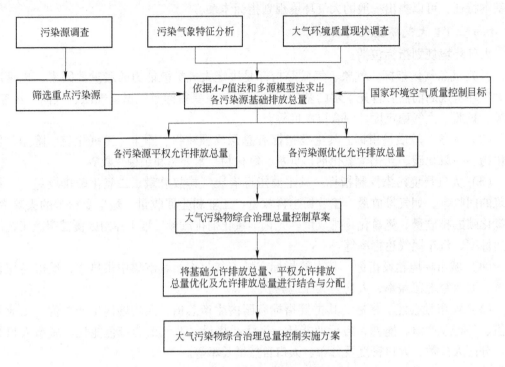

图 6-2　大气污染综合治理总量控制研究技术路线

制度等。

（1）模式校验和预测。根据所选模式和有关数据，计算各控制点的浓度，利用监测数据对模式进行校验和调整，最后预测控制区浓度分布并分析超标情况。

（2）基础削减。按基础允许排放量对点源以及可执行排放标准的其他类源进行初步削减。然后，按削减后的排放量进行下一步的有关计算。

（3）模式计算与削减。按削减计算方法之一，计算出各源的削减率。研究削减率计算方法的目的，就是要公平合理地确定各源的削减率，同时又在保证各控点达标的前提下，使削减的总量最小，以最大限度地利用环境容量。按所采用的削减方法对超标污染源进行削减。

（4）给出最佳方案。以最小削减率方案为基础，进一步结合经济技术因素给出最佳削减方案和总量控制优化方案。必要时，这一步骤需通过重复上述削减过程，计算并分析比较后得到，最后给出各类源及全地区的排放量。

6.4.3.2　大气污染物总量控制区边界的确定

大气污染物排放总量控制区（以下简称总量控制区）是当地人民政府根据城镇规划、经济发展与环境保护要求决定对大气污染物排放实行总量控制的区域。总量控制区以外的区域称为非总量控制区，例如广大农村以及工业化水平低的边远荒僻地区。但对大面积酸雨危害地区应尽量设置 SO_2 和 NO_x 排放总量控制区。一般根据环境保护的目标来确定大气总量控制区域的大小。确定大气污染物总量控制区边界范围是进行总量控制的基础。其确定方法大致可以采用以下两种：

（1）行政边界。总量控制区的范围，可选为一个行政辖区的行政边界范围，也可选为跨几个区域行政边界的地理区域。

（2）根据 EIA 确定控制边界。

在进行项目 EIA 时，需要确定其范围。对于一个区域而言，在确定大气污染物总量控制区边界时，可以将区域内各个项目 EIA 的评价范围进行叠加，作为总量控制边界。而项目 EIA 边界确定通常遵循下列原则：

1）根据项目的级别确定，并考虑相关区域的地形、地理特征及该区域内是否包括大中城市的城区、自然保护区、风景名胜区等环境保护敏感区。一般可取项目的主要污染源为中心、主导风向为主轴的方形或矩形。如无明显主导风向，可取东西向或南北向为主轴。

2）项目 EIA 的范围，其边长对应于项目等级，分别为：一级项目不小于 16 ~ 20km；二级项目不小于 10 ~ 14km；三级项目不小于 4 ~ 6km。平原取上限，复杂地形取下限，对于少数等标排放量较大的项目，范围可适当扩大。

3）如果界外区域包含有环境保护敏感区，则应将边界扩大到界外区域。如果区内有荒山、沙漠等非环境保护敏感区，则可适当缩小边界。

在确定总量控制区域时通常要注意以下几个方面：

（1）对于大气污染严重的城市和地区，控制区一定要包括全部大气环境质量超标区，和对超标区影响比较大的全部污染源。非超标区可根据未来城市规划、经济发展适当地将一些重要的污染源和新的规划区包括在内。

（2）对于大气污染尚不严重，但是存在着孤立的超标区或估计不久会成为严重污染的区域，总量控制区的划定方法同（1）。如果仅仅要求对城市中某一源密集区进行总量控制，则可以将该源密集区及它的可能污染区划为控制区。

（3）对于新经济开发区或新发展城市，可以将其规划区作为控制区。

（4）在划定总量控制区时，无论是哪种情况，都要考虑当地的主导风向，一般在主导风向下风方位，控制区边界应在烟源的最大落地浓度以远处，所以在该方位上控制区应该比在非主导风向上长些。

（5）总量控制区不宜随意扩大，应以污染源集中区和主要污染区为主，它不同于总量控制模式的计算区，计算区要比控制区大，大出的范围由控制区边缘处的烟源的最大落地浓度的距离而定。

6.4.3.3 大气污染物允许排放总量计算方法

A A – P 值法计算控制区域允许排放总量

a A 值法

A 值法属于地区系数法，只要给出控制区总面积及各功能分区的面积，再根据当地总量控制系数 A 值就能计算出该面积上的总允许排放量。A 值法是以地面大气环境质量为目标值，使用简便的箱模式而实现的具有宏观意义的总量控制；是对以往实行的 P 值法的修改。

A 值法的基本原理：如果假定某城市分为几个区，每分区面积为 S_i，总面积 S 为各个分区面积之和，如式（6 – 55）所示，则全市排放的允许总量可由式（6 – 56）确定，各分区排放总量可由式（6 – 57）确定。

$$S = \sum_{i=1}^{n} S_i \tag{6-55}$$

式中 S——总量控制区总面积，km^2；

      S_i——第 i 功能区面积，km^2。

$$Q_{ak} = \sum_{i=1}^{n} Q_{aki} \tag{6-56}$$

式中 Q_{ak}——总量控制区某种污染物年允许排放总量限值，万吨；

      Q_{aki}——第 i 功能区某种污染物年允许排放总量限值，万吨；

      n——功能区总数；

      i——总量控制区内各功能分区的编号。

各功能分区污染物排放总量限值由式（6-57）计算：

$$Q_{ai} = 10^{-4} \cdot A \cdot \rho_{si} \cdot \frac{S_i}{\sqrt{S}} \tag{6-57}$$

式中 ρ_{si}——国家和地方有关大气环境质量标准规定的与第 i 功能区类别相应的年日平均浓度限值（标态），mg/m^3；

      A——地理区域性总量控制系数，km^2/a，主要由当地通风量决定，可参照表6-9所列数据选取。

表 6-9   总量控制系数 A、低架源排放分担率 a、点源控制系数 P 值

地区序号	省（市、自治区）名	A	a	P	
				总量控制区	非总量控制区
1	新疆、西藏、青海	7.0~8.4	0.15	100~150	100~200
2	黑龙江、吉林、辽宁、内蒙古（阴山以北）	6.0~7.0	0.25	120~180	120~240
3	北京、天津、河北、河南、山东	4.2~5.6	0.15	120~180	120~240
4	内蒙古（阴山以南）、山西、陕西（秦岭以北）、宁夏、甘肃（渭河以北）	3.6~4.9	0.20	109~150	100~200
5	上海、广东、广西、湖南、湖北、江苏、浙江、安徽、海南、台湾、福建、江西	3.6~4.9	0.25	50~75	50~100
6	云南、贵州、四川、重庆、甘肃（渭河以南）、陕西（秦岭以南）	2.8~4.2	0.15	50~75	50~100
7	静风区（年平均风速小于1m/s）	1.4~2.8	0.25	40~80	40~80

在夜间大气温度层结稳定时，高架源对地面影响不大，但低架源及地面源都能产生严重污染，因此需确定夜间低架源的允许排放总量。

总量控制区内低架源的大气污染物年允许排放总量

$$Q_{bk} = \sum_{i=1}^{n} Q_{bki} \tag{6-58}$$

式中 Q_{bk}——总量控制区某种污染物低架源年允许排放总量限值，万吨；

      Q_{bki}——第 i 功能区某种污染物低架源年允许排放总量限值，万吨。

各功能区低架源污染物排放总量限值按式（6-59）计算：

$$Q_{bki} = a \cdot Q_{aki} \qquad (6-59)$$

式中 a——低架源排放分担率，见表6-9。

　b　$A-P$ 值法

在 A 值法中只规定了各区域总允许排放量而无法确定每个源的允许排放量；而 P 值法则可以对固定的某个烟囱控制其排放总量，但无法对区域内烟囱个数加以限制，即无法限制区域排放总量。若将两者结合起来，则可以解决上述问题。所谓的 $A-P$ 值法是指用 A 值法计算控制区域中允许排放总量，用修正的 P 值法分配到每个污染源的一种方法。下面就如何计算修正的 P 值进行说明。

将点源分为中架点源（几何高度在100m以下及30m以上）与高架点源（几何高度在100m以上）。中架点源与低架点源一般主要影响邻近区域所在功能区的大气质量，而高架点源则可以影响全控制区大气质量。因此在某功能区内有：

$$Q_{aki} \leqslant \sum_{j} \beta_i P H_{ej} \rho_{si} 10^{-6} + Q_{bki} \qquad (6-60)$$

式中 β_i——调整系数；

　　P——点源控制系数多；

　　H_{ej}——烟囱有效高度，m。

式（6-60）表示在各功能区所有几何高度在100m以下的点源及低架源排放的总量不得超过总允许排放量。

各功能分区的中架点源（$H \leqslant 100m$）的总允许排放量为：

$$Q_{mki} = \sum_{j} P \times H_{ej} \times \rho_{si} \times 10^{-6} \qquad (6-61)$$

根据式（6-60）、式（6-61）得：

$$\beta_i = (Q_{aki} - Q_{bki})/Q_{mki} \qquad (6-62)$$

当 β_i 大于1时，取值为1。

整个城市中架点源（$H \leqslant 100m$）的总允许排放量为：

$$Q_{mk} = \sum_{i-1} \beta_i Q_{mki} \qquad (6-63)$$

各功能分区的高架点源（$H > 100m$）的总允许排放量为：

$$Q_{Hi} = \sum_{j} P \times H_{ej} \times \rho_{si} \times 10^{-6} \qquad (6-64)$$

整个城市高架点源（$H > 100m$）的总允许排放量为：

$$Q_{H} = \sum_{i-1} \beta_i Q_{Hi} \qquad (6-65)$$

根据 Q，可以计算全控制区的总调整系数 β：

$$\beta = (Q_a - Q_b)/(Q_m + Q_H)$$

当 β 大于1时，β 取值为1。

当 β_i 和 β 确定后，各功能区的点源控制系数 P 可变成：

$$P_i = \beta \beta_i P \qquad (6-66)$$

式中 P_i——修正后的 P 值。

各功能区点源新的允许排放率限值为：

$$q_{pi} = 10^{-6} \beta \beta_i P \rho_{si} h_e^2 \qquad (6-67)$$

当实施新的点源允许排放率限值后，各功能区即可保证排放总量不超过总排放总量。此外也可以选取比 P_i 稍大的值作为实施值，只要该功能区内实际排放的 Q_{aki} 及 Q_{bki} 在允许排放总量范围之内即可。

B　反推法计算控制区域允许排放量

大气总量控制规划需说明新增污染源的大致位置、源强、排放高度等一系列问题，而使用 $A-P$ 值法就很难解决这些问题。因为 $A-P$ 值法必须在现有的基础上计算出总排放量及各功能区的 P 值，才能将允许排放量分配到各个源上去，而这些源只能是原有的旧源，$A-P$ 值法不能确定新源的位置。

利用大气环境质量模型，在确定大气环境质量标准的情况下，通过模型反推，可以计算控制区域各种污染源的排放总量，也可以规划新源的位置、源强和排放高度。

反推法的基本原理：

$$\rho = f(Q) \tag{6-68}$$

式中　ρ——某区域大气污染物浓度，mg/m^3；

Q——影响该区域的大气污染物排放量，t/a。

即方程（6-68）为根据排放量预测大气污染物浓度的基本关系式。在最大允许排放量的计算中，大气污染物浓度 ρ_0（即大气质量标准）是已知的，式（6-68）可变为：

$$Q = f'(\rho_0) \tag{6-69}$$

运用反推法，可在已知 ρ_0 的情况下，求出最大允许排放量 Q。

实际工作中，最大允许排放量的计算经常按污染源的性质划分为以下两种情况。

a　高架源允许排放量的计算

高架源常指烟囱的几何高度大于 30m 的排放源。在大气环境预测中经常根据高架源排放量和面源排放量分别预测其对环境的浓度贡献值，然后叠加求总浓度。因此，污染物允许排放量的计算也按源的性质分别对待。

如果预测中高架源使用的是高斯烟流模型，那么污染物的地面浓度为：

$$\rho(x,y,0,H) = \frac{Q}{\pi u \sigma_y \sigma_z} \exp\left(-\frac{y^2}{2\sigma_y^2}\right)\exp\left(-\frac{H_e^2}{2\sigma_z^2}\right) \tag{6-70}$$

式中　Q——高架源排放量。

如果以排放点为原点 O，烟流扩散中心线为 X 轴，y 是指源距 Y 轴距离，则其他参数均指受大气条件影响的参数。如果气象条件不随源距 Y 轴距离变化时，从式（6-70）可以看出，ρ 仅与排放量有关，即：

$$\rho = KQ \tag{6-71}$$

式中　K——高架源转化系数。

那么可用式（6-72）计算高架源允许排放量 $Q_{允}$：

$$Q_{允} = \frac{\rho_{高}}{K} \tag{6-72}$$

式中　$\rho_{高}$——高架源污染物浓度的大气环境目标。

b　面源允许排放量的计算

高架源以外的源都可当做面源。在大气预测中，面源常用箱模型进行预测，箱模型的简单形式可表示为：

$$\rho = \frac{QL}{uH} + \rho_0 \tag{6-73}$$

式中　ρ——污染物平衡浓度预测值（标态），mg/m^3；

　　　ρ_0——上风向大气环境背景浓度值（标态），mg/m^3；

　　　Q——该地区面源源强，$mg/(m^2 \cdot s)$；

　　　L——箱的长度；

　　　u——进入箱内的平均风速，m/s；

　　　H——箱内的高度，大气混合层的高度，m。

如果某项因素稳定，城市边缘以外基本没有污染源，即 $\rho_0 = 0$，那么：

$$\rho = \frac{QL}{uH} = KQ \qquad (6-74)$$

式中　K——面源转化系数。

面源允许排放量的计算式为：

$$Q_{面源允许} = \frac{\rho_面}{K} \qquad (6-75)$$

式中　$\rho_面$——面源污染物浓度的大气环境目标。

c　高架源和面源的环境目标确定

要分别计算高架源和面源的允许排放量，就必须知道高架源和面源的环境目标要求。但在实际规划中，不可能分别制定高架源和面源的环境目标，往往是确定总的环境目标。即

$$\rho_{B总} = \rho_{B高} + \rho_{B面}$$

式中　$\rho_{B总}$——总的环境目标值。

如何分配 $\rho_{B高}$ 和 $\rho_{B面}$ 的值直接关系到计算高架源和面源的允许排放量，必须根据具体条件确定，可考虑的原则有：(1)高架源和面源的现状污染分担率；(2)高架源和面源的现状排污分担率；(3)高架源和面源治理措施的现状和潜力；(4)大气各污染源防治计划。

6.4.4　大气污染物分配原则与削减方案

6.4.4.1　分配原则

控制区域内包括众多污染源和污染控制单元，如何合理地将污染物总量分配到每个污染源，是总量控制的核心问题。采用总量控制法应利用环境质量模型计算结果确定总量或者削减量，在我国，短期内尚不可能完全采用容量总量控制来制订计划，因此，应视情况综合多种方式制订分配原则，常用的分配原则如下：

(1) 等比例分配原则。即在承认区域内各污染源排污现状的基础上，将总量控制系统内的允许排污总量按照各污染源核定的现在排污量，按相同百分率进行削减，各源分担等比例排放责任。这是一种在承认排污现状的基础上，一刀切的、也是比较简单易行的分配方法，但不平等。因为这要求一个生产技术和管理水平高、排污少的企业要和污染物排放量比较大的落后企业承担相同的义务。但是从承认现状、简单方便上讲，等比例分配原则仍可采用。我国"九五"和"十五"期间环保局对各省分配二氧化硫排放总量，采取的基本上是等比例削减方法。

(2) 费用最小分配原则。即以区域为整体，以治理费用为目标函数，以环境目标值为约束条件，使全区域的污染治理投资费用总和最小，求得各污染物的允许排放负荷。显

然，此数学优化规划求得的结果反映污染控制系统整体的经济和理性，具有好的整体性经济、社会和环境效益，但并不能反映区域内每个污染源的负荷分担是合理的。为了总体方案优化，有些污染源要承担超过本单位应承担的削减量，而另外一些污染源则可能承担少于应承担的削减量。这种分配结果在市场经济条件下，不利于企业间的公平竞争。

（3）按贡献率削减排放量的分配原则。按各个污染源对总量控制区域内环境影响程度的大小（或者污染物排放量大小及其所处的地理位置）来削减污染负荷。即环境影响大的污染源多削减，反之则少削减。它体现每个排污者公平承担损坏环境资源价值的责任。对排污者来说，这是一种公平的分配原则，有利于加强企业管理、提高效率和开展竞争。但是，这种分配原则既不涉及采取什么污染防治的方法以及相应的污染治理费用，也不具备治理费用总和最小的优化规划的特点，所以在总体上不一定合理。

（4）绩效方法分配原则。绩效方法分配原则主要应用于电力行业二氧化硫总量的分配。2006 年 11 月，国家环保局《二氧化硫总量分配指导意见》要求，电力行业二氧化硫总量由省级环境保护行政主管部门按照规定的绩效要求直接分配到电力企业。考虑到不同时期建设的发电机组治理条件的差异，实行全国统一的排放控制要求在技术上有难度，经济上也不够合理，结合火电建设项目建成投产或环境影响报告书通过审批的时间，分为 3 个时段确定排放绩效。

6.4.4.2　大气污染物的削减方案

在市场经济的条件下，对于排污总量的控制，除采用行政、法律等管理手段外，充分运用经济手段更能合理地推行总量控制。

A　征收排污费

排污收费制度是运用经济手段控制污染的一项重要的环境政策，从 1982 年开始，我国实行征收超标排污费制度。2003 年 7 月新的《排污费征收使用管理条例》正式实施。新条例在排污收费标准方面发生了重大的变化，从原来的超标排放收费改为按照污染物的种类、数量实行排污即收费与超标收费并存的方式。收取排污费是为了补偿由排放污染物造成的环境价值损失，征收的排污费必须用于防治污染。征收排污费与工业企业的经济效益直接相关，对调动企业实施总量控制的积极性十分有利。排污单位缴纳了排污费并不意味着购买了排污权，也不排除其治理污染、赔偿损失及法律规定的其他责任。但是我国现行排污费征收标准过低，与环境的真实成本或环境治理所需资金相差太远，在客观上使一些企业宁愿缴纳排污费，也不愿意治理污染。因而排污的收费标准（每单位污染物排放量）应该与控制或处理污染物所需的费用相等，才能使征收排污费真正起到促进环境污染防治、减少排放量总量的作用。

B　排污交易许可

排污交易许可分两种情况：第一种情况，在发放排污许可的地区，通过技术改造、污染治理等措施削减下来的低于许可证规定的污染排放指标，经环保部同意，可在本控制区内有偿转让给需要排污量的单位；第二种情况，在没有排污许可证的地区，可本着"等量削减"的原则，经环保部门同意，有偿利用本控制区域内的其他企业削减下来的排污来抵消。例如，由新、改、扩建单位投资支持本控制区其他排污单位建设污染防治工程，削减原有排放量。这样做，可以做到增产不增污或增产减污。

我国排污权交易尚处于试点阶段，如我国 1991 年选择 6 个城市作为试点城市试点，实施了大气排污交易政策。2002 年国家环保局又在山东、山西、江苏、河南、上海、天津、柳州等 7 省市开展"二氧化硫排放总量控制及排污交易试点"项目。一些省市如山西、河南、江苏等相继出台了一系列的地方性的排污权交易法规，但是在国家层面上还没有针对性的立法。我国目前进行的排污权交易从审批到交易，都没有统一的标准，仅是凭各地的探索。

C 清洁生产

鼓励企业实行清洁生产政策是非常重要的，特别是那些对国家贡献大、污染欠账多、财力小的企业。对于国家优先发展的行业、支柱企业，及通过技术改造和推行清洁生产、提高资源能源利用率发展生产、预防污染的企业，综合经济部门、财政金融部门应优先立项、优先贷款，环保补助资金也可以给予一定的贴息。

6.4.4.3 计算大气主要污染物削减量

A 计算大气主要污染物削减量的依据

（1）大气污染预测结果。

（2）环境目标要求。

B 计算削减量的方法

（1）一般方法。削减量的计算方法很多，但是必须遵守一条准则，就是大气污染预测采用什么方法，在根据环境目标要求计算大气污染物的最大允许排放量时，必须采用同样的方法反推。这种思想可表示如下：

$$c = f(P) \tag{6-76}$$

式中　c——某区域大气污染物浓度，mg/m^3；

　　　P——影响该区域的大气污染物排放量，t/a。

上述即为根据排放量预测大气污染物浓度的基本关系式。

在最大允许排放量的计算中，大气污染物的浓度 c_0（即目标值）是已知的，式（6-76）可变为：

$$P_0 = f(c_0) \tag{6-77}$$

即运用反推法，在已知 c_0 的情况下，求出最大允许排放量 P_0，然后根据预测排放量计算削减量。对于面源，可采用下式计算：

$$削减量 = 预测排放量 - 最大允许排放量$$

（2）将削减量分配到环境单元，全市域的削减总量要公平、公正合理地分配下属各环境单元（区、县），对重点污染源也可直接单独分配。表 6-10 所示为秦皇岛市全市域大气主要污染物排放总量分配。

表6-10　秦皇岛市全市域大气主要污染物排放总量分配　（万吨）

行政区域	控 制 区		二氧化硫		烟 尘		工业粉尘	
			2005 年	2015 年	2005 年	2015 年	2005 年	2015 年
海港区	全 区		4.000	1.730	1.490	1.355	2.000	1.500
	重点控制区	建城区	3.800	2.530	1.340	1.205	1.000	1.500
		市开发区	0.200	0.200	0.150	0.150	0	0

行政区域	控制区		二氧化硫		烟　尘		工业粉尘	
			2005 年	2015 年	2005 年	2015 年	2005 年	2015 年
山海关区	全　区		0.650	0.600	0.300	0.300	0	0
	重点控制区	建城区	0.320	0.300	0.200	0.200	0	0
		山海关开发区	0.330	0.300	0.100	0.100	0	0
北戴河区	全　区		0.150	0.130	0.060	0.055	0	0
	重点控制区	建城区	0.090	0.080	0.040	0.035	0	0
		北戴河开发区	0.060	0.050	0.020	0.020	0	0
抚宁县	全　县		0.960	0.860	0.550	0.500	3.000	1.500
	重点控制区	建城区	0.400	0.400	0.155	0.150	0	0
		南戴河开发区	0.100	0.100	0.040	0.040	0	0
		柳江盆地	0.300	0.200	0.255	0.240	3.000	0.500
昌黎县	全　县		0.300	0.300	0.270	0.250	0.100	0.080
	重点控制区	建城区	0.50	0.250	0.230	0.210	0.100	0.680
卢龙县	全　县		0.330	0.330	0.180	0.150	0.300	0.200
	重点控制区	建城区	0.100	0.100	0.110	0.100	0	0
		石门工业区	0.180	0.180	0.050	0.040	0	0.200
青龙县	全　县		0.210	0.210	0.150	0.140	0.300	0.300
	重点控制区	建城区	0.070	0.070	0.080	0.070	0	0
		山神庙工业区	0.070	0.070	0.030	0.030	0.300	0.300
合　计			6.600	5.160	3.000	2.750	5.700	4.780

6.4.5　大气污染的防治措施

大气污染综合防治措施的内容非常丰富。由于各地区或城镇大气污染的特征、条件以及大气污染综合防治的方向和重点不尽相同，因此，措施的确定具有很大的区域性，很难找到适合于一切情况的通用措施。这里仅简要介绍我国大气污染综合防治的一般性措施。

6.4.5.1　合理利用大气环境容量

我国有些城市大气环境容量的利用很不合理，一方面局部地区"超载"严重；另一方面相当一部分地区容量没有合理利用，这种现象是造成城市大气污染的重要根源。合理利用大气环境容量要做到两点：

（1）科学利用大气环境容量。根据大气自净规律（如稀释扩散、降水洗涤、氧化、还原等），定量（总量）、定点（地点）、定时（时间）地向大气中排放污染物，在保证大气中污染物浓度不超过要求值的前提下，合理利用大气环境资源。在制定大气污染综合防治措施时，应首先考虑这一措施的可行性。

（2）结合调整工业布局，合理开发大气环境容量。工业布局不合理是造成大气环境容量使用不合理的直接因素。例如大气污染源分布在城市上风向，使得市区上空有限的环境容量过度使用，而城郊及广大农村上空的大气环境容量未被利用。再如污染源在某一小的区域内密集，必然造成局部污染严重，并可能导致污染事故的发生。因此，在合理开发大气环境容量时，应该从调整工业布局入手。

6.4.5.2　提高能源利用效率、改善能源结构

为履行气候公约，控制二氧化碳（CO_2）及减轻大气污染，最有效的措施是节约能源。目前，中国能源利用效率低，单位产品能耗高，节能潜力很大。因此，在规划区域要采取有力措施，提高广大干部和群众的节能意识，认真落实国家鼓励发展的下列通用节能技术：（1）推广热电联产、集中供热，提高热电机组的利用率，发展热能梯级利用技术、热、电、冷联产技术和热、电、煤气三联供技术，提高热能综合利用效率；（2）发展和推广适合国内煤种的流化床燃烧、无烟燃烧和气化、液化等洁净煤技术，提高煤炭利用效率。还要逐步改变以煤为主的能源结构，加快水电和核电的建设，因地制宜地开发和推广太阳能、风能、地热能、潮汐能、生物质能等清洁能源。

6.4.5.3　调整工业结构

为了改善生态结构，防治大气环境污染，必须调整地区（或城镇或开发区）的工业结构（包括部门结构、行业结构、产品结构、原料结构、规模结构等）。由于工业部门不同、行业不同、产品及规模不同，单位产值（或单位产品）的污染物产生量和性质、种类也不相同。所以，在达到同样经济发展目标的前提下，通过调整工业结构可以降低污染物排放量。实践证明，因地制宜优化工业结构，可削减排污量 10%～30%。

调整工业结构要以国家产业政策为依据，严格执行国家公布的严重污染环境（大气）的淘汰工艺和设备名录，并注意下列原则：（1）在保证实现经济目标的前提下，力争资源输入少、排污量小；（2）符合本地区（或城镇）的性质功能，能体现出经济特色和优势；（3）能满足国家发展战略的要求和提高本地区（或城镇）居民生活和生产的需求；（4）有利于降低成本，提高产品质量，提高在市场经济中的竞争力。

6.4.5.4　对重点工业污染源进行全过程控制

降低重点工业污染源的大气主要污染物排放总量，是大气污染综合防治的重要环节。为了达到这一目的，必须贯彻"预防为主，防治结合，综合治理"的方针，对重点工业污染源进行全过程控制。主要有以下两个方面：

（1）依靠技术进步，推行清洁生产。1989 年联合国环境署巴黎工业与环境活动中心总结各国采用"无费或少费工艺和技术设备"的经验，提出了"清洁生产"的概念，定义为："清洁生产是指将综合预防的环境策略，持续应用于生产过程和产品中，以便减少对人类和环境的风险。"也就是说，清洁生产是对工业生产进行全过程控制，最大限度地利用资源和能源，使用清洁能源和无毒原料，设计和生产清洁产品；节能、降耗、节水，减少给料与污染物的生成和排放。

（2）加强对重点污染源排放的废气及主要大气污染物的治理。在推行清洁生产以后，虽可降低大气主要污染物的排放量，但难以实现零排放。所以，要"防治结合"，加强治理。烟尘、工业粉尘、SO_2、NO_x 等大气主要污染物的治理技术，如：除尘、排烟脱硫（表 6－11）、排烟脱氮技术（表 6－12），都有多种方法和技术装备，需要通过环境经济综合评价，因地制宜选择适用、有效的治理技术，并制定切实可行的实施方案。

表 6 - 11   主要排烟脱硫技术

分 类	方法名称	方 法 应 用
湿 法	氨 法	回收硫氨法，回收石膏法，回收硫黄法等
	钠 法	中和法，直接利用法，回收亚硫酸钠法，回收石裔法，回收硫法等
	钙 法	回收石膏法
	镁 法	基里络法，凯米克法
干 法	活性炭法	回收稀硫酸
	接触氧化法	制无水和78%的硫酸

表 6 - 12   主要排烟脱氮技术

方 法 名 称	方 法 应 用
非选择性催化还原法	将氮氧化物还原成氮气，回收余热，要克服二氧化硫使催化剂中毒
选择性催化还原法	氨选择性催化还原法、硫化氢选择性催化还原法、氯－氨选择性催化还原法、一氧化碳选择性催化还原法
吸收法	碱液吸收法、熔融盐法、硫酸吸收法、氢氧化镁吸收法

6.4.5.5 完善绿化系统，发展植物净化

植物具有美化环境、调节气候、载留粉尘、吸收大气中有害气体等功能，可以在大面积范围内，长时间地、连续地净化大气，尤其是在大气中污染物影响范围广、浓度比较低的情况下，植物净化是行之有效的方法。因此，在大气污染综合防治中，结合城市绿化，选择抗污染物树种，发展植物净化是进一步改善大气环境质量的主要措施。

方案实施可行性论证：

（1）实现环境规划的投资保证。

1）实施环境规划的资金来源分析；

2）环保投资的规模和结构；

3）环保投资效益分析。

（2）强化环境管理，实施环境规划。

1）制订环保年度计划，落实环境保护目标责任制；

2）落实环境综合防治定量考核；

3）逐步落实和推广排污许可证制度；

4）落实和深化污染集中控制制度；

5）继续推行污染限期治理制度；

6）进一步强化、健全和完善环境影响评价、"三同时"和排污收费制度。

（3）实施环境规划的技术支持。

1）强化监测管理，积极开发监测新技术。

① 重新优化采样布点；

② 加强重点区域和重点污染物的监测工作；

③ 加强技术监督与服务性监测。

2）结合实际问题，开展环境科学技术研究。

① 开展排污系数、污染物的输入响应系数、环保投资的费用效益系数的研究；

② 开展环境污染对人体健康影响的研究；

③ 开展环保资金来源、投资比例、排污收费额以及环境污染造成的直接和间接经济损失的研究；

④ 开展能源结构、使用方式与大气污染的关系的研究；

⑤ 开展不同行业、不同规模基建项目的环保投资比例的研究等。

6.4.5.6 区域（广域）性大气污染综合防治

前面三个部分主要阐述了地区性（包括城镇）大气污染综合防治方案及主要措施。对于区域（广域）性大气污染（如酸沉降），则不是一个市、甚至也不是一个省所能解决的，需要由国家统一制定"大气污染综合防治方案"，有关的省、市按其所应承担的任务分别制订实施计划付诸实施。下面简要介绍我国的"酸雨与二氧化硫控制方案"。

据国家环境保护局对全国 2177 个环境监测站 13 年（1981～1993 年）的监测数据分析表明，环境空气中二氧化硫浓度超标城市不断增多，多个城市二氧化硫年平均浓度超过国家二级标准，日平均浓度超过三级标准（二氧化硫年平均浓度二级标准值为 0.06mg/m^3，是人群在环境中长期暴露不受危害的基本要求；日平均浓度三级标准值为 0.25mg/m^3，是人群在环境中短期暴露不受急性健康损害的最低要求。环境空气中二氧化硫的主要危害是引起人体呼吸系统疾病，造成人群死亡率增加）。由二氧化硫排放引起的酸雨污染范围不断扩大，已由 20 世纪 80 年代初的西南局部地区，扩展到西南、华中、华南和华东的大部分地区，1997 年年均降水 pH 值低于 5.6 的地区已占全国面积的 30% 以上。酸雨和二氧化硫污染危害居民健康、腐蚀建筑材料、破坏生态系统，造成了巨大经济损失，已成为制约社会经济发展的重要因素之一。

为了控制我国酸雨和二氧化硫污染不断恶化的趋势，1998 年 1 月 12 日国务院正式批复了我国酸雨控制区和二氧化硫污染控制区（简称"两控区"）的划分方案。

A "两控区"划分的基本条件

考虑到酸雨和二氧化硫污染物特征的差异，分别确定酸雨控制区和二氧化硫污染控制区划分的基本条件。

（1）酸雨控制区划分的基本条件。一般将 pH≤5.6 的降水称为酸雨。有关研究结果表明，降水 pH≤4.9 时，将会对森林、农作物和材料产生损害。西方发达国家多将降水 pH≤4.6 作为确定受控对象的指标。不同地区的土壤和植被等生态系统对硫沉降的承受能力是不同的，硫沉降临界负荷反映了这种承受能力的大小。

酸雨污染是发生在较大范围内的区域性污染。酸雨控制区应包括酸雨污染最严重地区及其周边二氧化硫排放量较大地区。在我国酸雨污染较严重的区域内，包含一些经济落后的贫困地区，这些地区目前还不具备严格控制二氧化硫排放的条件。

基于上述考虑，并考虑到我国社会发展水平和经济承受能力，确定酸雨控制区的划分基本条件为：

1）现状监测降水 pH≤4.5；

2）硫沉降超过临界负荷；

3）二氧化硫排放量较大的区域。

国家级贫困县暂不划入酸雨控制区。

（2）二氧化硫污染控制区划分的基本条件。我国环境空气二氧化硫污染集中于城市，污染的主要原因是局部地区大量的燃煤设施排放二氧化硫，受外来污染源影响较小，控制二氧化硫污染主要应控制局部地区的二氧化硫排放源。二氧化硫年平均浓度的二级标准是保护居民和生态环境不受危害的基本要求，而二氧化硫日平均浓度的三级标准是保护居民和生态环境不受急性危害的最低要求。

因此，二氧化硫污染控制区的划分基本条件确定为：

1）近年来环境空气二氧化硫年平均浓度超过国家二级标准；

2）日平均浓度超过国家三级标准；

3）二氧化硫排放量较大；

4）以城市为基本控制单元。

国家级贫困县暂不划入二氧化硫污染控制区。二氧化硫污染和酸雨都严重的南方城市，不划入二氧化硫控制区，划入酸雨控制区。

根据上述"两控区"划分的基本条件，划定"两控区"的总面积约为 109 万平方米，占国土面积 11.4%，其中酸雨控制区面积约为 80 万平方千米，占国土面积 8.4%；二氧化硫污染控制区面积约为 29 万平方千米，占国土面积 3%。

B　"两控区"的污染控制目标

2000 年，排放二氧化硫的工业污染源达标排放，并实行二氧化硫排放总量控制；有关重点城市环境空气二氧化硫浓度达到国家环境质量标准，酸雨控制区酸雨恶化的趋势得到缓解。

到 2010 年二氧化硫排放总量控制在 2000 年排放水平以内；城市环境空气二氧化硫浓度达到国家环境质量标准，酸雨控制区降水口 pH < 4.5 的面积比 2000 年有明显减少。

C　控制措施

禁止新建煤层硫分大于 3% 的矿井，已建成的生产煤层硫分大于 3% 的矿井，逐步实行限产和关停；新建、改造硫分大于 1.5% 的煤矿，应当建设煤炭洗选设施；禁止在大中城市城区及近郊区新建燃煤火电厂；现有燃煤含硫量大于 1% 的电厂要分期分批建成脱硫设施或其他具有相应效果的减排二氧化硫的措施；并从制定规划、强化监督管理、推行二氧化硫污染防治技术和经济政策、完善酸雨和二氧化硫监测网络、开展科技研究、积极进行宣传培训等方面提出具体计划，实现控制目标。

6.5　案　　例

6.5.1　顺昌县大气治理规划方案剖析

6.5.1.1　大气污染现状

顺昌县城区排放工业废气的主要工业企业为 8 家，全年耗煤 12 万吨，排放废气量 36.9 亿标立方米，二氧化硫排放量 66.14t，二氧化氮排放量 83.72t，烟尘（粉尘）排放量 750.23t。污染负荷最大的大气污染物排放企业为炼石水泥厂，其污染负荷占总负荷的

60%。污染因子负荷最大的大气污染物为TSP，其污染负荷占污染总负荷的62.7%。见表6-13。

表6-13 2001年顺昌县城区主要工业污染源大气污染物排放情况

企业名称	工业废气排放量（标态）/万立方米	污染物排放量			污染负荷			P_i	$K/\%$	排序
		SO_2	烟(粉)尘	NO_2	PSO_2	$PTSP$	PNO_2			
炼石水泥厂	341547	1.147	689.481	7.14	8×10^{-9}	2298×10^{-9}	89×10^{-9}	2395×10^{-9}	60	1
顺昌水泥厂劳动服务公司	5597		5.634			19×10^{-9}		19×10^{-9}	0.5	7
顺昌县机砖厂	1080	1.314	15.000	2.14	9×10^{-9}	50×10^{-9}	27×10^{-9}	86×10^{-9}	2.2	5
顺昌纸板厂	6848	29.837	25.47	46.25	19×10^{-9}	85×10^{-9}	578×10^{-9}	862×10^{-9}	21.5	2
顺丰纸业公司	5042	7.770	4.494	13.26	52×10^{-9}	15×10^{-9}	166×10^{-9}	233×10^{-9}	5.8	4
顺昌啤酒有限公司	5256	23.072	9.312	12.92	154×10^{-9}	31×10^{-9}	162×10^{-9}	347	8.7	3
顺昌冠盛橡塑有限公司	1789	2.150	0.317	1.53	14×10^{-9}	1×10^{-9}	19×10^{-9}	34×10^{-9}	0.9	6
受乐钢琴有限公司	1681	0.848	0.989	0.48	6×10^{-9}	3×10^{-9}	6×10^{-9}	15×10^{-9}	0.4	8
合 计	368840	66.138	750.227	83.72	442×10^{-9}	2502×10^{-9}	1047×10^{-9}	3991×10^{-9}	100	

综上所述，城区目前工业企业大气主要污染源为炼石水泥厂，主要污染物为TSP。

城区生活污染源主要来自居民生活燃煤和旅店、餐馆等服务业的燃煤，二氧化硫、二氧化氮和烟尘年排放量分别为5.05t、2.11t、2.91t。交通车辆燃油排放主要污染物有二氧化氮、一氧化碳、铅、二氧化硫、烃等，主要污染物是一氧化碳和二氧化氮。从城区大气污染源结构分析，工业企业是主要污染源，其次是交通和生活燃煤。它们负荷比分别为88.1%、9.7%、2.2%；从工业污染源的行业分类分析，建材行业是最主要的污染行业。顺昌县城区空气质量总体状况为良，属Ⅱ级，首要污染物为TSP。

6.5.1.2 大气环境保护规划方案

大气环境保护方案主要包括以下三部分内容：（1）使用清洁能源；（2）削减锅炉、窑炉烟气排放量；（3）控制交通车辆尾气污染。

6.5.1.3 污染物排放总量分配

总量分配值的制定必须做到既能达到环境目标的要求，又可为经济提供一定的发展空间，根据顺昌县城市发展趋势结合环境目标，制定规划建设区内各功能区大气污染物总量分配，见表6-14。

表6-14 各功能区大气污染物排放总量分配 （t/a）

功能区名称	二氧化硫		氮氧化物		TSP	
	$H<30m$	$H\geqslant30m$	$H<30m$	$H\geqslant30m$	$H<30m$	$H\geqslant30m$
工业西区	14	45	21	45	124	300
工业东北区	19	60	29	65	179	420
居住，商业混合区	60	——	80	——	300	——
合 计	93	105	130	110	583	720

基于污染物排放总量分配的空气预测结果表明：规划区内二氧化硫浓度值符合环境空气质量标准一级标准。氮氧化物亦符合环境空气质量一级标准；TSP 符合环境空气质量二级标准。因此，若能按照总量分配值控制排污，空气质量是可以达到环境目标的要求。

6.5.2 成都高新南区大气污染物总量控制规划

成都国家高新技术产业开发区南区位于成都市南郊，与旧城区连为一体，面积为 $47km^2$，截至 2004 年末，高新南区总人口为 14.5 万人，全年实现国民生产总值 168 亿元。该区域污染物总量控制规划的目标是：通过规划的实施，用 3～5 年时间使环境污染得到基本控制，规划区环境质量达到相应标准的要求，初步实现环境与社会经济的协调发展。

6.5.2.1 污染源调查与评价

除城镇居民区外，高新区大气污染源不多，统计情况见表 6-15。

表 6-15 南部园区主要大气污染源排放情况

编号	企业名称	年排放废气量(标态)/万立方米	SO_2 排放量/$t \cdot a^{-1}$	烟尘排放量/$t \cdot a^{-1}$	所在位置
1	成都南星热电股份有限公司	118575	1493	1130	石羊场乡
2	成都三瓦窑热电有限责任公司	116480	2240	1400	桂溪乡
3	成都水泵厂	69	3.32	2.49	永丰路
4	成都市三联纺织印染有限公司	263	3.397	3.40	桂溪乡
5	成都仁和电镀厂	263	3.397	3.40	桂溪乡
6	成都市高新电镀厂	25	0.311	0.18	石羊场乡

6.5.2.2 大气环境容量计算结果

根据 $A-P$ 值法，计算出大气环境容量、允许低架源排放量、允许高架源排放量限制，见表 6-16～表 6-18。

表 6-16 大气环境容量计算成果统计

项 目		控 制 单 元		
		I_1	I_2	I_3
面积 S_i/km^2		9.2	24	13.8
SO_2	$C_{ki}/mg \cdot m^{-3}$		0.06	
	$Q_{aki}/万吨 \cdot a^{-1}$	0.093	0.242	0.139
	$Q_{ak}/万吨 \cdot a^{-1}$		0.474	
TSP	$C_{ki}/mg \cdot m^{-3}$		0.2	
	$Q_{aki}/万吨 \cdot a^{-1}$	0.310	0.809	0.465
	$Q_{ak}/万吨 \cdot a^{-1}$		1.584	

表 6 – 17 低架源允许排放量计算成果统计

项 目		控 制 单 元		
		I₁, II₂	I₂	I₃
面积 S_i/km²		9.2	24	13.8
SO₂	C_{ki}/mg·m⁻³		0.06	
	Q_{bki}/万吨·a⁻¹	0.014	0.036	0.021
	Q_{bk}/万吨·a⁻¹		0.071	
TSP	C_{ki}/mg·m⁻³		0.2	
	Q_{bki}/万吨·a⁻¹	0.046	0.121	0.070
	Q_{bk}/万吨·a⁻¹		0.237	

表 6 – 18 高架源污染物允许排放量限值计算成果统计

项 目		控 制 单 元		
		I₁, II₂	I₂	I₃
面积 S_i/km²		9.2	24	13.8
SO₂	C_{ki}/mg·m⁻³		0.06	
	P_{ki}/万吨·a⁻¹	3.6 0.036 0.021 0.028 0.005		
	Q_{pk}/万吨·a⁻¹		0.009	
TSP	C_{ki}/mg·m⁻³		0.2	
	P_{ki}/万吨·a⁻¹	12 0.121 0.070 0.094 0.017		
	Q_{pk}/万吨·a⁻¹		0.03	

6.5.2.3 大气污染总量的负荷分配

高新区 SO₂ 及 TSP 实际排放量、允许排放量限值及削减量统计见表 6 – 19。

表 6 – 19 各功能区 SO₂ 及 TSP 实际排放量及允许排放量限值

功 能 区 名 称		高 新 南 区	
面积/km²		47	
执行标准		SO₂	TSP
		0.06	0.2
实际排放量	2007 年	22.26	12.85
	2010 年	29.63	17.10
允许排放量限值		4740	15840
削减量	2007 年	– 4717.74	– 15827.15
	2010 年	– 4710.37	– 15822.9

2007 年高新南区 SO₂ 剩余环境容量为 4717.74t/a，TSP 剩余环境容量为 15827.15t/a，至规划年 2010 年，SO₂ 剩余环境容量为 4710.37t/a，TSP 剩余环境容量为 15822.9t/a。

根据以上分析可知，至规划年 2010 年，大气污染物的排放量均远小于环境容量所能承载的负荷，仍有较大的大气环境容量可提供企业自我发展之用。

复习思考题

6-1　大气污染预测模型有哪些？举例说明。

6-2　根据最近两年的有关数据统计，当前国内有 4/5 的城市大气达不到《环境空气质量标准（GB 3095—2012）》，空气污染严重污染居民身体健康及生活环境。京津冀等地区城市大气灰霾和光化学烟雾污染日趋严重。通过查阅国内外资料，提出治理大气污染方面相关规划及措施。

6-3　在城市工业区，可看到厂区中间有冒着烟的大烟囱，由这些烟囱排放到周围空气的烟尘组成成分是怎样的？

6-4　查阅相关文献，说明大气颗粒物的化学组成以及污染物对大气颗粒物组成的影响。

6-5　大气污染物允许排放总量计算方法有哪些？举例说明。

研讨题

　　石家庄是我国华北地区的一座现代化工业城市，是河北省政治、经济、文化、科技中心。近年来，在工业的迅猛发展、经济的快速增长的同时，也带来了严重的环境问题，尤其是大气污染问题更为突出。2013 年中国污染最重的十个城市中，石家庄以 500（空气污染指数）居首。为解决石家庄市的大气污染问题，以石家庄市大气环境现状及污染源调查与分析为基础，提出大气污染削减计划及主要防治措施，设定规划目标并进行可行性评估等，最终提出石家庄市大气环境的综合管理方案，为该市的大气污染综合防治提供依据。

参考文献

[1] 丁忠浩. 环境规划与管理 [M]. 北京：机械工业出版社，2007.

[2] 周敬宣，等. 环境规划新编教程 [M]. 湖北：华中科技大学出版社，2010.

[3] 刘天齐，等. 区域环境规划方法指南 [M]. 北京：化学工业出版社，2001.

[4] 郭怀成，尚金城，张天柱. 环境规划学 [M]. 第 2 版. 北京：高等教育出版社，2009.

[5] 姚建. 环境规划与管理 [M]. 北京：化学工业出版社，2009.

[6] 尚金城. 环境规划与管理 [M]. 第 2 版. 北京：科学出版社，2009.

[7] 温娟，骆中钊，李燃，等. 小城镇生态环境设计 [M]. 北京：化学工业出版社，2012.

[8] 傅国伟. 环境工程手册·环境规划卷 [M]. 北京：高等教育出版社，2003.

[9] 曲向荣，徐丽，张国徽，等. 环境规划与管理 [M]. 北京：清华大学出版社，2013.

[10] 王波. 城市大气污染物总量控制规划方案及方法研究——以龙井市为例 [D]. 吉林：东北师范大学，2006.

[11] 叶文虎，张勇. 环境管理学 [M]. 第 3 版. 北京：高等教育出版社，2013.

[12] 郝吉明，马广大. 大气污染控制工程 [M]. 第 2 版. 北京：高等教育出版社，2008.

7 声环境保护与污染防治类规划

【本章要点】噪声可以干扰周围生活环境，干扰人们正常生活、工作和学习，给人类带来危害。制定噪声污染控制规划有利于控制噪声污染和提高声环境质量，改善人们生活环境，保障人体健康，促进经济和社会发展。本章重点介绍噪声的概念、分类和特征；了解噪声的度量方法；熟悉噪声现状调查与评价的内容及交通噪声预测的方法，掌握噪声污染控制的主要措施。

7.1 区域声环境现状分析与评价

7.1.1 基础知识

7.1.1.1 噪声

A 噪声的概念

声具有双重含义，一是指声波，它来源于发生体振动引起的周围介质的质点位移及质点密度的疏密变化；二是指声音，当声传入人耳时，引起鼓膜振动并刺激听觉神经使人产生一种主观感觉。声的传播必须具备声源、传播介质、接受者三个要素，缺一不可。

人们的工作、生活都离不开声音。在所有的声音中，有人们需要的、想听的，也有不需要的、不想听的。心理学的观点认为噪声和乐声是很难区分的，它们会随着人们主观判断的差异而改变，因此噪声与好听的声音是没有绝对界限的。从环境和生理学的观点分析，凡使人厌烦的、不愉快的和不需要的声音统称为噪声。

根据《中华人民共和国环境噪声污染防治法》的定义，环境噪声是指在工业生产、建筑施工、交通运输和社会生活中所产生的干扰周围生活环境的声音。而环境噪声污染，是指所产生的环境噪声超过国家规定的环境噪声排放标准，并干扰他人正常生活、工作和学习的现象。

B 噪声的分类

根据噪声声源不同，噪声一般可分为工业噪声、建筑施工噪声、交通噪声和社会生活噪声四种。

(1) 工业噪声：是指在工业生产活动中使用固定设备时产生的干扰周围生活环境的声音。工业生活中由于机械振动、摩擦撞击及气流扰动等产生的噪声属于工业噪声。例如：化工厂使用的空气压缩机、鼓风机等设备在运转时产生的噪声，是由于空气振动而产生的气流噪声；球磨机、粉碎机等产生的噪声，是由于固体零件机械振动或摩擦撞击产生的机械噪声。工业噪声不仅能对生产工人造成危害，而且给附近居民带来危害。

（2）建筑施工噪声：是指在建筑施工过程中产生的干扰周围生活环境的声音。建筑施工过程中使用的一些机械设备，如搅拌机、打桩机等在运转时会产生噪声，干扰周围居民的生活和健康。虽然施工具有暂时性，但是声量高，因此影响较大。

（3）交通噪声：是指机动车辆、铁路机车、机动船舶、航空器等交通运输工具在运行时所产生的干扰周围生活环境的声音。像飞机、火车、汽车等交通运输工具在飞行和行驶中所产生的噪声属于交通噪声。目前，随着城市车辆的增加，城市交通噪声也越来越严重。

（4）社会生活噪声：是指人为活动所产生的除工业噪声、建筑施工噪声和交通运输噪声之外的干扰周围生活环境的声音。如娱乐场所、餐饮业、菜市场等噪声，家庭中的音响、电视等的噪声，商业活动中使用高音广播喇叭产生的噪声等。

另外，根据噪声的频率还可以将噪声分为低频噪声（频率在 20～200Hz 以下的声音）和高频噪声（频率在 2～16kHz 的声音）。其中，低频噪声虽然没有高频噪声对生理的影响明显，但低频噪声对人体健康的长远影响也应得到重视。

7.1.1.2　噪声的特点

噪声的特点主要表现为五个方面：

（1）噪声属于感觉性公害，与人的主观意愿有关。噪声对环境的污染与"三废"一样，是一种危害人类的公害，但就公害性质来说，噪声属于感觉公害。通常，噪声是由不同振幅和不同频率组成的无调杂声，但有调或好听的音乐声，如果影响人们的工作和休息，使人感到厌烦，也认为是噪声。因此，对噪声的判断也与个人所处的环境和主观愿望有关。噪声的显著特点是其与受害人的生理与心理因素有关。环境噪声标准也要根据不同的时间、不同的地区和人所处的不同行为状态来制定。

（2）噪声是能量流污染，其影响范围有限。环境噪声是能量的污染，它不具备物质的累积性。噪声是由发生振动的物体向外界辐射的一种声能。噪声在开始污染时，其危害立刻就显现出来，噪声源停止污染后噪声的污染也就随之消失，危害即消除，不像其他污染源（如气、水、固废等）排放的污染物，即使停止排放，污染物在长时间内仍然残留，污染是持久的。噪声的能量转化系数很低，约百万分之一。换句话说，1kW 的动力机械，大约只有 1mW 变为噪声能量。

（3）噪声具有分散性，难以集中处理。噪声污染的形成涉及很多因素，而且污染源比较分散，在工作、生活中处处存在，因此难以集中处理，给噪声污染的防治工作带来一定的困难。

（4）噪声具有局限性。噪声污染是物理性污染，本身对人无害，只是在环境中的流量过高或过低时，才会造成污染或异常，同时，其污染一般是局部性的，即一个噪声源不会影响很大的区域，它只能影响周围的一定区域，而不会像水污染能扩散到下游甚至其他的水系中，也不会像大气污染能飘散到很远的地方。

（5）一旦停止即会消失，但危害未必消除。有人认为，噪声污染不会死人，因而不重视噪声的防治。大多数暴露在 90dB（A）左右噪声条件下的职工，也认为能够忍受，实际上这种"忍受"是以听力偏移为代价的。噪声的危害是不可低估的。

7.1.1.3　噪声的危害

噪声的危害是多方面的，噪声不仅干扰人们正常的工作和生活，还会给人体健康带来危害。

（1）影响正常生活和工作。噪声影响人们交谈、思考，分散注意力，降低工作效率；噪声影响人们的睡眠质量，令人烦躁不安，反应迟钝，生活质量变差。

（2）损害人的听力。噪声强度越大、频率越高、作用时间越长，危害越严重。据统计，80~85dB（A）的噪声会造成轻微的听力损伤；85~100dB（A）的噪声会造成一定数量的噪声性耳聋；当噪声超过100dB（A）以上时，会造成相当数量的噪声性耳聋。

（3）影响人的中枢神经系统。噪声作用于人的中枢神经系统，使大脑皮质的兴奋与抑制平衡失调，导致条件反射异常，使脑血管张力遭到损害。时间一长，使人产生头痛、脑涨、耳鸣、失眠、心慌、记忆力衰退和全身疲乏无力等症状。

（4）影响人的消化系统和心血管系统。噪声对人的消化系统会产生不良影响，会出现消化不良、食欲不振、恶心呕吐等症状。受噪声影响的人群，高血压和冠心病的发病率比正常情况高出2~3倍。

7.1.1.4 噪声物理量

A 波长、频率、声速

波长（λ）：声波使传播介质中的质点振动交替地达到最高值和最低值，相邻两个最高值或最低值之间的距离用λ表示，单位为nm。

频率（f）：单位时间内发生体引起周围介质的质点振动的次数，用f表示，单位为赫兹（Hz）。人耳能听到的声波频率范围是20~20000Hz，低于20Hz的为次声波，高于20000Hz的为超声波。

声速（c）：单位时间内声波在传播介质中通过的距离，用c表示，单位为m/s。声速与介质的密度和温度有关。介质的温度越高，声速越快；介质的密度越大，声速越快。

B 声压与声压级

声压（p）：声波在介质中传播时引起的介质压强的变化，用P表示，单位为Pa。声波作用于介质时每一瞬间引起的介质内部压强的变化，称为瞬时声压。一段时间内瞬时声压的均方根称为有效声压，用于描述介质所受到声压的有效值，实际中常用有效声压代替声压。

对于1000Hz的声波，人耳的听阈声压为2×10^{-5}Pa，痛阈声压为20Pa，相差6个数量级，使用不方便，加之人耳对声音的感觉与声音强度的对数值成正比，因此，以人耳对1000Hz声音的听阈值为基准声压，用声压比的对数值表示声音的大小，称为声压级，用L_p表示，单位为分贝（dB），无量纲。某一声压P的声压级表示为：

$$L_p = 10\lg\frac{P^2}{P_0^2} = 20\lg\frac{P}{P_0} \qquad (7-1)$$

式中　P_0——基准声压值；

　　　P——被量度的声压的有效值。

C 声强与声强级

声强（I）：单位时间内透过垂直于声波传播方向单位面积的有效声压，用I表示，单位为W/m^2。自由声场中某处的声强I与该处声压P的平方成正比，常温下：

$$I = \frac{P^2}{\rho C} \qquad (7-2)$$

式中 ρ——介质密度，kg/m^3；

     C——声速，常温下以空气为声波传播介质时，$\rho C = 415\text{kg} \cdot \text{s/m}^2$。

声强级（L_I）与确定声压级的道理一样，用 L_I 表示某一声强 I 的声强级，单位为 dB。

$$L_I = 10\lg \frac{I}{I_0} \qquad (7-3)$$

式中 I_0——基准声强值；

     I——被量度的声强。

D   声功率与声功率级

声功率：单位时间内声波辐射的总能量，用 W 表示，单位为 W。声强与声功率之间的关系是：

$$I = W/S \qquad (7-4)$$

式中 S——声波传播中通过的面积，m^2。

声功率级：用 L_W 表示某一声功率 W 的声功率级，单位为 dB。

$$L_W = 10\lg \frac{W}{W_0} \qquad (7-5)$$

式中 W_0——基准声功率值，$W_0 = 1 \times 10^{-12}$W。

声压级、声强级、声功率级都是描述空间声场中某处声音大小的物理量。实际工作中常用声压级评价声环境功能区的声环境质量，用声功率级评价声源源强。

E   倍频带声压级

人耳能听到的声波频率范围是 20~20000Hz，高低相差 1000 倍，一般情况下，不可能也没有必要对每一个频率逐一测量。为方便和使用，通常把声频的变化范围分为若干个区段，成为频带（频段或频程）。

实际应用中，根据人耳对声音频率的反应，把可听声频率分成 10 段频带，每一段的上限频率比下线频率高一倍，即上下限频率之比为 2：1（称为 1 倍频），同时取上限与下限频率的几何平均值作为该倍频带的中心频率，并以此表示该倍频带。在噪声测量中常用的倍频带中心频率为 31.5Hz、63Hz、125Hz、250Hz、500Hz、1000Hz、2000Hz、4000Hz、8000Hz 和 16000Hz，这 10 个倍频带涵盖全部可听声范围。

在实际噪声测量中往往只用 63~8000Hz 的 8 个倍频带就能满足测量要求。在同一个倍频带频率范围内声压级的累加称为倍频带声压级，实际中采用等比带宽滤波器直接测量。等比带宽是指滤波器上下截止频率 f_u 与 f_l 之比以 2 为底的对数值 $[\log_2 (f_u/f_1)]$ 为一常数 n，常用 1 倍频程滤波器（$n=1$）和 1/3 倍频程滤波器（$n=1/3$）来测量。

7.1.1.5   噪声评价量

在声环境影响评价中，由于声源的不同，其产生的声音强弱和频率高低不同，而且有些声波是连续稳态的，有些是间歇非稳态的，同时声音在不同时空范围内对人的影响程度不同，对此需要采用不同的评价量对其进行客观评价。

A   A 声级

环境噪声的度量与噪声本身的特性和人耳对声音的主观听觉有关。人耳对声音的感觉不仅与声压级有关，而且与频率有关，声压级相同而频率不同的声音，听起来不一样响，高频声音比低频声音响。根据人耳的这种听觉特性，在声学测量仪器中设计了一种特殊的滤波器，称为计权网络。当声音进入网络时，中、低频率的声音按比例衰减通过，而1000Hz以上的高频声则无衰减通过。通常有A、B、C、D计权网络，其中被A网络计权的声压级称为A声级 L_A，单位为dB(A)。A声级较好地反映了人们对噪声的主观感觉，是为模拟人耳对55dB以下低强度噪声的频率特性而设计的，用来描述声环境功能区的声环境质量和声源源强，几乎成为一切噪声评价的基本值。

在规定的测量时段内或对于某独立的噪声事件，测得的A声级最大值称为最大声级，记为 L_{max}，单位为dB(A)。对声环境中声源产生的偶发、突发、频发噪声或非稳态噪声，采用最大声级描述。

B　等效声级

对于非稳态噪声，在声场内的某一点上，将某一时段内连续变化的不同A声级的能量进行平均以表示该时段内噪声的大小，称为等效连续A声级，简称等效声级，记为 L_{eq}，单位为dB(A)。其数学表达式为：

$$L_{eq} = 10\lg\left[\frac{1}{T}\int_0^T 10^{0.1L_A(t)}\mathrm{d}t\right] \tag{7-6}$$

式中　L_{eq}——在 T 段时间内的等效连续A声级，dB(A)；

$L_A(t)$——t 时刻的瞬时A声级，dB(A)；

T——连续取样的总时间，min。

实际噪声测量常采取等时间间隔取样，L_{eq} 也可按式（7-7）计算：

$$L_{eq} = 10\lg\left[\frac{1}{N}\sum_{i=1}^{N}\left(10^{\frac{L_{Ai}}{10}}\right)\right] \tag{7-7}$$

式中　L_{eq}——N 次取样的等效连续A声级；

L_{Ai}——第 i 次取样的A声级；

N——取样总次数。

噪声在昼间（6：00至22：00）和夜间（22：00至次日6：00）对人的影响程度不同，为此利用等效连续声级分别计算昼间等效声级（昼间时段内测得的等效连续A声级）和夜间等效声级（夜间时段内测得的等效连续A声级），并分别采用昼间等效声级（L_d）和夜间等效声级（L_n）作为声环境功能区的声环境质量评价量和厂界（场界、边界）噪声的评价量。

C　计权等效连续感觉噪声

计权等效连续感觉噪声用于评价飞机（起飞、降落、低空飞越）通过机场周围区域时造成的声环境影响。其特点是同时考虑24h内飞机通过某一固定点所产生的总噪声级和不同时间内飞机对周围环境造成的影响，用 L_{WECPN} 表示，单位为dB。

D　累积百分声级

累计百分声级是指占测量时间段一定比例的累计时间内A声级的最小值，用作评价测量时间内噪声强度时间统计分布特征的指标，故又称统计百分声级，记为 L_N。常用 L_{10}、L_{50}、L_{90}，其含义如下。

L_{10} 表示10%的时间超过的噪声级，相当于噪声平均峰值；L_{50} 表示50%的时间超过的噪声级，相当于噪声平均中值；L_{90} 表示90%的时间超过的噪声级，相当于噪声平均底值。

实际工作中常将测得的100个或200个数据按从大到小的顺序排序，总数为100个数据的第 10 个或总数为 200 个数据的第 20 个是 L_{10}，第 50 个或 100 个数据是 L_{50}，第 90 个或 180 个数据是 L_{90}。由此 3 个噪声级可按式（7 - 8）近似求出测量时段内的等效噪声级 L_{eq}。

$$L_{eq} \approx L_{50} + \frac{(L_{10} - L_{90})^2}{60} \qquad (7-8)$$

7.1.2 噪声污染监测与评价

7.1.2.1 监测布点原则

监测布点原则包括：

（1）现状测点布置一般要覆盖整个评价范围，但重点要布置在现有噪声源对敏感区有影响的那些点上。

（2）对于包含多个呈现点声源性质的情况，环境噪声现状测量点应布置在声源周围，靠近声源处测量点密度应高于距声源较远处的测点密度。

（3）对于呈线状声源性质的情况，应根据噪声敏感区域分布状况确定若干噪声测量断面，在各个断面上距声源不同距离处布置一组测量点。

7.1.2.2 噪声污染监测与评价

A 环境噪声污染现状与趋势分析

噪声监测根据《城市区域环境噪声适用区划分技术规范（GB/T 15190—1994）》中各类噪声标准的适用区域划分原则，并结合城镇范围的具体情况优化选取能代表某一区域环境噪声平均水平的测点（如道路边、镇中心、居住区、厂区）等进行监测。测定项目为连续等效 A 声级。通过分析监测数据，对照《声环境质量标准（GB 3096—2008）》中相应的功能区标准做出污染状况评价。

可根据环境噪声污染历年变化规律，根据区域总体规划、区域规划及经济建设的发展，预测区域噪声源结构及强度的变化趋势。

B 交通噪声污染现状与趋势分析

可根据交通噪声历年变化规律、区域总体规划和交通规划在预测交通运输工具变化趋势基础上分析交通噪声污染趋势。

7.1.3 噪声污染源调查与分析

7.1.3.1 噪声现状调查

噪声现状调查的方法主要有收集资料、现场调查法和现场测量法。噪声现状调查时，首先应搜集现有的资料，当这些资料不能满足规划需要时，再进行现场调查和测试。

调查内容包括：

（1）收集、调查规划区域内城市总体发展规划、土地利用状况及土地利用规划、交通及社会与经济发展规划。

（2）收集已制定的城市环境规划、计划及其基础资料。

（3）调查规划区域内环境噪声背景状况、主要产生噪声污染源状况。

（4）收集、调查规划区域内存在的主要有关环境污染问题以及城市居民对噪声污染的投诉情况。

（5）收集当地政府有关控制噪声污染的法律法规及政策、措施。

（6）调查区域内噪声敏感目标、噪声功能区划分情况。

（7）调查受噪声影响人口分布。

7.1.3.2 环境噪声评价

A 环境噪声评价量

噪声源评价量可用声压级或倍频带声压级、A 声级、声功率级、A 计权声功率级。

依据国家环境噪声标准，对于稳态噪声，如常见的工业噪声，一般以 A 声级为评价量；对于声级起伏较大（非稳态噪声）或间歇性噪声，如公路噪声、铁路噪声、港口噪声、建筑施工噪声等，以等效连续 A 声级（L_{Aeq}、dB(A)）为评价量；对于机场飞机噪声以计权等效连续感觉噪声级（L_{WECPN}、dB）为评价量。

B 评价标准

环境噪声的评价标准，应采用以下相关国家标准：《声环境质量标准（GB 3096—2008)》、《机场周围飞机噪声环境标准（GB 9660—1988)》、《铁路边界噪声限值及其测量方法（GB 12525—1990)》、《建筑施工厂界噪声限值（GB 12523—1990)》、《工业企业厂界环境噪声排放标准（GB 12348—2008)》、《社会生活环境噪声排放标准（GB 22337—2008)》。

C 评价内容

a 环境噪声现状评价的主要内容

（1）规划区域内现有噪声敏感情况、保护目标的分布情况、噪声功能区的划分情况等。

（2）规划区域内现有噪声种类、数量及相应的噪声级、噪声特性，主要噪声源分析等。

（3）规划区域内环境噪声现状，包括：1）多功能区噪声级、超标状况及主要噪声源；2）工业企业厂界噪声级、超标状况及主要噪声源；3）交通噪声噪声级、超标状况及主要噪声源；4）铁路边界噪声噪声级、超标状况及主要噪声源；5）飞机噪声噪声级、超标状况等；6）受多种噪声影响的人口分布状况。

b 声环境影响评价的主要内容

（1）说明规划前后声环境变化，即规划前声环境现状，以及规划实施过程中对噪声的影响程度、影响范围和超标状况。重点评价敏感区域或敏感点声环境的变化。

（2）进行四方面的分析，即分析受噪声影响的人口分布；分析规划噪声源和引起超标的主要噪声源或主要原因；分析规划相关项目选址、选线、设备布局和设备选型的合理性；分析规划相关项目设计中已有的噪声防治措施的适用性和防治效果。

（3）提出措施和建议，即提出规划需要增加的噪声防治措施，并进行其经济、技术的可行性论证；在噪声污染防治管理、噪声监测和城市规划或区域规划方面提出建议。

7.1.3.3 噪声污染控制规划的重点

噪声污染控制规划的重点主要有：

（1）社会生活噪声的控制。应着重建设噪声达标生活小区和控制商贸娱乐场所的噪声。

（2）交通噪声的控制。加强城市道路建设改造，优化行程路线，加强交通管理。

（3）工业噪声的控制。对噪声污染严重的企业进行搬迁，对工业噪声源进行控制。

（4）建筑施工噪声控制。加强对建筑施工的管理，优化施工布局，采用低噪声设备。

7.2　噪声污染预测与防治

7.2.1　噪声污染预测与评价

噪声污染预测主要有两方面的内容：一是交通噪声预测，二是环境噪声预测（主要工业噪声预测）。

7.2.1.1　交通噪声预测

交通流量预测方法较多，一般有灰色预测法、神经网络预测法、卡尔曼滤波预测法、回归分析法和聚类分析法等。常用的有多元回归预测，即根据用车流量、道路宽度、本底噪声值与交通噪声等效声级之间的关系，建立多元回归预测模型。

回归分析法是一种统计学方法，根据对因变量与一个或多个自变量的统计分析，建立自变和因变量之间的相互关系，最简单的情况是一元回归分析，一般式为：

$$Y = \alpha + \beta X \tag{7-9}$$

式中　Y——因变量；

　　　X——自变量；

　　α，β——回归系数。

如果用上述方程预测小区的交通生成，则以下标 i 标记所有变量；如果用它研究分区的交通吸引，则以下标 j 标记所有的变量。

A　公路交通噪声预测模式

a　第 i 类车等效声级的预测模式

$$L_{eq}(h)_i = (\bar{L}_{0E})_i + 10\lg\left(\frac{N_i}{v_i T}\right) + 10\lg\left(\frac{7.5}{r}\right) + 10\lg\left(\frac{\varphi_1 + \varphi_2}{\pi}\right) + \Delta L - 16 \tag{7-10}$$

式中　$L_{eq}(h)_i$——第 i 类车的小时等效声级，dB（A），第 i 类车是指将机动车辆分为大、中、小型，具体分类参照《机动车辆及挂车分类（GB/T 15089—2001）》规定；

　　　$(\bar{L}_{0E})_i$——第 i 类车速度为 v_i（km/h）、水平距离为 7.5m 处的能量平均 A 声级，dB（A），具体计算可以按照《公路建设项目环境影响评价规范（JTGB 03—2006）》中的相关模式进行，也可通过类比测量进行修正；

　　　N_i——昼间、夜间通过某预测点的第 i 类车平均小时车流量，辆/h；

　　　r——从车道中心线到预测点的距离，m，式（7-10）适用于 $r > 7.5$m 预测点的噪声预测；

　　　T——计算等效声级的时间（$T = 1$h）；

　　φ_1，φ_2——预测点到有限长路段两端的张角，弧度；

　　　ΔL——由其他因素引起的修正量，单位为 dB（A），可按式（7-11）计算：

$$\Delta L = \Delta L_{坡度} + \Delta L_{路面} + \Delta L_{反射} + A_{atm} + A_{gr} + A_{bar} + A_{misc} \qquad (7-11)$$

$\Delta L_{坡度}$——公路纵坡修正量，dB(A)；

$\Delta L_{路面}$——公路路面材料引起的修正量，dB(A)；

$\Delta L_{反射}$——由反射等引起的修正量，dB(A)；

$A_{atm}, A_{gr}, A_{misc}$——分别为空气吸收、地面效应及其他方面效应引起的 A 计权声衰减，dB；

A_{bar}——道路两侧障碍物引起的交通噪声衰减量。

b 总车流等效声级

$$L_{eq}(T) = 10\lg\left[10^{0.1L_{eq}(h)大} + 10^{0.1L_{eq}(h)中} + 10^{0.1L_{eq}(h)小}\right] \qquad (7-12)$$

如某预测点受多条道路交通噪声影响（如高架桥周边预测点受桥上和桥下多条车道的影响，路边高层建筑预测点受地面多条车道的影响），应分别计算每条道路对该预测点的声级，再叠加计算得到影响值。

c 修正量和衰减量的计算

（1）纵坡修正量 $\Delta L_{坡度}$。大、中、小型车的 $\Delta L_{坡度}$ 分别为 98β dB(A)、73β dB(A)、50β dB(A)，其中 β 为公路纵坡坡度，%。

（2）路面修正量 $\Delta L_{路面}$。对于沥青混凝土路面，$\Delta L_{路面}$ 为 0dB(A)；对于水泥混凝土路面，车辆行驶速度为 30km/h、40km/h、≥50km/h 时的 $\Delta L_{路面}$ 依次为 1.0dB(A)、1.5dB(A)、2.0dB(A)。

（3）反射修正量（$\Delta L_{反射}$）。城市道路交叉路口可造成车辆加速或减速，使单车噪声声级发生变化，交叉路口的噪声附加值与受声点至最近快车道中轴线交叉点的距离有关，其最大增量为 3dB。

当道路两侧建筑物间距小于总计算高度 30% 时，其反射声修正量为：两侧建筑物是反射面时 $\Delta L_{反射}$ ≤3.2dB；两侧建筑物是一般吸收表面时 $\Delta L_{反射}$ ≤1.6dB；两侧建筑物为全吸收表面时 $\Delta L_{反射}$ ≈0dB。

（4）障碍物衰减量（A_{bar}）。具体计算方法参照《环境影响评价技术导则　声环境（HJ2.4—2009）》，对于无限长声屏蔽引起的噪声衰减量最小约为 5dB(A)，有限长声屏蔽衰减量按照统一公式计算后再根据遮蔽角百分率的大小，按照有限长声屏蔽及线声源的修正图进行修正，具体计算过程可参照《声屏蔽声学设计和测量规范（HJ/T 90—2004）》。

B 铁路噪声预测模式

把铁路各类声源简化为点声源和线声源，分别进行计算。

a 点声源

$$L_{P} = L_{P0} - 20\lg(r/r_0) - \Delta L \qquad (7-13)$$

式中　L_{P}——测点的声级（可以是倍频带声压级或 A 声级）；

L_{P0}——参考位置处的声级（可以是倍频带声压级或 A 声级）；

r——预测点与点声源之间的距离，m；

r_0——测量参考声级处于点声源之间的距离，m；

ΔL——各种衰减量，包括空气吸收、声屏障或遮挡物、地面效应等引起的衰减量。

b 线声源

$$L_{P} = L_{P0} - 10\lg(r/r_0) - \Delta L \qquad (7-14)$$

式中 L_P——线声源在预测点产生的声级（倍频带声压级或 A 声级）；

　　L_{P0}——线声源参考位置处的声级（倍频带声压级或 A 声级）；

　　r——预测点与线声源之间的距离，m；

　　r_0——测量参考声级处于线声源之间的垂直距离，m；

　　ΔL——各种衰减量，包括空气吸收、声屏障或遮挡物、地面效应等引起的衰减量。

c　总的等效声级

$$L_{eq}(T) = 10\lg\left(\frac{1}{T}\sum_{i=1}^{n} t_i 10^{0.1L_{pi}}\right) \qquad (7-15)$$

式中 t_i——第 i 个声源在预测点的作用时间（在 T 时间内）；

　　L_{pi}——第 i 个声源在预测点产生的 A 声级；

　　T——计算等效声级的时间。

C　机场飞机噪声预测模式

机场飞机噪声预测根据下列基本步骤进行：

（1）计算斜距。以飞机起飞或降落点为原点，跑道中心线为 x 轴、垂直地面为 z 轴、垂直于跑到中心线为 y 轴建立坐标系。设预测点的坐标为（x，y，z），飞机起飞、爬升、降落时与地面所成角度为 θ，则飞机预测点之间的斜距为：

$$R = \sqrt{y^2 + (x\tan\theta\cos\theta)^2} \qquad (7-16)$$

如果可以查得离起飞或降落点不同位置飞机距地面的高度 H，斜距为：

$$R = \sqrt{y^2 + (H\cos\theta)^2} \qquad (7-17)$$

（2）查出各次飞机飞行的有效感觉噪声级数据。根据飞机机型、起飞或降落、斜距可以查出飞机飞过预测点时在预测点产生的有效感觉噪声级 L_{EPN}。

（3）按式（7-18）计算平均有效感觉噪声级 $\bar{L}_{EPN}$：

$$\bar{L}_{EPN} = 10\lg\left[\left(\frac{1}{N_1 + N_2 + N_3}\right)\sum_{i=1}^{N} 10^{0.1L_{EPNi}}\right] \qquad (7-18)$$

式中 N_1，N_2，N_3——白天（07：00~09：00）、晚上（19：00~22：00）和夜间（22：00~07：00）通过该点的飞行次数，$N = N_1 + N_2 + N_3$。

计权等效连续感觉噪声级为：

$$L_{WECPN} = \bar{L}_{EPN} + 10\lg(N_1 + 3N_2 + 10N_3) - 40 \qquad (7-19)$$

7.2.1.2　工业噪声预测模式

一般来讲，进行环境噪声预测时所使用的工业噪声源都可按点声源处理，常用倍频带声功率级、A 声功率级或靠近声源某一位置的倍频带声压级、A 声级预测计算据工业企业声源不同距离处的声级。工业企业噪声源分为室外和室内两种，应分别进行计算。

A　室外声源

（1）按下式计算某个声源在预测点的倍频带声压级：

$$L_{oct}(r) = L_{oct}(r_0) - 20\lg(r/r_0) - \Delta L_{oct} \qquad (7-20)$$

式中 $L_{oct}(r)$——点声源在预测点产生的倍频带声压级；

　　$L_{oct}(r_0)$——参考位置处的倍频带声压级；

　　r——预测点与声源之间的距离，m；

r_0——参考位置与声源之间的距离，m；

ΔL_{oct}——各种因素引起的衰减量，包括空气吸收、声屏障或遮挡物、地面效应等引起的衰减量。

如果已知声源的倍频带声功率级，且声源可看做是位于地面上的，则：

$$L_{oct}(r_0) = L_{Woct} - 20\lg r_0 - 8 \tag{7-21}$$

式中　8——各种因素引起的衰减量，包括空气吸收、声屏障或遮挡物、地面效应等引起的衰减量。

（2）由各倍频带声压级合成计算出该声源产生的 A 声级 L_A。

B　室内声源

（1）按式（7-22）计算室内靠近围护结构处的倍频带声压级：

$$L_{oct,1} = L_{Woct} + 10\lg\left(\frac{Q}{4\pi r_1^2} + \frac{4}{R}\right) \tag{7-22}$$

式中　$L_{oct,1}$——某个室内声源在靠近围护结构处产生的倍频带声压级；

L_{Woct}——某个声源的倍频带声功率级；

r_1——室内某个声源与靠近围护结构处的距离，m；

R——房间常数；

Q——方向性因子。

（2）按式（7-23）计算出所有室内声源在靠近围护结构处产生的总倍频带声压级：

$$L_{oct,1}(T) = 10\lg\left(\sum_{i=1}^{N} 10^{0.1L_{oct,1(i)}}\right) \tag{7-23}$$

（3）按式（7-24）计算出室外靠近围护结构处产生的总倍频带声压级：

$$L_{oct,2}(T) = L_{oct,1}(T) - (TL_{oct} + 6) \tag{7-24}$$

（4）将室外声级和透声面积换算成等效的室外声源，按式（7-25）计算出等效声源第 i 个倍频带的声功率级 L_{Woct}：

$$L_{Woct} = L_{oct,2}(T) + 10\lg S \tag{7-25}$$

式中　S——透声源面，m^2。

（5）等效室外声源的位置为围护结构的位置，其倍频带声功率级为 L_{Woct}，由此按室外声源的方法计算等效室外声源在预测点产生的声级。

C　计算总声压级

设第 i 个室外声源在预测点产生的 A 声级为 $L_{Ain,i}$；在 T 时间内该声源工作时间为 $t_{in,i}$；第 j 个室外生源在预测点产生的 A 声级为 $L_{Aout,i}$；在 T 时间内该声源工作时间为 $t_{out,i}$，则预测点的总等效声级为：

$$L_{eq}(T) = 10\lg\left(\frac{1}{T}\right)\left(\sum_{i=1}^{N} t_{in,i}10^{0.1L_{Ain,i}} + \sum_{j=1}^{M} t_{out,j}10^{0.1L_{Aout,j}}\right) \tag{7-26}$$

式中　T——计算等效声级的时间；

N——室外声源个数；

M——等效室外声源个数。

7.2.1.3　区域环境噪声预测

区域环境噪声受工业噪声、交通噪声影响，并与人口密度呈一定的相关关系，人口增加 1 倍，昼夜等效声级将提高 3dB(A)。

预测采用点声源自由场衰减模式，仅考虑距离衰减值，忽略大气吸收、障碍物屏障等因素，其噪声预测公式为：

$$L = L_0 - 20\lg(r/r_0) \tag{7-27}$$

根据式（7-27）可预测每个噪声源在评价点的贡献值，再将所有声源在该点的贡献值用对数法叠加，得出噪声声源对该点噪声的贡献值，贡献值与本底值叠加，即得出影响预测值。具体模式如下：

$$L = 10\lg \sum^N 10^{0.1L_i} \tag{7-28}$$

7.2.2 噪声污染防治措施

噪声污染防治应在"闹静分隔"和"以人为本"的原则指导下，从区域土地使用功能调整、交通运输线路布局调整、设置合理的噪声防护距离、建设隔声屏障等方面提出相应的对策和建议。

进行噪声污染控制的第一步是明确噪声控制规划目标，首先要考虑城市居民生活发展的基本要求、国家和地方对环境质量目标的控制要求，还要考虑城市经济的发展水平，再根据区域噪声现状、主要环境影响的预测分析，结合城市综合整治定量考核标准，确定中长期噪声控制目标。其次是划分声环境功能区，根据《声环境质量标准（GB 2096—2008）》中使用区域的定义，结合城镇建设的特点来划分环境噪声功能区。最后是制订噪声控制规划措施，然后再根据噪声功能区划执行相应的国家标准，进行噪声控制，建立噪声达标区，控制混杂的居民区中的中小企业噪声。对严重扰民的噪声源分别采用隔声、吸声、减震、消声等技术治理，无法治理的应转产或搬迁；企业内部要合理调整布局（如把噪声大、离居民区近的噪声源迁至厂区适当位置），以减小对居民的干扰；企业与居民区之间应建立噪声隔离区、设置绿化带，以达到减噪、防噪的目的。

7.2.2.1 确定噪声污染控制措施的原则

确定噪声污染控制措施的原则包括：

（1）从声音的三要素为出发点控制环境噪声的影响，以从声源上或从传播途径上降低噪声为主，以受体保护作为最后不得已的选择，充分体现预防为主的思想。

（2）以城市规划为先，避免产生环境噪声污染影响。合理的城市规划应有明确的环境功能区和噪声控制距离的要求，而且要严格控制各类建设布局，避免产生新的环境噪声污染。

（3）关注环境敏感人群的保护，体现"以人为本"。国家制定声环境质量标准和相应的环境噪声排放标准，都是为了保护不同生活环境条件下的人群免受环境噪声影响，以保护人群生存的环境群益。

（4）管理手段和技术手段相结合控制环境噪声污染。控制环境噪声污染不能仅仅依靠工程措施来实现，有力的和有效的环境管理手段同样重要。它包括行政管理和监督、合理规划布局、企业环境管理和对相关人员的宣传教育等。

（5）针对性、具体性、经济合理性和技术可行性原则。这是一条普遍使用原则，要保证对策措施必须针对实际情况且具体可行，符合经济合理性和技术可行性。

7.2.2.2 防治环境噪声污染的途径

防治环境噪声污染的途径包括：

（1）从声源上降低噪声。设计制造产生噪声较小的低噪声设备，在工程设计和设备选型时尽量采用符合要求的低噪声设备；在工程设计中改进生产工艺和加工操作方法以降低工艺噪声；在生产管理和工程质量控制中保持设备良好运转状态，不增加不正常运行噪声等。

（2）从噪声传播途径上降低噪声。合理安排建筑物功能和建筑物平面布局，使敏感建筑物远离噪声源，实现"闹静分开"。

采用合理的声学控制措施或技术实现降噪达标的目的。如在传播途径上增设吸声/隔声等措施，也可以利用天然地形（如利用位于声源和噪声敏感区之间的山丘、土坡、地堑、围墙灯）或建筑物（非敏感的）起到屏障遮挡作用，将声源设置于地下或半地下的室内等。

（3）受声者防护。当以上方法仍不能保证受噪声影响的环境敏感目标达到相应的环境要求时，则不得不针对保护对象采取降噪措施。主要包括：第一，受声者自身增设吸声、隔声等措施；第二，合理布局噪声敏感区中的建筑物功能和合理调整建筑物平面布局。

（4）管理措施。科学统筹进行城乡建设规划，明确土地使用功能分区，合理安排城市功能区和建设布局，预防环境噪声污染。在进行规划建筑布局时，划定建筑物与交通干线合理的防噪声距离，采取相应的建筑设计要求，避免产生环境噪声影响。

7.2.2.3 防止环境噪声污染的措施

防止环境噪声污染的措施包括：

（1）对由振动、摩擦、撞击等引发的机械噪声，一般采取减振、隔声措施。如对设备加装减振垫、隔声罩等。有条件进行设备改造或工艺设计时，可以采用先进的工艺技术，如将某些设备传动的硬连接改为软连接，使高噪声设备改变为低噪声设备，将高噪声的工艺改革为低噪声的工艺。

对于以这类设备为主的车间厂房，一般采用吸声、消声的措施。一方面在其内部墙面、地面以及顶棚采用涂布吸声涂料，吊顶吸声板等消声措施；另一方面从维护结构，如墙体、门窗设计上使用隔声效果好的建筑材料，或是减少门窗面积以减低透声量等，降低车间厂房内的噪声对外部的影响。一般材料隔声效果可以达到 15~40dB，可以根据不同材料的隔声性能选用。

（2）对由空气柱振动引发的空气动力性噪声的治理，一般采用安装消声器的措施。该措施效果是增加阻尼，改变声波振动幅度、振动频率，使声波通过消声器后减弱能量，达到减低噪声的目的。一般工程需要针对空气动力性噪声的强度、频率，可直接排放，或是经过一定直径的通风管道，参考排放出口影响的方位进行消声器设计。这种设计应当既不使正常排气能力受到影响，又能使排气口产生的噪声级满足环境要求。

一般消声器可以实现 10~25dB 降噪量，若减少通风量还可能提高消声效果。

（3）对某些用电设备产生的电磁噪声，一般是尽量使设备安装远离人群，一是保障电磁安全，二是利用距离衰减降低噪声。当距离受到限制，则应考虑对设备采取隔声措施，或对设备本身，或对设备安装的房间，做隔声设计，以符合环境要求。

（4）针对环境保护目标采取的环境噪声污染防治技术工程措施，主要是以隔声、吸声为主的屏蔽性措施，使保护目标免受噪声影响。如，可利用天然地形、地物作为噪声源和保护对象之间的屏障，或是依靠已有的建筑物或构筑物（应是非噪声敏感的）做隔声屏蔽，或是根据噪声对保护目标影响的程度进行设计的声屏障等。这些措施对声波产生了阻隔、屏蔽效应，使得声波经过后声级明显降低，敏感目标处的声环境需求得到满足。

一般人工设计的声屏障最多可以达到 5～12dB 实际降噪效果。这是指在屏障后一定距离内的效果，近距离效果好，远距离效果差，因为声波有绕射作用。

7.3　声环境功能区划与控制方案

7.3.1　声环境功能区划

为了进一步加强环境噪声管理和促进噪声治理，有效地控制城镇的噪声污染程度和范围，提高声环境质量，保障城市居民正常生活、学习和工作场所的安静，科学合理地实施城乡规划和城乡改造，促进环境、经济、社会协调一致发展，需要通过声环境功能区划为噪声管理以及城市布局优化提供依据，为不同功能分区确定具体的声环境保护目标。

声环境要素是城市居民比较敏感的环境要素，但其污染源影响范围一般较小，区域间相互影响较轻微，划分的区域空间可以相对小一些，可根据城市规划的功能分区要求，结合《声环境质量标准（GB 3096—2008）》、《城市区域环境噪声功能区划分技术规范（GB/T 15190—1994）》中的有关规定进行声环境功能区划分，其范围可以参照土地利用规划功能区的范围，落实到相应的网格区划图上。

7.3.1.1　声环境功能区划的基本原则

声环境功能区划的目的是确定每个区划内具体的环境目标，划分时应重点考虑以下原则：

（1）保障城市居民正常生活、学习和工作场所的安静，提高声环境质量，有效控制噪声污染的程度和范围。

（2）以城市总体规划为指导，结合城市土地利用，按区域规划用地的主导功能来确定声环境保护目标，有利于城市环境噪声管理和促进噪声污染治理。

（3）有利于城市规划的实施和城市改造，做到功能区划分科学管理，促进环境、经济和社会协调发展。

在实际的规划中可能规划区域已划分声环境功能区，此时则需要评估原有功能区的合理性以及对于将来规划的适用性，并根据评估的结果以及新的发展规划适当地对该功能区进行优化和修改。

7.3.1.2　声环境功能区划的主要依据

（1）结合《声环境质量标准（GB 3096—2008）》中各类标准适用区域进行划分。

（2）城市性质、结构特征、城市总体规划、分区规划、近年规划和城市规划用地现状，特别是城市的近期规划和城市规划用地现状应为区划的主要依据。

（3）依据区域环境噪声污染特点和城市环境噪声管理的要求进行划分。

（4）城市的行政区划及城市的自然地貌也是声环境功能区划的依据。

7.3.1.3 声环境功能区划的程序

声环境功能区划程序如下：

（1）准备噪声控制功能区划基础资料：城市总体规划、分区规划、城市用地统计资料、声环境质量状况统计资料和比例适当的工作底图等。

（2）划分噪声控制功能区单元，并确定各区域单元的类型。

（3）充分利用行政边界（街、区等）、自然地形（道路、河流、沟壑、绿地等）作为区域边界，合并多个区域类型相同且相邻的单元。

（4）对初步划定的区划方案进行分析、调整。

（5）征求相关部门（环保、规划、城建、公安和基层政府等）对噪声功能区划方案的意见。

（6）确定噪声控制功能区划方案，绘制噪声控制功能区划图。

（7）系统整理并提交技术文件，包括区划工作报告、区划方案、区划图等，报上级环境保护行政主管部门技术验收。

（8）地方环境保护行政主管部门将区划方案报当地人民政府审批，公布实施。

7.3.1.4 声环境功能区

A 声环境功能区分类

按区域的使用功能特点和环境质量要求，声环境功能区分为以下五种类型：

（1）0类声环境功能区：指康复疗养区等特别需要安静的区域。

（2）1类声环境功能区：指以居民住宅、医疗卫生、文化体育、科研设计、行政办公为主要功能，需要保持安静的区域。

（3）2类声环境功能区：指以商业金融、集市贸易为主要功能，或者居住、商业、工业混杂，需要维护住宅安静的区域。

（4）3类声环境功能区：指以工业生产、仓储物流为主要功能，需要防止工业噪声对周围环境产生严重影响的区域。

（5）4类声环境功能区：指交通干线两侧一定区域之内，需要防止交通噪声对周围环境产生严重影响的区域，包括4a类和4b类两种类型。4a类为高速公路、一级公路、二级公路、城市快速路、城市主干路、城市次干路、城市轨道交通（地面段）、内河航道两侧区域；4b类为铁路干线两侧区域。

B 声环境功能区的划分要求

a 城市声环境功能区的划分

城市区域应按照GB/T 15190的规定划分声环境功能区，分别执行本标准规定的0、1、2、3、4类声环境功能区环境噪声限值。

b 乡村声环境功能的确定

乡村区域一般不划分声环境功能区，根据环境管理的需要，县级以上人民政府环境保护行政主管部门可按以下要求确定乡村区域使用的声环境质量要求：

（1）位于乡村的康复疗养区执行0类声环境功能区要求。

（2）村庄原则上执行1类声环境功能区要求，工业活动较多的村庄以及有交通干线经过的村庄（指执行4类声环境功能区要求以外的地区）可局部或全部执行2类声环境功能区要求。

（3）集镇执行 2 类声环境功能区要求。

（4）独立于村庄、集镇之外的工业、仓储集中区执行 3 类声环境功能区要求。

（5）位于交通干线两侧一定距离（参考 GB/T 15190 第 8.3 条规定）内的噪声敏感建筑物执行 4 类声环境功能区要求。

C　环境噪声限值

（1）根据《声环境质量标准（GB 3096—2008）》，各类声环境功能区使用表 7 - 1 规定的环境噪声等效声级限值。

（2）表 7 - 1 中 4b 类声环境功能区类别环境噪声限值，适用于 2011 年 1 月 1 日起环境影响评价文件通过审批的新建铁路（含新开廊道的增建铁路）干线建设项目两侧区域。

（3）在下列情况下，铁路干线两侧区域不通过列车时的环境背景噪声限值，按昼间 70dB(A)、夜间 55 dB(A) 执行。

1）穿越城区的既有铁路干线；

2）对穿越城区的既有铁路干线进行改建、扩建的铁路建设项目。

既有铁路是指 2010 年 12 月 31 日前已建成运营的铁路或环境影响评价文件已通过审批的陀螺建设项目。

（4）各类声环境功能区夜间突发噪声，其最大声级超过环境噪声限值的幅度不得高于 15dB(A)。

表 7 - 1　环境噪声限值　　　　　　　　（dB(A)）

声环境功能区类别		昼　间	夜　间
0		50	40
1		55	45
2		60	50
3		65	55
4	4a 类	70	55
	4b 类	70	60

D　声环境功能区划的方法

a　0 类声环境功能区划分方法

0 类声环境功能区指特别需要安静的疗养区、高级宾馆和别墅区。该区域内及附近应无明显噪声源。区域界线明确，原则上面积不小于 0.5km²。

b　1~3 声环境功能区的划分方法

（1）城市规划明确划定且已形成一定规模的各类规划，分别根据其区域位置和范围按 GB 3096—2008 中的规定确定相应的功能区类型。

（2）区划指标符合下列条件之一的划为 1 类声环境功能区：

1）A 类用地占地率大于 70%（含 70%）。

2）A 类用地占地率在 60%~70%，B 类和 C 类用地占地率之和小于 20%±5%。

（3）区划指标符合下列条件之一的划为 2 类声环境功能区：

1）A类用地占地率在60%～70%（含60%），B类和C类用地占地率之和大于20%±5%。

2）A类用地占地率在35%～60%（含35%）。

3）A类用地占地率在20%～35%（含20%），B类和C类之间用地占地率之和小于60%±5%。

（4）区划指标符合下列条件之一的划为3类声环境功能区：

1）A类用地占地率在20%～35%（含20%），B类和C类之间用地占地率之和大于60%±5%。

2）A类用地占地率小于20%。

c　4类声环境功能区的划分方法

（1）道路交通干线两侧区域的划分方法。

1）若临街建筑以高于三层楼房以上（含三层）的建筑为主，将第一排建筑物面向道路一侧的区域划为4类区。

2）若临街建筑以低于三层楼房建筑（包括开阔地）为主，将道路红线一定距离内的区域划为4类区。距离的确定方法如下：相邻区域为1类区的，距离为（45±5）m；相邻区域为2类区的，距离为（30±5）m；相邻区域为3类区的，距离为（20±5）m。

（2）铁路（含轻轨）两侧区域的划分方法。城市规划确定的铁路用地范围外一定距离以内的区域划为4类区，距离的确定不计相邻建筑物的高度，其方法同道路交通干线。

（3）内河航道两侧区域的划分方法。根据河道两侧建筑物形式和相邻区域的噪声区划类型，将河堤护栏或堤外坡角外一定距离以内的区域划分为4类区，距离的确定方法同道路交通干线。

此外，大型公园、风景名胜区和旅游度假区按1类区划分；大工业区中的生活小区从工业区中划出，根据其与生产现场的距离和环境噪声污染状况，定位2类或1类区；噪声功能区域面积原则上不小于$1km^2$，山区等地形特殊的城市，可根据城市的地形特征确定适宜的区域面积；各类功能区之间不设过渡地带；近期内区域功能与规划目标相差较大的区域，以近期的区域规划用地主导功能作为噪声功能区划的主要依据，随地市规划的逐步实施，及时调整噪声功能区划方案；未建成的规划区域内，按其规划性质或按区域声环境质量现状，结合可能的发展划定区域类型。

7.3.2　噪声污染综合防治目标

噪声污染控制规划总体目标就是要为城市居民提供一个安静的生活、学习和工作环境。根据环境噪声污染现状和噪声污染预测情况，结合各噪声污染控制功能区的基本要求，确定规划区域内噪声控制目标。根据国家相关声环境标准（《声环境质量标准》等）、规划区域现状条件及发展的要求，结合环境功能分区及主要道路规划，确定噪声环境功能使用区域划分，各噪声功能区执行相应的环境噪声标准。

噪声污染控制规划指标应注意考虑：（1）环境噪声达标率，对各功能区环境噪声规划水平年达标率提出具体指标要求；（2）交通噪声达标率，对各交通干线噪声在规划水平年达标率提出具体指标要求；（3）厂界噪声达标率；（4）建筑施工噪声达标率。

7.3.3 噪声污染控制规划

噪声污染不像水污染、大气污染那样问题突出，但也与人们生活息息相关。应以噪声现状调查与评价为基础，进行噪声控制功能区划分，按不同的功能给出不同的噪声控制目标，并提出相应的综合防治措施。

7.2 节介绍的噪声污染防治措施主要是工程方面的措施，但由于噪声污染的形成涉及很多因素，而且污染源比较分散，单一的工程措施一般不能有效控制区域的噪声问题，还需要制定管理、强化区域布局规划、建筑结构与布局优化等综合控制与预防的措施。例如提出噪声敏感区的行业准入制度，加强法制管理，控制施工时间，合理规划道路建设，从设计上减缓对周边敏感区的影响等，为待规划区域提供改善或维护声环境质量状况的管理及合理发展建设的建议。

除了通过工程措施以及行政管理手段对噪声污染进行控制外，还需要通过加大宣传教育力度，提高噪声防治的环境意识。环境宣传教育是开展好环保工作的一项重要手段，为环保执法制造了良好的舆论氛围。只有加强环境宣传教育工作，提高全民的环境法治意识，才能使人们自觉地执行环保法律、法规，正确行使职权，形成全社会共同参与、共同监督的良好氛围。要切实加强对"环境污染防治"的宣传教育，让人们了解噪声对人体的危害及对人们生活的影响，提高人们的社会公德意识和治理噪声污染的责任感，使企业自觉地安装污染防治设施，彻底杜绝对周围环境的污染。特别是随着社会的发展，现今居民对噪声扰民问题逐渐关注，居民对邻里间、周边餐饮、工商业的噪声投诉增加，而这些很多是突发噪声，在执法的过程中难以取证；因此，在规划中需要提出通过宣传引导来减少这些噪声以及新的噪声问题控制的相关内容。

7.3.3.1 交通噪声污染控制

A 公路、铁路、城市轨道交通的噪声防治

公路、铁路、城市轨道噪声主要影响对象是线路两侧的以人群生活（包括居住、学习等）为主的环境敏感目标。其防治对策措施主要有：线路优化比选，进行线路和敏感建筑物之间距离的调整；改变线路路面结构、路面材料或是路基、轨道材料；变更道路和敏感建筑物之间的土地利用规划以及临街建筑物使用功能，采用声屏障和敏感建筑物本身防护；优化运行方式（包括车辆选型、速度控制、鸣笛控制和运销计划变更等）和进行远距离拆迁安置等，以降低和减轻公路、铁路、城市轨道交通产生的噪声对周围环境和居民的影响。具体如下：

（1）采用声屏障。声屏障可分为吸声式和反射式两种。吸声式主要采用多孔吸声材料来降低噪声，反射式主要是对噪声声波的传播进行反射，降低保护区域噪声。采用声屏障可节约土地，降噪效果比较明显。可采用可拼装式结构，易于拆换，适于道路两侧敏感建筑物较多，环境保护目标比较敏感的区域。但声屏障造价较高，行车时有单调及压抑的感觉。在设计声屏障时，除要求满足声学要求外还应注意声屏障的造型与色彩设计，要与周围景观协调一致。

（2）修建低噪声路面，减少轮胎与路面接触噪声。对于中小型汽车，随着行驶速度的提高，轮胎噪声在汽车产业的噪声中的比例越来越大，一般来说，当车速超过 50km/h时，轮胎与路面接触产生的噪声，就成为交通噪声的主要组成部分。修建低噪声路面，可

明显降低交通噪声，低噪声路面也称多孔隙沥青路面，它是在普通的沥青路面或水泥混凝土路面结构层上铺筑一层具有很高孔隙率的沥青稳定碎石混合料，其孔隙率通常在15%~25%。根据表面层厚度、使用时间、使用条件及养护状况的不同，与普通的沥青混凝土路面相比，多孔隙沥青路面可降低道路噪声3~8dB(A)。

（3）建设降噪绿化林带。建设绿化林带，可以降低汽车运输噪声。为了利用绿化林带降低交通噪声，应做到密集栽树，树冠下的空间植满浓密灌木，树的栽植应具有一定的形式。绿化带的吸声效果是由林带的宽度、种植结构、树种的选择、树木的组成等因素决定的。由几列树组成，有一定间隔的绿化林带的减噪效果比树冠密集的单列绿化林带大得多。当绿化林带宽度大于10m，可降低噪声4~5dB(A)。

（4）声源控制。声源控制包括改建汽车设计，提高汽车整体性能，减少或限制载重汽车进入噪声控制区域；在规定的区域内禁鸣喇叭；机车车辆在市区行驶，机动船舶在市区内河航道航行，铁路机车进入城区、疗养区时，必须按相应的规定使用声响装置等。

（5）公路、铁路等部门制定专项噪声控制规划，减轻环境噪声污染。在已有的城市交通干线的两侧建设噪声敏感建筑物的，建设单位应当按照规定间隔一定距离，并采取减轻、避免交通噪声影响的措施；穿越城市居民区、文教区的铁路，因铁路机车运行造成环境噪声污染的，铁路部门和其他有关部门应制定环境噪声污染规划，减轻铁路噪声对周围居民的影响。

B　机场飞机噪声防治

机场飞机噪声影响主要是非连续的单个飞行事件的噪声影响。可通过机场位置选择、跑道方位和位置的调整、飞行程序的变更、机型选择，昼间、晚上、夜间飞行架次比例的变化，起降程序的优化，敏感建筑物本身的噪声防护或使用功能更改、拆迁，噪声影响范围内土地利用规划或土地使用功能的变更等措施减少和降低飞机噪声对周围环境和居民的影响。

此外，民航部门应制定专项噪声控制规划，减轻环境噪声污染。地方政府应在航空器起飞、降落的净空周围划定限制、减少噪声敏感建筑物的区域，在该区域内建设噪声敏感建筑物的建设单位应当采取减轻航空器运行时产生的噪声影响的措施。民航部门亦应采取有效措施，减轻环境噪声污染。

7.3.3.2　工业噪声污染控制

工业噪声防治以固定的工业设备噪声源为主。对项目整体来说，可以从工程选址、总图布置、设备选型、操作工业变更等方面考虑，尽量减少声源可能对环境产生的影响。对声源已经产生的噪声，则根据主要声源影响情况，在传播途径上分别采用隔声、隔震、消声吸声以及阻尼等措施降低噪声影响，必要时需采用声屏障等工程措施降低和减轻噪声对周围环境和居民的影响。而直接对敏感建筑物采取隔声窗等噪声防护措施，则是最后的选择。

工业噪声污染防治对策主要考虑从声源降低噪声和从噪声传播途径降低噪声两个环节。

A　从声源上降低噪声

（1）应用新材料，改进机械设备的结构以降低噪声。如在设计和制造过程中选用发声小的新材料来制造机件，改进设备结构和形状，改进传动装置以及选用已有的低噪声设备都可以降低声源的噪声。

（2）改革工艺和操作方法以降低噪声。例如：用低噪声的焊接代替高噪声的铆接；用无声的液压装置代替有梭织布机等，均可降低噪声。

（3）提高零部件加工精度和装配质量以降低噪声。零部件加工精度的提高，可使机件间摩擦尽量减少，从而使噪声降低。提高装配质量，减少偏心振动，以及提高机壳的刚度等，都能使机器设备的噪声减少。

（4）维持设备处于良好的运转状态以降低噪声。因为设备运转不正常时，噪声往往增高。

（5）对工程实际采用的高噪声设备或设施，在投入安装使用时，应当采用减振降噪或加装隔声罩等方法降低声源噪声。

B　从噪声传播途径上降低噪声

（1）利用"闹静分开"和"合理布局"的原则降低噪声。在厂区内应合理地布置生产车间和办公室的位置，将噪声较大的车间尽量集中起来，与办公室、实验室等需要安静的场所分开，使高噪声设备尽可能远离噪声敏感区。

（2）利用地形或声源的指向性降低噪声。如果噪声源与需要安静的区域之间有山坡、深沟、地堑、围墙等地形地物时，可以利用它们的障碍作用减轻噪声的干扰。同时，声源本身具有指向性，可使噪声指向空旷无人区或者对安静要求不高的区域；而医院、学校、居民住宅区等需要安静的地区应避开声源的方向，减少噪声的干扰。

（3）利用绿化林带降低噪声。采用植树、植草坪等绿化手段也可减少噪声的影响。

（4）采取声学控制措施降低噪声。噪声控制还可以采用声学控制方法，例如对声源采用消声、隔振和减振措施，在传播途径上增设吸声、隔声等措施。

7.3.3.3　建筑施工噪声污染控制

建筑施工噪声污染控制措施包括：

（1）选择低噪声的施工机械以降低噪声，同时对施工机械设备进行降噪处理。

（2）建立建筑施工申报制度。在城市市区范围内建筑施工过程中使用机械设备，可能产生环境噪声污染的，施工单位须向当地政府环境保护行政主管部门进行申报。申报内容包括：项目名称、施工场所和期限、可能产生的环境噪声值及采取的环境噪声污染防治措施的情况。

（3）在城市市区噪声敏感建筑物集中区域内，禁止夜间进行产生环境噪声污染的建筑施工作业。因特殊需要必须连续作业的，需经相关环境行政主管部门批准。

（4）加大建筑施工噪声现场监督管理力度，加大对群众信访和纠纷查处力度，保护城市市区居民安静的工作和学习环境。

7.3.3.4　社会生活噪声污染控制

社会生活噪声污染控制主要包括商业活动产生的噪声污染控制和文化娱乐产生的噪声污染控制。

A　商业活动的噪声污染控制措施

（1）禁止在商业经营活动中使用高音广播喇叭或采用其他发出高噪声的方法招揽

顾客。

（2）对在商业经营活动中使用空调器、冷却塔等可能产生环境噪声污染的设备、设施进行降噪处理，使其边界噪声达标排放。

B 文化娱乐噪声污染控制措施

（1）经营中的文化娱乐场所，其边界噪声不得超标排放；如达不到边界噪声标准限值，应采取降噪技术措施进行处理。

（2）在广场、公园等公共场所组织娱乐集会等活动，使用的音响器材可能产生干扰周围生活环境的过大音量时，应遵守当地公安机关的规定。

（3）家庭室内娱乐活动，应当控制音量或避开周围居民休息时间，避免对周围居民造成环境噪声污染。家庭室内装饰，应当限制作业时间，选择白天周围居民外出工作和学习之际进行施工，以减轻、避免对周围居民造成的影响。

此外，要加强环境宣传教育力度，加大对群众信访和噪声污染纠纷查处的力度，保障人民群众的环境权益。

7.4 噪声污染防治规划案例剖析

本节对《海丰县环境保护规划（2008—2020）》的内容进行简单介绍。

7.4.1 城市噪声污染状况评价

7.4.1.1 区域噪声环境

A 县城区域环境噪声

根据海丰县环保局监测数据，2007 年海丰县城区环境噪声为 55.7dB，较 2006 年上升了 0.1dB。海丰县环境噪声总体较稳定，年变化较小（图 7-1），2005~2007 年总体达到国家规定的标准水平。而在声环境功能区达标方面，海丰县城区域噪声 1 类功能区超标最为严重，2 类功能区次之。1 类功能区 2007 年超标率为 30.8，较 2006 年上升了 3.9%；2 类功能区 2007 年超标率为 24.6%，较 2006 年上升了 2.1%；1、2 类功能区三年来超标呈上升趋势，现有声环境功能区划已出现一定的不合理性，在规划中应适当调整其功能区。

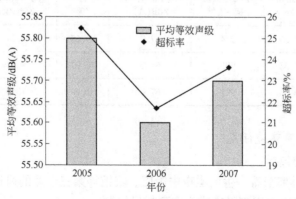

图 7-1 2005~2007 年海丰县城区域环境噪声概况

B　小城镇区域环境噪声

选取西部鹅埠、赤石、小漠、鲘门四镇镇区作代表监测，以分析海丰县小城镇区域环境噪声。以 120m × 120m 的网格布点，共布点 29 个，监测结果依据《声环境质量标准（GB 3096—2008）》中 2 类区标准作为评价标准，监测结果见表 7-2。从监测结果看，昼间只有鹅埠镇昼测值全部达标，其余三镇均有部分测点超标；夜间四镇均有部分测点超标；其中，鲘门镇噪声污染较为突出，昼间达标率较低，夜间所有测点均超标，可见，小城镇随着经济的发展，各种声源增加，声环境受到一定程度的污染。

表 7-2　四镇区域环境噪声现状统计

镇区名称	评价标准/dB	点位个数	达标率/%	区域环境噪声平均值/dB	平均值达标情况
鹅埠镇	60	8	100	55	达标
	50		63	50	达标
赤石镇	60	6	88	57	达标
	50		17	51	超标
小漠镇	60	8	78	56	达标
	50		69	50	达标
鲘门镇	60	7	43	60	达标
	50		0	53	超标

7.4.1.2　道路交通噪声

根据环保局资料，2005～2007 年海丰县道路交通噪声在 12 条交通主、次干线上共设 31 个测点进行监测，监测情况统计表见表 7-3。2005～2007 年交通噪声平均等效声级变化较小，较为稳定，平均等效声级达到《声环境质量标准（GB 3096—2008）》标准要求，但路段达标率逐年下降较快，由 2005 年的 80.65% 下降到 2007 年的 61.29%，下降了 19.36%，交通噪声总体呈恶化趋势。

表 7-3　2005～2007 年海丰县道路交通噪声监测情况

年度	测点数/个	总路长/km	平均车流量/辆·h⁻¹	平均等效声级/dB(A)	达标率/%	大于70dB(A)路长/km	等效声级范围/dB(A)
2005	31	43.35	994	67.0	80.65	4.24	62.8～76.0
2006	31	43.35	995	67.2	70.97	8.31	61.8～72.2
2007	31	43.35	991	67.0	61.29	13.3	51.1～80.7

7.4.1.3　主要声环境问题

主要声环境问题包括：

（1）从信访投诉率来看，生活噪声中饭店、宾馆等第三产业的风机噪声、卡拉 OK 的音响噪声、五金加工店的切割噪声成为主要扰民问题。

（2）交通噪声影响较大，过境公路对城区的影响更加突出，城镇缺少交通管理和噪声控制。过境公路穿越城区，城市发展与公路运输相互干扰矛盾很大：324 国道经过城区的路段位置，处于城市东西向的中轴线上，两侧基本都是公共服务设施和政府机关。

(3) 居住区内混杂小型工厂，工业噪声扰民现象突出。

7.4.2 城市区域环境噪声标准适用区划分

7.4.2.1 海丰县原有声环境功能区划方案

根据 2001 年《海丰县城"城市区域环境噪声标准"适用区划分》技术报告，海丰县执行的功能区划见表 7-4。

表 7-4 海丰县城区域原有区划方案 (dB)

类别	适应区名称	面积/km²	四 至 界 限				噪声标准	
			东	西	南	北	昼	夜
1	城东旧址区	2.07	开发大道	滨河路	三环路	穿城路	55	45
	西北文教区	0.63	海银路	二环路	穿城路	二环路		
	云岭机关区	0.75	二环路	云岭山庄路	穿城路	三环路		
	面积合计	3.45						
	占总区域比例	8.69%						
2	东南混合区	8.31	外环路	海汕路	外环路	二环路	60	55
	西南混合区	8.35	海汕路	联合路	南缘路	穿城路		
	北片混合区	6.31	开发大道	海银四化路	穿城路	东银路		
	面积合计	22.97						
	占总区划比例	57.86%						
3	城东工业区	6.75	江缘路	二环路	穿城外环路	北外环路	65	55
	城西工业区	4.63	联河路	开发大道	南外环路	西北环路		
	面积合计	11.38	云岭山庄路	边路				
	占总区划比例	28.66%						
4	二环路第一排建筑物面向一侧区域	0.48	三角站 黄江大桥	海关县政府	穿城路	尖山岭变电站	70	55
	三环路第一排建筑物面向道路一侧区域	0.6						
	外环路	0.14						
	老广汕路	0.10						
	穿城路	0.37						
	海尾路	0.07						
	海紫路	0.07			曾村	二环路		
	海银路	0.04			车站	森林公园标牌		
	人民西路	0.03		车站	二环路口			
	面积合计	1.90						
	占总区划比例	4.97%						

随着海丰县的发展，原有的区划方案已逐渐不能满足功能区的要求。如 1 类区城东旧址区部分区域因县城发展增加了声环境压力，已难以满足功能区要求，因此该声环境功能区应适当调整。

7.4.2.2　海丰县（镇区）声环境功能区修订方案

在原有《海丰县城"城市区域环境噪声标准"适用区划分》的基础上，利用《海丰县县城总体规划》、《海丰县土地利用总体规划》各土地类型分类以及海丰县县城噪声常规监测数据等相关资料进行对比、叠加分析，并根据《城市区域环境噪声适用区划分技术规范》的划分原则，对海丰县声环境功能区调整结果如下：

（1）0 类区。0 类区是指特别需要安静的疗养区、高级宾馆和别墅区。该区域内及附近区域应无明显噪声源，区域界限明确，面积原则上不少于 $0.5km^2$。按海丰县城市总体规划的构想县城现阶段还不具备这类标准的区域条件，故本方案暂不划分 0 类标准适用区。

（2）1 类区。1）准堤阁、龙山公园、烈士纪念碑、总农会旧址、彭湃故居、龙舌埔公园、文化故址区。2）西北教育科研用地区域。3）云岭机关区、云岭山庄住宅区。4）北部公园教育区（青年公园、海丰公学、育才艺术学校区域）。

（3）2 类区。2 类区是指 3 类、4 类区以外区域，以居住商业混合功能为主的区域。

（4）3 类区。3 类区包括科技工业园、金园工业园、金岸工业园。

（5）4 类区。4 类区主要包括主次干道。包括二环路、三环路、外环路、广汕公路、穿城路、公园北路、开发大道、海银路、海紫路、海龙路、三新路、海汕路、人民西路、渠边路、科技路、西北路、青年绿道、老广汕路、南夏路、关厝围路、柯上路、横排路、四化路、解放路、中龙路、三阳路、龙中路、滨河西路、滨河东路、赤山路、象围西路、象围东路、教育路、东银路、茗下北路。

（6）另外，对于县内各乡村原则上执行 1 类声环境功能区要求，工业活动较多的村庄以及有交通干线经过的村庄（指执行 4 类声环境功能区要求以外的地区）可局部或全部执行 2 类声环境功能区要求。

7.4.3　城市噪声污染控制目标和措施

7.4.3.1　声环境规划目标

声环境规划目标包括：

（1）近期（2008～2012 年）。主要控制施工噪声与交通噪声。严格按照施工期噪声标准要求进行施工，在道路建设的同时对路两边进行绿化，对进入文教区、行政办公区、居住集中区车辆（特别是摩托车）严禁鸣喇叭，使噪声达标区覆盖率大于 75%，区域环境噪声年均等效声级达到国家 2 类混合区标准。

（2）中期（2013～2015 年）。主要控制目标为施工噪声、工业区噪声及交通噪声，在工业区周围进行绿化减噪，发展公共交通，使噪声达标区覆盖率达到 90%。

（3）远期（2016～2020 年）。主要控制工业区及交通噪声，在工业区周围进行绿化减噪，逐步淘汰摩托车，大力发展公共交通，使噪声达标区覆盖率达到 100%。

7.4.3.2　声环境污染防治措施

A　区域环境噪声控制

区域环境噪声控制主要从优化功能布局以及强化城镇规模、人口密度控制两方面出发。一方面，规划近期应逐步改变和优化"城中厂"布局，逐步使各功能区合理分割，改变现在大量混合区存在的局面，工业区、交通干线与居民区、文教区之间应设有一定距离的防护隔离带，并逐步从功能定位上消除一楼商铺二楼居住的格局；另一方面人口密度增加，势必带来生活噪声、建筑噪声、商业噪声和交通噪声的提高，因此在城乡建设规划中应考虑控制人口和用地规模，合理安排功能区和建设布局，处理好交通发展与环境保护的关系，有效预防交通噪声污染。

对于居民区噪声控制主要通过加强管理及优化布局实现。居住区应以组团结构为主要形式，将居住小区建成若干组团，每个组团组成相对封闭的组团院落，一些公共建筑或民用住宅可布置在居住区级或小区级道路处，将区域内的中央空调、变压器站、临时发电站等声源构筑物合理布置在对居民日常生活影响较小的区域；合理布局道路网，使其保持低的车辆流量和车速。建筑群可采用平行式（建筑物与道路平行）或混合式（第一排建筑物与道路平行，其他各排建筑与道路垂直）来减少噪声的影响；同时，临街第一排建筑物本身应加强防噪措施，合理安排不同安静要求的房间。

B　交通噪声的控制

结合海丰县交通状况实际，交通规划应与城乡建设规划、声环境保护规划协调一致，合理规划交通路网。若条件许可，公路、城市道路应在经过噪声敏感目标时，不宜设计较长、较陡的纵坡；合理确定新建住宅、学校、医院及其他需要保持安静的场所与地面交通线路间有足够的消声距离；同时，控制过境车辆，规划城镇过境公路，使与该区域交通关系不大的过境车辆从城区边缘绕行。

道路规划后，还应通过管理来提高效能。控制车辆的总数和构成，机动车辆有计划发展；优先发展公共客运交通系统，总体减轻交通噪声对周围环境的影响；老区中较窄的道路可考虑实行单向行车。

最后，还需要采取一些工程措施加以控制。穿越城市居民区、文教区等的铁路及公路等交通干线两侧应视具体情况设置隔声屏障，对两侧敏感建筑采取安装隔声窗或对适合的道路采取铺设多孔性路面材料等噪声污染防治措施，以减轻机动车或火车运行对噪声敏感区域的影响，合理规划停车场，控制车辆乱停乱放现象，疏导交通。

C　噪声污染预防管治措施

在噪声敏感建筑物集中区域内，禁止设立产生环境噪声污染的金属加工、木材加工、车辆修理等小型企业，已经设立的，应当限期治理或限期搬迁。禁止在居民楼内兴办产生噪声污染的娱乐场点、餐饮业及其他超标准排放噪声的加工厂；控制居民区周边的以上场所营业时间，并必须采取相应的隔声措施以免干扰居民的生活。

宾馆、饭店和商业等经营场所安装的空调器产生的噪声，应采取措施进行防治，距离居民点较近的空调装置，应采取降噪、隔声等措施。不得在商业区步行街和主要街道旁连接朝向人行便道或在居民窗户附近设置空调散热装置。

未经批准，不得在夜间使用产生严重噪声污染的大型施工设备；在已竣工交付使用的住宅楼进行室内装修活动，需采取有效措施，以减轻、避免对周围居民造成环境噪声影响。同时，限制这些施工的作业时间。

在街道、广场、公园、住宅区等公共场所组织娱乐等活动，使用音响器材所产生的环境噪声不得超过相应的区域环境噪声标准等。

复习思考题

7－1 噪声有哪些类型，其特点包括哪些？

7－2 噪声污染控制规划的步骤包括哪些，你认为哪个步骤是最重要的？

7－3 你认为我国噪声污染控制最急需改善的是什么？

7－4 污染城市声环境的噪声源有几类，你所在的城市最主要的噪声源有哪些？如何进行控制？

研讨题

锦溪，位于江苏省昆山市西南23km处，东靠淀山湖，西依澄湖，南连上海市青浦区，北接苏州工业园区，是昆山的南大门。现有镇区面积约为2km²，人口密度约5473人/km²（未包括流动人口）。根据网格布点测试和各测点主要噪声源的统计，锦溪镇各类环境噪声中以交通噪声居首位，昼间和夜间受交通噪声影响的测点数占到总数的77%和65%。其次为人群活动、讲话等生活噪声，昼间和夜间各占26%和22%。夜间受动物如狗叫、蛙鸣等影响占测点总数的20%，受建筑和市政工程施工影响的昼间和夜间各占16.6%和2%。而工业生产噪声目前在昼间和夜间仅占3%和4%。为解决锦溪地区的噪声污染问题，提高周边群众的生活质量，需要设计一份噪声污染防治规划方案，主要针对工厂、工地噪声，交通噪声以及生活区噪声污染等。

参考文献

[1] 王华东，张敦富，敦宝森，等．环境规划方法及实例［M］．北京：化学工业出版社，1988.

[2] 韦鹤平．环境系统工程［M］．上海：同济大学出版社，1993.

[3] 国家环境保护局计划司《环境规划指南》编写组．环境规划指南［M］．北京：清华大学出版社，1994.

[4] 孙广荣，吴启学．环境声学基础［M］．南京：南京大学出版社，1995.

[5] 杜功焕．声学基础［M］．南京：南京大学出版社，2001.

[6] 刘天齐，孔繁德，刘常海．城市环境规划规范及方法指南［M］．北京：中国环境科学出版社，1992.

[7] 马晓明．环境规划理论与方法［M］．北京：化学工业出版社，2004.

[8] 陆雍森．环境评价［M］．上海：同济大学出版社，1999.

8 固体废物管理规划

【本章要点】 固体废物是人类在生产建设、日常生活和其他活动过程中产生的，在一定时间和地点无法利用而被丢弃的污染环境的固体、半固体废弃物质。这些废物中的许多物质可以再利用，如果处理得当，它们可作为工业生产和生产能源的资源。固体废物管理是环境管理体系的一个重要组成部分，其更强调从源头上控制废物的产生量及产生特性，由此，形成了全过程固体废物管理的基本原则及层次化管理的基本方法。本章首先介绍了固体废物的分类、来源及其主要特性，进而提出了以固体废物的收集、运输方案及环卫设施配置与选址方案为主的固体废物规划管理体系。最后阐述了固体废物的污染防治与控制技术体系，包括源头减量、资源化循环利用、能源回收、无害化处理和处置的顺序和层次。

8.1 固体废物概述

8.1.1 固体废物的分类、来源及特性

固体废物的分类方法有多种，按其组成可分为有机废物和无机废物；按其形态可分为固态废物、半固态废物和液态（气态）废物。按其污染特性可分为危险废物和一般废物等；按其来源可分为矿业的、工业的、城市生活的、农业的和放射性的等。

此外，固体废物还可分为有毒和无毒的两大类。有毒有害固体废物是指具有毒性、易燃性、腐蚀性、反应性、放射性和传染性的固体、半固体废物。

根据《中华人民共和国固体废物污染环境防治法》（1995 年公布）将固体废物分为城市生活垃圾、工业固体物和危险废物。

一般来说，城市固体废物主要指城市生活垃圾，是城市居民日常生活中或为城市日常生活提供服务的活动中产生的固体废物，以及法律法规视为生活垃圾的固体废物。城市生活垃圾主要包括厨余物、废纸、废塑料、废织物、废金属、废玻璃、粪便以及废旧家具、废旧电器、庭园废物等。城市居民家庭、城市商业、餐饮业、旅馆业、旅游业、服务业、市政环卫、交通运输业、文化卫生业和工业企业单位以及水处理污泥等都是城市固体废物的来源。城市固体废物具有成分复杂多变、有机物及水分含量高等特性。此外，城市生活垃圾具有可生化性，可用挥发性有机物含量（VS）、生物需氧量（BOD_5）等参数衡量。

工业固体废物是指在工业生产过程中产生的固体废物。按行业划分为如下几类：（1）矿业固体废物产生于采、选矿过程，如废石、尾矿等；（2）冶金工业固体废物产生于金属冶炼过程，如高炉渣等；（3）能源工业固体废物产生于燃煤发电过程，如煤矸石、炉渣等；（4）石油化工工业固体废物产生于石油加工和化工生产过程，如油泥、油渣等；（5）轻工业固体废物产生于轻工生产过程，如废纸、废塑料、废布头等；（6）其他工业

固体废物产生于机械加工过程，如金属碎屑、电镀污泥等。工业固体废物含固态和半固态物质。随着行业、产品、工业、材料不同，污染物产量和成分差异很大。

危险废物（又称有害废物）是指由于不适当的处理、储存、运输、处置或其他管理方面，能引起各种疾病甚至死亡，或对人体健康造成显著威胁的固体废物（美国环保局，1976）。危险废物通常具有急性毒性、易燃性、反应性、腐蚀性、浸出毒性、放射性和疾病传播性。危险废物来源于工、农、商、医疗各部门乃至家庭生活。工业企业是危险废物主要来源之一，集中于化学原料及化学品制造业、采掘业、黑色和有色金属冶炼及其压延加工业、石油工业及炼焦业、造纸及其制品业等工业部门，其中一半危险废物来自化学工业。医疗垃圾带有致病病原体，也是危险废物的来源之一。此外，城市生活垃圾中的废电池、废日光灯管和某些日化用品也属于危险废物。

8.1.2　固体废物的环境问题

固体废物是环境的污染源之一，除了直接的污染之外，还经常以水、大气和土壤为媒介污染环境。

固体废弃物对人类环境的危害是多方面的，也是非常严重的。其危害主要体现在占用大量土地，污染水体、大气和土壤，淤塞和填埋河道、水道，以及发生泥石流、塌方、滑坡和火灾等，造成财产损失、人员伤亡。其具体的危害如下：

（1）浪费土地资源。固体废物不像废气、废水那样到处迁移和扩散，必须占有大量的土地。城市固体废物侵占土地的现象日趋严重，我国现在堆积的工业固体废物有 60 亿吨，生活垃圾有 5 亿吨，估计每年有 1000 万吨固体废物无法处理而堆积在城郊或公路两旁，几万公顷的土地被它们侵吞。

（2）严重污染土壤。土壤是植物赖以生存的基础。长期使用带有碎砖瓦砾的"垃圾肥"，土壤就严重"渣化"；未经处理的有害废物在土壤中风化、淋溶后，渗入土壤，杀死土壤微生物，破坏土壤的腐蚀分解能力，导致土壤质量下降；带有病菌、寄生虫卵的粪便施入农田，一些根茎类蔬菜、瓜果就把土壤中的病菌、寄生虫卵吸进或带入体内，人们食用后就会患病。

（3）废弃物倾倒河湖，水污染令人担忧。许多国家把大量的固体废物直接向江河湖海倾倒，不仅减少了水域面积，淤塞航道，而且污染水体，使水质下降。固体废物对水体的污染，有的直接污染地表水，也有的下渗后污染地下水。

固体废物在收运、堆放过程中未作密封处理，导致向大气飘散，有的经日晒、风吹、雨淋、焚化等作用，挥发大量废气、粉尘；有的发酵分解后产生有毒气体，向大气中飘散，造成大气污染。

影响市容环境卫生，固体废物在城市里大量堆放而又处理不妥，不仅妨碍市容，而且有害城市卫生。城市堆放的生活垃圾，非常容易发酵腐化，产生恶臭，招引蚊蝇、老鼠等滋生繁衍，容易引起疾病传染。在城市下水道的污泥中，还含有几百种病菌和病毒。长期堆放的工业固体废物有毒物质潜伏期较长，会造成长期威胁。

城市的清洁卫生文明，很大程度同固体废物的收集、处理有关，尤其是作为国家卫生城市和风景旅游城市，对固体废物不妥善处理，将会造成非常不良的影响。

总之，当前我国乃至全世界的固体废物污染十分严重，固体废物的堆置不当还有可能引发泥石流、塌方和滑坡，冲毁村镇以及引起火灾等现象，会严重影响人们的身体和财产安全，必须制定一定的规划方法来妥善处理固体废弃物。

8.1.3 固体废物的现状调查与分析

固体废物污染主要来源于工业的固体废物和生活垃圾。固体废物排入环境后会污染水环境，破坏植被和污染土地，降低土地的利用能力；此外，还会污染大气环境。就目前固体废物对环境的污染水平而言，还需要通过实验来判断污染的影响。

为了加强固体废物的环境监督管理，优化固体废物处置设施的结构与布局，提高固体废物减量化和资源化水平，确保无害化效果，切实防治固体废物对环境污染，保护和改善环境质量，保障人民身体健康，应根据相关法律、法规的要求以及规划区域固体废物处理、处置的实际情况，制定固体废物污染防治规划。

8.1.3.1 固体废物现状调查

开展固体废物现状调查，摸清规划区域内的固体废物产生量，是编制固体废物污染防治规划的基础。只有全面掌握固体废物的现状和存在的问题，才能制定出符合实际情况的污染防治规划。

现状调查包括：

（1）环境背景资料。需重点收集、调查规划区域内相关的环境质量、水文、气象、地形地貌等基础资料。

（2）社会经济状况调查。收集、调查规划区域内人口、经济结构、产业结构与布局、土地利用、居民收入与消费水平、交通以及社会与经济发展规划，城市或区域总体发展规划等。

（3）环境规划资料。主要指先前的各级环境规划、计划及其相关基础资料。

（4）固体废物来源、数量调查分析。调查和收集固体废物的来源数据，分析计算各种固体废物的产生数量，并对固体废物特征进行分析。

（5）固体废物处置处理情况调查：

1）生活垃圾处置处理情况调查。主要调查生活垃圾分类收集方式、现有的垃圾回收站点、垃圾清运站数量、垃圾转运点的分布、垃圾搬运方式和储存管理方式及垃圾运输方式；生活垃圾现有回收利用方式、回收利用率；现有生活垃圾处理设施，包括地理位置、处理或处置类型（如填埋、焚烧、堆肥等）、设计处理能力、实际处理量、设施运营机构及管理水平、设施正常运行状况等。

2）工业固体废物处置处理情况调查。对工业固体废物，除调查其来源、产生量外，还应调查其处理量、处置率、堆存量、累积占地面积、占耕地面积、综合利用量、综合利用率、产生利用量、产值、利润、非产品利用量及工业固体废物集中处理厂数量、能力、处理量等。

3）危险废物处置处理情况调查。调查危险废物种类、产生量、处置量、处置率、储存量、储存位置、利用量、利用率及危险废物集中处置设施、场所、处置能力等。

8.1.3.2 调查范围、对象与评价技术方法

规划的区域范围即为调查范围，同时如相邻区域有固体废物流入，应考虑外来固体废物流入对规划区域的影响。调查时，一般按各行政村辖区或地理单元划分。调查对象是：

对生活垃圾，重点调查居民垃圾、街道保洁垃圾和大型商业、餐饮业、旅馆业等服务业垃圾；对工业固体废物，一般以严重污染的大中型企业为重点对象；对危险废物，所有产生危险废物的单位均应列入调查对象。

评价可采用排序法进行统计和分析。排序法是指按对固体废物排放总量进行排序，确定主要污染物和主要污染源，结合污染物排放特征，找出存在的主要环境问题。同时为制定固体废物污染防治规划提供依据。

8.1.4　固体废物预测

8.1.4.1　生活垃圾产生量预测

与工业固体废物预测一样，城市垃圾产生量预测也常采用排放系数预测法、回归分析法和灰色预测法进行。例如，利用排放系数的预测方法如下：

$$W_{生} = 3.65 \times 10^{-5} f_{生} N$$

式中　$W_{生}$——预测年城市垃圾产生总量，万吨/a；

　　　$f_{生}$——排放系数，kg/(人·d)；

　　　N——预测年人口总数，人。

排放系数 $f_{生}$ 在没有第一手资料的情况下，可利用经验数据进行。如对中小城市可取值 $1 \sim 3$，粪便（湿）为 1kg/(人·d)。

8.1.4.2　工业固体废物产生量预测

工业固体废弃物有不同的种类，应分别对其进行预测。常用的预测方法有如下三种：

（1）系数预测法。

$$W = PS$$

式中　W——预测年固体废弃物排放量，万吨/a；

　　　P——固体废物排放系数，t/t（产品）；

　　　S——预测的年产品产量，万吨/a。

（2）回归分析法。根据固体废弃物产生量与产品产量或工业产值的关系，可建立一元回归模型，即：

$$y = a + bx$$

若固体废物产生量受多种因素影响，还可以建立多元回归模型进行预测。

（3）灰色预测法。固体废弃物产生量灰色预测是根据历年固体废物产生量序列来建立灰色预测模型。可建立单序列一阶线性动态模型，主要用于长期预测建模。

8.1.4.3　危险废物产生量预测

危险废物预测常采用的方法包括应用数理统计建立线性或非线性回归方程，也可采用单位产品产生危险废物系数或万元产值排污系数进行预测等。

$$DW(t) = \psi(t)\omega(t)$$

式中　$DW(t)$——预测年危险废物产生量；

　　　$\psi(t)$——单位产品或万元产值排污系数；

　　　$\omega(t)$——预测年产品产量或产值。

8.2 固体废物规划管理体系

8.2.1 固体废物收集方案

从某种程度上讲，固体废物的收集与处理设施的选址是一个复杂的问题，需要进行综合的考虑。但在实际中，城市里可供选择的位置极为有限，很多情况下，是在已经确定处理设施位置的前提下，来研究城市固体废弃物收集系统的最优化，以达到降低费用的目的。因此我们把固体废物处理设施的选址和固体废物收集分为两部分描述。

在城市固体废物收集系统规划研究中，常用的方法是数学规划法，如线性规划、非线性规划、整数规划、动态规划和多目标规划等。在不同的地域，针对不同的实际情况，所选用的方法及具体的运用都有很大的不同，但是总体来说，混合整数线性规划目前应用最多，也是应用最为成熟的方法。Hasit 等利用废物资源配置规划（WRAP），其中包括可以用混合整数线性规划途径解决的静态和动态模型，进行区域固体废物管理系统的规划。Jenkins 利用混合整数线性规划方法为安大略省多伦多市的固体废物管理规划构造了一个固定的费用模型。他提出了一个参数混合整数线性规划方法，其中包括先通过模型中的参数取不同数值来解决 MILP 问题，然后采用线性规划参数分析并提出解决方案，并把它应用于加拿大安大略省的能源再生装置的选址问题。Baete 构造了一个混合整数线性规划模型来确定固体废物处理设施的优化扩张模式，其中决策变量对应于固体废物管理装置的发展，扩张是固定二元的，与每一时期每个装置的配置需求有关的变量是不变的。Iihan Or 和 Kriton Curi 在伊兹密尔固体废物收集系统最优化的研究中，借助两阶段的混合整数规划模型来确定中转站的数量和位置及所对应服务的城市区域。Thierry Kulcar 提出的布鲁塞尔固体废物收集最优化模式分为两个阶段，分别优化一种成本，总目标是削减总成本，其中，第一阶段决定最终处置点的位置，评估在收集路径和焚化炉之间是否需要一个新的转运站。第二阶段考虑减少垃圾点对收集过程的影响。在构建模型之前，考虑交通阻塞等实际情况，进一步减少收集路径，以达到降维的目的。在模型的构建过程中，首先忽略垃圾站的选择对拟建转运站的位置选择的影响，最后考虑拟建转运站的位置对垃圾站的影响。

8.2.2 固体废物运输方案

固体废物的运输可根据产生地、转运站距离处置场地的距离采取合适的处置运输方式，可以进行公路、铁路、水运或者航空运输。

对于各类危险固体废物，最好的方法是使用专用公路槽车或者铁路槽车，槽车应该设有各种防腐衬里，以防运输过程中腐蚀泄漏。

对于非危险性的固体废物，可以采用各种容器进行承装，用卡车或者铁路货车进行运输，其间务必做好固体废物的防护措施，防止运输过程的泄漏。

对于要进行远洋焚烧处置的固体废物，选择专用的焚烧船运输。

8.2.3 环卫设施配置与选址方案

城市固体废物处理设施主要有垃圾焚烧厂、垃圾填埋场、垃圾转运站、回收站、堆肥场等。在固体废物处置设施选址的研究中，经常使用的方法是层次分析法。另外，近年也有使用问卷调查法和 GIS 方法进行研究的实例。

A　层次分析法

层次分析法（AHP）是美国运筹学专家 T. L. Stay 于 20 世纪 70 年代提出的，它是一种定性与定量相结合的多目标决策分析方法。特点是将决策者的经验判断给予量化，对于目标（或因素）结构复杂且又缺乏必要的数据的情况尤为适用。

层次分析法用于填埋场选址的基本思路是：先根据当地的城市规划、交通运输条件、环境保护、环境地质条件等，拟定若干可选场地（段），再将这些场地（段）的适应性影响因素与选择原则结合起来，构造一个层次分析图；再把各层次中各因素进行一一的量化处理，得出每一层各因素的相对权重值，直至计算出方案层各个方案的相对权重为止；根据这些权重进行评判。

B　问卷调查法

人口迅速增长，城市化进程加快，同时可供利用的城市土地日益减少，而且公众对环境质量的关心程度有了很大的提高，这些都造成了固体废物处理的难度日益增大。据此，国外的许多专家学者认为固体废物处理厂址已经不仅仅是一个单纯的技术性问题，而是涉及经济、社会和政治等诸多方面的综合性问题。例如，美国国家环保署的选址分析因子中就较多地考虑了对财产价值的影响及补偿计划、对社区形象的影响、美学和政治问题等方面的影响因素。而对于这些因素的权重分析，一个很好的方法就是问卷调查法。这也正是社会学领域里常用的研究方法。在实际应用中，问卷调查法需要根据研究对象的实际情况来确定不同的具体操作方案，设计具有较强针对性的调查问卷。

问卷调查法在实际应用中，一定要注意遵循社会调查统计方面的有关原则。比如，样本的选取方式、样本数量的确定等，也就是要保证样本的可信度，这样才能保证预测的准确性。

C　GIS 方法

GIS 是集地球科学、信息科学与计算机技术为一体的高新技术，目前已广泛应用于众多的领域。在城市固体废物管理规划中，同样可以运用这项技术作为选址的工具，对填埋场选址有影响的各种相关因子进行分析。

GIS 在选址中的应用，主要是利用 GIS 的制图功能，将搜到的对选址区域起决定性作用的限制性因素绘制成各种图标，然后将所绘出的各种图形进行对比和叠加，选择出不受限制性因素制约的空间位置。

实质上，应用 GIS 优选厂址是专家系统和 GIS 软件功能相结合的产物。选址的限制性因素由专家给定，GIS 只能按照专家的指令去工作，确定出具有可选性的区域，最后还得由专家在有可选性的区域内选择出理想的场地位置。郝英晨等在对太湖流域的固体废物规划中成功地应用了 GIS 技术。

8.2.4　综合管理规划的实施保障体系

综合管理规划的实施保障体系应依据国家环境经济政策和环境法规，运用价格、成本、利润、信贷、税收、收费和罚款等经济杠杆来调节各方利益关系，达到促进固体废物管理、保护环境的目的。固体废物管理中常用的经济手段包括庇古手段、科斯手段及财政税收政策，由于固体废物的特殊性，难以通过市场机制，如排污交易，落实科斯手段的应用，因而，庇古手段与财政税收政策应用较多，主要包括以下几个方面：

（1）加强工业固体废物排污收费。根据我国现行政策和法律规定，排污单位应根据排放污染物种类、数量和浓度，缴纳排污费。鉴于固体废物排放与废水、废气排放有本质的不同，固体废物排污费缴纳对象实质是那些未按照规定和标准建成、改造完成储存或处置设施之前产生的工业固体废物。

（2）加大固体废物处理费征收力度。根据污染者付费原则，全面开征固体废物处理费。提高生活垃圾处理费的收缴率，逐步提高收费标准，使其达到补偿垃圾收集、运输和处理的成本，并使垃圾处理企业有合理的利润。同时，对进入垃圾填埋场的固体废物进行收费，其目的是通过征收高额度的填埋税来促进废物产生者和运营者减少废物填埋处置量，提高废物再生利用和处置比率。

（3）征收产品或包装费。通过征收产品或者包装费，可推动产品和包装生产者履行生产者责任，承担产品消费后的废物管理，避免这些产品或者包装的废物成为固体废物，从而减少固体废物的产生量和相关处理费用。

（4）实行押金退款制度。押金退款制度一般用于固体废物回收与重复利用方面，可促进资源利用效率提高，减少固体废物污染。常见的是包装物回收和利用，一般由政府强制性规定，要求包装物生产者或者销售者向消费者提供产品的同时，收取一定的押金，以鼓励消费者在使用过程中将包装物交还给销售商。

（5）推行有利于固体废物资源化的财政税收政策。在庇古与科斯手段失灵的情况下，其他经济手段可作为有效的补充。常用的手段有减免税、财政补贴税与贷款优惠，作用对象是固体废物回收与综合利用产业，通过扶持相关产业发展，从而建立固体废物回收与综合利用的经济激励体系。

8.3 固体废物的污染防治与控制技术体系

8.3.1 固体废物综合规划目标与指标体系

固体废弃物管理系统的自身复杂性决定了其规划工作也是一个较为复杂的过程，既有对大量数据的调查与分析，又有众多规划方法的运用和模型的构建，规划方案产生后，还要对其进行对比分析，以求得最优化结果。

8.3.1.1 理想规划目标或最终目标

固体废物是资源的物理形态、化学性质发生变化并且使用价值丧失的结果。因此，从理论上面讲，可通过物理、化学、生物等处理技术，使其再恢复使用价值，或者使其重新回归自然，这也是固体废物管理规划的最终和最理想的目标。

8.3.1.2 总体目标

固体废物管理规划目标的设立，既要考虑环境资源效益，也不能忽视社会、经济和技术条件的约束。比如上海市城市生活垃圾管理规划的总体目标是在可持续发展战略思想的指导下，将城市生活垃圾管理置于整个社会、经济、环境大系统中，实行垃圾产生源到最终处置各个环节的全过程集成管理，逐步实现生活垃圾处理对环境无害、促进资源再生且不过度增加经济负担，从而使环境、经济、资源得以协同发展的管理目标。

8.3.1.3 指标体系

A 模型的开发与运算

应采用适宜的规划方法，建立固体废物管理控制系统的规划模型，以获得反应实际的理想规划方案。具体内容包括：

（1）固体废物管理技术经济评估。

（2）固体废物与社会经济发展的相关性分析。

（3）固体废物产生排放量预测。

（4）固体废物处置场地的选址及运输网络设计。

（5）收运方案及其优化模型。

（6）固体废物处理。

（7）固体废物相关的空气污染物扩散模型。

B 方案形成与评估

根据规划模型的结果，针对未来可能出现的不同情况分别提出与之相对应的固体废物管理规划方案，并对于每个方案从社会、经济、环境三个方面的效益进行分析。最后确定各方案的优先顺序，并确定推荐的规划方案。

C 规划决策

将形成的规划方案（推荐方案及其他方案）一并送至规划的决策部门（如环卫部门、环保局），由其对固体废物管理规划进行最后总决策。

D 规划实施与跟进管理

一方面，由于固体废物管理规划往往需要研究社会、经济、环境的许多领域，具有涉及范围大、因子多且各因子间关系复杂等特点；另一方面，此类规划的时段一般较长（至少为 5 年以上），而且当前固体废物处理与处置技术手段、固体废物资源化理念、技术手段等发展很快，这些都将增大规划的不确定性。为了保证规划的先进性、时宜性，必须在规划实施过程中进行跟进管理，以根据未来的变化情况进行规划调整。

8.3.2 固体废物减量化方案

废物减量化（waste minimization）也称为废物最少化，指将产生的或随后处理、储存或处置的有害废物量减少到可行的最小程度。其结果使得减少了有害废物的总体积或数量，或者减少了有害废物的毒性，使得有害废物对人体健康的影响和对环境目前及将来的威胁减少到与最低限度的目标相一致。废物减量化包括源削减和有效益的利用、重复利用以及再生回收，不包括用来回收能源的废物处置和焚烧处理。

固体废物的减量化主要的对策与方案如下：

（1）城市固体废物。控制城市固体废物产生量增长的对策和具体措施如下：

1）逐步改变燃料结构。

2）净菜进城、减少垃圾生产量。

3）避免过度包装和减少一次性商品的使用。

4）加强产品的生态设计。①采用"小而精"的设计思想；②提倡"简而美"的设计原则。

5）推行垃圾分类收集。

6）搞好产品的回收、利用和再循环。

（2）工业固体废物。

1）淘汰落后生产工艺；

2）推广洁净生产工艺；

3）发展物质循环利用工艺。

8.3.3　固体废物资源化方案

所谓固体废物的资源化是利用对固体废物的再循环利用，回收能源和资源。对工业固体废物的回收，必须根据具体的行业生产特点而定，还应注意技术可行、产品具有竞争力及能获得经济效益等因素。

固体废物的资源化途径主要有以下三种：

（1）废物回收利用包括分类收集、分选和回收。

（2）废物转换利用，即通过一定技术，利用废物中的某些组分制取新形态的物质。如利用垃圾微生物分解产生可堆腐有机物生产肥料，利用塑料裂解生产汽油或柴油等。

（3）废物转化能源，即通过化学或生物转换，释放废物中蕴藏的能量，并加以回收利用。如垃圾焚烧发电或填埋气体发电等。

8.3.4　固体废物无害化方案

固体废物的无害化处理是通过各种手段使固体废物通过物理、化学、生物等不同的方法，使得固体废物转化成为适于运输、储存和资源化利用，以及最终处置的过程。

（1）物理处理。物理处理是指通过浓缩或者相位变化改变固体废物的结构，使之成为便于运输、储存、利用或者处置的状态的过程。物理处理的方法包括压实、破碎、分选、增稠、沉淀、吸附、过滤、萃取、离心分离等处理方式。

（2）化学处理。化学处理是指采用化学方法破坏固体废物中的有害成分从而达到无害化，或者将其转变为适于进一步处理处置或者资源化的状态。化学处理法通常只用于所含成分单一或者所含几种化学成分特性相似的废物处理。对于混合废物，化学处理可能达不到预期的目的。化学处理的方法包括氧化、还原、中和、化学沉淀和化学溶出等。有些危险废物，经过化学处理以后可能会产生富含毒性成分的残渣，还须对残渣进行进一步的处理与处置，否则可能引起二次污染。

（3）热处理。热处理是高有机物含量废物无害化、减量化、资源化的一种有效方法。它是通过焚烧、焙烧、热解、湿式氧化等高温破坏和改变固体废物的组成和结构，使废物中的有害物质得到分解或转化；同时，通过回收处理过程中产生的余热或者有价值的分解产物使废物中的潜在资源得到再生利用。

（4）固化处理。固化处理是采用固化基材将废物固定或者包裹起来，以降低其对环境的危害和使之便于安全运输和处置的处理过程。固化处理的对象主要是危险性和放射性固体废物。根据基材的不同，可将固化处理分为水泥固化、玻璃固化、自胶结固化等。

（5）生物处理。生物处理是指利用微生物对有机固体废物的分解作用实现其无害化和资源化的过程。它不仅可以使有机固体废物转化为能源、饲料和肥料，还可以用来从废品和废渣中提取金属，是进行固体废物处理与资源化的一种有效而又经济的技术方法。目前应用比较广泛的有好氧分解与厌氧分解。

8.4　深圳市特区内生活垃圾规划案例剖析

随着我国城镇化和城市建设步伐的加快，城镇生活垃圾处理设施的处理能力逐渐不能满足城镇生活垃圾的处理要求。因此，为了保障城市发展与生活垃圾有效处置，实现城市社会经济的可持续发展，开展城市生活垃圾处理规划，成为各个城市积极开展的一项工作。本书以深圳市特区内生活垃圾处理规划为案例，阐述以环境保护及废物资源化利用为目标的现代城市固体废物科学规划与管理。

8.4.1　规划基础分析

8.4.1.1　规划对象

深圳市地处广东省南部海滨，总面积 1952.8km²，共分为 6 个辖区。所辖经济特区面积 395.8 km²，包括罗湖区、福田区、南山区和盐田区，人口密集、商业发达，是深圳市行政、文化、信息、商务、金融和展览中心。宝安区和龙岗区地处经济特区外，是全市的高新科技产业、先进工业、贸易物流和能源基地，也是国内著名的海滨旅游胜地。

8.4.1.2　规划范围及时段

该规划的研究区域主要是针对深圳市特区四个区：福田、罗湖、南山、盐田。研究阶段：阶段一为 2003 ~ 2007 年；阶段二为 2008 年以后。

8.4.1.3　规划基本思路

生活垃圾管理规划具有两重性：（1）合理的可持续发展的城市生活垃圾管理规划可以促进环境保护和减少经济投资并产生经济效益；（2）不合理的生活垃圾处理方式和经济投资对生态带来不利影响，影响区域发展和人类生存。

因此，规划既要保证经济投入最小，又要保护生态，成为实现城市生活垃圾处理处置的最优规划。为了更好地实现最优规划的目标，必须在社会领域、经济领域、资源领域、环境领域来研究经济投资和环保之间的关系。

对于深圳城市生活垃圾管理规划系统而言，其首要任务是应在保证生态环境质量不下降的前提下最大程度处理生活垃圾并使经济投入最小。

8.4.1.4　管理规划体系及流程

按照固体废物管理规划原理，将深圳特区内城市生活垃圾管理规划系统分为社会环境子系统、环卫子系统、经济子系统、生态环境子系统、生活垃圾规划子系统，共 5 个系统。

社会环境子系统：深圳是移民城市，居民来自世界各地，本书主要讨论人口的规模与增长趋势以及人们的消费方式的改变。

环卫子系统：主要指对街道生活垃圾的清扫、居民生活垃圾的收集、运输、垃圾分类、中转以及各种运输设备等方面。城市环卫系统的垃圾分类收集功能会直接影响垃圾的处理成本、处理方式的选择及资源化的可行性。

经济子系统：城市垃圾治理需要投入较多资金，制约因素有资金来源、资金利用、承受能力。来源主要为国家和地方财政拨款，资金缺口大，难以满足垃圾无害化治理要求。

生态环境子系统：深圳属于亚热带海洋性气候，雨量丰沛，日照时间长，气候温和。全市森林覆盖率47.5%，特区建成绿化覆盖面积5954m^2，绿化覆盖率45.0%。

生活垃圾处理方式子系统：深圳土地资源贫乏，难以找到合适的垃圾填埋场，郊区农村使用城市垃圾堆肥的也很少，垃圾肥料没有出路，以资源化为目标的资源回收和垃圾焚烧成为主导手段。处理方式近期以卫生填埋和焚烧发电为主，远期以资源回收焚烧发电为主，填埋为辅。

针对深圳市上述5个系统的特点，设定系统目标及约束条件，建立规划模型进行求解，在对模拟结果进行分析的基础上利用情景分析，确定最优方案，规划流程如图8-1所示。

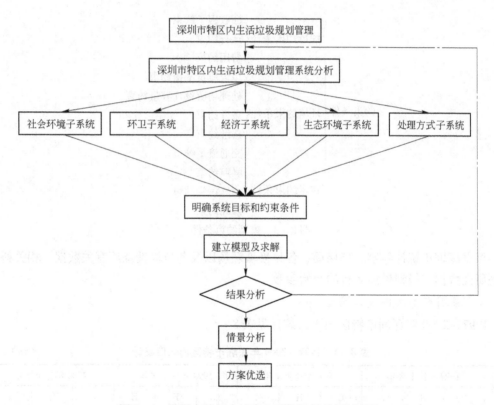

图8-1 深圳市特区内城市生活垃圾处理规划流程

8.4.2 规划模型和求解

8.4.2.1 规划模型及目标设定

以城市生活垃圾规划管理现状为基础，根据生活垃圾组分特点、处理设施以及系统分析的结论，将城市分为 N 个子区。模型的结构如图8-2所示。

$$
\text{模型结构}
\begin{cases}
\text{决策变量} \\
\text{目标}
\begin{cases}
\text{经济投入最小化} \\
\text{环境效益最大化}
\end{cases} \\
\text{约束条件}
\end{cases}
$$

图 8-2　规划模型结构

模型目标以经济目标和环境目标为主，经济目标包括：总运输费用最小化，总建设费用最小化，总运行费用最小化，总扩建费用最小化，处理回收利用资源的总收入最大化，家庭废物回收利用收入最大化。环境目标包括：土地占用最小化、地下水污染最小化、空气污染最小化。

8.4.2.2　模型参数及其求解

决策变量主要包括中转站数量及规模、焚烧厂处理量及数量、填埋场处理量及数量、堆肥处理量及数量、其他处理场所处理量和数量。模型建立的约束条件包括经济、环境及技术，具体情况如图 8-3 所示。

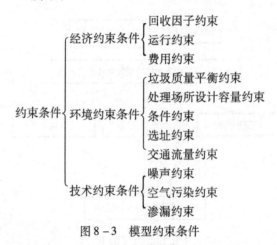

$$
\text{约束条件}
\begin{cases}
\text{经济约束条件}
\begin{cases}
\text{回收因子约束} \\
\text{运行约束} \\
\text{费用约束}
\end{cases} \\
\text{环境约束条件}
\begin{cases}
\text{垃圾质量平衡约束} \\
\text{处理场所设计容量约束} \\
\text{条件约束} \\
\text{选址约束} \\
\text{交通流量约束}
\end{cases} \\
\text{技术约束条件}
\begin{cases}
\text{噪声约束} \\
\text{空气污染约束} \\
\text{渗漏约束}
\end{cases}
\end{cases}
$$

图 8-3　模型约束条件

根据深圳市统计年鉴、环保局、各垃圾填埋场以及各垃圾焚烧厂有关数据、相关科研课题研究数据，得到模型运行的初始参数。

A　深圳市特区内人口预测

1997~2000 年深圳市特区内人口统计见表 8-1。

表 8-1　1997~2000 年深圳市特区内人口统计　　　　　　　　　（%）

地区	1997 年比上半年			1998 年比上半年			1999 年比上半年			2000 年比上半年		
	C	H	Z	C	H	Z	C	H	Z	C	H	Z
F	11.20	7.65	13.62	5.44	4.93	5.77	3.32	6.59	1.24	7.42	7.42	7.42
L	-7.92	7.65	-18.7	5.37	4.94	5.76	1.73	0.56	2.79	4.93	-0.77	10.01
N	6.52	-10.5	15.97	5.52	4.96	5.76	4.42	10.57	1.81	12.72	10.72	13.65
Y				5.56	5.00	5.73	2.48	-0.10	3.27	8.83	0.78	10.02

注：F—福田区，L—罗湖区；N—南山区；Y—盐田区；C—常住人口；H—户籍人口；Z—暂住人口。

深圳市特区内人口预测（2000~2010 年）见表 8-2。

表8-2 深圳市特区内人口预测（2000~2010年） （万人）

年 份	福田区		罗湖区		南山区		盐田区	
	上限	下限	上限	下限	上限	下限	上限	下限
2000	90.19	66.67	73.70	54.48	58.03	42.89	14.17	10.47
2001	176.27	130.29	46.47	56.52	62.46	46.17	14.99	11.08
2002	103.01	76.14	79.34	58.65	67.27	49.72	15.85	11.71
2003	110.09	81.37	82.33	60.85	72.48	53.57	16.76	12.39
2004	117.65	86.96	85.43	63.14	78.14	57.75	17.73	13.10
2005	125.73	92.93	88.65	65.52	84.28	62.29	18.76	13.86
2006	134.36	99.31	91.99	67.99	90.94	67.22	19.85	14.67
2007	143.59	106.13	95.46	70.56	98.18	72.57	21.02	15.54
2008	153.45	113.42	99.06	73.22	106.05	78.38	22.26	16.45
2009	163.99	121.21	102.81	75.99	114.60	84.70	23.58	17.43
2010	175.25	129.54	106.70	78.87	123.89	91.57	24.98	18.46

B 深圳市特区内生活垃圾产量预测

1998年深圳市特区内生活垃圾产生源分类及数据统计见表8-3。

表8-3 1998年深圳市特区内生活垃圾产生源分类及数据统计 （t/d）

产 生 源	福田、罗湖	南 山	盐 田
居民区	1069.1	209.6	102.3
清扫垃圾	302.3	69.5	24.2
商业垃圾	128.7	17.6	13.0
办公场所垃圾	184.3	19.6	7.1
生活垃圾总量	1684.4	316.3	146.6
人均垃圾日产量/t·(万人·d)$^{-1}$	12.89	7.38	13.27

2000年深圳市垃圾产生量现状见表8-4。

表8-4 2000年深圳市垃圾产生量现状

产 生 源	罗 湖	福 田	南 山	盐 田
生活垃圾总量/t·d^{-1}	812	812695	504	168
人均垃圾日产量/t·(万人·d)$^{-1}$	12.67	8.86	9.99	13.63

对1998年和2000年两年的垃圾产量按平均值计算（表8-5）。

表8-5 1998年和2000年两年的垃圾产量计算

产 生 源	福田、罗湖	南 山	盐 田
人均垃圾日产量/t·(万人·d)$^{-1}$	11.83	8.68	13.45

在以上数据的基础上，预测深圳特区未来各年生活垃圾产生量情况（表8-6）。

表8-6　深圳特区未来各年生活垃圾产生量情况预测 （t）

年份	福田区		罗湖区		南山区		盐田区	
	上限	下限	上限	下限	上限	下限	上限	下限
2000	389455.3	287858.3	318248	235226.8	183847.5	135887.3	69554.25	51409.67
2001	761135.6	562578.5	330195.6	244057.6	197887.1	146264.4	73575.57	54381.95
2002	444825.6	328784.2	342602.6	253228.0	213111.9	157517.5	77789.05	57496.25
2003	475368.0	351359.0	355487.2	262751.4	229627.3	169724.6	82267.31	60806.27
2004	508008.9	375484.9	368868.1	272641.6	247548.6	182970.7	87027.61	64324.76
2005	542892.5	401268.4	382764.8	282913.1	267001.2	197348.7	92088.34	68065.29
2006	580173.1	428823.6	397197.7	293580.9	288122.2	212959.9	97469.08	72042.37
2007	620015.4	458272.3	412187.9	304660.6	311061.4	229914.9	103190.7	76271.42
2008	662595.6	489744.6	427757.4	316168.5	335981.9	248334.4	109275.6	80768.92
2009	708102.0	523379.7	443929.0	328121.4	363062.1	268350.3	115747.4	85552.41
2010	756735.7	559326.4	460726.5	340537.0	392496.7	290106.2	122631.4	90640.6

C　生活垃圾组分特点分析

2000年深圳市特区内生活垃圾成分分析见表8-7。

表8-7　2000年深圳市特区内生活垃圾成分分析 （%）

项　目	有机物		无机物		可　回　收　物					
	动物	植物	灰土	砖瓦	纸类	塑料	纺织	玻璃	金属	木竹
特区内	3.3	47.7	4.3	1.8	8.6	16.9	9.8	2.5	0.9	4.2

2010年深圳特区生活垃圾成分预测分析见表8-8。

表8-8　2010年深圳特区生活垃圾成分预测分析 （%）

厨余	塑料	纸类	纤维	竹木	玻璃	金属	其他
22	10	35	4	9	13	7

D　各垃圾处理场基础数据统计

垃圾处理场概况见表8-9。

表8-9　垃圾处理场概况

项　目	处理规模	填埋密度/kg·m^{-3}		占地面积/亩	设备投资/元·t^{-1}		处理费用/元·t^{-1}		使用年限
		上限	下限		上限	下限	上限	下限	
西丽坪山	160	0.8	0.7	140	27	24	23	17	2008年
下坪垃圾填埋场	2554	0.8	0.7	2235	27	24	27	26	1997～2027年

典型垃圾处理场概况见表8-10。

表 8 – 10 典型垃圾处理场概况

项目	处理规模	设备投资/元·t⁻¹		占地面积 /m²	处理费用/元·t⁻¹		每吨发电效益/元	
		上限	下限		上限	下限	上限	下限
南山	2×400t	95	70	60000	110	70	143.52	106.08
清水河	2×150t	95	70	33750	115	85	143.52	106.08
盐田	300t	95	70	22500	110	70	143.52	106.08

E 各区送往填埋场的运输距离

各区送往填埋场的运输距离见表 8 – 11。

表 8 – 11 各区送往填埋场的运输距离　　　　　　　　　　　　（km）

项　　目	罗湖区		福田区		南山区		盐田区	
	上限	下限	上限	下限	上限	下限	上限	下限
下坪填埋场	10.35	7.65	10.35	7.65	33.35	24.65	32.20	23.8
市政综合处理厂	10.35	7.65	10.35	7.65	33.35	24.65	32.20	23.8
南山焚烧厂	40.25	29.75	40.25	29.75	17.25	12.75	69.00	51.00
南山填埋场	40.25	29.75	40.25	29.75	17.25	12.75	69.00	51.00
盐田焚烧厂	32.50	23.80	32.50	23.80	69.00	51.00	10.35	7.65

单位运输费用采用3.2元/(t·km)，根据运输距离，得出各生活区生活垃圾送往各填埋场的运输费用。

F 大气环境

废物处理产生的大气污染物主要来自焚烧和填埋过程，焚烧过程生成的气体有二 噁英、二氧化碳、水、二氧化硫、氮气等；填埋后的分解过程中，会产生甲烷、二氧化碳、水、二氧化硫等。在设计上述两种处理方式时，要严格按照国家行业标准设计废气回收利用或净化处理装置，避免处理过程造成二次污染。

G 地下水环境

根据现场调查、资料搜索，采用水量平衡式估算可能产生的渗滤液量。

H 其他技术参数

垃圾填埋过程中，为了避免污染，考虑用覆土覆盖。根据现场调查、相关资料查询，掌握覆盖的厚度。

8.4.3 规划情景分析

为了保证规划方案的实用性和可操作性，利用情景分析方法，分别对4种情景下深圳市特区内生活垃圾多目标规划模型进行求解和讨论。

8.4.3.1 情景一：保证生活垃圾处理过程中经济投入最小

表 8 – 12 列出了情景一下的规划方案。在此方案下，罗湖区的生活垃圾集中送往下坪填埋场处理，福田区的生活垃圾大部分送往下坪填埋场处理，少量（约67.5 万吨）被送

往市政综合处理场焚烧处理。南山区的生活垃圾几乎全部送往南山焚烧厂处理，当生活垃圾达到上限产量的时候，约35.0万吨生活垃圾送往南山填埋场处理。盐田区的生活垃圾除去1.2万吨在下坪填埋场处理外，其余全部由盐田焚烧厂集中处理。从这些数据可以看出，在这种情况下，每个垃圾产生源子区的生活垃圾几乎都送往在该区的处理厂处理，这样可以最大程度地降低运输成本，为经济投入最小化提供保证。

表8-12　深圳市2003～2007年生活垃圾处理规划（情景一）　　　　（万吨）

各区名称	下坪填埋场		市政综合处理场		南山焚烧厂		南山填埋场		盐田焚烧厂		总　计	
	上限	下限	上限	下限	上限	下限	上限	下限	上限	下限	上限	下限
罗湖	141.7	191.7	0.0	0.0	0.0	0.0	0.0	0.0	0.0	0.0	141.7	191.7
福田	134.0	205.1	67.5	67.5	0.0	0.0	0.0	0.0	0.0	0.0	201.5	272.6
南山	0.0	0.0	0.0	0.0	99.3	99.3	0.0	35.0	0.0	0.0	99.3	134.3
盐田	1.2	0	0.0	0.0	0.0	0.0	0.0	0.0	34.2	45.0	35.4	45.0
总计	276.9	396.8	67.5	67.5	99.3	99.3	0.0	35.0	34.2	45	477.9	643.6

8.4.3.2　情景二：保证生活垃圾处理过程中对空气污染最小

在情景二下，决策者较多考虑市区内大气环境质量，要保证大气污染最小，减少焚烧处理，采用卫生填埋。因此，模型求解过程中，需提高对大气环境目标的约束，而适当放松对经济投入以及地下水环境的束缚。在此方案下，计算出垃圾处理规划方案（表8-13）。

表8-13　深圳市特区2003～2007年生活垃圾处理规划（情景二）　　　　（万吨）

各区名称	下坪填埋场		市政综合处理场		南山焚烧厂		南山填埋场		盐田焚烧厂		总　计	
	上限	下限	上限	下限	上限	下限	上限	下限	上限	下限	上限	下限
罗湖	119.7	124.2	22.0	67.5	0.0	57.4	0.0	0.0	0.0	0.0	141.7	249.1
福田	138.5	143.2	0.0	0.0	0.0	0.0	63.0	72.0	0.0	0.0	201.5	215.2
南山	99.3	134.3	0.0	0.0	0.0	0.0	0.0	0.0	0.0	0.0	99.3	134.3
盐田	34.2	46.2	0.0	0.0	0.0	0.0	0.0	0.0	0.0	0.0	34.2	46.2
总计	391.7	447.9	22.0	67.5	0.0	57.4	63.0	72.0	0.0	0.0	476.7	644.8

在此方案下，罗湖区大部分生活垃圾（约119.7万～124.2万吨）被运往下坪填埋场处理，少量的生活垃圾分别送往市政综合处理场以及南山焚烧厂处理。福田区约有138.5万～143.2万吨送往下坪填埋场处理，剩下的被运往南山填埋场处理，该区所有的生活垃圾都是通过填埋方式处理。南山区和盐田区所有的生活垃圾都送往下坪填埋场处理。

8.4.3.3　情景三：充分保证对地下水资源污染最小

在此方案下，决策者重点保护地下水环境质量，最大限度防止由于垃圾处理过程中产生的各种地下水污染问题。这一点，反应到模型中就是加紧对地下水目标的束缚，表8-14列出了该处理规划方案。根据计算结果，在此情景下，罗湖区所有的生活垃圾都运往下坪填埋场处理。福田区大部分生活垃圾采用焚烧的方式处理，分别在市政综合处理厂和盐田焚烧厂处理，分别为88.2万吨和450万吨。南山区的生活垃圾几乎全部采用焚烧的方式处理，这些垃圾被分配到市政综合处理场和南山焚烧厂。只有当生活垃圾产量达到上限数值时，由于焚烧厂处理能力的约束，最多有 35.0 万吨的生活垃圾运往下坪填埋场填埋处理。盐田区生活垃圾全部采用填埋的方式处理。具体结果如表 8－14 所示。

表 8－14 深圳市 2003～2007 年生活垃圾处理规划（情景三） （万吨）

各区名称	下坪填埋场		市政综合处理场		南山焚烧厂		南山填埋场		盐田焚烧厂		总 计	
	上限	下限	上限	下限	上限	下限	上限	下限	上限	下限	上限	下限
罗湖	141.7	191.7	0.0	0.0	0.0	0.0	0.0	0.0	0.0	0.0	141.7	191.7
福田	68.3	139.4	0.0	0.0	88.2	88.2	0.0	0.0	45.0	45.0	201.5	272.6
南山	0.0	35.0	67.5	67.5	31.8	31.8	0.0	0.0	0.0	0.0	34.2	34.2
盐田	34.2	46.2	0.0	0.0	0.0	0.0	0.0	0.0	0.0	0.0	34.2	46.2
总计	244.2	412.3	67.5	67.5	120	120	0.0	0.0	45.0	45.0	476.7	644.8

8.4.3.4 情景四：充分考虑各方面因素，将所有条件整合到模型中

在情景四下，通过与决策者交流调整了模型的约束条件。深圳市政府以及生活垃圾各处理单位，特别是焚烧厂等都希望可以采用企业运行的方式，主要的设备投资基本由政府提供，但其中的运行、管理都全部由企业自行操作。对于焚烧厂来说，利用垃圾焚烧发电并网后，将收取高于一般入网电价；同时，根据成本计算，政府对这些单位给予适当补贴，保证各焚烧厂不出现亏损状况。根据这些基本要求，方案首先要满足各焚烧厂的处理能力，以争取最大限度地扶持这些焚烧厂；另一方面，深圳市生活垃圾处理主管部门也强调，无论采用何种运营方式，经济投入最小化是个不可忽略的前提。因此，在方案对经济目标的约束条件只能相对其他方案有少许放宽。根据这些条件重新调整模型参数后求解，具体结果如表 8－15 所示。

表 8－15 深圳市 2003～2007 年生活垃圾处理规划（情景四） （万吨）

各区名称	下坪填埋场		市政综合处理场		南山焚烧厂		南山填埋场		盐田焚烧厂		总 计	
	上限	下限	上限	下限	上限	下限	上限	下限	上限	下限	上限	下限
罗湖	63.3	124.2	67.5	67.5	0.0	0.0	0.0	0.0	10.8	0.0	141.7	191.7
福田	180.8	272.6	0.0	0.0	20.7	0.0	0.0	0.0	0.0	0.0	201.5	272.6
南山	0.0	0.0	0.0	0.0	99.3	120.0	0.0	14.3	0.0	0.0	99.3	134.3
盐田	0.0	1.2	0.0	0.0	0.0	0.0	0.0	0.0	34.2	45.0	34.2	46.2
总计	244.1	398.0	67.5	67.5	120.0	120.0	0.0	14.3	45.0	45.0	476.7	644.8

8.4.3.5 情景比较和选择

图 8－4 给出了四种情景下经济投入、SO_2 排放量以及地下水污染量的比较。四种情景的经济总投入（减去由于垃圾发电产生的经济效益）存在一定差异（图 8－4a）。情景一和情景四的差别很小；而情景二和情景三较前两者来说，要高出许多。图 8－4b 表明四种方案下 SO_2 的排放量有很大差异。总体来看，方案二的排放量较其他三个而言，排放量最小，约为 19 万～58.2 万立方米。由图 8－4c 可见，情景三对地下水污染的程度最小，而且其不确定性也较小。可以说该方案是最有利于地下水保护的一种可行性方案。相对于

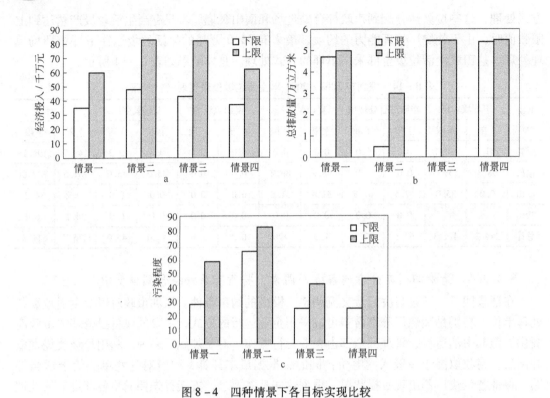

图 8-4　四种情景下各目标实现比较

情景三而言，情景四对地下水污染程度的差异不大，其下限与方案三相同，上限略高于方案三。主要原因是在构建该情境下的模型参数时，对经济投入的要求比较高。

在与深圳市环保局、环卫处的交流中了解到，由于垃圾处理是一项需要大量资金投入的事业，资金筹措成为一个难题。为了尽量减少垃圾处理过程中各种经济投入，他们偏好于经济目标的实现效果。

根据深圳市环境状况公报，深圳河、布吉河、大沙河受生活和面源污染严重，水质劣于国家地面水 V 类标准。深圳市 TSP 日均浓度为 $87\mu g/m^3$，符合国家空气质量二级标准（小于 $200\mu g/m^3$）。SO_2 日平均浓度为 $13\mu g/m^3$，符合国家空气质量二级标准（小于 $60\mu g/m^3$）。因此，认为在规划生活垃圾处理方案时，可以适当放宽对大气目标的束缚。但对地下水污染的约束条件应当紧缩。根据以上论述，方案四为首选方案，其满足了市政府大力发展焚烧技术的要求，同时考虑到经济投入的限制。对于环境污染来说，其对地下水污染程度较轻。虽然对大气污染程度最为严重，但考虑到大气质量本底值较好，可以允许焚烧厂排放。

本次规划在对城市生活垃圾规划管理系统综合分析的基础上，以不确定性多目标线性规划为核心建立了城市生活垃圾管理规划优化模型。并以深圳市为案例进行了研究，得到较好的城市生活垃圾管理规划优化方案。总的来说，该模型为城市生活垃圾管理规划提供了技术手段，同时也可用于其他各种类型的系统不确定性问题。

应用情景分析和交互式调整方法，可以在模型建立、求解和解译过程中充分考虑当地专家和决策者的意见，并将其纳入模型中，从而确保模型的可行性和实用性。

复习思考题

8－1 固体废物管理的意义与原则是什么?

8－2 固体废物所引发的环境问题有哪些?

8－3 简述固体废物规划管理体系的基本内容。

8－4 固体废物的污染防治与控制技术体系主要包括哪些内容?

8－5 生活中固体废物处理通常采用的措施与手段有哪些?

研讨题

营口市是辽宁省的一个中等城市,面积 $4970km^2$。2012 年,全市工业固体废物产生量 989.79 万吨,综合利用量 869.67 万吨,处置量 2.39 万吨,储存量 117.73 万吨。众所周知,固体废弃物长期堆积对大气环境、对水环境、对土壤都有非常大的危害。为最大效益地处理固体废弃物,需要设计一份以城市生活垃圾规划管理现状为基础,根据生活垃圾组分特点、运用处理设施以及系统分析方法的规划方案。

参考文献

[1] 郭怀成,尚金武,张天柱. 环境规划学 [M]. 北京:高等教育出版社,2009.

[2] 尚金成. 环境规划与管理 [M]. 第 2 版. 北京:科学出版社,2009.

[3] 刘培桐. 环境学概论 [M]. 北京:高等教育出版社,1995.

[4] 周敬轩. 环境规划新编教程 [M]. 武汉:华中科技大学出版社,2010.

[5] 李家瑞,翁飞,朱宝珂. 工业企业环境保护 [M]. 北京:冶金工业出版社,1992.

[6] 马光. 环境与可持续发展导论 [M]. 北京:科学出版社,2000.

[7] 李国鼎. 环境工程手册——固体废物污染防治卷 [M]. 北京:高等教育出版社,2003.

[8] 何品晶,冯肃伟,邵立明. 城市固体废物管理 [M]. 北京:科学出版社,2003.

9 生态保护与建设规划

【本章要点】 本章主要介绍了生态环境现状调查的内容及方法，以及在此基础上进行的生态环境质量评价指标体系的建立及评价方法；详细阐述了生态环境承载力概念的演变和内涵，并就生态环境承载力的计算与分析方法展开全面讨论；分析了生态系统的服务功能，对生态功能分区的问题展开讨论，详细介绍了生态功能分区的原则、依据和方法，并列举若干案例；在对生态环境影响预测讨论的基础上，阐述了生态环境保护与建设规划方法，最后给出若干生态修复的案例。

9.1 生态环境现状调查与评价

9.1.1 生态环境现状调查

生态环境现状调查与评价的目的是为了掌握评价范围内生态环境现状，包括生态因子、生物种群、生态景观和生态环境敏感目标等，为生态环境现状评价和建设项目对生态环境的影响预测评价提供基础资料。

9.1.1.1 生态环境现状调查的主要内容

生态环境现状调查首先需分辨生态系统类型，包括陆地生态与水生生态系统，自然生态系统与人工生态系统，然后对各类生态系统按识别和筛选确定的重要评价因子进行调查。

A 自然环境现状调查

自然环境现状调查包括自然环境基本特征调查、评价区域内的生态环境敏感目标调查、评价资料的搜集等。

（1）自然环境基本特征调查包括评价区内气象气候因素，水资源，土壤资源，动、植物资源，珍稀濒危、法定保护生物和地方特有生物的种类、种群、分布、生活习性、生境条件、繁殖和迁徙行为，以及评价区人类活动历史对生态环境的干扰方式和强度，自然灾害及其对生境的干扰破坏情况，生态环境演变的基本特征等。调查中须特别注意与环境保护密切相关的极端问题，如最大风级、最大洪水。

（2）评价区内敏感区和人文景点的历史和现状情况调查。

（3）生态资料搜集包括图件搜集和编制，调查中要注意已有图件的搜集，根据工作级别不同，对图件的要求也不同，但主要搜集下述图件和编制图件的资料图片。

1）地形图（评价区及其界外区的地形图一般为 $1:10000 \sim 1:500000$）。在该地形图上应标有地表状况，尤其是绿地（含水体）的分布状况，拟建工程厂区、城镇分布，主要厂矿及大型建（构）筑物分布等，并划明评价区及界外区范围。

2）基础图件。包括土地利用现状图、植被图、土壤侵蚀图等。

3）卫星照片。当已有图件不能满足评价要求时，一级项目的评价可应用卫星照片解译编图，以及地面勘察、勘测、采样分析等予以补充。卫星照片要放印到与地形图匹配的比例，并进行图形图像处理，突出评价内容，如植被、水文、动物种群等。

（4）根据评价因子的需要编制正规生态基础图件，包括动、植物资源分布图，自然灾害程度和分布图，生境质量现状图等。

B　社会经济现状调查

社会经济现状调查包括社会结构、经济结构、自然资源、建设项目及其周围的环境质量等内容。

（1）社会结构情况调查。主要包括人口密度、人均资源量、人口年龄构成、人口发展状况，以及生活水平的历史和现状，科技和文化水平的历史和现状，评价区域生产的主要方式等。

（2）经济结构与经济增长方式主要包括产业构成的历史、现状及发展，自然资源的利用方式和强度。

（3）自然资源量的调查包括农业资源、气候资源、海洋资源、植被资源、矿产资源、土地资源等的储藏情况和开发利用情况。

（4）环境质量现状调查执行环境影响评价技术导则及大气环境部分、地面水环境部分和声环境部分给定的方法和标准。

（5）受拟建项目影响的公众或社会团体对项目影响的意见及相应的解决办法和措施。

9.1.1.2　生态环境现状调查的基本方法

利用资料搜集与现场勘查相结合的方法进行生态环境现状调查。

（1）从农、林、牧、渔业资源管理部门、专业研究机构搜集生态和资源方面的资料，包括生物物种清单和动物群落、植物区系及土壤类型地图等形式的资料；从地区环境保护部门和评价区其他工业项目环境影响报告书中搜集有关评价区的污染源、生态系统污染水平的调查资料、数据。

（2）搜集各级政府部门有关土地利用、自然资源、自然保护区、珍稀和濒危物种保护的规划或规定，环境保护规划，环境功能区划，生态功能规划，以及国内、国际确认的有特殊意义的栖息地和珍稀、濒危物种资料，并搜集国家有关规定等资料。

（3）进行评价区生态资源、生态系统结构的调查，可采取现场踏勘考察和网格定位采样分析的传统自然资源调查方法。在评价区已存在污染源的情况下，对于污染型工业项目评价，需要进行污染源调查。根据现有污染源的位置和污染物环境输送规律确定采样布点原则，采集大气、水、土壤、动物及植物样品，进行有关污染物的含量分析。采样和分析按标准方法或规范进行，以保证质量和便于几个栖息地、几个生态系统之间的相互比较。景观资源调查需拍照或录像，取得直观资料。

（4）搜集遥感资料，建立地理信息系统，并进行野外定位验证（可采用 3S 技术），以采集到大区域、最新最准确的信息。

（5）访问专家，解决调查和评价中的高度专业化问题（如物种分类鉴定）和疑难问题。

（6）采取定位或半定位观测，进行候鸟迁移等情况的调查。

9.1.2 生态环境质量评价

9.1.2.1 生态环境质量评价的内容

生态环境质量评价是人类主体对生态环境价值的判断，其实质是了解生态环境的结构、特征和运动变化规律，把握人类对生态环境质量的需求，反映生态环境质量和人类社会对生态环境需求的关系。生态环境质量的评价内容应以生态环境的整体性与区域性、变动性与稳定性、资源性与价值性的基本特性为基础，同时考虑人类活动对生态环境的影响，评价生态环境的优劣与变化趋势，主要包括以下内容：

（1）区域资源丰度及其分布结构特征：水资源、土地资源、大气资源、生物资源和矿产资源及其空间分布结构。

（2）区域环境质量现状和环境容量：水环境、土壤环境、大气环境的状态、污染类型与影响程度和生态环境面临的压力、发展趋势及其与环境容量的关系。

（3）生态环境的稳定性和脆弱性：区域生态环境自身维持生态环境平衡的能力或抵抗外界干扰能力的阈值。一般来说，自然因子组合良好的生态系统，维持生态平衡的能力强，生态系统的自我恢复能力强，生态环境的稳定性好、脆弱性低。

9.1.2.2 生态环境质量评价分类

生态环境质量评价只是一个统称，它可以从不同的角度被分成许多类型。

（1）从时间尺度上，生态环境质量评价可分为回顾评价、现状评价及预断评价三种类型。

回顾评价，是根据某区域历史某一时期的统计资料，对当时的生态环境质量进行还原式评价。通过回顾评价可以揭示出该区域历史上生态环境质量的发展变化过程，但由于受历史资料积累情况的限制，故一般多在环境监测工作基础比较好的地区开展。

现状评价，是根据近期的环境监测资料，对某区域生态环境质量的现状情况进行评价。现状评价可以阐明当前生态环境被破坏的程度，进而为区域生态保护和环境治理提供科学依据。现状评价是目前环境质量评价研究中开展最多的评价形式。

影响评价，是指由于区域的开发活动（如土地利用方式的改变）将会给生态环境质量带来的影响进行评价。根据《中华人民共和国环境影响评价法》第八条"国务院有关部门、设区的市级以上地方人民政府及其有关部门，对其组织编制的工业、农业、畜牧业、林业、能源、水利、交通、城市建设、旅游、自然资源开发的有关专项规划，应当在该专项规划草案上报审批前，组织进行环境影响评价，并向审批该专项规划的机关提出环境影响报告书"，可见，在项目的规划和建设之前，开展生态环境影响评价工作是非常重要的。

（2）从空间尺度上，生态环境质量评价可分为专项评价、区域（或流域）评价、全国评价、发展战略评价等。

（3）从评价对象上，生态环境质量评价可以分为大气环境评价、水环境评价、土壤环境评价等。

（4）从评价内容上，生态环境质量评价可以分为安全评价、健康评价、风险评价、美学景观评价等。

（5）按照评价指标多少，还可以分为单个环境指标评价、单一类型环境指标评价和多种类型环境指标的综合评价。

9.1.2.3 生态环境质量评价指标及指标体系的确定

生态环境质量评价指标是进行生态环境定量评价的基本尺度和衡量标准，是一种具有可测量的或能够观察性质的参数值，或是通过这些参数计算出来的具有生态环境管理意义的信息值，例如反映环境状态，说明生态环境的时空条件的测量值，或影响生态环境的人类活动，或被环境影响的人类活动的模型参数以及变化趋势值。生态环境评价指标的特点：（1）具有较高的生态环境信息，覆盖较宽的规模，是高度综合性指数（Adamus，Brande，1990；Croonquist，Brooks，1991；Chovance，Raab，1997）；（2）容易迅速说明生态环境的时空条件，是生态环境的"晴雨表"；（3）在相对国家、区域和地方的规模上应该独立；（4）具有国际相容性和成本有效性；（5）有广泛坚实的理论基础和统计学特性（James P. Bennett，2002）。

生态环境质量评价指标体系见表9-1。

表 9-1 生态环境质量评价指标体系

目标层	系统层	要素层	指标层
生态环境质量综合评价指数（A）	资源度（B_1）	土地资源指数（C_1）	人均耕地面积（D_1） 耕地质量（D_2）
		水资源指数（C_2）	人均水资源量（D_3） 水资源密度（D_4）
		水土资源匹配（C_3）	水资源占全国的百分比（D_5） 耕地资源占全国的百分比（D_6）
		生物资源指数（C_4）	人均NPP（D_7），NPP密度（D_8） NPP占全国的百分比（D_9）
		气候资源指数（C_5）	光合有效辐射（D_{10}） 不小于10℃的积温（D_{11}） 年平均降水量（D_{12}） 年均霜日（D_{13}）
		矿产资源指数（C_6）	人均45种矿产资源（D_{14}） 45种矿产资源占全国的百分比（D_{15}）
	环境响度（B_2）	环境压力指数（C_7）	化石燃料消耗量（D_{16}），废气排放量（D_{17}） 废气排放密度（D_{18}），温室气体排放量（D_{19}） 空气污物排放量（D_{20}） 废水排放量（D_{21}） 废水排放密度（D_{22}），N、P排放量（D_{23}） 化肥重金属排放量（D_{24}） 废物排放量（D_{25}） 废物排放密度（D_{26}）
		环境状态指数（C_8）	空气污染指数（D_{27}） 空气中温室气体含量（D_{28}） 空气中SO_2含量（D_{29}） 空气中粉尘含量（D_{30}） 水污染指数（D_{31}） 水中BOD、DO、N、P含量（D_{32}）

目标层	系统层	要　素　层	指　标　层
生态环境质量综合评价指数（A）	生态稳定度（B_3）	脆弱度指数（C_9）	干燥度（D_{33}），受灾率（D_{34}） 水土流失率（D_{35}） 水土流失强度（D_{36}） 地下水超采率（D_{37}） 采矿破坏土地面积率（D_{38}） 三化面积率（D_{39}） 未利用土地面积率（D_{40}）
		抗逆指数（C_{10}）	公共绿地面积（D_{41}） 森林覆盖率（D_{42}） 水土流失治理率（D_{43}） 废气处理率（D_{44}） 废水排放达标率（D_{45}） 废物综合利用率（D_{46}） 污染治理投资占 GDP 的比例（D_{47}）

9.1.2.4　生态环境质量评价指标的计算方法

评价指标的计算包括：

（1）数据的标准化。由于不同评价指标的统计数据单位不同，数据间不具有可比性，因此，首先要对全部要素层各指标原始数据进行标准化计算，使所有的数据全部转化为 0~1 之间的数值，即无量纲化。

评价指标一般分为两类：效益型（正向）指标和成本型（逆向）指标。前者越大越好，后者越小越好。

对于效益型指标，数据标准化的公式为

$$y_{ij} = \frac{x_{ij}}{\max\limits_{1\le i\le m} x_{ij}} \quad (1\le i\le m, 1\le j\le n) \tag{9-1}$$

对于成本型指标，数据标准化的公式为

$$y_{ij} = \frac{\min\limits_{1\le i\le m} x_{ij}}{x_{ij}} \quad (1\le i\le m, 1\le j\le n) \tag{9-2}$$

（2）指标权重的确定。采用层次分析法作为确定权重的基本方法，其基本过程如下。

按不同递阶层次结构，通过专家咨询反馈对同一层次的各要素对上一层次各准则的相对重要性进行两两比较，构造判断矩阵。

1）判断矩阵：

$$\boldsymbol{A} = (a_{ij})_{n\times n} \quad (a_{ij}>0, a_{ji}=1/a_{ij}, a_{ii}=1) \tag{9-3}$$

a_{ij} 的群组决策方法为

$$a_{ij} = (a_{ij}^1 \cdot a_{ij}^2 \cdot a_{ij}^3 \cdot \cdots \cdot a_{ij}^s)^{\frac{1}{s}} \quad (i,j=1,2,\cdots,n) \tag{9-4}$$

2）层次单排序。求解所构造的判断矩阵，得出最大特征根、特征向量，确定各个因子的权重。矩阵是一个正的互反矩阵，数学上已经证明，其最大特征根存在并且唯一。经过正规化以后，即为元素在准则下的权重。本书采用方根法，其具体步骤如下：

① 判断矩阵的元素按照行相乘：

$$u_i = \prod_{j=1}^{n} a_{ij}$$ (9-5)

式中　u_i——i 行共 j 个元素的累乘；

　　　a_{ij}——第 i 行第 j 个元素，其中 $i = 1, 2, 3, \cdots, n$。

② 将所得的乘积分别开 n 次方：

$$u_i' = (u_i)^{\frac{1}{n}}$$ (9-6)

式中　u_i'——u_i 的 n 次方根，$i = 1, 2, 3, \cdots, n$。

③ 方根向量正规化，即得排序权向量 W_i：

$$W_i = \frac{u_i'}{\sum_{i=1}^{n} u_i'}$$ (9-7)

④ 计算判断矩阵的最大特征根 λ_{max}：

$$\lambda_{max} = \sum_{i=1}^{n} \frac{(AW)_i}{nW_i} \quad (i = 1, 2, 3, \cdots, n)$$ (9-8)

式中　$(AW)_i$——向量 AW 的第 i 个分量。

特征向量 W 的分量即为每个指标相应的权值。通过这种方法计算可得各层相对于更高层的权重。

（3）质量指数作为定量化指标，建立环境质量指数数学模型，进行生态环境质量评价：

$$A = \sum_{j=1}^{n} a_j N_j$$ (9-9)

式中　A——环境影响综合指数；

　　　a_j——环境中第 j 种环境问题的权重；

　　　N_j——环境中第 j 种环境问题的强度指数。

9.2　生态承载力分析

9.2.1　生态承载力

9.2.1.1　生态承载力的概念

生态系统通过物质循环和能量流动的相互作用，建立了自稳态机制（self-correction homeostasis），但生态系统的稳态机制是有限度的，当系统承载力超过稳态限度后，系统便发生转变，从一种稳态走向另一种稳态，但稳态的变化是渐进的，著名生态学家 E. P. Odum 将这种变化看作是一系列台阶，称作稳态台阶，如图 9-1 所示。在稳态台阶范围内，即使有压力使其偏高，仍能借助于负反馈保持相当稳定，超出这个稳定范围，正反馈导致系统迅速破坏。所以说，如果要使生态系统不发生剧烈变化或不超出波动范围，则压力的作用必须在生态系统的可自我维持和自我调节能力范围内，否则系统便走向衰退或死亡。而系统的衰退与死亡，就意味着生物的衰退与死亡。所以，面向可持续发展，人类的任何活动都必须限制在生态系统的弹性范围之内。

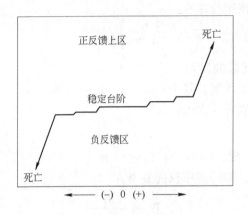

图9-1　生态系统状态变化图

因此，可将生态承载力定义为：生态系统的自我维持、自我调节能力，资源与环境子系统的供容能力及其可维育的社会经济活动强度和具有一定生活水平的人口数量。

9.2.1.2　生态承载力的特点

生态承载力的特点包括：

（1）生态承载力是客观存在的。在某种状态下，无论是生态系统的自我调节功能与弹性限度，还是资源的供给能力与环境的容纳能力都是一定的，因此在特定时期，生态系统的承载力是固定的，是客观存在的。生态承载力的客观存在性是生态系统最重要的固有功能之一，这种固有功能一方面为生态系统抵抗外力的干扰破坏提供了基础，另一方面为生态系统向更高层次的发育奠定了基础。

（2）生态承载力不是固定不变的。在自然界，没有一个生命系统是绝对稳定的。所有的自然系统的生态平衡都是一种相对稳定状态，即围绕中心位置有自然波动，虽然这种波动有时可以偏离到不同的平衡位置，但总体上是在中心位置周围波动。如果人类活动的强度超过了系统的自我调节能力，系统则变化到另一状态，建立新的平衡和新状态下的生态稳定性；反之，如果人类通过一些手段，也可使生态系统恢复或发展到更高一级的状态，此时系统的生态承载力便提高。因此，生态系统的稳定性是相对意义的稳定，是可以改变的，而不是固定不变的。所以说，生态承载力虽是客观存在的，但却不是固定不变的，因此人类应按照对自己有利的方式去积极提高系统的生态承载力。

（3）生态承载力体现在多个水平层次上。客观存在的生态环境都是多层次的系统，各级系统都有其质的特征（陈述彭，1986）。生态环境的稳定性不仅表现在小单元的生态系统水平上，而且表现在景观、区域、地区以及生物圈各个层次的生态系统水平上（图9-2）。同样，生态系统的承载力也表现在上述各个水平层次上，在不同层次水平上，生态承载力不同。因此在一般情况下，我们不仅需注意低层次的生态系统承载力，还需注意较高层次的生态系统承载力。著名生态学家E. P. Odum 等（1995）指出，如果我们需要稳定，就必须把注

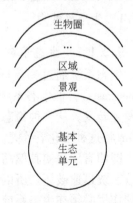

图9-2　生态系统
稳定性层次

意力放在大的景观或更高层次的管理与规划上。

特别需强调的是，因任何一个生态系统都不是孤立存在的，而是与其相邻其他生态系统共同存在的，所以一个生态系统的变化不可避免地会影响到其他的生态系统。相邻生态系统间的关系就如串到一块的连环套，一个环的变化必然会影响到另一个环。所以对生态承载力的研究应在较高层次或较大范围内进行。

9.2.1.3　生态承载力的定量评估方法

关于生态承载力的量化方法有很多，这里主要介绍能值法和生态足迹法。

A　"能值"角度度量的生态承载力

热力学定律告诉我们，能量既不能被创造，亦不能被消灭；能量在转化过程是递减的，为单向流动且不可逆。地球上已经形成的任何物质，都是有"价"的，不是无偿获得的，必须珍惜一切物质和能量。

正是基于以上出发点，美国著名生态学家 H. T. Odum 于 20 世纪 80 年代首先创立了能值分析方法。能值（emergy）与能量（energy）完全不同。能值是指一流动或储存的能量所包含另一种类别能量的数量。简言之，就是指构成一物质所消耗的能量总数。以小麦为例，1kg 小麦的能值就是指这 1kg 小麦在形成过程中所需要的太阳能、雨水、土壤、肥料等能量的总和。在能值分析中我们把所有物质的能值统一转化为太阳能值，单位为太阳能焦耳/焦耳（或克）。以能值为基准，可以衡量和比较不同类别、不同等级能量的真实价值，进而对地球上所有物质的能值进行计算。能值系统中，有两个重要的概念——"能值投资率（EIR）"和"环境负载率（ELR）"。能值投资率是衡量经济发展程度和环境负载程度的指标；而环境负载率是度量人类所在空间承载力的一个重要指标。

能值投资率等于来自经济的反馈能值除以来自环境的无偿能值输入。反馈能值计算对象包括：燃料、电力、物资、劳务等均需花钱购买的对象。无偿能值计算对象包括：土地、矿藏等不可更新资源和太阳能、风能、水能等可更新资源。能值投资率可以用来确定经济活动在一定条件下的收益，并且可以测知环境资源条件对经济活动的负载率。能值投资率的值越大表明系统经济发展程度越高，其值越小表明经济发展水平越低而且对环境的依赖程度越强。如果某系统的能值投资率大于当地的平均能值投资率，则该生产规模可能已经超出当地环境的承载力。

B　"生态足迹"角度度量的生态承载力

生态足迹（ecological footprint，EF）或称作生态空间占用，它是一种可以将全球关于人口、收入、资源应用和资源有效性汇总为一个简单、通用的进行国家间比较的便利手段。生态足迹分析将地球表面的生态生产性土地分为六大类：化石燃料土地（fossil energy land）、可耕地（arable land）、牧草地（pasture）、森林（forest）、建成地（built – up areas）、海洋（sea）。

（1）化石燃料土地：人类消费生物化石燃料的同时释放了大量的 CO_2，化石燃料土地是人类应该留出用来吸收 CO_2 的土地。但实际情况是，人类未留出这类土地。

（2）可耕地：就是可以耕作的土地。

（3）牧草地：人类主要用牧草地来饲养牲畜。

（4）森林：林地包括人工林和天然林。森林除了提供木材以外，还具有涵养水源、防风固沙、调节气候等功能。目前地球上现有森林约 34.4 亿公顷，人均面积约 0.6hm^2。

（5）建成地：人居设施和道路等用地。

（6）海洋：世界上面积最大的区域，海洋生物均生活在此区域。

生态足迹分析的一个基本假设是：六类生态生产性土地在空间上是互斥的。也就是说每一类生态生产性土地有且只能有一种用途。举例来说，一块生态生产性土地被建成商品房，它就不可能同时还是森林、可耕地、牧草地等。已知现在全球人均对这六类土地的拥有量分别为：化石燃料土地 0hm^2、可耕地 0.25hm^2、森林 0.60hm^2，牧草地 0.60hm^2、建成地 0.03hm^2 及海洋 0.50hm^2。考虑到各类土地之间生产力的差异，分别赋予它们 1.1、2.8、0.5、1.1、2.8、0.2 的权重，然后进行加权求和，得到人均拥有约 1.8 生态生产性土地的结果。根据世界环境与发展委员会（WCED）报告，至少有 12% 的生态容量需要被保存以保护生物多样性，这就是说在人均拥有 1.8hm^2 的数量中需扣除约 0.22hm^2 土地供给地球上其他生物生存所需。这样人类能够使用的面积仅仅剩下 $1.58\text{hm}^2/$人，此数值就是全球人均总生态承载力。

生态足迹计算必须基于两个事实：一是人类能够估计自身消费的大多数资源、能源及其所产生的废弃物数量；二是这些资源和废弃物能折算成生产和消费这些资源和废弃物的生态生产性面积。

生态足迹计算分 4 个步骤完成：

（1）计算生产各种消费项目人均占用的生态生产性土地面积。

$$A_i = (P_i + L_i - E_i)(Y_i \cdot N) \quad (i = 1, 2, \cdots, m) \qquad (9-10)$$

式中　A_i——第 i 种消费项目折算的人均生态足迹分量；

　　　L_i——第 i 种消费项目的年进口量；

　　　E_i——第 i 种消费项目的年出口量；

　　　Y_i——生物生产土地生产第 i 种消费项目的年（世界）平均产量，只为第 i 种消费项目的年生产量；

　　　N——人口数。

在计算煤、焦炭、燃料、油、热力、电力等能源消费项目的生态足迹时，将这些能源消费转化为化石能源土地面积，也就是说以化石能源的消费速率来估算自然资产所需要的土地面积。

（2）计算生态足迹。

$$X_{\text{EF}} = \sum \gamma A_i \qquad (9-11)$$

式中　X_{EF}——生态足迹；

　　　γ——等价因子。

（3）计算生态容量。包括计算六类生态生产性土地的面积、计算生产力系数和计算各类人均生态容量。最后合计求得各类人均生态容量。

各类人均生态容量 = 各类生态生产性土地面积 × 等价因子 × 生产力系数

（4）计算生态盈余（或赤字）和全球生态盈余（或赤字）。如果生态总容量大于生态足迹，则生态盈余；反之，则生态赤字。生态盈余或赤字可以作为承载力的最终判定。

9.2.1.4　其他角度度量的生态承载力

各国学者在同一时期又先后提出一些其他的评价方法和指标体系。比较有影响的有

Meadows 等的世界资源动态模型、Holdren 等的 IPAT 公式、Daly 提出的"可持续经济福利指数"（index of sustainable economic welfare，ISEW）、Cobb 等提出的"真实发展指标"（genuine progress indicator，GPI）、Prescott-Allen 提出的"可持续性的晴雨表"（barometer of sustainability）模型等。

9.2.2 生态环境敏感性评价

生态环境敏感性指生态系统对人类活动干扰和自然环境变化的反映程度，说明发生区域生态环境问题的难易程度和可能性大小。用于标明其对人类活动反应的敏感程度，说明产生生态失衡与生态环境问题的可能性大小。在进行生态环境敏感性评价时，最关键的是对生态环境因子在空间上进行综合：从空间分布规律来看，有些因子的分布是连续的，如降水量和平均气温，而另一些因子的分布是间断的，如地貌单元。可按照一定的评价标准，采用 GIS 技术进行各种生态因子的空间分异分析，并结合具体的生态环境问题进行敏感性评价，将结果与各区域的土壤盐渍化、沙漠化、水土流失和酸雨分布等现状图进行比较，以阐明其合理性大小。敏感性的空间分布主要体现生态环境问题出现的可能性，反映了人类活动可能会引发的生态环境问题。进行生态环境敏感性分析时，通常采用 GIS 技术做出各单项影响因子的敏感性空间分布图，再按一定的规则进行叠加综合，得到某一生态问题的综合敏感性分布图，进行敏感性等级评价和分区。敏感性评价分为 5 级，即极敏感、高度敏感、中度敏感、轻度敏感、不敏感。

9.2.2.1 单因子生态敏感性评价

对单因子生态敏感性计算结果依据生态敏感性评价分级标准进行等级划分，以确定不同区域的单因子生态敏感性程度。

$$S_j = \sqrt[n]{\prod_{k=1}^{n} C_k} \tag{9-12}$$

式中　S_j——空间单元对第 j 项因子的生态敏感性指数；

　　　n——j 因子所包含指标的个数；

　　　C_k——第 k 项指标的敏感性空间分布。

9.2.2.2 多因子生态敏感性综合评价

生态敏感性综合评价涉及诸多因子，任何因子受影响的程度一旦超过阈值，整体生态环境将受到严重的破坏。而将多个环境因子的评价结果进行加权求和，在一定程度上将导致单因子评价结果之间的抵消或放大，从而影响区域综合生态敏感性的评价结果。多因子生态敏感性综合评价结果仍采用生态敏感性评价分级标准（表 9-2）进行敏感程度划分。

$$I = (S_j)_{\max} \tag{9-13}$$

式中　I——生态综合敏感性评价结果；

　　　S_j——第 j 个因子的敏感程度。

表 9-2　生态敏感性评价分级标准

级　别	不敏感	轻度敏感	中度敏感	高度敏感	极敏感
分级标准	1.0~2.0	2.1~4.0	4.1~6.0	6.1~8.0	>8.0
分级赋值	1	3	5	7	9

9.2.3 生态服务功能评价

9.2.3.1 生态系统服务功能的内涵

20 世纪 70 年代以来，生态系统服务功能开始成为一个科学术语及生态经济学研究的分支。1970 年，P. R. Ehrlich 在 Man's Impact on the Global Environment 中首次使用 "service" 一词，并列出了自然生态系统对人类的 "环境服务" 功能，包括害虫控制、昆虫传粉、渔业、土壤形成、水土保持、气候调节、洪水控制、物质循环与大气组成等方面。1974 年，J. P. Holdren 和 P. R. Ehrlich 在论述生物多样性的丧失将会怎样影响生态服务功能时，首次使用了生态系统服务功能（ecosystem service）一词。此后，"生态系统服务功能" 这一术语逐渐为人们所公认和普遍使用。现在，人们已经深刻地认识到，生态系统服务功能是人类生存与现代文明的基础。

1997 年，Costanza 等指出，生态系统产品（如食物）和服务（如废弃物处理）是指人类直接或者间接从生态系统功能中获得的收益，并将产品和服务两者合称为生态系统服务。他将全球生态系统服务归纳为 17 类，分作 4 个层次，即生态系统的生产（包括生态系统的产品及生物多样性的维持等）、生态系统的基本功能（包括传粉、传播种子、生物防治和土壤形成等）、生态系统的环境效益（包括改良减缓干旱和洪涝灾害、调节气候、净化空气和废物处理等）和生态系统的娱乐价值（休闲、娱乐、文化、艺术素养和生态美学等）（表 9 - 3）。

表 9 - 3 生态系统效益和生态系统功能

生态系统效益	生态系统功能	举 例
气体调节	调节大气化学组成	CO_2/O_2 平衡、O_2 防护 UV - B 和 SO_2 水平
气候调节	对气温、降水的调节以及对其他气候过程的生物调节作用	温室气体调节以及影响云形成的 DMS（硫化二甲酯）生成
干扰调节	对环境波动的生态系统容纳、延迟和整合能力	防止风暴、控制洪水、干旱恢复及其他由植被结构控制的生境对环境变化的反应能力
水分调节	调节水文循环过程	农业、工业或交通的水分供给
水分供给	水分的保持与储存	集水区、水库和含水层的水分供给
侵蚀控制和沉积物保持	生态系统内的土壤保持	分、径流和其他运移过程的土壤侵蚀和在湖泊、湿地的累积
土壤形成	成土过程	岩石分化和有机物的积累
养分循环	养分的获取、形成、内部循环和存储	固氮和 N、P 等元素的养分循环
废弃物处理	流失养分的恢复和过剩养分、有毒物质的转移与分解	废弃物处理、污染控制和毒物降解
授 粉	植物配子的移动	植物种群繁殖授粉者的供给
生物控制	对种群的营养级动态调节	关键种捕食者对猎物种类的控制、顶级捕食者对食草动物的削减

生态系统效益	生态系统功能	举　例
庇　护	为定居和临时种群提供栖息地	迁徙种的繁育和栖息地、本地种区域栖息地或越冬场所
食物生产	总初级生产力中可提取的食物	鱼、猎物、作物、果实的捕获与采集，给养的农业和渔业生产
原材料	总初级生产力中可提取的原材料	木材、燃料和饲料的生产
遗传资源	特有的生物材料和产品的来源	药物、抵抗植物病原和作物害虫的基因、装饰物种（宠物和园艺品种）
休　闲	提供休闲娱乐	生态旅游、体育、钓鱼和其他户外休闲娱乐活动
文　化	提供非商业用途	生态系统美学的、艺术的、教育的、精神的或科学的价值

总的来说，生态系统服务功能是指生态系统与生态过程所形成及维持的人类赖以生存的自然环境条件与效用。生态系统为人类提供了自然资源和生存环境两个方面的多种服务功能：前者，如为人类所提供的食物、医药及其他工农业生产原料；后者，如维持地球的生命支持系统、生命物质的生物地球化学循环与水循环、生物物种与遗传多样性、净化环境、维持大气化学的平衡与稳定等。

9.2.3.2　生态系统服务功能的价值分类

生态系统服务功能的分类方法很多。目前，得到国际广泛承认的生态系统服务功能分类系统是由 MA 工作组提出的分类方法。该方法将主要服务功能类型归纳为提供产品、调节、文化和支持四个大的功能组（图 9-3）。产品提供功能是指生态系统生产或提供产品；调节功能是指调节人类生态环境的生态系统服务功能；文化功能是指人们通过精神感

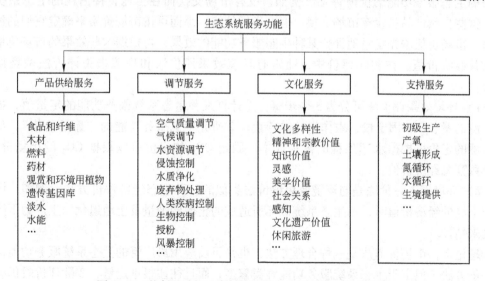

图 9-3　联合国千年生态系统评估生态系统服务功能分类

受、知识获取、主观印象、消遣娱乐和美学体验从生态系统中获得的非物质利益；支持功能是保证其他所有生态系统服务功能所必需的基础功能，区别于产品提供功能、调节功能和文化服务功能，支持功能对人类的影响是间接的或者通过较长时间才能发生，而其他类型的服务则是相对直接的和短期影响于人类。

9.2.3.3 生态系统服务功能价值评估方法

区域内生态系统服务功能的价值计算：

$$V = \sum_{c=1}^{n} V_c \tag{9-14}$$

$$V_c = \sum_{i=1}^{n} P_i A_i \tag{9-15}$$

式中 V——区域内生态系统服务功能的价值总值；

V_c——第 c 类生态系统的价值；

c——生态系统的类型，$c = 1，2，3，4，\cdots$；

P_i——第 i 类生态系统的第 i 种生态系统服务功能类型的单位面积价值；

A_i——第 c 类生态系统的面积。

生态系统服务功能经济价值评估的方法可分为直接市场法、替代市场法和模拟市场价值法三类。

A   直接市场法

（1）费用支出法。费用支出法是一种古老又简单的方法，是从消费者的角度，以人们对某种生态服务功能的支出费用来表示其经济价值。例如，对于自然景观的游憩效益，可以用游憩者支出的费用总和（包括往返交通费、餐饮费用、住宿费、门票费、入场券、设施使用费、摄影费用、购买纪念品和土特产的费用、购买或租借设备费以及停车费和电话费等所有支出的费用）作为森林游憩的经济价值。

（2）市场价值法。市场价值法与费用支出法类似，适合于没有费用支出、但有市场价格的生态服务功能的价值评估。例如，没有市场交换而在当地直接消耗的生态系统产品，这些自然产品虽没有市场交换，但有市场价格，因而可按市场价格来确定它们的经济价值。市场价值法先定量地评价某种生态服务功能的效果，再根据这些效果的市场价格来评估其经济价值。在实际评价中，通常有环境效果评价法和环境损失评价法两类评价过程。

1）环境效果评价法可分为 3 个步骤：①计算某种生态系统服务功能的定量值，如涵养水源的量、CO_2 固定量、农作物的增产量；②研究生态服务功能的"影子价格"，如涵养水源的定价可根据水库工程的蓄水成本，固定 CO_2 的定价可以根据 CO_2 的市场价格；③计算其总经济价值。

2）环境损失评价法是与环境效果评价法类似的一种生态经济评价方法。例如，评价保护土壤的经济价值时，用生态系统破坏所造成的土壤侵蚀量及土地退化、生产力下降的损失来估计。

理论上，市场价值法是一种合理方法，也是目前应用最广泛的生态系统服务功能价值的评价方法。但由于生态系统服务功能种类繁多，而且往往很难定量，实际评价时仍有许多困难。

（3）机会成本法。机会成本法是指在其他条件相同时，把一定的资源用于生产某种产品时所放弃的生产另一种产品的价值，或利用一定的资源获得某种收入时所放弃的另一种收入。

（4）恢复和防护费用法。把恢复或防护一种资源不受污染所需的费用，作为环境资源破坏带来的最低经济损失。

（5）影子工程法。当环境受到污染或破坏后，人工建造一个替代工程来代替原来的环境功能，用建造新工程的费用来估计环境污染或破坏带来的最低经济损失。

（6）人力资本法。通过市场价格和工资多少来确定个人对社会的潜在贡献，并以此来估算环境变化对健康影响的损失。

B　替代市场法

（1）旅行费用法。利用游憩的费用资料求出"游憩商品"的消费者剩余，并以此作为生态游憩的价值。

（2）享乐价格法。享乐价格理论认为：如果人们是理性的，那么他们在选择时必须考虑上述因素，故房产周围的环境会对其价格产生影响，因周围环境的变化而引起的房产价格可以估算出来，以此作为房产周围环境的价格，称为享乐价格法。

C　模拟市场价值法

条件价值法也称调查法和假设评价法，是生态系统服务功能价值评估中应用最广泛的方法之一。适用于缺乏实际市场和替代市场交换的商品价值评估，是"公共商品"价值评估的一种特有的重要方法，它能评价各种生态系统服务功能的经济价值，包括直接利用价值、间接利用价值、存在价值和选择价值。

支付意愿可以表示一切商品价值，也是商品价值唯一合理的表达方法。西方经济学认为，价值反映了人们对事物的态度、观念、信仰和偏好，是人的主观思想对客观事物认识的结果；支付意愿是"人们一切行为价值表达的自动指示器"，因此商品的价值可表示为

$$商品的价值 = 人们对该商品的支付意愿$$
$$支付意愿 = 实际支出 + 消费者剩余$$

对于一般商品而言，由于商品有市场交换和市场价格，其支付意愿的两个部分都可以求出。实际支出的本质是商品的价格，消费者剩余可以根据商品的价格资料用公式求出，因此，商品的价值可以根据其市场价格资料来计算。实践证明：对于有类似替代品的商品，其消费者剩余很小，可以直接以其价格表示商品的价值。对于公共商品而言，由于公共商品没有市场交换和市场价格。因此，支付意愿的两个部分都不能求出，公共商品的价值也因此无法通过市场交换和市场价格估计。

目前，西方经济学发展了假设市场方法，即直接询问人们对某种公共商品的支付意愿，以获得公共商品的价值，这就是条件价值法。条件价值法属于模拟市场技术方法，其核心是直接调查咨询人们对生态服务功能的支付意愿，并以支付意愿和净支付意愿来表达生态服务功能的经济价值。在实际研究中，从消费者的角度出发，在一系列的假设问题下，通过调查、问卷、投标等方式来获得消费者的支付意愿和净支付意愿，综合所有消费者的支付意愿和净支付意愿来估计生态系统服务功能的经济价值。

9.3 生态功能区划

9.3.1 生态功能分区方法

分区的方法是落实和贯彻区划原则的手段，因而，分区所采用的方法是与区划的原则密不可分的。分区的目的不同，所采用的方法上也有很大的差异。根据分区的目的不同，在进行分区时采用不同的技术，即形成多种多样的方法，主要方法如下：

（1）地理相关法。地理相关法是运用各种专业地图、文献资料和统计资料对区域各种生态要素之间的关系进行相关分析后进行分区。该方法要求将所选定的各种资料、图件等统一标注或转绘在具有坐标网格的工作底图上，然后进行相关分析，按相关紧密程度编制综合性的生态要素组合图，并在此基础上进行不同等级的区域划分或合并。

（2）空间叠置法。空间叠置法是以各个分区要素或各个部门的和综合的分区（气候区划、地貌区划、植被区划、土壤区划、农业区划、工业区划、土地利用因、林业区划、综合自然区划、生态地城区划、生态敏感性区划、生态服务功能区划等）为基础，通过空间叠置，以相重合的界限或平均位置作为新区划的界限。在实际应用中，该方法多与地理相关法结合使用，特别是随地理信息系统技术的发展，空间叠置分析得到越来越广泛的应用。

（3）主导标志法。主导标志法是主导因素原则在分区中的具体应用。在进行分区时，通过综合分析确定并选取反映生态环境功能地域分异主导因素的标志或指标，作为划分分区域界限的依据。同一等级的区域单位即按此标志或指标划分。当然，用主导标志或指标划分区界时，还需用其他生态要素和指标对区界进行必要的订正。

（4）景观制图法。景观制图法是应用景观生态学的原理编制景观类型图，在此基础上，按照景观类型的空间分布及其组合，在不同尺度上划分景观区域。不同的景观区域其生态要素的组合、生态过程及人类干扰是有差别的，因而反映不同的环境特征。例如在土地分区中，景观既是一个类型、又是最小的分区单元，以景观为基础，按一定的原则逐级合并，即可形成不同等级的土地区划单元。

（5）定量分析法。针对传统定性分区分析中存在的定量分析逐步被引入到区划工作中。数学分析的方法，如聚类分析、相关分析、对应分析等方法各有特点，在实际工作中往往是相互配合使用的，特别是由于生态系统功能区划对象的复杂性，随着 GIS 技术的迅速发展，在空间分析基础上特定性与定量分析相结合的专家集成方法正在成为工作的主要方法。

9.3.2 生态功能分区依据

9.3.2.1 分区等级

生态功能区划分区系统分三个等级。为了满足宏观指导与分级管理的需要，对自然区域开展分级区划。首先是从宏观上进行的生态区划，即以自然气候、地理特点与生态系统特征划分自然生态区；其次是生态功能区划，根据生态服务功能、生态环境敏感性评价划分生态功能区；再在生态功能区的基础上，明确关键及重要生态功能区。

9.3.2.2 区划依据

区划单位的指标体系是进行生态功能区划的依据，根据生态功能区划的特点和区划对象的范围，为能反映生态功能区划的目的和其区域分异规律，在综合分析基础上，以主导因素为区划的主要指标。

（1）一级区。一级区为生态地域划分，以同源地貌类型及其所对应的温湿状况、优势生态系统确定，反映宏观生态系统的空间分异特征，用生态区表示。指标主要有年平均气温、不低于10%活动积温、降水量、地貌类型及人类活动影响方式。同一生态区具有同源的地貌类型、优势的宏观生态系统类型及相似的人类活动方式和影响强度。水分状况指标用湿润、半湿润、半干旱、干旱等表示；热量指标有热带、亚热带、暖温带、中温带、寒温带等；地貌类型有盆地、山地、平原、河谷、丘陵、高原等；生态系统类型有森林、草原、荒漠、农田等；人类活动指标有人口密度、土地利用方式、水土流失状况、沙漠化状况等。

（2）二级区。二级区反映更低一级地貌分异特征及由此导致的生态系统组成结构的差异和主导生态服务功能的差异，用生态亚区表示。主要的生态服务功能有生物多样性维持、水源涵养、侵蚀控制、沙漠化控制、物质生产等。

（3）三级区。三级区以生态系统服务功能的重要性和生态敏感性为依据划分，用生态功能区表示。选用重要性、敏感性等级或特殊功能为标准。

9.3.2.3 生态功能区划等级单位的命名

生态功能区划单位的命名是生态功能区划结果的具体体现和标识，是区划工作的一个重要环节。在命名时考虑以下原则：

（1）体现各区划单元的主要生态功能特点。

（2）反映单元所处的空间位置。

（3）准确体现单元的生态功能的重要性、生态敏感性、人类活动强度等特征。

（4）命名简单扼要，易于接受。

一级区的命名采用大地貌类型＋温湿状况＋生态系统类型（或人类活动影响）＋生态区。

二级区命名采用地区名称＋生态系统的主要生态服务功能（生态过程）＋生态亚区。

三级区命名采用地名＋生态功能重要性、生态敏感性、特殊性＋生态功能区。

9.3.2.4 分区方法

根据区域生态环境管理中求大同存小异的原则，采用定性分区和定量分区相结合的方法自上而下进行不同等级的分区划界。即在GIS应用软件的支持下，进行各种自然要素、社会经济要素、区域生态环境敏感性分区、生态系统服务功能及重要性分区图件空间叠加，再以各区划等级的主要指标空间分布特征确定分区边界。为保持生态系统的完整性和便于进行环境管理，边界确定时可考虑利用山脉、河流等自然特征与行政边界进行适当的调整。

（1）一级区划界时，保证区内气候特征的相似性与地貌单元的相对完整性。

（2）二级区划界时，注意区内生态系统类型与过程的完整性，以及生态服务功能类型的一致性。

（3）三级区划界时，保持生态服务功能的重要性、生态环境敏感性等的一致性。

9.4　生态环境影响预测

9.4.1　生态环境变化趋势预测

生态环境变化趋势的预测是一个涉及多种因素的复杂问题，这些因素往往互为因果，在一定条件下又相互叠加、因此，很难用一个或几个确定的参数来表达区域生态环境问题。为此，我们预测的主要目的就不应当追求一些因素的数量变化，而主要从定性的角度，把握住生态环境变化的宏观趋势。出于上述目标，以干旱区为例，在生态环境变化趋势预测中，主要遵循以下几个基本原则：

（1）以问题为导向的原则。不同的生态环境与水资源开发利用和社会经济发展的关系及其存在的问题在一定程度上都有相似性，但是具体到每一个生态环境中，由于水资源开发利用和社会经济发展水平的不同，所面临的生态环境问题又有所差异。

（2）以绿洲为中心的原则。干旱区生态系统中，山地亚系统降水丰富，对生态系统的用水能自然满足；而荒漠亚系统在没有人为干扰的情况下，本身维持着一种自然平衡。绿洲亚系统的生态则因其内部或外部的水资源条件变化及其他经济活动而发生变化，甚至危及到人类自身的安全。因此，我们通常所说的生态环境保护和建设，主要是指绿洲环境的保护和改善，这也是考虑问题的出发点和归宿之所在。

（3）以社会经济发展为主要动因的原则。干旱区生态环境变化的原因包括自然与人为两方面的因素。自然因素主要是气候的暖干化造成了水资源的不稳定性，变率加大，也就是说气候变化结果是强化了干旱生态系统的脆弱性；而人类社会经济活动中的不合理行为对生态环境的影响更加直接，也最具破坏性。因此，干旱地区发展与环境的矛盾远较其他地区更为突出。

（4）以水为纽带的原则。绿洲是人类生存和社会经济活动的基地，而绿洲又处于荒漠包围之中，客观上要求必须有强有力的生态保障体系，维持绿洲区内的工业、农业、城市的稳定和发展，在此基础上才能进一步考虑提高居民的生活质量。干旱区问题首先与水有关，水既是自然生态系统的基本要素，也是社会经济与生态环境相互作用中最为活跃的因素，因而，水具有自然、社会、商品、环境的多重属性。干旱区水资源的数量是有限的，水资源利用、经济发展、生态环境保护的焦点问题是将有限的水资源在生活、生产、环境用水之间进行合理的分配，但它们之间又存在着一种此消彼长的关系。长期以来人们对水的经济价值给予了极大的重视。近年来，为了提高水利用效率和进行资源保护，对水的商品属性也有了一定的研究和认识，但对于生态价值没有提到应有的高度，随着环境问题的逐步积累，最终有可能导致生态系统的崩溃。因此，在干旱区，无论是生态环境保护，还是社会经济的发展，都必须首先解决水的问题，以水为纽带，重视其综合平衡。

（5）以植被为主体的原则。植被是绿洲区别于荒漠的主要景观表征。在生态系统中，绿色植物是将水、土地、光热等自然资源转化为供给生命系统能量的主要载体。以植物产出为主要内容的生物产出，不但是衡量资源利用效率的重要指标，也是衡量绿洲效益的主要指标。绿洲产生于荒漠地区水土光热组合较好的地区，其中任一要素发生变化都有可能使生态失衡。绿洲一方面遭受自身发展过程中因环境要素劣变而产生的危害，另一方面还不时受到荒漠对绿洲反作用的各种灾害的威胁，而要对抗这些危害，最直接、最经济、最持久的手段就是恢复和扩大植被覆盖，因此，干旱区保护生态环境的主要手段就是一方面保护现有植被，另一方面要在条件允许的地方尽可能扩大植被覆盖。

9.4.2　生态环境影响预测评价

生态环境影响预测评价是将资源和生态作为一个整体，根据生态学基本原理，重在阐明开发建设项目对生态影响的特点、途径、性质、强度和可能的后果，目的是寻求有效地保护、恢复、补偿、建设和改善生态的途径。生态影响评价是环境影响评价的一个方面，但不同于大气、水环境、声环境等污染型环境影响评价，其所要求的是建设项目对所在区域的生物、生态系统、生态因子以及区域生态问题发展趋势的影响。

生态环境影响预测评价是在区域生态现状评价的基础上，通过分析项目影响的方式、范围、强度和持续时间来判断项目对区域生态系统及其主要生态因子的影响，然后选取合适的指标和模型进行分析，最终得出评价结果。因此评价过程中既要对现状做出定性的判断，又要选取指标、模型进行定量的分析，所以生态影响预测与评价的方法是定性判断、定量分析或者二者的结合。

9.4.2.1　生态环境影响预测与评价的内容

生态环境预测与评价的目的是保护生态及维持生态系统的服务功能，因此要依据区域生态系统保护的需求和受影响生态系统主导服务功能选择评价指标。其次，预测与评价是建立在对项目所在区域生态系统现状了解的基础上，预测与评价的内容应与现状评价的内容相对应，因此要关注项目建设对区域已有的生态问题发展趋势的影响。生态影响预测和评价的内容主要包括：

（1）涉及的生态系统及其主要生态因子。生态系统服务功能是人类生存和发展的基础，高效的服务功能取决于系统机构的完整，因而生态的保护应该从系统功能保护着眼，从系统结构保护入手。项目对生态系统结构产生不利影响，会导致系统功能的受损，所以生态影响预测与评价中应关注生态系统结构和服务功能的变化。生态系统是生物群落及其环境组成的一个综合体，生态因子则是对生物有影响的各种环境因子，生物与其环境之间并不是孤立存在的，二者息息相关、相互联系、相互制约、有机组合，生态因子的变化必然会引起生态系统的结构和功能的变化，因此生态因子也是生态影响预测与评价涉及的一个重要方面。

区域是一个复合生态系统，生态系统类型多样，因此一个项目就会涉及多个类型的生态系统；其次，生态系统服务功能众多，如水土保持、水源涵养、防风固沙等，同一生态系统在不同区域主要服务功能不同，例如，大兴安岭森林的主要服务功能是水源涵养，额济纳绿洲胡杨林的主要服务功能为防风固沙，因此，同一建设项目所在区域不同，涉及的生态系统的主要的服务功能也不同；再次，一个生态系统包含多个生态因子，因而同一个项目就涉及多个生态因子，如水电站建设既涉及生物因子如陆地、水域动植物等，又涉及非生物因子如水质、水文等，因此，基于生态系统和生态因子的多样性，项目生态影响预测与评价之前需要明确区域生态系统现状及主要功能和评价的主要生态因子。

建设项目生态影响预测与评价涉及的生态系统和主要生态因子的选择是通过分析建设项目对生态影响的方式、范围、强度和持续时间来选择评价内容，不同项目的评价内容有差异。评价重点关注建设项目对生态产生的不利影响及即便停止或中断人工干预、干扰之后环境质量或环境状况不能恢复至以前状态的不可逆影响和经济社会活动各个组成部分之间或者该活动与其他相关活动（包括过去、现在、未来）之间造成生态影响的相互叠加的累积生态影响。

（2）敏感生态保护目标。敏感保护目标是指一切重要的、值得保护或需要保护的目标，其中以法规已明确其保护地位的目标为重点。根据《建设项目分类管理名录》规定的环境敏感区主要包括：

1）自然保护区、风景名胜区、世界文化和自然遗产地、饮用水水源保护区。

2）基本农田保护区、基本草原、森林公园、地质公园、重要湿地、天然林、珍稀濒危野生动植物天然集中分布区、重要水生生物的自然产卵场及索饵场、越冬场和洄游通道、天然渔场、资源型缺水地区、水土流失重点防治区、沙化土地封禁保护区、封闭及半封闭海域、富营养化水域。

3）以居住、医疗卫生、文化教育、科研、行政办公等为主要功能的区域，文物保护单位，具有特殊历史、文化、科学、民族意义的保护地。

生态影响预测与评价重点关注的是建设项目对生态系统及生态因子的影响，生态影响评价中，"敏感保护目标"的识别主要从以下九个方面考虑：

1）具有生态学意义的保护目标；

2）具有美学意义的保护目标；

3）具有科学文化意义的保护目标；

4）具有经济价值的保护目标；

5）重要生态功能区和具有社会安全意义的保护目标；

6）生态脆弱区；

7）人类建立的各种具有生态保护意义的对象；

8）环境质量急剧退化或环境质量已达不到环境功能区划要求的地域、水域；

9）人类社会特别关注的保护对象。

敏感生态保护目标评价是在明确保护目标性质、特点、法律地位和保护要求的情况下，通过分析建设项目影响途径、影响方式和影响程度，预测潜在的后果。

（3）对区域已有的生态问题发展趋势的影响。区域已有的生态问题是通过对项目所在区域生态背景的调查，包括调查区域内涉及的生态系统类型、结构、功能和过程以及相关的非生物因子现状等来确定区域目前面临的主要生态问题。我国目前面临主要区域生态问题为：水土流失、沙漠化、石漠化、盐渍化、自然灾害、生物入侵和污染危害等。根据区域调查结果，指出区域生态问题类型、成因、空间分布、发生特点等，目的是预测与评价项目建成后对所在区域生态系统演替方向的影响，区域生态系统将朝着正向演替或者朝逆向演替。

9.4.2.2　生态环境影响预测与评价的方法及应用

生态环境影响预测与评价是以法定标准以及项目所在区域的生态背景和本底为参考，重在生态分析和保护措施，主要采用定性、定量或二者结合的方法，方法类型多样，不同的方法适用的项目不同，同时同一个项目也可以有很多种方法。

生态影响预测与评价方法包括生态机理分析法、指数法与综合指数法、类比法、生产力评价法、生物多样性评价法。

A 生态机理分析法

生态机理分析法是根据建设项目的特点和受其影响的动、植物的生物学特征，依照生态学原理分析、预测工程生态影响的方法。

根据生态学原理和生态保护基本原则，生态影响预测与评价中应该注意如下问题：

（1）层次性。生态系统分为个体、种群、群落、生态系统四个层次，不同层次的特点不同，因此项目应该将项目影响的特点和生态系统的层次相结合，根据实际情况确定评价的层次和相应的内容。例如，有的项目需要评价生态系统的某些因子，如水、土壤等，有的则需要在生态系统和景观生态层次进行全面评价，有的则需要全面评价和重点因子评价相结合。

（2）结构－过程－功能整体性。生态系统的结构、过程、功能三者是一个紧密联系的整体，生态系统结构的完整性和生态过程的连续性是生态功能得以发挥的基础。生态影响预测与评价的核心是生态系统服务功能，因此预测与评价过程中首先要对现有生态系统的结构和过程进行分析，调查系统结构是否完整，过程是否连续，从而推断生态系统服务功能的现状，再根据项目的性质特点预测和评价项目对生态系统功能的影响。

（3）区域性。生态影响预测与评价不局限于与项目建设有直接联系的区域，还包括和项目建设有间接影响和相关联的区域。评价的基础是区域生态现状，因此评价的目的不仅是为项目建设单位服务，同时也揭示了区域的生态问题，为区域的发展做贡献。此外，评价中如果不从区域角度出发很难判断生态系统特点、功能需求、主要问题以及敏感保护目标。

（4）生物多样性保护优先。生物多样性是生态系统运行的基础，生物多样性保护应以"预防为主"，首先要减少人为干预，尤其是生物多样性高的地区和重要生境。

（5）特殊性。生态影响预测与评价中必须注意稀有的景观、资源、珍稀物种等保护，同时要注意区域间的差异，资源或物种在不同区域的重要性不同。比如相对于沿海地区，水资源对于沙漠地区尤为宝贵。

（6）生态机理分析法的具体工作步骤如下：

1）调查环境背景现状及搜集工程组成和建设等有关资料。

2）调查植物和动物分布，动物栖息地和迁徙路线。动物栖息地和迁徙路线的调查重点是，关注建设项目对动物栖息地和迁徙路线的切割作用导致动物生境的破碎化，种群规模的变小，繁殖行为受到影响，近亲繁殖的可能性增加，动物的存活和进化受到影响。

3）根据调查结果分别对植物或动物种群、群落和生态系统进行分析，描述其分布特点、结构特征和演化等级。动植物结构特征主要关注动植物种群密度大小及年龄比例，群落分层是否明显，生态系统结构是否完整，以及目前区域生态系统所处的演替阶段。

4）识别有无珍稀濒危种及具有重要经济、历史、景观和科研价值的物种。根据《中国珍稀濒危植物名录》、《中国濒危珍稀动物名录》、《中国重点保护野生植物名录》、《全国野生动物保护名录》，调查项目是否涉及这些动植物。

5）预测项目建成后该地区动物、植物生长环境的变化。

6）根据项目建成后的环境（水、气、土和生命组分）变化，对照无开发项目条件下动物、植物或生态系统演替趋势，预测项目对动物和植物个体、种群和群落的影响，并预测生态系统演替方向。

评价过程中有时可利用现有的研究成果，如项目涉及的动植物的习性研究、生物毒理学试验、种植试验、放养试验等预测项目对生物生命活动、习性等方面影响。

B　指数法与综合指数法

指数法是利用同度量因素的相对值来表明因素变化状况的方法，是建设项目环境影响评价中规定的评价方法，指数法同样可用于生态影响评价中。指数法简明扼要，且符合人们所熟悉的环境污染影响评价思路，但困难之点在于需明确建立表征生态质量的标准体系，且难以赋权和准确定量。综合指数法是从确定同度量因素出发，把不能直接对比的事物变成能够同度量的方法。

（1）单因子指数法。选定合适的评价标准，采集拟评价项目区的现状资料。可进行生态因子现状评价：例如以同类型立地条件的森林植被覆盖率为标准。可评价项目建设区的植被覆盖现状情况；亦可进行生态因子的预测评价：如以评价区现状植被盖度为评价标准，可评价建设项目建成后植被盖度的变化率。

（2）综合指数法。

1）分析研究评价的生态因子的性质及变化规律。

2）建立表征各生态因子特性的指标体系。

3）确定评价标准。

4）建立评价函数曲线，将评价的环境因子的现状值（开发建设活动前）与预测值（开发建设活动后）转换为统一的无量纲的环境质量指标。用1~0表示优劣（"1"表示最佳的、顶级的、原始或人类干预甚少的生态状况，"0"表示最差的、极度破坏的、几乎无生物性的生态状况），由此计算出开发建设活动前后环境因子质量的变化值。

5）根据各评价因子的相对重要性赋予权重。

6）将各因子的变化值综合，提出综合影响评价值。即

$$\Delta E = \sum (Eh_i - E_{qi}) W_i \tag{9-16}$$

式中　ΔE——开发建设活动日前后生态质量变化值；

　　　Eh_i——开发建设活动后 i 因子的质量指标；

　　　E_{qi}——开发建设活动前 i 因子的质量指标；

　　　W_i——i 因子的权值。

（3）指数法应用：可用于生态因子单因子质量评价、生态多因子综合质量评价及生态系统功能评价。

（4）说明。建立评价函数曲线须根据标准规定的指标值确定曲线的上下限。对于空气和水这些已有明确质量标准的因子，可直接用不同级别的标准值作上下限；对于无明确标准的生态因子，须根据评价目的、评价要求和环境特点选择相应的环境质量标准值，再确定上下限。

C　类比法

类比法是一种比较常见的定性和半定量结合的方法，根据已有的开发建设活动（项目、工程）对生态系统产生的影响来分析或预测拟进行的开发建设活动（项目、工程）可能产生的影响。选择好类比对象（类比项目）是进行类比分析或预测评价的基础，也是该法成败的关键。类比对象的选择标准是：生态背景相同，即区域具有一致性。因为同

一个生态背景下，区域主要生态问题相同。比如拟建设项目位于干旱区，那么类比的对象要选择位于干旱区项目。类比的项目性质相同。项目的工程性质、工艺流程、规模相当，且类比项目已经建成，并对生态产生了实际的影响，而且所产生的影响已基本全部显现，注意不要根据性质相同的拟建设项目的生态影响评价进行类比。

类比法应用：进行生态影响识别和评价因子筛选；以原始生态系统作为参照，可评价目标生态系统的质量；进行生态影响的定性分析与评价；进行某一个或几个生态因子的影响评价；预测生态问题的发生与发展趋势及其危害；确定环保目标和寻求最有效、可行的生态保护措施。

D 生产力评价法

绿色植物的生产力是生态系统能流和物流的基础，它是生物与环境之间相互联系最本质的标志。该方法的评价由下述分指数综合而成，包括：

（1）生物生产力。生物生产力是指生物在单位面积和单位时间所产生的有机物质的重量，亦即生产的速度，以 $t/(hm^2 \cdot a)$ 表示。目前，全面测定生物的生产力还有很多困难。因此，多以测定绿色植物的生长量来代表生物的生产力，公式为：

$$P_q = P_n + R \qquad (9-17)$$
$$P_n = B_q + L + G \qquad (9-18)$$

式中　P_q——总生产量；

　　　P_n——净生产量；

　　　R——呼吸作用消耗量；

　　　B_q——生长量；

　　　L——枯枝落叶损失量；

　　　G——被动物吃掉的损失量。

由于生长量的变化极不稳定，因此在生态影响评价中需选用标定生长系数的概念，即生长量与标定生物量的比值，它是生态学评价的一个分指数，以 P_a 表示。

$$P_a = \frac{B_q}{B_{mo}} \qquad (9-19)$$

式中　B_{mo}——标定生物量。

P_a 值增大，则环境质量的变化越来越好。

（2）生物量。指一定地段面积内某个时期生存着的活有机体的重量，以 t/hm^2 表示，它又称现有量。生物量的测定，森林与草地不同，在生态影响评价中一般选用标定相对生物量的概念，它是各级生物量与标定生物量的比值，是生态学评价的又一个分指数，以 P_b 表示。

$$P_b = \frac{B_m}{B_{mo}} \qquad (9-20)$$

式中　B_m——生物量；

　　　B_{mo}——标定生物量；

P_b 值越大，则环境质量越好。

（3）物种量。从生物与环境对立统一的进化观点看，生物种类成分的多样性及群落的稳定性是一致的，而群落的稳定性与种类成分之间互相利用环境的合理性也是一致的。

在生态评价时，以群落单位面积内的物种作为标准，称为物种量（物种数/hm²），而物种量与标定物种量的比值，称为标定相对物种量，这是生态学评价的又一指数，以 P_s 表示。

$$P_s = \frac{B_s}{B_{so}} \qquad (9-21)$$

式中　B_s——物种量；

　　　B_{so}——标定物种量；

P_s 值越大，则环境质量越好。

生长量、生物量、物种量是环境质量生态学评价的三个重要的生物学参数。而与这三者密切相关的还有非生物学参数，如土壤中的有机质和有效水分含量等，由这些参数导出的标定生长系数、标定相对生物量、标定相对物种量、标定土壤有机质相对储量、标定土壤有效水含量，均是环境质量生态学评价的重要分指数，它们的综合（等权相加）便是生态学评价的综合指数，以 P 表示。

$$P = \sum P_i = P_a + P_b + P_s + P_m + P_w = \frac{B_q}{B_{mo}} + \frac{B_m}{B_{mo}} + \frac{B_s}{B_{so}} + \frac{S_m}{S_{mo}} + \frac{S_w}{S_{wo}} \qquad (9-22)$$

只要参数选择得当，式（9-22）可以增到 N 项，即：

$$P = \sum_{i=1}^{N} P_i = P_a + P_b + P_s + P_m + P_w + \cdots + P_n$$
$$= \frac{B_q}{B_{mo}} + \frac{B_m}{B_{mo}} + \frac{B_s}{B_{so}} + \frac{S_m}{S_{mo}} + \frac{S_w}{S_{wo}} + \cdots + \frac{M_n}{M_{no}} \qquad (9-23)$$

E　生物多样性评价法

生物多样性重在实际调查，是分析生态系统和生物种的历史变迁、现状和存在主要问题的方法，评价的目的是有效保护生物多样性。生物多样性变化是长期累积性的变化，因此生物多样性调查最能表现水生生态系统受污染的现状。

根据水生生物的生活习性，不同污染程度水体中的生物的种类不同，见表9-4。

表9-4　水体不同污染物和污染程度时藻类和浮游动物种类变化

污染类型	污染程度	藻　类	浮　游　动　物
有机污染	污染较轻	多甲藻属、飞燕角甲藻、脆杆藻属、双菱藻属、角星鼓藻属	枝角类、桡足类、软体动物、一些水生昆虫
	污染严重	裸藻门，蓝藻门的裸藻属、衣藻属、实球藻属、微茫藻属	原生动物中的变形虫、钟虫、累枝虫
无机污染	污染较轻		纹扁蜉属、溪扁蜉属、扁幼蜉属、匍匐性蜉蝣类和角石蚕属、拟角石蚕
	污染严重	裸藻属、衣藻属、实球藻属、微茫藻属	短尾石蝇属、多距石蚕属、原石蚕属、星齿蛉属、脉翅目类、盘蜻属、泥甲科、大蚊科、粗腹摇蚊属、流水长跗摇蚊

水体污染不仅影响藻类和浮游动物的种类变化，而且影响底栖动物和鱼类种群数目。一般当有无机污染发生时，在强污染区完全没有底栖动物或者只有少量耐污染的种类；在中污染区、弱污染区其种类和个体数有逐渐增加的倾向。一般种数、个体数、重量大致表

现出随污染而变动。此外，水体污染也对鱼类产生影响，在受无机物污染水体中，在强污染区没有鱼类栖息；从中污染区到弱污染区进而到正常区，鱼类的栖息密度则随着环境污染程度的变化而发生相应的变化。评价：生物多样性通常用香农－威纳指数（Shannon-Wiener index）表征 H'（表9－5）：

$$H' = \sum_{i=1}^{s} P_i \ln P_i \qquad (9-24)$$

式中　S——种数；

$\quad\quad P_i$——样品中属于第 i 种的个体比例，如样品总个体数为 N，第 i 种个体数为 n_i，则 $P_i = n_i/N$。

表9－5　水体系统的 Shannon-Wiener index 多样性指数 H'

指数范围	级　别	生物多样性状态	水体污染程度
$H' > 3$	丰富	物种种类丰富，个体分布均匀	清洁
$2 < H' \leqslant 3$	较丰富	物种丰富度较高，个体分布比较均匀	轻污染
$1 < H' \leqslant 2$	一般	物种丰富度较低，个体分布比较匀	中污染
$0 < H' \leqslant 1$	贫乏	物种丰富度低，个体分布不均匀	重污染
$H' = 0$	极贫乏	物种单一，多样性基本丧失	严重污染

9.5　生态环境保护与建设方案

9.5.1　生态环境保护与建设规划目标

1998年11月国务院颁布的《全国生态环境建设规划》中，明确指出我国生态环境建设要"紧紧围绕我国生态环境面临的突出矛盾和问题，以改善生态环境、提高人民生活质量、实现可持续发展为目标，以科技为先导，以重点地区治理开发为突破口，把生态环境建设与经济发展紧密结合起来，处理好长远与当前、全局与局部的关系，促进生态效益、经济效益与社会效益的协调统一"。从我国生态环境问题现状分析出发，该规划仅对全国陆地生态环境建设的一些重要方面进行了规划，主要包括：天然林等自然资源保护、植树种草、水土保持、防治荒漠化、草原建设、生态农业等。

9.5.1.1　生态环境建设规划的含义

生态环境建设规划由美国景观建筑师和区域规划专家 LanL Me Harg 提出，在他的具有划时代的著作《Design with Nature》（译为《对自然界的设计》或《协同自然的设计》）中，系统地阐述了生态环境建设规划的思想，得到了许多生态学家和城市规划学者的认可，并在实践中得到了广泛应用。目前生态环境建设规划方法已成为大尺度土地利用、资源管理以及野生动物保护的有力工具，并取得了较大的生态、经济和社会效益。现代著名生态学家 E. P. Odum 认为，"利用生态环境建设规划方法完成的规划能够将土地侵蚀、水灾等的影响降为最小，从而保护水源，提高社会价值，如果把难以定量的人类价值考虑在内，效益会更显著"。

生态环境建设规划是环境规划的发展形态之一。它是应用生态学原理，从整体上研究人类与生态环境之间相互作用的规律，并在此基础上，通过合理安排人类各项建设活动（包括经济建设活动、社会建设活动、生态环境建设活动），从而使经济、社会、生态环境三者作为不可分割的整体，达到最佳状态的过程。生态环境建设规划是为了解决生态环境问题而产生的，它是人类对环境问题的认识不断深化的产物。与传统的环境规划不同，生态环境建设规划不仅关注环境污染问题，而且也重视生态破坏问题，并且是从生态系统的角度，提出解决生态环境问题的措施，拟定出规划方案。换言之，它是从生态系统物质流动的各个环节入手，通过科学选择资源开发利用方式与途径，合理确定经济结构、布局与规模，适当安排工程治理措施等，来防治环境污染与生态破坏，实现"三大效益"的协调统一。因此，较之传统的环境规划，生态环境建设规划更为全面合理。

按照马世骏的复合生态系统理论，生态环境建设规划是以社会－经济－自然复合生态系统为规划对象，应用生态学的原理、方法和系统科学的手段，去辨识、设计和模拟人工生态系统内的各种生态关系，确定最佳生态位，并突出人与环境协调的优化方案的规划。依据曲格平主编的《环境科学词典》，生态环境建设规划是在自然综合体的天然平衡情况不作重大变化、自然环境不遭破坏和一个部门的经济活动不给另一个部门造成损害的情况下，应用生态学原理，计算并合理安排天然资源的利用及组织地域的利用。

综上所述，生态环境建设规划的实质就是以可持续发展的理论为基础，运用生态经济学和系统工程的原理与方法，对某一区域社会、经济和生态环境复合系统进行结构改善和功能强化的中、长期发展和运行的战略部署，遵循生态规律和经济规律，在恢复和保持良好的生态环境、保护与合理利用各类自然资源的前提下，促进国民经济和社会健康、持续、稳定与协调发展。

9.5.1.2　生态环境建设规划的类型

生态环境建设规划可按不同方式划分。

（1）按规划期划分。按规划期可分为长期生态环境建设规划、中期生态环境建设规划以及年度生态环境建设计划。长期生态环境建设规划一般跨越时间为 10 年以上，中期生态环境建设规划一般跨越时间为 5～10 年，5 年生态环境建设规划一般称五年计划。

（2）按性质划分。生态环境建设规划从性质上分，有土地利用规划、水资源利用规划、水土保持工程规划、林业生态工程规划、防沙治沙规划、生态农业工程规划、草地保护与建设规划、自然保护区规划、土地整理与复垦规划。

（3）按人工化程度划分。按照人工化的程度可将生态环境建设规划分为自然保护和生态建设两类。

1）自然保护规划。自然保护规划指采用行政、技术、经济和法律等各种手段，对自然环境和自然资源实行保护。保护的对象相当广泛，主要有土地、水、生物（包括森林、草原和野生生物等）、矿藏、典型景观等资源。其重点是保护、增殖（可更新资源）和合理利用自然资源，以保证自然资源的永续利用。自然保护区、海上自然保护区都属于自然保护规划的范畴。对自然资源的保护有各种不同的含义：①原则上禁止对自然的任何干预；②主要是合理地利用自然，不论其目的如何；③关注人与环境之间的相互作用；④在实践进程中保持资源自身的永续生存。

2）生态建设规划。主要是对受人为活动干扰和破坏的包括水生和陆生生态系统在内的生态系统进行生态恢复和重建。生态恢复与重建是从生态系统的整体性出发，保障生态系统的健康发展、自然资源的永续利用和生物生产力的提高。生态建设是根据生态学原理进行人工设计，充分利用现代技术和生态系统的自然规律，使自然和人工紧密结合，达到高效和谐，实现环境、经济、社会效益的统一。

（4）按保护规划分。

1）大尺度。大尺度往往是指大流域或跨流域的大区域性的破坏和保护，面积在几百万平方千米。例如，我国"三北"防护林工程、东南沿海防护林工程、长江中上游防护林工程等即是建立在大尺度等级内的大区域性的生态环境建设工程。

2）中尺度。中尺度往往是流域内、省内、地区间或地区内的某项保护工程。面积在几万平方千米。例如，滇池的生态环境保护、淮河流域的水质保护和恢复、科尔沁沙地的生态环境保护工程等。

3）小尺度。小尺度往往是县域内的、小的自然保护区，甚至是一个果园、一片试验田的保护工程等。面积在几十平方千米到几百平方千米之间。如额济纳旗胡杨自然保护区建设，"四位一体"庭院式生态经济型农户建设等。

9.5.2 生态环境保护与建设规划内容及编制流程

9.5.2.1 生态环境建设规划的主要内容

生态环境建设规划是环境规划的一个重要方面，主要有水资源利用规划、土地利用规划、流域治理规划、防沙治沙规划、林业生态工程规划、草原保护规划、自然保护区规划、土地整理与复垦规划等。

生态环境建设规划包括以下主要内容：

（1）规划名称；

（2）立项缘由，包括生态环境建设工作现状及存在问题，立项的必要性和迫切性；

（3）项目基本情况，包括自然条件、社会经济条件、土地利用情况等；

（4）规划指导思想和编制原则；

（5）规划范围、规模、目标、进度及任务；

（6）规划主要内容，包括土地利用规划、各单项工程布局、配套工程规划等；

（7）投资概算与资金筹措；

（8）效益分析与评价；

（9）项目组织管理；

（10）规划主要成果，包括附表、附图、单项工程设计图件等。

9.5.2.2 生态环境建设规划程序

一般来说，生态环境建设规划过程或规划程序本身是不断进步与发展的。较早的规划一般采用简单的顺序，概括为调查—分析—规划方案。根据最近国外研究进展，生态环境建设规划内容及其程序有所变化。因为规划过程是系统规划，起源于控制论的思想。由美国数学家魏纳（N. Wiener）建立起来的控制论的中心观点是把自然界或社会的一切现象，包括生物的、物理的、文化的及社会经济的现象，当做一个复杂而相互作用的系统，系统的各部分相互作用、相互影响。最简单的控制论系统包括：辨识环境、确立目标、价值度量、构成系统概念、系统分析、开发求解方案、决策。

据以上所述，生态环境建设规划是系统规划，在规划方法和过程中应体现控制论的思想。一般生态环境建设规划的过程可以概括为以下八个步骤：

（1）编制规划大纲。研究局势，分析背景，提出问题，制定城市生态规划研究的目标。

（2）生态调查与资料搜集。这一步骤是生态规划的基础。资料搜集包括历史、现状资料，卫星图片、航片资料，访问当地人获得的资料，实地调查资料，等等，然后进行初步的统计分析、因子相关分析以及现场核实与图件的清绘工作，最后建立资料数据库。

（3）生态系统分析与评估。这是生态规划的一个主要内容，为生态规划提供决策依据。主要是分析生态系统结构、功能的状况，辨识生态位势，评估生态系统的健康度、可持续度等。提出自然－社会－经济发展的优势、劣势和制约因子。

（4）生态环境区划和生态功能区划。这是对区域空间在结构功能上的类聚和划分，是生态空间规划、产业布局规划、土地利用规划等规划的基础。

（5）规划设计与规划方案的建立。是根据区域发展要求和生态规划的目标，以及研究区的生态环境、资源及社会条件在内的适宜度和承载力范围内，选择最适于区域发展方案的措施。一般分为战略规划和专项规划。

（6）规划方案的分析与决策。根据设计的规划方案，通过风险评价和损益分析等进行方案可行性分析，同时分析规划区域的执行能力和潜力。

（7）规划的调控体系。建立生态监控体系，从时间、空间、数量、结构、机理等几方面检测事、人、物的变化，并及时反馈与决策；建立规划支持保障系统，包括科技支持、资金支持和管理支持系统，从而建立规划的调控体系。

（8）方案的实施与执行。规划完成后，由下级部门分别论证实施，并应由政府和市民进行管理、执行。

具体的规划编制流程如图9-4所示。

9.5.3　生态保护与生态修复方案

生态修复是自然或人为因素引起的生态系统退化的逆转和重建过程，余作岳等（1997年）把退化生态系统分为裸地、森林采伐迹地、弃耕地、沙漠、采矿废弃地、垃圾堆放场6个主要类型。从目前我国研究现状来看，依据退化生态系统的不同成因，生态恢复主要有沙漠化土地的生态恢复、水土流失区的生态恢复、采矿废弃地复垦、沿海侵蚀裸地的生态修复等几方面。

9.5.3.1　沙漠与沙漠化土地的生态修复

沙漠是在极端气候条件下形成的生态退化形式，沙漠化土地一般是在疏松沙质地表及干旱多风的自然条件下，人类对土地资源采取不合理或强度利用造成的生态退化过程。我国从20世纪50年代开始进行有关沙漠和沙漠化土地的生态恢复工作，这方面成功的范例很多，科尔沁沙地的生态恢复与重建具有代表意义。

科尔沁属亚欧草原带，地带性植被为草原或森林，由于沙性土壤基质、地下水位高和风沙危害严重等区域性环境因素的长期影响，这里形成了景观特殊的半隐域疏林性草原植被。随着人口的增长和以过牧、过垦、过度樵采为特征的人类生产经营活动的强烈干扰，原生植被已基本遭受破坏而退化，形成不同演替阶段的沙地次生植被，土地因风蚀堆积，形成包括沙丘、缓起伏沙地、丘间低地及冲积平原等不同地貌类型，土壤质地变劣，有机

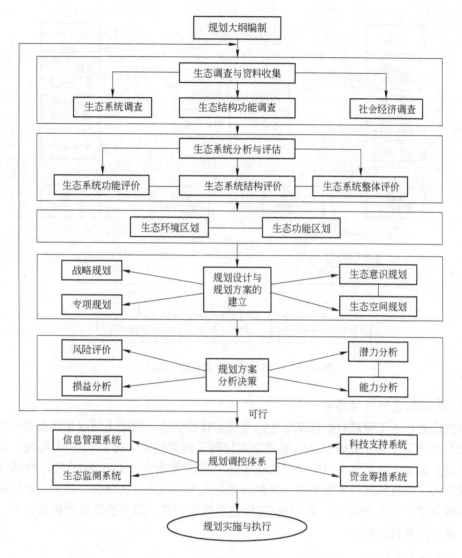

图 9-4 生态环境建设规划流程

质含量下降，同时气候条件也发生了相应的变化。

科尔沁草原生态系统退化诊断。科尔沁草原生态系统退化主要表现为沙漠化迅速发展，由 20 世纪 50 年代末的 20% 沙化面积扩展到 80 年代末的 77.6%，年均发展速率 1.92%；草场普遍处于疏林草原—灌丛、多年生禾草—多年生禾草、蒿类草原—蒿类杂类草原—沙生植被的退化演替过程，植被盖度下降，产量降低，可食性鲜草产量 375～5250kg/hm²；土壤质量下降，土壤粗化，土壤表层不大于 0.05 粒径的仅占 0.90%～13.43%，肥力下降，有机质含量为 0.065%～0.975%。土壤退化，产投比降低。其沙漠化形成过程如图 9-5 所示。

A 生态恢复的目标

沙漠化过程逐渐逆转、生态系统逐步恢复并趋于良性循环，建立高效沙地农业生态系统，逐步形成社会-经济-自然复合系统。

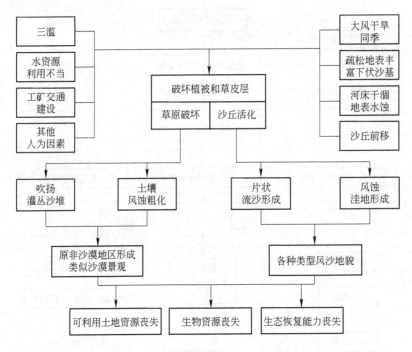

图 9 - 5   科尔沁草原沙漠化的形成过程

B   生态恢复的总体思路

自然恢复、人工促进自然恢复与生态系统重建相结合，依据不同退化程度及小区域自然、社会经济条件及发展需求，采用"小生物圈"恢复模式，即：（1）中心区。滩地绿洲高效复合农业生态系统，以重建及农业生态系统恢复为主。（2）保护区。软壕台地径流区建立人工—自然复合生态系统，自然恢复与人工促进恢复相结合，建立防护体系和天然草场恢复带。（3）缓冲区。即硬壕/流沙地灌草防护带，以保护性自然恢复为主，防风固沙，逐步恢复自然植被。

C   生态恢复的模式与途径

生态恢复的模式与途径如图 9 - 6 所示。

D   生态恢复的措施

（1）重建沙丘人工植被：在第一个雨季于流动沙丘上栽植差巴嘎蒿沙障，第二个雨季在沙障内播种小叶锦鸡儿。

（2）封育恢复自然植被：半固定、固定沙丘采用围封并补播草籽的措施建立自然 - 人工植被。

（3）重建人工植被：在坨甸交错地带，波状起伏沙漠化土地以及邻近农田边缘的沙丘地上，建立人工乔灌草植被。

（4）建立人工农田生态系统。

E   生态恢复的效果

恢复区经过 10 年的生态恢复与重建，原来沙丘区形成了较稠密的沙地灌草植被系统；自然 - 人工恢复的草地植被产草量增长了 1.5 ~ 3 倍；形成了具有防沙固沙效果的乔 - 灌

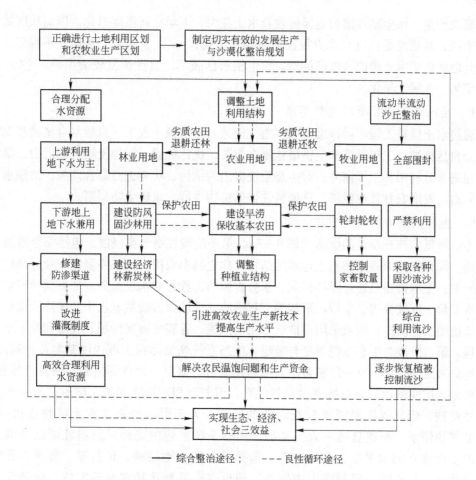

—— 综合整治途径； --- 良性循环途径

图9-6 科尔沁草原沙漠化综合整治途径

人工植被系统；流沙面积下降了2/3；人均纯收入提高了375%。

9.5.3.2 水土流失生态退化区的生态恢复

水土流失主要通过降水、洪水侵蚀、冲蚀地表造成生态退化，一方面，水土流失随溅蚀、片失、沟蚀、劣地侵蚀以及剥落、泻溜、崩塌、滑坡、陷穴、泥流等重力侵蚀，破坏土壤，使土壤流失、质地劣化、肥力降低，造成土地退化；另一方面，土壤侵蚀过程中，植被也因冲蚀流走而造成大片裸地；同时，土地退化过程中，随土地贫瘠化，其水分、营养元素的储存和运移过程随之改变，土质劣化，土壤环境日趋干旱、贫瘠化，植被的结构、组成随之逆行演替，造成植被退化。因而水土流失过程是一个生态系统退化的过程。

中国科学院水土保持研究所安塞纸坊沟水土流失治理项目是以水土资源合理利用为前提，通过强化入渗、拦蓄等工程措施，控制土壤侵蚀，以植被恢复、土壤恢复和生态农业建设为主导措施，实现生态恢复与经济发展相结合的生态经济型生态农业，是黄土高原水土流失的生态恢复实例。

A 生态退化综合诊断

该区过去是次生稍林区，自20世纪40年代以来由于人口的持续增长，至50年代末森林植被破坏殆尽，仅存少量灌木，垦殖指数高达51.5%，谷坡地由于植被的持续破坏，水土流失严重，原生草本植被也因过牧及水土流失、干旱化而极度退化。因而从区域恢复角度来说，其难点是：（1）水力侵蚀使土壤贫瘠化；（2）侵蚀面上基质极不稳定；（3）大部分地区由于水土侵蚀和过度垦殖，原生植被已破坏，自然恢复较为困难；（4）环境条件变劣，气候干旱化。

B　生态恢复的目标与总体思路

通过水土保持工程、耕作措施的实施，建造人工植被、人工－自然复合植被和保护恢复部分自然植被；工程措施和生物措施复合组装，优化配置，增加土壤抗蚀能力，稳定基质，促进水分利用和土壤恢复；对生态系统群组的结构、功能进行综合调控，治理水土流失的同时，发展农林牧业经济；选择抗性强的植物类群，重建生物群落。

C　生态恢复的措施与方法

生态恢复实施三步走的措施（图9-7）。第一阶段控制土壤侵蚀，包括综合措施和工程措施。综合措施即通过调整土地利用结构，建立基本农田，保证恢复区农业经济体系的健康发展；工程措施是通过泥沙拦截、水分蓄积的工程控制水土流失。如坡面治理采用梯田、水平阶、反坡梯田、窄带水平沟等工程措施，使坡面形成截流水土的梯阶状地形，沟头主要使用工程防护，沟坡采用鱼鳞坑等工程措施，谷底发展截沙坝、谷坊和灌溉小水库的工程。第二阶段为生态系统恢复与重建。生态系统恢复即在土壤侵蚀基本被控制之后，对一些尚未完全破坏、有一定植被的区域采用禁牧、禁垦、禁伐等措施，恢复自然植被，这类恢复旨在使退化生态系统通过自然保育，恢复到相对稳定状态。同时，对一些有一定自然植被，但自我恢复需要较长时期的区域，人工引入外来或本土植物进行补植，使植被尽快恢复，形成自然－人工植被。生态系统重建主要针对退耕坡地以及因土壤侵蚀严重而建立的水平阶、鱼鳞坑等，选择适宜的植物品种，进行草、灌草、乔灌草植被的建立，建立时一般利用生物生态位理论进行品种选择和合理配置。植被建立时注重的另一措施是耕作技术，如在补播时采用钻孔法、营养柱法等，重建时采用深耕法等，这些方法一方面促进了土壤水分的保持，另一方面对播种植物的生长发育有积

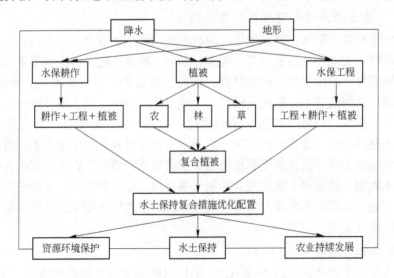

图9-7　黄土高原水土流失生态退化区恢复路线

极意义。第三阶段是生态恢复与生态经济相结合的阶段。在这一阶段中一方面是对恢复和重建的植被进行保育，促使植物群落向稳定方向和高产方向发展；另一方面对周边区和恢复区土地进行农、林、牧综合利用，促进地方经济发展，尽快驱动自然－经济－社会复合系统的运行。

D 范式总结

在纸坊沟生态恢复实施过程中，形成的范式为：（1）川地＋沟坡地地区（图9-8）；（2）塌地＋沟坡地地区（图9-9）；（3）全部山坡坡地地区（图9-10）。

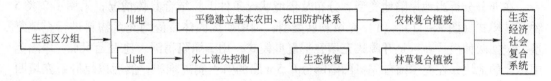

图9-8 川地＋沟坡地地区生态恢复示意图

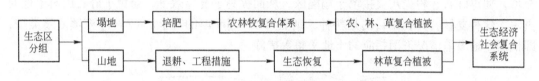

图9-9 塌地＋沟坡地地区生态恢复示意图

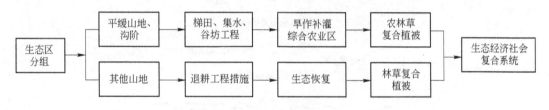

图9-10 全部山坡坡地地区生态恢复示意图

9.5.3.3 采矿废弃地的复垦

土地复垦往往被理解为土地的恢复耕种，在国外一般理解为"破坏土地或环境的恢复"，美国定义为"将已采完矿的土地恢复成管理当局批准使用的采矿后土地的各种活动"。Hossner 在其《露天矿土地复垦》一书中指出："复垦的主要目标是重建永久稳定的景观地貌，这种地貌在美学上和环境上能与未被破坏的土地相协调，而且采后土地的用途能最有效地促进其所在的生态系统的稳定和生产能力的提高。"土地复垦被定义为三个目的的类型：复原指复原破坏前所存在的状态；恢复指将破坏区恢复到近似破坏前的状态；重建指根据破坏前制定的规划，将破坏土地恢复到稳定的和永久的用途，这种用途和破坏前一样，也可以在更高的程度上用于农业，或改作游乐休闲地或野生动物栖息区。我国的国情要求必须重视土地复垦和生态恢复与重建，并且与国外的情况和目标是不尽相同的，国外（特别是发达国家）往往强调复原其生态状况，尽可能地恢复原地貌，恢复原生态，很少强调土地生产力，使其优先恢复为耕地、农田等，因而，我国的定义为"对各种破坏土地恢复到可利用状态", 更注重目前条件下高生产力的恢复。煤矿塌陷地复垦模式——工程复垦实例以龙口市煤矿塌陷地的复垦为例。

A　概况

该区位于胶东半岛西北侧, 是胶东地区重要的煤炭生产基地, 总面积 238.7km²。自 20 世纪 70 年代煤矿开采以来, 因塌陷而征地 1105.6hm², 仅农田就占 2076.6hm², 因而土地复垦显得非常重要。

B　土地复垦的模式

在充分分析当地塌陷地类型、分布及环境状况条件下, 结合具体情况, 采用了 2 类 5 种复垦模式 (图 9-11)。(1) 充填复垦类型, 利用矿区固体废渣为充填物料进行充填复垦, 包括两种模式: 一是开膛式充填整平复垦模式, 用于塌陷稍深, 地表无积水, 塌陷范围不大的地块, 在充填前首先将凹陷部分 0.5m 厚的熟土剥离堆积, 然后以煤矸石充填凹陷处至离原地面 0.5m 处, 再回填剥离堆积的熟土; 二是煤矸石、粉煤灰直接充填, 用于塌陷深度大、范围较小, 无水源条件但交通便利的地块。向塌陷区直接排矸或矸石山拉矸充填, 使煤矸石、粉煤灰直接填于塌陷区, 从而提高了复垦效率, 避免了矸石山对土地的占用, 这种复垦若其利用目的是耕种, 则需再填 0.5m 厚的客土。(2) 非充填复垦类型, 即根据土地塌陷情况采用相应的土地平整等措施。

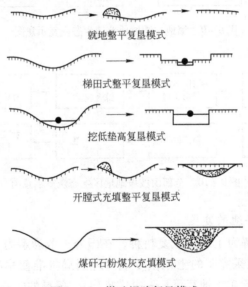

就地整平复垦模式

梯田式整平复垦模式

挖低垫高复垦模式

开膛式充填整平复垦模式

煤矸石粉煤灰充填模式

图 9-11　煤矿塌陷复垦模式

根据不同的塌陷深度, 采用三种模式。其一是就地整平复垦模式。用于塌陷深度浅, 地表起伏不大, 面积较大的地块, 受损特征表现为高低起伏不大的缓丘, 若塌陷地属土质肥沃的高产、中产田, 则先剥离表土, 平整后回填, 若原土地为土质差、肥力低的低产田, 则直接整平, 整平后可挖水塘, 蓄水以备农用。其二是梯田式整平复垦。适用于塌陷较深, 范围较大的田块, 外貌为起伏较大的塌陷丘陵地貌, 根据塌陷后起伏高低情况, 就势修筑台田, 形成梯田式景观。其三是挖低垫高模式。适用于塌陷深度大, 地下水已出露或周围土地排水汇集, 造成永久性积水的地块, 此时, 原有的陆地生态系统已转为水域生态系统，复垦时将低洼处就地下挖，形成水塘，挖出的土方垫于塌陷部分高处，形成水、田相间景观，水域部分发展水产养殖，高处则发展农、林、果业。若面积较大，则可考虑发展旅游业。

这类复垦土地一般以农业利用为主，因而除保证其作为农业用地所需的附属设施外，还须通过秸秆还田，增施有机质、埋压绿肥、豆科作物改良的措施配套，以提高土地肥力。

9.6 呼和浩特市回民区生态功能区划方案案例

9.6.1 区划背景

呼和浩特市地理位置优越，东距首都北京 490km，是西部省会城市距北京最近的城市；北距二连浩特内陆口岸 490km；西至草原钢城包头 150km，西南 100 多千米是煤炭和天然气基地鄂尔多斯。呼和浩特是我国北方重要的商贸中心和向北开放的前沿阵地，是我国陆上、空中通往蒙古国、俄罗斯及东欧诸国的重要桥梁。

回民区位于内蒙古自治区首府呼和浩特市城区的西北部，南北长 19km，东西宽 18km，地区最高海拔 2081m。东面由北向南以新城区毫沁营镇和市区内赛罕路、通道北路北段、光明大街、锡林郭勒北路和锡林郭勒南路北段与新城区、赛罕区交界；南面由东向西以大学西路经石羊桥路、吕祖庙街、南顺城街、中山西路西段、西顺城街、西河沿、鄂尔多斯西街与玉泉区相邻；西面由南向北以西二环路、攸攸板镇东棚子自然村与呼和浩特市金川经济开发园区、土默特左旗台阁牧乡霍寨沟等自然村接壤；北面以攸攸板镇北阴山山脉的大青山分水岭为界与武川县毗邻。

回民区是呼和浩特市的主要组成部分，具有独特的区位优势，境内地形地貌多样，物种类型丰富，旅游资源丰富，景点特色浓郁，是呼和浩特市重要的生态经济区与生态涵养区，对于打造首府形象、保护和建设呼和浩特市生态环境具有重要意义。然而，随着社会经济的不断高速发展，回民区人与自然、环境与发展之间的矛盾日益凸现，这种矛盾也是国内乃至国际上广泛关注的问题。

9.6.2 区划方法与技术路线

通常生态功能区划是在生态环境现状调查的基础上，结合分析区域社会经济状况，运用遥感（RS）技术，结合已经开展的生态环境调查工作，采用地理信息系统（GIS）技术，进行各相关数据资料的数字化处理、扫描处理、图元编辑、空间分析和遥感处理及计算机成图和统计等工作，结合生态环境现状评价、生态敏感性分析和生态服务功能评价，形成一系列的相同比例尺的评价图。采用定性分区和定量分区相结合的方法，利用空间叠置法、相关分析法、专家集成等方法，按生态功能区划的等级体系，通过自上而下的划分，或自下而上的合并进行生态功能区划。根据呼和浩特回民区的实际情况和所获取的资料详细程度，本区划采用自上而下的划分方法进行，利用山脉、河流等自然特征、行政边界和区域社会经济模式确定各级生态功能区的边界，如图 9-12 所示。

（1）一级区划界时，主要依据区内植被特征的相似性与地貌单元一致性和土地类型的完整性。

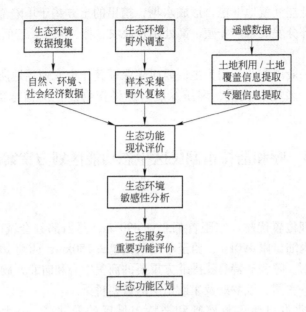

图 9 – 12　回民区生态功能区划技术路线

（2）二级区划界时，主要考虑一级区内部生态服务功能类型的一致性，土地利用类型的一致性，主要生态环境问题的一致性以及生态环境敏感性的一致性。

9.6.3　生态功能区划方案

根据生态功能区划的理论基础和技术方法，结合国务院颁布的《全国生态环境保护纲要》及国家环保总局制定的《生态功能保护区规划编制大纲（试行）》，在综合评价回民区生态环境现状、生态系统敏感性、生态系统重要性的基础上，以生态资源特征，尤其是地貌和人类活动方式为主导因子，划分各生态功能区。将呼和浩特市回民区划分为 3 个一级生态功能区和 5 个二级生态功能区。回民区一级生态功能区划面积统计见表 9 – 6。

表 9 – 6　回民区一级生态功能区划面积统计

一 级 区 名 称	面积/km²	NDVI	比例/%
北部山地森林生物多样性保护与水土保持功能区	93.09	191.48	46.86
中部平原生态农业与水源地保护功能区	65.37	138.16	32.91
东南部平原城市生态经济功能区	40.18	106.39	20.23
合　计	198.64	—	100

据不同地区土地利用方式、生态环境状况、区域环境问题的严重程度以及不同生态环境问题的组合方式将回民区划分为 5 个二级生态功能区基本单元。

复习思考题

9 – 1　生态环境现状调查的基本方法有哪些？

9 – 2　何为生态承载力，如何定量评估生态承载力？

9 - 3   生态功能分区的依据有哪些?

9 - 4   生态环境影响预测与评价的方法有哪些?

9 - 5   简述生态环境建设规划的内涵。

研讨题

继 2009 年哥本哈根世界气候大会后,生态环境问题受到全世界的广泛关注。草原生态系统作为国家整体生态的重要组成部分,是发展草原畜牧业和传承草原文明的物质基,在经济社会发展和生态文明建设中发挥着巨大的作用。近年来,由于草原生态主体"三化"程度不断加剧,严重影响畜牧业的发展,加重了生态恶化,严重威胁了生态安全。正是由于草原生态系统的破坏,使得北京、河北、内蒙古等地每年的春季都会爆发大规模的沙尘暴天气。为恢复草原生态的重要职能,保护人民群众的生命财产安全,以草原生态环境现状为基础,设计一份生态保护方案。

参考文献

[1] 胡辉,杨家宽. 环境影响评价 [M]. 武汉:华中科技大学出版社,2010:186.

[2] 孙丽娜,孙铁珩,王辉. 辽宁中部城市群生态环境与可持续发展能力 [M]. 沈阳:东北大学出版社,2010.

[3] 陈克恭,史振业. 干旱区生态城市建设理论与实践——基于张掖市生态城市建设的实证研究 [M]. 兰州:兰州大学出版社,2010:74.

[4] 高吉喜. 可持续发展理论探索:生态承载力理论、方法与应用 [M]. 北京:中国环境科学出版社,2001.

[5] 毛文永. 生态环境影响评价概论(修订版)[M]. 北京:中国环境科学出版社,2003:236.

[6] 欧阳志云,郑华,高吉喜. 区域生态环境质量评价与生态功能区划 [M]. 北京:中国环境科学出版社,2009.

[7] 亢文选. 陕西生态环境保护 [M]. 西安:陕西人民出版社,2006.

[8] 蒙吉军. 综合自然地理学 [M]. 北京:北京大学出版社,2011.

[9] 刘康. 生态规划:理论、方法与应用 [M]. 第 2 版. 北京:化学工业出版社,2011.

[10] 尚金城. 环境规划与管理 [M]. 第 2 版. 北京:科学出版社,2009.

[11] 刘康,李团胜. 生态规划理论、方法与应用 [M]. 北京:化学工业出版社,2004.

[12] 李世明,程国栋,李元红,等. 河西走廊水资源合理利用与生态环境保护 [M]. 郑州:黄河水利出版社,2002.

[13] 环境保护部环境工程评估中心. 环境影响评价技术方法 [M]. 北京:中国环境科学出版社,2012:271 ~ 285.

[14] 高甲荣,齐实. 生态环境建设规划 [M]. 北京:中国林业出版社,2006.

[15] 赵晓英,陈怀顺,孙成权. 恢复生态学——生态恢复的原理与方法 [M]. 北京:中国环境科学出版社,2001.

10 其他类专项规划

【本章要点】本章主要介绍几项专项规划，主要包括：（1）农村地区大气、水、土壤和噪声的乡镇（农村）环境综合整治规划；（2）企业作为管理和被管理对象的工业企业污染防治规划；（3）实现我国长久发展，推动社会、经济进步的节能减排规划；（4）旨在保证土地的利用能满足国民经济各部门按比例发展要求的土地规划；（5）生态示范与环境经济综合规划。

10.1 乡镇（农村）环境综合整治规划

10.1.1 规划的主要内容

一个完整的乡镇环境规划应包括以下五个方面的内容：

（1）制定农村环境规划的目标。环境规划的前提是确定环境规划目标。首先根据规划区域的资源特点和经济发展提出区域的环境功能，进而确定环境目标。目标的确定不仅要考虑经济发展与资源特点，还要考虑环境特点与经济技术的可能性，提出合理的切实可行的环境目标，把它纳入建设总目标中，并与乡镇经济发展目标相协调。环境目标要有针对性，不仅要了解区域生态环境的现状，还要致力于在规划区域内控制生态环境问题的发展，做到实事求是，切实可行。

（2）建立规划指标体系。乡镇环境规划指标体系可分为基础性指标和环境保护指标两大类。基础性指标包括社会经济指标、自然环境指标、环境状况指标等。环境保护指标包括污染控制指标、环境管理指标、自然保护与建设指标。选择乡镇环境规划指标不要求数量很多，主要在于科学、简便、适用。

（3）环境现状调查与评价。环境调查与评价的目的是发现农村环境的主要问题。调查内容包括：

1）社会经济发展现状调查。掌握社会经济发展现状、所有制结构、产业布局；掌握农村发展水平、人口及构成状况；掌握影响农村经济发展的自然条件、资源分布特点。

2）污染源现状调查与评价。查明农村工业"三废"排放特征，主要污染源、污染物；查明城镇生活废水、生活垃圾产生、处理情况；农药、化肥的年销售量、利用量和残留量等。

3）环境质量现状调查与评价。对于农村范围内的大气、水、土壤和噪声中一些指标进行调查评价。

4）对土地、森林、野生动植物等自然资源的开发利用进行调查，查明存在的主要生态破坏问题。

（4）环境污染预测。根据社会经济发展规划，分析城镇发展方向、产业结构发展趋势、人口及组成的变化；对工业"三废"的排放量、生活垃圾的处理量、农药化肥的施用量进行预测；对农村大气、水、噪声环境质量变化趋势进行预测；根据社会经济发展规划，对可能产生的农村生态破坏与资源损坏进行分析与预测，指明主要环境破坏问题及主要破坏区域。

（5）环境功能区划。根据农村范围内的生态环境和社会经济系统结构及其功能的分异规律，以及相互作用的综合效应，把特定的地域空间划分为不同的生态环境单元。如根据自然条件划分的自然保护区、风景旅游区、水源区等；根据社会经济的现状、特点和未来发展趋势划分的居民区和经济开发区等。应根据国家环境标准，结合区域自身环境特点，科学地划分水环境功能区、大气环境质量和环境噪声适用区，不同功能区确立不同的环境保护要点。

10.1.2 规划的技术路线及方法

乡镇（农村）的环境规划编制大体上分为三个阶段：准备阶段、编制阶段和报批阶段。

10.1.2.1 准备阶段

准备阶段包括：

（1）接受任务。由于环境规划是一项技术性很强的工作，应当由具备规划技术条件或者资格的单位承担，如环境保护科研设计院，环境保护监测站等。接受任务以后，组成领导小组，明确负责人。

（2）调查研究。

1）自然环境特征调查，如地形、地貌、水文、气候和植被。

2）社会经济条件调查，如人口及其空间分布，各项社会经济指标等。

3）乡镇企业与城镇发展水平调查，如乡镇工业产值、行业结构、城镇类型和分级等。

4）乡镇工业与城镇的污染源、污染类型及分布调查，并做好监测工作。

5）收集与环境规划有关的城镇总体规划、国土规划、农业区划等规划资料。同时，对环境质量现状进行监测和评价，通过调查评价主要环境问题及发生原因、地域分布等情况。

（3）环境影响预测。预测是制定环境规划目标和环境规划方案的重要依据。预测的主要内容有农村经济发展趋势预测、环境污染发展趋势预测、自然资源的损失与生态破坏的预测。

10.1.2.2 编制阶段

编制阶段包括：

（1）确定环境规划目标。环境目标是在现状调查和环境预测的基础上，根据规划期由所要解决的环境问题和乡镇（农村）经济协调发展的需要制定出来的。环境目标包括总目标和各种分目标。在确定目标的同时，应提出各种规划期内相应的指标体系。

（2）环境规划对策研究。环境目标的实现有赖于经济的发展和科学技术水平的提高、环境对策研究规划的主要内容。具体对策如下：

1）把环境规划纳入经济和社会发展规划，保障实施。

2）资金的保证，没有一定数量的环境保护投资，就不可能实现环境规划目标，因此必须落实好规划资金。

3）乡镇企业要引进先进设备和经验技术，强化环境管理。

4）提高全民的环境意识。

（3）拟定规划方案与措施。拟定规划对策研究的结果，编制规划措施，并拟定几个可供优化的方案。

（4）可行性分析。先根据规划对策和措施的内容，测算实现规划总的投资需求，然后对各个规划方案进行环境目标的可达性分析评估。

（5）优化协调规划方案。可行性分析之后，淘汰掉不符合环境目标要求的方案，对可供选择的规划方案进行优化。假若方案均不可行，则必须反馈，重新拟定规划目标和措施。

（6）编写规划报审表。整个规划过程是一个决策—反馈—再决策的过程，从目标确定到方案的优化与协调要经过多次调整和修改，直到规划方案获得审批为止。

10.1.2.3　报批阶段

将编好的规划方案提交上一级环境保护行政主管部门审查。若可行，审批下达，提交同级人民政府批准实施。

10.1.3　规划方案及其特色

乡镇（农村）的具体规划方案可以划分为五部分：

（1）制定环境污染防治规划。根据环境预测和污染防治控制目标，对重点流域、重点城镇、重点行业的水、大气和固体废物污染制定防治规划。

（2）制定自然生态保护规划。包括农林牧渔果蔬生产基地保护措施，水源保护规划，珍稀濒危动植物和自然保护规划；风景旅游、名胜古迹、人文景观等资源保护措施的制定。

（3）制定农村合理的工业发展结构与合理布局规划。根据社会经济总体发展规划，对规划区内可能开发的工业区、工业项目进行环境影响分析和生态适宜度分析，提出区域（镇区）工业发展结构域合理布局的宏观控制性规划，重点是污染工业的合理布局。

（4）制定环境管理规划。主要包括建立健全的环境管理机构，组织的规划意见，严格执行环评和"三同时"审批制度；汇总环境投资，提出可行的环境投资规划建议等。

（5）制定政策法规。为了保证环境规划的顺利实施，以及克服一项项目建设活动给环境带来的负面影响，必须加强环境管理，最重要的是制定一些法规政策，维护乡镇的生态良性循环，落实规划的支持与保证措施。

乡镇规划与其他规划体系不同，不单单涉及单方面的指标，不仅要对各种污染指标进行环境监理与防护，而且要对乡村的生态资源做出相应的保护措施，促进当地生态环境的可持续发展。同时要制定合理的乡村经济发展规划，使得农村环境与经济建设同步发展、共同进步。

10.1.4　乡镇工业企业污染防治规划的主要内容

乡镇工业企业污染防治规划的主要内容包括：

（1）现状调查与评价。调查企业发展现状、产业结构、主要产业；调查乡镇工业"三废"排放特征；乡镇企业污染特点；企业生产过程中原材料的利用率，产品销售量等。

（2）环境预测。工业"三废"排放量预测，企业发展所带来的经济效益、环境效益预测，产品市场前景预测等。

（3）确定企业环境规划目标。主要有污染物排放控制目标，原材料利用率、回收利用率目标等。

（4）确定指标体系。乡镇企业的指标体系可以从经济效益、环境效益、社会效益三方面加以描述。如资源利用率、三废排放率、产品销售利润率和社会贡献率等。

（5）制定规划。

1）调整乡镇企业的产业结构。主要包括行业结构、产品结构、技术结构和规模结构等方面的调整。乡镇企业的第一、二、三产业应融入整个乡村经济发展格局中予以综合分析，推算出乡镇企业合理比例结构。

2）企业选址布局规划。乡镇企业应聚集到小城镇，布局重点放在镇上，逐步形成以镇为基础的农村工业新格局。规划布局应从保护水源和缓解城镇大气污染，保护资源和生态环境入手，将此纳入经济社会发展总体规划。

3）企业污染物排放与治理规划。

4）企业生产布局规划。乡镇企业发展要因地制宜，大力发展以农产品废弃物为原料的企业，创造农副产品附加值，同时将各生产环节中废物综合利用，从而提供资源、能源利用率和"三废"净化转化率。对于产品，优先选择发展市场潜力大、竞争力强、有一定效益的产品，使有限生产要素向优势产品的企业流动，实现优胜劣汰。

5）环境管理规划。建立健全县、乡两级环境管理结构，逐步建立县、乡、村、企业四级乡镇企业环境管理网络，加强环境监理部队和监测站的建设，推行行之有效的环境目标责任制。要针对不同的情况，分别采取关、停、并、转等措施，有选择地逐步推行有关的各项管理制度和措施。

总之，乡镇企业作为我国国民经济的引擎，涉及国民经济的各个部门，必须对乡镇企业发展规划、开发生产、营销、综合利用和环境保护等各个环节统筹规划，各种政策协调布局，使其走可持续发展的道路。

10.2 节能减排规划

10.2.1 主要内容

节能减排规划的主要内容包括：

（1）加大结构调整力度。继续严把土地、信贷"两个闸门"和市场准入门槛，严格执行项目开工建设必须满足的土地、环保、节能等"六项必要条件"，把好新上项目准入关。制订促进服务业和高技术产业发展的政策措施，提高服务业和高技术产业在国民经济中的比重。

（2）推动技术进步。组织实施一批节能降耗和污染减排行业共性、关键技术开发和产业化示范项目，在重点行业中选择一批节能潜力大、应用面广的重大技术，加大推广力度。全面实施十大重点节能工程，加大中央和地方政府投资的支持力度，形成4000万吨标准煤的节能能力。加强节能环保电力调度。加快培育节能技术服务体系，推行合同能源管理，促进节能服务产业化发展。

（3）加强节能降耗管理。督促各地制定阶段性节能目标，建立"目标明确，责任清晰，措施到位，一级抓一级，一级考核一级"的节能目标责任和评价考核制度。强化对重点耗能企业的跟踪、指导和监管。扩大能效标识在三相异步电动机、变频空调、多联式空调、照明产品及燃气热水器上的应用。扩展节能产品认证范围，建立国际协调互认。组织开展节能专项检查。研究建立并实施科学、统一的节能减排统计指标体系和监测体系。

（4）推进循环经济发展。组织编制重点行业循环经济推进计划。制定和发布循环经济评价指标体系。深化循环经济试点，利用国债资金支持一批循环经济项目。全面推行清洁生产，对节能减排目标未完成的企业，加大实行清洁生产审核的力度，限期实施清洁生产改造方案。

（5）强化污染防治。增加安排国债资金和中央预算内资金支持城镇生活污水、垃圾处理及危险废物处理设施建设。继续加大重点流域、重点行业污染治理力度。

（6）健全法规和标准。配合全国人民代表大会抓紧出台节约能源法（修订）和循环经济法，组织制定16个高耗能产品能耗限额强制性国家标准等。

（7）完善配套政策。扩大实施高耗能、高污染行业差别电价和水价政策。推进城市供热价格改革，实行按用热量计量收费。落实电厂脱硫上网电价政策。健全排污收费及污水垃圾处理收费制度，合理提高征收标准。建立国家节能专项资金。制定节能节水和环保产品目录，出台鼓励生产和使用列入目录的产品的税收政策。研究建立对量大面广的节能产品政府补贴机制。调整《节能产品政府采购清单》，研究试行强制采购节能产品的办法。拓宽融资渠道，促进国内及国际金融机构资金、外国政府贷款向节能减排领域倾斜。

（8）强化节能宣传。将节能减排宣传纳入重大主题宣传活动。每年制定节能减排宣传方案，广泛宣传节能减排的重要性、紧迫性以及国家采取的政策措施，大力弘扬"节约光荣，浪费可耻"的社会风尚，提高全社会的节约环保意识。加强对外宣传，让国际社会了解中国在节能降耗、污染减排和应对全球气候变化等方面采取的重大举措及取得的成效，营造良好的国际舆论氛围。

10.2.2 基本原则及目标

10.2.2.1 基本原则

基本原则包括：

（1）强化约束，推动转型。通过逐级分解目标任务，加强评价考核，强化节能减排目标的约束性作用，加快转变经济发展方式，调整优化产业结构，增强可持续发展能力。

（2）控制增量，优化存量。进一步完善和落实相关产业政策，提高产业准入门槛，严格能评、环评审查，抑制高耗能、高排放行业过快增长，合理控制能源消费总量和污染物排放增量。加快淘汰落后产能，实施节能减排重点工程，改造提升传统产业。

（3）完善机制，创新驱动。健全节能环保法律、法规和标准，完善有利于节能减排的价格、财税、金融等经济政策，充分发挥市场配置资源的基础性作用，形成有效的激励和约束机制，增强用能、排污单位和公民自觉节能减排的内生动力。加快节能减排技术创新、管理创新和制度创新，建立长效机制，实现节能减排效益最大化。

（4）分类指导，突出重点。根据各地区、各有关行业特点，实施有针对性的政策措施。突出抓好工业、建筑、交通、公共机构等重点领域和重点用能单位节能，大幅提高能源利用效率。加强环境基础设施建设，推动重点行业、重点流域、农业源和机动车污染防治，有效减少主要污染物排放总量。

10.2.2.2 总体目标

到2015年，全国万元国内生产总值能耗下降到0.869t标准煤（按2005年价格计算），比2010年的1.034t标准煤下降16%（比2005年的1.276t标准煤下降32%）。"十二五"期间，实现节约能源6.7亿吨标准煤。

2015年，全国化学需氧量和二氧化硫排放总量分别控制在2347.6万吨、2086.4万吨，比2010年的2551.7万吨、2267.8万吨各减少8%，分别新增削减能力601万吨、654万吨；全国氨氮和氮氧化物排放总量分别控制在238万吨、2046.2万吨，比2010年的264.4万吨、2273.6万吨各减少10%，分别新增削减能力69万吨、794万吨。

10.2.2.3 具体目标

到2015年，单位工业增加值（规模以上）能耗比2010年下降21%左右，建筑、交通运输、公共机构等重点领域能耗增幅得到有效控制，主要产品（工作量）单位能耗指标达到先进节能标准的比例大幅提高，部分行业和大中型企业节能指标达到世界先进水平。风机、水泵、空压机、变压器等新增主要耗能设备能效指标达到国内或国际先进水平，空调、电冰箱、洗衣机等国产家用电器和一些类型的电动机能效指标达到国际领先水平。工业重点行业、农业主要污染物排放总量大幅降低。

10.2.3 规划方案及其特色

节能减排规划作为当前宏观调控重点，作为调整经济结构、转变增长方式的突破口和重要抓手，应坚决遏制高耗能、高污染产业过快增长，坚决压缩城市形象工程和党政机关办公楼等楼堂馆所建设规模，切实保证节能减排、保障民生等工作所需资金投入。要把节能减排指标完成情况纳入各地经济社会发展综合评价体系，作为政府领导干部综合考核评价和企业负责人业绩考核的重要内容，实行"一票否决"制。

10.3 土地利用规划

10.3.1 主要内容

土地规划指一国或一定地区范围内，按照经济发展的前景和需要，对土地的合理使用所做出的长期安排，旨在保证土地的利用能满足国民经济各部门按比例发展的要求。规划的依据是现有自然资源、技术资源和人力资源的分布和配置状况，务使土地得到充分、有效的利用，而不因人为的原因造成浪费。土地利用总体规划是在一定区域内，根据国家社会经济可持续发展的要求和自然、经济、社会条件，对土地的开发、利用、治理和保护在空间上、时间上所做的总体安排和布局。

通过土地利用总体规划，国家将土地资源在各产业部门进行合理配置，首先是在农业与非农业之间进行配置，其次在农业与非农业内部进行配置，如在农业内部的种植业、林业、牧业之间配置。另外，《中华人民共和国土地管理法》还明确规定：国家编制土地利用总体规划，规定土地用途，将土地分为农用地、建设用地和未利用地。严格限制农用地转为建设用地，控制建设用地总量，对耕地实行特殊保护。因此，使用土地的单位和个人必须严格按照土地利用总体规划确定的土地用途，使用土地。

10.3.2　技术路线及方法

10.3.2.1　技术路线

根据土地整治规划编制规程、规划编制思路，具体的技术路线如图 10 - 1 所示。

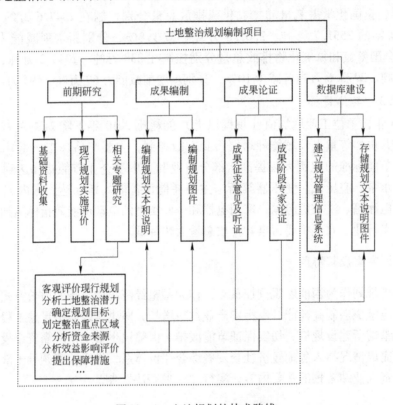

图 10 - 1　土地规划的技术路线

10.3.2.2　技术方法

根据不同的工作阶段和工作内容，土地整治规划编制采用的主要技术方法为：

（1）实地调查与典型分析的方法；

（2）数理统计和预测方法；

（3）综合平衡的方法；

（4）线性规划的方法；

（5）系统分析的方法；

（6）GIS 与空间数据分析方法。

10.3.3 规划方案及其特色

10.3.3.1 土地规划方案前期准备

A 资料搜集

应根据规划需解决的问题和完成的目标，有针对性地调查收集以下基础资料：

（1）自然条件。主要包括气候、地形地貌、土壤、水文、植被、自然灾害等资料。

（2）自然资源。主要包括土地资源、耕地后备资源、水资源、生物资源、矿产资源、自然景观资源等资料。

（3）经济社会状况。主要包括人口、经济发展水平、产业结构、农业统计、农用地分等、区域交通、农田水利、民风民俗、历史文化资源等资料。

（4）生态环境状况。主要包括土地沙漠化、盐碱化、土地污染、水土流失、地质灾害及生态环境评估、监测等资料。

（5）有关规划、标准及调查。主要包括土地整治涉及的土地、农业、林业、牧业、城建、交通、水利、环保、旅游等部门规划、标准及调查资料等。

B 资料提供途径

基础资料应由县级国土资源行政主管部门组织协调有关部门提供。主要包括纸质文字报告、数据、图件及相应的电子文件。

C 资料整理

基础资料调查时，应进行信息核查、整理、归档整理工作。当所收集的资料经整理后不能满足规划编制要求时，应根据实际需要进行补充调查。

D 规划基数确定

应以审查通过的第二次全国土地调查数据为基础，结合土地变更调查工作，将二次调查成果转换到规划基期，形成规划基数。

E 基础图件准备

在第二次全国土地调查有关图件的基础上，结合同一轮县级土地利用总体规划的实施及近期土地利用的变化，调整形成规划基期的土地利用现状图。根据土地整治规划制图要求选择和准备其他有关基础图件。

10.3.3.2 专题研究编制

基础研究应充分利用原有的工作基础和成果，依照相关技术标准或规定开展。

A 上轮规划实施及相关工作情况评价

上轮编制土地开发整理规划的地区开展规划实施情况的评价，如未开展上轮土地开发整理规划编制，可结合实际，开展土地整治相关工作情况的总结和评价。

（1）上轮规划编制情况介绍。结合上轮规划编制环境背景，分析上轮规划编制原则、指导思想、基本思路、目标任务及主要实施措施情况。

（2）上轮规划实施及相关工作总结。总结上轮规划实施及相关工作经验，分析土地开发整理复垦潜力挖掘情况，补充耕地主要途径、面临问题及困难，分析土地开发整理复垦重点区域、重大工程和重点项目的实施情况。

（3）上轮规划目标实现情况分析。对比分析上轮规划实施期间补充耕地及耕地占补平衡落实情况。已开展城乡建设用地增减挂钩试点地区，应分析挂钩周转指标归还情况。

（4）总体效益评价。结合上轮规划实施及相关工作，从不同项目类型角度，结合土地整治项目的目标设置来选取合理的评价指标，评价上轮规划实施及相关工作的总体效益，包括经济效益、社会效益和生态效益。

（5）保障措施及有关政策落实情况。总结现行规划保障措施及有关政策、组织、资金执行情况。

（6）总结与建议。评估上轮规划编制实施及有关工作的经验与不足，分析问题存在原因，并提出改进规划编制和实施管理的建议。

B 土地整治潜力调查评价

a 潜力调查

充分利用准备工作阶段所收集资料，当所收集资料经整理后仍不能满足规划编制需要时，可根据实际情况进行补充调查。

补充调查以土地利用现状图、耕地后备资源调查评价及相关规划等资料为基础，采用问卷、实地抽样等方法，调查确定各调查单元各类待整治土地资源总量及新增耕地系数。补充调查应在县级国土资源管理部门统一组织、乡镇人民政府配合下，以行政村为单元开展。

补充调查一般应采用全面调查方式，特殊情况下可采用典型调查方式。全面调查以全部行政村为对象开展；典型调查选择具代表性的行政村开展。

全面调查按以下要求进行：

（1）农用地整理状况调查。以乡镇为组织单位，通过调查问卷统计各行政村待整理农用地资源总量；或通过土地利用现状图件与数据分析，了解各村闲散地，待开发园地、牧草地，待复垦设施农用地，待填埋坑塘水面总量，及现状农村道路占耕地比例、农田水利用地占耕地比例、田坎系数等。同时选取若干有代表性的已开展农用地整理的行政村，测算以上各类农用地整理增加耕地面积和增加耕地系数，或设定在当前社会、经济和技术条件下，集约利用水平较高的耕地片区内农村道路、农田水利用地、田坎的比例。

（2）农村建设用地整理状况调查。以乡镇为组织单位，通过调查问卷统计各行政村待整理农村建设用地资源总量；或通过统计数据与有关规划分析，确定各乡镇的特色村、规划中心村、规划迁并村规模与布局；或调查统计各行政村社会经济发展趋势、城镇化趋势，对规划目标年农村人口数量的预测，参照村镇建设标准和当地宅基地标准等，测算规划农村居民点总规模，通过对比现状及规划，分析各行政村农村建设用地腾退规模；或通过图件分析确定各行政村待整理零散农村建设用地规模与布局等内容。选取若干有代表性的已开展农村建设用地整理的村庄，测算建设用地腾退规模、增加耕地面积和增加耕地系数。

（3）土地复垦状况调查。以乡镇为组织单位，收集独立工矿运营状况等有关资料，依据各乡镇第二次全国土地调查数据，按图斑对工矿地进行筛选分析，确定待复垦废弃土地。选取若干典型，调查废弃土地的面积、坡度、有效土层厚度、土壤质地、水源保证情况、有无限制因素、是否适宜复垦、可复垦为耕地的面积与系数，以及可复垦为其他农用地的面积。并可根据实际需要，对待复垦土地有针对性地进行适宜性评价工作。

（4）未利用地开发状况调查。以乡镇为组织单位，依据各乡镇第二次全国土地调查数据，通过有关分析，汇总可开发的沼泽地、荒草地、盐碱地、沙地、裸地、滩涂、湖泊水面、河流水面等。选取若干典型，调查未利用地的面积、坡度、有效土层厚度、土壤质地、水源保证情况、有无限制因素及是否适宜开发、可开发为耕地的面积与系数，以及可开发为其他农用地的面积。并可根据实际需要，对待开发土地有针对性地进行适宜性评价工作。

典型调查按以下要求进行：以乡镇为组织单位，按各村集中连片耕地的总体坡度（<6°、6°~15°、>15°）分别选取典型样区，通过数据分析，汇总耕地中沟渠、道路、林网、田坎、坟地、零星建设用地及未利用地等面积之和占待整理耕地区面积的比例，及待开发园地、牧草地总量，待复垦设施农用地总量，待填埋坑塘水面总量，与设定的当前社会、经济和技术条件下，集约利用水平较高的耕地内沟渠、道路、林网、田坎等面积之和占所在耕地区面积的比例，及园地、牧草地开发，设施农用地复垦，坑塘水面填埋可新增耕地系数。典型样区面积不小于该村该类型耕地面积的2%~5%。

b 潜力功能区划分

依照县域城乡空间发展态势、重要生态功能区空间布局、历史文化村镇保护及地形坡度、是否已开展土地整治项目等内容，划定土地整治潜力功能分区，明确土地整治工作可开展范围及不同功能分区内土地整治工作的重点方向。

c 农用地整理潜力评价与分级

（1）农用地整理潜力评价可依照新增耕地面积潜力、新增耕地系数潜力和提高耕地生产能力潜力分别评价，评价结果可进一步分级。

（2）结合县域土地整治潜力功能分区，以行政村为基本单元，考虑社会经济、科技水平和可投入资金量等因素，通过耕地后备资源调查、问卷调查统计、图件与数据分析等方法确定待整理农用地资源，结合典型调查确定的各类可增加耕地系数等成果，测算可整理为耕地、农用地的面积，将全县各行政村的农用地整理新增耕地面积潜力、新增耕地系数潜力进行汇总并分级。

（3）通过县域耕地现状图及农用地分等定级图件配准及叠加，测算各耕地地块现状质量等级，明确规划等级，确定各耕地地块质量等级提高程度，分村汇总形成全县农用地整理提高耕地生产能力潜力并分级。潜力等级一般不少于三级。

d 农村建设用地整理潜力评价与分级

结合县域土地整治潜力功能分区及调查分析数据，以行政村为基本单元，考虑社会经济、科技水平和可投入资金量等因素，通过规划衔接法、人均用地估算法、散户归并法等，确定待整理农村建设用地总量，结合典型调查确定的可增加耕地系数等成果，测算建设用地可腾退规模和可整理为耕地、农用地的面积。并将全县各行政村的农村建设用地整理潜力进行汇总并分级。潜力等级一般不少于三级。

e 土地复垦潜力评价与分级

结合县域土地整治潜力功能分区及调查分析数据，以行政村为基本单元，考虑社会经济、科技水平和可投入资金量等因素，通过耕地后备资源调查、问卷调查统计、图件与数据分析等方法确定待复垦废弃土地资源总量，结合典型调查确定的可增加耕地系数等成果，测算废弃土地可复垦规模和可整理为耕地、农用地的面积，将全县各行政村的废弃土地复垦潜力进行汇总并分级。潜力等级一般不少于三级。

f　未利用地开发潜力评价与分级

结合县域土地整治潜力功能分区及调查分析数据，以行政村为基本单元，考虑社会经济、科技水平和可投入资金量等因素，通过耕地后备资源调查、问卷调查统计、图件与数据分析等方法确定待开发未利用地资源总量，结合典型调查确定的可增加耕地系数等成果，测算未利用地可开发规模和可整理为耕地、农用地的面积。并将全县各行政村的未利用地开发潜力进行汇总并分级。潜力等级一般不少于三级。

g　土地整治潜力汇总

对农用地整理、农村建设用地整理、未利用地开发和废弃土地复垦潜力分析测算得出的各类潜力类型、等级、面积、分布等成果进行整理汇总，形成潜力汇总表。

C　重大问题研究

围绕中央对土地整治工作提出的新要求和规划目标，结合地方实际，组织开展土地整治目标任务、土地整治与城乡统筹发展、土地整治与农业发展、土地整治与生态环境保护、土地整治权属管理、土地整治重点工程安排、城乡建设用地增减挂钩的土地收入使用、实施土地整治规划政策措施等重大问题研究。

10.3.3.3　主要成果

规划成果由规划文本、规划说明、规划图件、规划数据库和规划附件组成。

（1）规划文本。重点阐述规划目的、任务、规划期限，规划实施背景，土地整治现状，上轮规划实施情况及评价，土地整治的条件（包含土地整治潜力分析）和要求，土地整治战略和目标，土地整治规模、结构、布局和时序安排，土地整治重点区域、重大工程和重点项目，规划可行性分析，资金安排与效益分析，环境影响评价，规划实施保障措施等。

（2）规划说明。简述规划编制的背景，规划编制组织形式，规划编制技术路线，规划编制简要过程，相关数据来源，规划方案的对比分析，说明规划目标任务、重点区域、重大工程、重点项目和资金安排等确定的依据，以及规划方案拟定、论证、确定的情况，规划编制组织形式、征求意见的处理等其他相关内容。

（3）规划图件。包括土地整治规划现状图（1:5万挂图和1:1万分幅图）、规划图（1:5万挂图和1:1万分幅图）、农用地整理潜力分析图、城镇工矿建设用地整理潜力分析图、农村建设用地整理潜力分析图、未利用地开发潜力分析图、废弃土地复垦潜力分析图、城乡建设用地增减挂钩项目布局图、土地整治重点项目布局图、其他相关图件等。

（4）规划数据库。采用上级规定的数据格式进行输出，同时兼顾输出适合各种软件平台的 Shapefile、Vct、Mdb、Dwg、Vtm、E00 等数据格式。使用与土地利用总体规划数据库相同的操作平台。

（5）规划附件。包括规划专题研究报告、基础资料、评审论证材料、工作报告等。

10.3.3.4　成果应用

成果应用包括：

（1）规划成果经批准后，应向社会公告。

（2）对县级规划成果实施状况进行动态评估、监测和预警。

（3）将县级规划成果纳入国土资源管理的信息化体系。

（4）县级规划成果的调整、修改应遵照有关规定进行。

土地规划的主要特色大体上可以总结为以下几点：

（1）各级土地利用总体规划修编采用自上而下、上下结合的方法进行，强化了土地利用的宏观控制。各级规划应严格按照新法"下级土地利用总体规划应该依据上一级土地利用总体规划编制"的规定，自上而下逐级控制，使各级规划形成一个完整的体系，有利于规划目标的落实。

（2）按照供给制约和统筹兼顾的原则编制规划，有利于转变土地利用方式，控制建设用地规模。

（3）加强与相关规划的协调，保证城市规划/村镇规划等相关规划在用地规模和布局上与土地利用总体规划相一致。真正体现土地利用总体规划对城乡土地利用的整体控制作用。

10.4　生态示范类规划（生态示范市、示范村、优美乡镇）

10.4.1　主要内容

生态规划是城市、农村及乡镇规划的先导，它要求运用系统的方法，综合生态、经济、社会等多方面的因素进行统筹规划，在不断改进生态环境质量的同时，保证区域经济的可持续增长和社会的繁荣与稳定，以实现可持续发展的战略要求。下面以武汉市为例，介绍生态示范城市的规划编制。

规划依托人类生态学、系统生态学和复合生态系统三大理论，严格遵循"和谐共生"的生态学基本法则，以保证武汉市生态、经济和社会的协调持续性发展为基本原则。在对生态系统进行全面诊断的基础上，准确把握生态环境与社会经济之间的动态响应模式，科学制定武汉市生态城市建设目标。以全面增强生态环境对社会经济的服务功能为中心，围绕生态经济体系建设、生态功能修复与建设、环境质量综合整治和生态文化建设等内容，因地制宜地制订具有可操作性的规划方案。

10.4.2　技术路线与方法

规划以人类生态学为科学基础，以系统生态学为方法论。以循环经济学为实现手段，体现整体性和动态性的城市生态系统的基本特征。规划遵循生态学的基本原理，采用系统数字仿真和3S（RS、GPS、GIS）集成的一体化技术，从时空的两维尺度对生态、经济和社会的相关内容进行统筹规划，实现科学性和可操作性的有效统一。

（1）运用 RS 和 GPS 技术对武汉市生态系统的信息资料进行收集和整理，实现生态系统描述的集成化和可视化。

（2）在 RS 和 GPS 的基础上，运用 GIS 技术进行生态制图，实现生态功能区划和生态功能修复与建设等设计方案的可视化。

（3）运用系统数字仿真，准确勾勒出武汉市生态系统承载力的时空分布和反映社会、经济及生态环境之间的动态响应模式。

（4）运用系统数字仿真的灵敏度分析技术，抓住当前制约城市可持续发展的生态、经济的关键因子，科学地制定武汉市生态城市建设的指标体系。

（5）运用系统数字仿真的非线性多目标优化技术，规划生态城市建设的总体目标和阶段目标，实现生态效益、经济效益和社会效益在时空二维尺度上的整体优化。

（6）运用系统数字仿真的动态模拟技术，对各级规划方案的实施效果在近、中、远期三个时间序列上进行定量预测，实现对规划方案的科学论证和比选。

10.4.3 规划方案及其特色

10.4.3.1 循环经济和生态产业规划

对生态环境质量进行调查分析，做出准确的实时性判断，根据具体的规划标准进行指标控制。发展必须遵循循环经济的原则，重点发展污染少、效益高的企业，立足本地农业基础，大力发展与农业相关的花卉、果蔬深加工、运输、销售以及农业生态旅游等一系列产业链。

10.4.3.2 道路生态廊道建设规划

生态廊道是新区生态规划的必需要素。在各个区域绿色空间彼此分隔的情形下，单纯的生态建设模式无法维护局部区域生物多样性和生态景观稳定性，只有通过生态走廊的形式把若干个生态区域连接起来，才能有效地减少不利的"孤岛效应"。生态廊道对改善生态环境状况、稳定改善效果起着重要的作用。

10.4.3.3 饮用水水源地保护专项规划

根据对饮用水水源地现状的分析和问题的识别，具体提出以下的规划项目：

（1）农业面源污染防治。通过合理调整农业结构，积极推广生态农业，大力进行农业废物资源化和平衡施肥，以及推行秸秆还田等技术手段，减少农田化肥农药的使用量，从源头上控制农业面源污染的产生，从途径上切断污染物入河的通道，从而实现农业面源的综合防治。同时积极地调整农业的产业结构，保证粮食产量，增加农民收入。

（2）水源区坡耕地改造。对中低产田重点实施"坡改梯"。坡耕地建设以"平、厚、壤、固、肥、沟、池、林、路"为总目标，前五项是建设梯土本身的要求，后面是建设梯土环境的要求。

（3）水源区水土保持。水域区内大于25°的坡耕地全部严格实行退耕，退耕地改造为经济林和试点改造为优质牧草地。水源区保护需要与农业面源治理相结合，发展生态农业，坡耕地主要种植以雪莲果、百合及无公害蔬菜为主的特色农产品，种植方式采用等高耕地和保护性耕作等。

（4）森林管护。修复开采矿石造成的裸露山体；封山育林，提高森林的质量与数量，加强水源的涵养能力，加大污染源的控制力度，减少水体污染。同时治理过度开垦的山地，实行退耕还林。退耕地主要营造水土保持林，力促水源保护区水源保护的稳定性。

除以上几点之外，还要进行水体生态景观设计、城乡污水处理工程、固体废物收集与资源化处理工程、节能减排专项规划以及人工湿地规划及生态文化保护建设工程等。

生态示范性规划的主要特色是遵循可持续发展的特色，对规划区进行合理有序的规划。使得经济的发展以环境保护为前提。做到经济环境的协调共进发展。生态性规划的实施更加注重了生态环境的保护和发展，与其他规划相比具有可持续性和前瞻性。

10.5 广州科学城生态示范规划案例

广州科学城位于广州市区东北部,地处广州中心组团与东部组团交汇处,北倚生态果林保护区,西邻石牌高教区,广深高速公路从西向东横贯全区。总用地为 22.74km²。相当于中等城市规模的广州科学城是在生态环境良好的区域,从无到有进行开发建设。如何在开发建设中保持良好环境,避免"建设性破坏",是广州科学城总体规划必须重视的一个问题。

10.5.1 科学城发展用地的生态适宜度分析

10.5.1.1 生态调查及评价因子选择

影响科学城开发建设的生态因素很多,综合考虑广州科学城用地现状、开发目标、性质以及广州当前城市建设出现的问题等因素,搜集下述八类要素的基础资料文字或图形,依据对土地利用方式影响的显著性及资料的可利用性筛选出评价因子。

(1)坡度。科学城地处丘陵地带,地形起伏较大,坡度是影响建设投资、开发强度的重要控制指标之一。

(2)地基承载力。地基承载力主要与地层的地质构造和地基的构成有关。影响到城市用地选择和建设项目的合理分布以及工程建设的经济性。

(3)土壤生产性。科学城用地多为农业用地,保护良田是在开发建设过程中必须重视的问题。土壤生产性是综合反映土地生产力的指标。

(4)植被多样性。植被多样性是自然引入城市的重要因素,它的存在与保护使城市居民对自然的感受加强,并能提高生活质量,是保护城市内多样的生物基因库和改善环境的重要场所。

(5)土壤渗透性。充足的地下水源对维持本地水文平衡极为重要,在开发建设中应保护渗透性土壤,使之成为地下水回灌场地,顺应水循环过程。土壤渗透性也是地下水污染敏感性的间接指标。渗透性越大,地下水越易被污染。

(6)地表水。地表水在提高城市景观质量,改善城市空间环境,调节城市温度、湿度,维持正常的水循环等方面起着重要作用,同时也是引起城市水灾、易被污染的环境因子。

(7)居民点用地程度。居民点规模是影响开发投资、工程建设的重要因素之一,也是规划中确定居民点保留或集中搬迁的依据。

(8)景观价值。景观价值评价依据自然和人文因素两方面进行。人文评价主要考虑视频、视觉质量(悦目性)、独特性。自然评价主要考虑地貌、水系、植被三方面。综合人文评价与自然评价得出三类景观类型,一类为有丰富植被的山峰、河流,视觉条件好,有一定独特性;二类为自然条件较好,视觉质量一般,独特性中等;三类为其他区域。

10.5.1.2 制定单因子生态适宜度分级标准及其权重

科学城发展用地各生态因素的适宜度分级标准及其权重见表 10-1。

表 10 – 1   科学城发展用地单因子分级标准及权重

编　号	生态因子	属性分级	评价值	权　重
1	坡　度	<5%	5	0.15
		5% ~ 20%	3	
		>20%	1	
2	地基承载力	承载力大	5	0.10
		承载力中	3	
		承载力小	1	
3	土壤生产力	生产力低	5	0.10
		生产力中	3	
		生产力高	1	
4	植被多样性	旱地，无自然植被区	5	0.15
		荒山灌木草丛区	3	
		自然密林，果林	1	
5	土壤渗透性	渗透性小	5	0.10
		渗透性中	3	
		渗透性大	1	
6	地表水	小水塘及无水区	5	0.10
		灌溉渠及大水塘	3	
		支流、溪流及其影响区	1	
7	居民用地程度	<5%	5	0.12
		5% ~ 30%	3	
		>30%	1	
8	景观价值	人文、自然景观价值低	5	0.18
		人文、自然景观价值中	3	
		人文、自然景观价值高	1	

对表 10 – 1 中的 8 个生态因素加权叠加得出科学城发展用地综合评价值 S_i 在 1.97 ~ 4.79 之间变化，取 1.97—2.69—3.15—3.55—3.95—4.79 区段为综合适宜度分级标准。其中 $3.95 < S_i \leqslant 4.79$ 为最适宜用地；$3.55 < S_i \leqslant 3.95$ 为适宜用地；$3.15 < S_i \leqslant 3.55$ 为基本适宜用地；$2.69 < S_i \leqslant 3.15$ 为不宜用地；$1.97 \leqslant S_i \leqslant 2.69$ 为不可用地。

对照科学城现状土地利用情况可看出，最适宜用地为坡度小于 5% 的区域、无自然植被或荒山区域、低产田地分布区及景观差的区域；适宜用地为坡度小于 5% 的区域、低产田区域、植被较差等区域；基本适宜用地为坡度 5% ~ 10%、低中产田区、居民点较集中区域，但经一定的工程措施和环境补偿措施后也可作为城市发展用地；不宜用地一般为坡度大于 10% 且植被良好区域、高中产田区、溪流影响区，从生态学及保护生产性土地的观点看是不宜用于发展用地，但在一定限度内可适当占用；不可用地一般为坡度 >20% 的坡地，溪流水域及植被景观优良的区域，该区域完全不适宜城市发展用地。

　　科学城五类用地百分比分配为：最适宜用地（约 6.736km²）占总用地的 30.96%，适宜用地（约 5.856km²）占总用地的 26.91%，基本适宜用地（约 4.540km²）占总用地的 20.87%，不宜用地（约 3.290km²）占总用地的 15.12%，不可用地（约 1.336km²）占总用地的 6.14%。可以看出属于适宜用地范围的用地（前三者）占 78.74%，说明科学城用地大部分是适宜开发的，适宜用地主要分布于科学城西部及中南部。

10.5.2　生态敏感性分析

　　影响一个地区生态敏感性因素很多，选用影响科学城开发建设较大的 5 个自然生态因子，即土壤渗透性、植被多样性、地表水、坡度、特殊价值作为生态敏感性分析的生态因子，其分级标准及权重见表 10-2。

表 10-2　科学城生态敏感性分析单因素分级标准及权重

编号	生态因子	评价标准	分级	敏感性评价值	权重
1	土壤渗透性	保证地下水回复、减少对地下水、土壤的污染	渗透性高	5	0.1
			渗透性中	3	
			渗透性低	1	
2	植被多样性	景观游憩、生物多样性、环境改善，水土流失	密林、立体种植果园	5	0.3
			一般果园、灌木草丛区	3	
			农地及其他	1	
3	地表水	景观游憩、野生生物生境、污染敏感性	溪流及其影响区	5	0.1
			大水塘、灌溉渠	3	
			其他	1	
4	坡度	水土流失、土壤侵蚀	>20%	5	0.2
			5%~20%	3	
			<5%	1	
5	特殊价值	生态保护、美学价值、历史文化价值、娱乐价值	价值高	5	0.2
			价值中等	3	
			价值一般	1	

　　经单因素图加权叠加、聚类，得出综合评价值 SE 最大为 4.4，最小为 1.0，即在 1.0~4.4 间变化，取 4.4—3.6—2.8—2.0—1.0 为综合评价值分级标准，按此分级标准分为四类敏感区。其中 $3.6 < SE \leqslant 4.4$ 为最敏感区；$2.8 < SE \leqslant 3.6$ 敏感区；$2.0 < SE \leqslant 2.8$ 为低敏感区；$1.0 \leqslant SE \leqslant 2.0$ 为不敏感区。在此基础上进行生态环境区划。

　　最敏感区为河流及其影响区，坡度大于 20%，生态价值高的成片的林地，该区域对城市开发建设极为敏感，一旦出现破坏干扰，不仅会影响该区域，而且也可能会给整个区域生态系统带来严重破坏，属自然生态重点保护地段；敏感区一般为平缓区域上的林地等，对人类活动敏感性较高，生态恢复难，对维持最敏感区的良好功能及气候环境等方面起到重要作用，开发必须慎重；低敏感区为有荒山灌草丛等经济作物分布，能承受一定的人类干扰，严重干扰会产生水土流失及相关自然灾害，生态恢复慢；不敏感区主要是旱地农田等，可承受一定强度的开发建设，土地可作多种用途开发。从以上分析可以看出，科学城不敏感区、低敏感区所占面积最大（各为总面积的49.03%和29.60%），而敏感区和最敏感区面积最小（各为总面积的16.85%和4.52%），说明科学城发展用地潜力较大。

10.5.3　科学城发展模式及用地选择

为突出自然生态优先的原则，不仅考虑科学城发展用地适宜度模型同时兼顾生态敏感性模型，二者相互对照、串联考虑，揭示如下发展模式：科学城用地范围内分布的生态最敏感区及部分生态敏感区必须保护，为科学城的自然骨架，如建设自然公园或生态保护区；科学城用地内覆盖率较高且景观价值大的区域或生产力较高的果林区不适宜开发，或为生态农业区或开辟为生态经济果林观光区；科学城东部、中北部生态敏感性较高，不宜作高强度开发；科学城未来发展方向宜向东北部、南部发展；科学城土地利用、布局应顺应以上揭示的生态联系，才能保证科学城优良的自然生态环境。在土地利用规划的用地选择中，首先控制生态敏感地段，确定不宜建设区域和"适宜用地"，合理安排土地开发顺序，避免开发活动对其的"过度消费"、"不当消费"，保证科学城发展环境。

复习思考题

10-1　乡村综合环境规划的主要内容包括哪些内容？

10-2　如何制定环境规划方案？

10-3　国家采取哪些措施推进节能减排工作？

10-4　土地整治规划的编制主要采用哪些技术方法？

10-5　生态示范类规划方案的特色是什么？

研讨题

松花江干流哈尔滨市江段自双城市入境，到依兰县出镜，全长约466km，由西向东贯穿哈尔滨市地区中部，沿程流经哈尔滨市区（包括呼兰区）及8个县（市），流经人口724.6万人，其年径流量变化呈双峰形，春季流量小，夏季为径流量较集中的季节。据统计，松花江哈尔滨市江段非点源排放污染物入河量总计大约为5375.69万吨/a，COD入河量为1214.11t/a，氨氮入河量为216.31t/a。

考虑到污染物进入水体后，在水体的平流输移、纵向离散和横向混合作用下会进入到居民的生活用水、农作物用水以及工业用水等，危害周边群众的安全。为防止污染的进一步加重，需要设计这一地区的环境规划管理方案，保护区域环境。

参考文献

[1] 郭怀成，尚金城，张天柱. 环境规划学［M］. 第2版. 北京：高等教育出版社，2009.

[2] 尚金城. 环境规划与管理［M］. 北京：科学出版社，2009.

[3] 蒙吉军. 土地评价与管理［M］. 北京：科学出版社，2005.

[4] 张占录，张正峰. 土地利用规划学［M］. 北京：中国人民大学出版社，2006.

[5] 郭怀成. 环境规划方法与应用［M］. 北京：化学工业出版社，2006.

[6] 叶文虎. 环境管理学［M］. 第2版. 北京：高等教育出版社，2006.

[7] 柯金虎. 生态工业园区规划及其案例分析［J］. 规划师，2002（12）.

11   环境管理方案

【本章要点】环境问题由来已久，但人类对它的系统管理却只有几十年的历史。世界各国在政策、制度、措施的选择、设计过程中，明显受到当时的政治、经济、科学文化、道德水准等诸多因素的影响和制约，形成了具有时代特色和不断改进的环境管理模式。就我国而言，就经历了以行政管理手段为主的基于末端控制的传统环境管理模式向以多种管理方式综合运用为主的基于污染预防的环境管理模式的变迁过程。本章重点介绍环境管理的传统模式及以污染预防为主的现代管理模式，此外，系统介绍了从组织、产品、活动共三个层面开展环境管理方案的主要内容及方法。

11.1   环境管理模式

11.1.1   传统环境管理模式

11.1.1.1   末端控制的含义

末端控制又称末端治理或末端处理，是指在生产过程的终端或者是在废弃物排放到自然界之前，采取一系列措施对其进行物理、化学或生物过程的处理，以减少排放到环境中的废物总量，属于传统的环境管理模式。

11.1.1.2   基于末端控制思想的传统环境管理模式的建立

20 世纪 50 年代以来，在世界范围内特别是在发达国家，环境污染带来了严重的社会危害，防治污染、保护环境到了刻不容缓的地步，成为这些国家迫切需要解决的重大课题。各国相继制定了以污染控制为主的法规，要求工矿企业在限定时间内达到环境标准。美国对此简称为"命令－控制"（command and control）模式，也有人称它为"管道末端"（end of pipe）治理，或叫"末端技术"（end of pipe technologies）。

早期的环境问题多以个案纠纷的形式出现，对此大多由法院引用传统刑法相关的法律原则和制度来处理。到 20 世纪 60 年代，随着环境危机的日益深化，社会普遍存在谴责污染、呼吁政府干预的要求，大多数国家开始采取设立专职机构、制定环境标准、设立禁止性规范、要求行为义务等方式，调整大量出现的环境冲突。这种基于末端控制的传统管理模式，成为当时各国政府管理环境，调整环境冲突的主要手段。

11.1.1.3   末端控制传统环境管理模式的实践

A   美国末端控制传统环境管理模式的实践

美国是世界上最早开展环境保护工作的国家之一，在迄今为止的几十年的环境保护实践中，随着对环境问题认识的深化，美国的污染控制政策也不断随之变化，在基于末端控制的传统环境管理模式实践中经历了两次重大转变。从 1948 年到 1963 年，美国先后颁布了《水污染控制法》、《清洁空气法》等法律文件，标志着污染控制工作全面开展，从忽视污染防治转变到重视污染防治，这是第一次重大转变。20 世纪 70 年代，当浓度控制难以实现既定的环境目标时，美国开始实行污染物排放总量的控制，由浓度控制向总量控制转变，这是第二次重大的转变。由于无论是采取浓度控制还是总量控制，都是末端控制环境管理模式的实践，而且这种传统环境管理模式的实践表明，实行末端控制不可能从根本上解决环境污染和生态破坏问题，据美国 1988 年有毒物质排放报表资料，每年仍有 45.7 亿吨有毒化学品直接排入环境，对环境产生严重的危害。而且随着人们对环境质量要求日益提高，污染物控制标准日趋严格，实行末端控制导致环境保护工作投资日益增加，美国每年该项投资达到 800 亿~900 亿美元。

B　中国末端控制传统环境管理模式的实践

我国的环境管理发展历程的前两个阶段充分说明了基于末端控制思想的传统环境管理模式在我国的建立和实践过程。在第一个阶段实现了思想认识的转变，颁布了《环境保护法（试行）》，认识到了环境保护要依法管理，并开始集中人力财力治理了一批重点污染源；在第二个阶段确定了环境保护是我国的一项基本国策，提出了“三同步、三统一”的大政方针，确立了以强化环境管理为主的“三大政策”，形成了以环境影响评价、“三同时”、征收排污费和自然资源补偿费、排污许可证、环境保护目标责任、城市环境综合整治定量考核、限期治理、污染集中控制等制度为基本内容的环境管理体系。就环境污染防治来看，其着眼点主要在于生产、生活活动与环境的“接口”处，即侧重于污染物产生后的“达标控制”上，因而把环境保护的人力、物力、财力集中到了“末端处理”。

环境法规定了对企事业单位等实行排污收费制度，国务院还颁布了《征收排污费暂行办法》，在全国范围内对废水、废气、废渣、噪声、放射性污染物等的排放者实行收费，试图以此给排污者施加一定的经济压力，促使其防治污染。但由于企业利益约束机制不健全、费率偏低等原因，实践中难以产生刺激作用。

此外，制定和执行污染物排放标准都是以“末端处理”行为为主要目标。虽已引入排污许可证制度，确定排污总量，对各污染源下达允许排放的指标，但仍未跳出污染物“末端处理”的圈子。这样，我国在环境污染防治方面的行政控制手段可简要概括为：在经济计划方面，法律要求在“宏观决策”层次上应将环境保护纳入国民经济和社会发展计划，制定和执行环境保护规则；在“微观技术”层次上将环境保护纳入企业管理中；再加上“中观管理”层次上的各种行政管理制度和措施，共同构成了我国环境污染防治的行为控制体系（图 11-1）。

11.1.1.4　末端控制传统环境管理模式的弊端

20 多年的实践证明，将环境污染控制的重点放在末端或污染物排放口，在危害发生后再进行净化处理的环境战略、政策和措施，有很大的局限性。面对世界人口迅速增长，经济开发能力不断提高，自然资源日益枯竭，全球性环境与生态危机进一步加深，基于末端控制的传统管理模式，遇到了新的挑战，具体表现在以下四个方面：

（1）废弃物排出后的净化、处理技术常常使污染物从一种环境介质转移到另一种环境介质。常用的污染控制技术只解决工艺中产生并受法律约束的第一代污染物，而忽视了废弃物处理中或处理后产生的第二代污染问题。对于一些微量污染物的去除，需要投入相

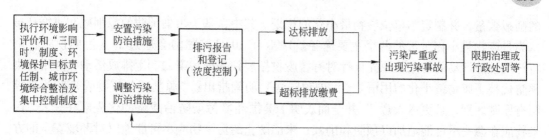

图 11 – 1 我国环境污染防治的行为控制手段

当量的新物料和能耗。在生产这些物料过程中又将产生新的污染，而且其资源消耗大大超过实际产生的效益。

（2）在现行环境保护法规，管理、投资、科技等工作之中，占支配地位的是单纯污染控制，缺少对面临全球系统的环境威胁提出适当的解决办法。包括全球气候变暖、臭氧层破坏、生物多样性破坏等全球性环境问题；农业面源、流动源、暴雨径流等非点源污染控制；有毒有害废弃物处理处置的工业污染。

（3）环境问题给世界各国包括发达工业国家带来了越来越沉重的经济负担，控制污染问题之复杂，所需资金之巨大远远超出了原先的预料，环境问题的解决远比原来设想的要困难得多。据美国联邦政府的统计资料，以往几十年中环境保护预算资金的99%是用于废物产生后的污染控制上，只有不到1%是用于削减废物的产生上。据统计，有30% ~ 60%的工业污染是可以通过公司自身的财务范围和现有的管理手段和技术就可以避免的。这意味着以往环境投资的大部分被用于解决由于管理失误带来的环境问题。

（4）"污染控制"的现行法规体系和运行机制，导致部分企业（公司）养成了一种"污染排放后才控制"或"达标排放"的思想心态，成为强化环境管理，广泛实行污染预防的障碍因子。

传统环境管理模式在实践中所遇到的挑战说明，"管道末端"战略、路线和政策措施，虽然是不可缺少的，而且仍将发挥积极作用，但不足以改变环境保护消极被动局面。我们需要预防或将污染物排放减少到最低限度的新政策、技术和方法，首先应是防止污染的产生，因而迫切需要建立污染预防的环境管理模式。

11.1.2 污染预防为基础的环境管理模式

11.1.2.1 污染预防的概念

20世纪90年代前后，经济发达国家相继尝试运用如"废物最小化"、"污染预防"、"无废技术"、"源削减"、"零排放技术"和"环境友好技术"等方法和措施，提高生产过程中的资源利用效率，削减污染物，以减轻对环境和公众的危害。这些实践取得的良好的环境效益和经济效益，使人们认识到将环境保护渗透结合到生产全过程中，从污染产生的源头进行预防的重要性及其深远意义。它不仅意味着对传统环境末端控制方式的调整，更为深刻的是蕴涵着一场转变传统工业生产方式，乃至经济发展模式的革命。1984年，美国国会通过了《资源保护与回收法——固体及有害废物修正案》。该法案明确规定：废物最小化即"在可行的部位将有害废物尽可能地削减和消除"，是美国的一项国策。它要求产生有毒有害废弃物的单位应向环境保护部门申报废物产生量、削减废物的措施、废物的削减数量，并制定本单位废物最小化的规划。其中，基于污染预防的源削减和再循环被认为是废物最小化对策的两个主要途径。1990 年 10 月美国国会通过了《污染预防法》，将污染预防活动的对象从原先仅针对有害废物拓展到各种污染的产生排放活动，并用污染预防代替了废物最小化的用语。《污染预防法》明确指出："源削减与废物管理和污染控制有原则区别，且更尽人意。"并全面表明了美国环境污染防治战略的优先顺序是："污染物应在源头尽可能地加以预防和削减；未能防止的污染物应尽可能地以对环境安全的方式进行再循环；未能通过预防和再循环消除的污染物应尽可能地以对环境安全的方式进行处理处置或排入环境，这只能作为最后的手段，也应以对环境安全的方式进行。"因此，可以将污染预防概念定义为：在人类活动各种过程中，如材料、产品的制造，使用过程以及服务过程，采取消除或减少污染控制措施，包括不用或少用有害物质，采用无污染或少污染制造技术与工艺等，以达到尽可能消除或减少各种（生产、使用）过程产生的废物，最大限度地节约和有效利用能源和资源，减少对环境的污染。

11.1.2.2　基于污染预防思想的环境管理模式

A　源削减

源削减（source reduction）包括减少在回收利用、处理或处置以前进入废物流或环境中的有害物质、污染物的数量的活动，以及减少这些有害物质、污染物的排放对公众健康和环境危害的活动。污染排放后的回收利用、处理处置已被明确指出不是源削减，使污染预防更显示其与过去的污染控制有截然的区别。

从理论和实践角度上来讲，生命周期评价管理是实现源头控制的有效途径。随着可持续发展战略在全球的实施，环境保护正向污染预防的方向发展。为此，ISO 14000 向各企事业单位和社会团体推荐，应主动、自觉地承诺进行生命周期评价管理。

B　废物减量化

早期的污染预防主要工作是"废物减量化"（waste minimization）或"废物最小化"，即由产生者减少有害物的体积和毒性，其中包括削减废物产生的活动及废物产生后进行回收利用与减少废物体积和毒性的处理处置。"减量化"不仅要鼓励削减废物的产生量和废物本身的毒性，也可减少需要处置的废物的体积和毒性。

废物减量化与末端治理相比，有明显的优越性，根据化工、轻工、纺织等 15 个企业投资与削减量效益比较，废物减量化比末端治理，万元环境投资削减污染物负荷高 3 倍多。但由于废物的处理和回收利用，仍有可能对健康、安全和环境造成危害，因而废物减量化往往是废物管理措施的改进，而不是消除它们。所以"废物减量化"仍然是一个与排放后的有害废物处理息息相关的术语，其实效性如同末端治理，仍有很大局限性。

C　循环经济

循环经济（circular economy）一词是对物质闭环流动型（closing materials cycle）经济的简称，于 20 世纪末随着污染预防环境管理模式的思想而提出，目前还处于探索阶段。循环经济本质上是一种生态经济，就是把清洁生产和废弃物的综合利用融为一体的经济，它要求运用生态学规律来指导人类社会的经济活动。

与传统经济相比，循环经济的不同之处在于：传统经济是一种由"资源→产品→污染排放"所构成的物质单向流动的经济。人们高强度地开发地球上的物质和能源，在生产加工和消费过程中又把污染和废物大量地排放到环境中去，对资源的利用是粗放的和一次性的，即通过把资源持续不断地变成废物来实现经济的数量型增长，导致资源的短缺和耗竭，并造成环境破坏。而循环经济倡导的是一种建立在物质不断循环利用基础上的经济发展模式，它要求把经济活动组织成一个"资源→产品→再生资源"的反馈式流程，所有的物质和能源要能在这个不断进行的经济循环中得到合理和持久的利用，以把经济活动对自然环境的影响降低到尽可能小的程度。

D　污染预防层次

基于以上污染预防相关源削减和废物减量化思想的引入，可以将污染预防的层次归纳为倒金字塔结构形式，如图 11 - 2 所示。

图 11 - 2　污染预防层次结构

11.1.2.3　污染预防环境管理模式

污染预防环境管理模式的主要内容包括组织层面的环境管理、产品层面的环境管理和活动层面的环境管理，对应于法约尔的管理职能学派，反映了环境管理的组织职能、协调职能和控制职能。

11.2　组织层面环境管理方案

11.2.1　清洁生产管理

11.2.1.1　清洁生产的内涵

清洁生产是人们在环境保护战略上改变过去的被动反应为主动预防的新思想和新观念。

清洁生产的定义是："在生产过程、产品寿命和服务领域持续地应用整体预防的环境保护战略。增加生态效率，减少对人类和环境的危害。"

（1）对生产过程，节约资源和能源，淘汰有毒有害的原材料和落后的工艺及设备，减少所有废弃物的数量、毒性和污染。

（2）对产品，要减少产品全生命周期对人类和环境的不利影响。

（3）对服务，要将环境因素纳入服务设计和实践中。

清洁生产通过应用专门技术，改进工艺、设备和改变管理态度来实现。

11.2.1.2　清洁生产的理论基础

清洁生产具有深厚的理论基础，其实质是最优化理论。在生产过程中，物料按平衡原理相互转换，生产过程中产生的废弃物越多，物料消耗就越大，废弃物是由物料转化而来的，清洁生产实际上是要解决如何满足特定条件下物料消耗最少，产品产出率最高的问题。这一问题的理论基础是数学上的最优化理论，即废弃物最小量化可表示为目标函数，求解在各种约束条件下的最优解的问题。由于清洁生产是一相对概念，即清洁的生产过程和产品是与现有的生产过程和产品比较而言；资源与废物也是个相对概念，某生产过程的废物又可作为另一生产的原料，因此，废弃物最小量化的目标函数是动态的、相对的，故用一般的数学关系对较复杂过程进行优化求解比较困难。目前清洁生产审计中应用的理论主要是物料平衡和能量守恒原理，旨在判定重点废物流和定量废物量，为相对的废物最小量化确定约束条件。在实际工作中，一可把求解出的值（相对单一过程）作为衡量现有废弃物产生量的标准；二可用国内外同类装置先进的废弃物产生量作为衡量的标准。凡达不到标准的，就要查找原因，制定可行方案，消除瓶颈。

11.2.1.3　清洁生产的内容

清洁的能源：包括常规能源的清洁利用；可再生能源的利用；新能源的开发；各种节能技术等。

清洁的生产过程：包括不用、少用有毒的原料和辅助材料；无废、少废的工艺；无污染的高效设备；无毒、低毒的中间产品；减少生产过程中的各种危险因素；节约资源，少用昂贵和稀有资源；物料的再循环利用；利用二次资源作原材料；完善的管理等。

清洁的产品：包括在储运、使用中和使用后无危害人体健康和生态环境的产品；合理使用其功能和寿命期；合理包装；易于回收、复用和再生；易降解、易处置等。

清洁的服务：在一切服务中都要贯彻清洁生产的思想和要求。

11.2.2　循环经济管理

11.2.2.1　循环经济的概念

所谓循环经济，本质上是一种生态经济，它要求运用生态学规律而不是机械论规律来指导人类社会的经济活动。

循环经济主要有三大原则，即"减量化（reducing）、再利用（reusing）、资源化（recycling）"原则，并称为"3R原则"。每一原则对循环经济的成功实施都是必不可少的。

减量化原则针对的是输入端，旨在减少进入生产和消费过程中物质和能源流量。换句话说，对废弃物的产生，是通过预防的方式而不是末端治理的方式来加以避免。再利用原则属于过程性方法，目的是延长产品和服务的时间强度。也就是说，尽可能多次或多种方式地使用物品，避免物品过早地成为垃圾。资源化原则是输出端方法，能把废弃物再次变成资源以减少最终处理量，也就是我们通常所说的废品的回收利用和废物的综合利用。资源化能够减少垃圾的产生，制成使用能源较少的新产品。

11.2.2.2　发达国家循环经济的基本模式

发达国家在长期的实践中，逐步摸索形成了发展循环经济的四种基本模式，使循环经济在企业、区域和社会三个层面扎实有效地展开。

（1）企业内部的循环经济模式，又称杜邦模式。基本特点是通过循环来延长生产链条，减少生产过程中物料和能源的使用量，减少废弃物和有毒物质的排放，最大限度地利用可再生资源，同时提高产品的耐用性等。杜邦公司创造性地把循环经济三原则发展成为与化学工业相结合的"3R制造法"，通过放弃使用某些环境有害型化学物质、减少一些化学物质的使用量以及发明回收本公司产品的新工艺，到2000年已经使该公司的总废物量减少了1/4，有害废弃物量减少了40%，温室气体排放量减少了70%。

（2）区域生态工业园区模式，又称卡伦堡模式。基本特征是：按照工业生态学的原理，通过企业间的物质集成、能量集成和信息集成，形成产业间的代谢和共生耦合关系，使一家工厂的废气、废水、废渣、废热成为另一家工厂的原料和循环经济源，建立工业生态园区。

（3）在社会层面上废弃物的回收再利用体系，又称DSD模式。基本特征是：建立废旧物资的回收和再生利用体系，实现消费过程中和消费过程后物质与能量的循环。德国的废弃物双元回收体系（DSD）是其典型代表。DSD是专门组织回收处理包装废弃物的非盈利社会中介组织，1995年由95家产品生产厂家、包装物生产厂家、商业企业以及垃圾回收部门联合组成，目前共有1.6万家企业加入。

（4）社会循环经济体系。2000年，日本制定了《促进循环社会形成基本法》，提出把整个社会建成循环型社会的发展目标。循环型社会是指限制自然资源消耗、环境负担最小化的社会，该法还提出，与2000年相比，到2010年日本要达到三个目标：资源投入产出率提高40%，资源循环利用率提高40%，废弃物最终处置量减少50%。

11.2.2.3　我国循环经济的发展及其对策

A　我国循环经济的发展现状

（1）围绕提高资源效率开展了大量的工作。一是产业废弃物的综合利用；二是废旧物资回收利用；三是生产和消费过程中的再利用；四是环境保护产业发展迅速。

（2）国家近年来加大了推进循环经济发展的力度。一是加强宣传；二是组织试点示范，积极推行清洁生产，推进生态工业发展，生态农业发展取得了进步，开展生态省市建设和循环经济试点。

（3）从法律法规和政策上为循环经济的发展创造制度环境：

总之，我国循环经济的发展具有了一定的实践基础并呈现良好的发展态势，将成为落实科学发展观，实现社会经济可持续发展的重要途径之一。

B　我国循环经济发展的对策

（1）加强宣传教育，牢固确立循环经济理念。运用各种宣传形式和手段，进一步普及循环经济知识，不断将循环经济理念引入人们的日常生产、生活和消费方式中，切实提高公众的资源意识、节约意识和环境保护意识，摒弃传统的发展思维和发展模式，把发展观统一到党的十六届三中全会提出的坚持以人为本的科学发展观上来。在发展思路上彻底改变重开发、轻节约，重速度、轻效益，重外延发展、轻内涵发展，片面追求GDP增长，忽视资源和环境的倾向。加快增长方式转变速度，切实推进循环经济发展。

（2）依靠科技创新，加强循环经济技术开发。科学技术是发展循环经济的重要支撑。通过产学研结合，组织一批关键技术攻关，努力突破制约循环经济发展的技术瓶颈。加大对循环经济相关科技创新与开发，从资源及能源开发利用、生产制造、消费等各个环节，为循环经济发展提供强有力的技术支撑，组织开展资源节约和替代、能量梯级利用、绿色再制造等方面的科技攻关，研究开发一批经济效益好、资源消耗低、环境污染少的实用技术。

（3）强化环境管理，构建循环经济指标体系。企业是经济活动的主体，也是资源消耗、废弃物产生和排放的载体，加强企业资源环境管理是发展循环经济的基础。企业要树立经济与资源环境协调发展的意识，建立健全资源节约管理制度，大力开展资源综合利用，积极推行清洁生产，从源头上削减污染，提高资源利用效率。

（4）加强组织领导，积极推广示范典型。加强组织领导是推动循环经济工作的关键，要高度重视，加大工作力度，把循环经济贯穿整个经济工作中，摆在重要议事日程上。

（5）制定相关经济政策，建立促进循环经济发展的激励机制。除了在法律法规中体现出对循环经济的扶持外，应制定相关经济政策，加大对循环经济发展的支持力度。如在税收减免、引导资金等方面给予激励政策，对采用清洁生产工艺和资源循环利用的企业给予减免税收、财政补贴以及信贷优惠政策。

11.3 产品层面的环境管理方案

11.3.1 产品生态设计

11.3.1.1 产品生态设计的定义

20世纪90年代初提出的关于产品设计的新概念，也称为"绿色设计"。产品生态设计系指将环境因素纳入设计之中，在产品生命周期的每一环节都考虑其可能带来的环境影响，通过设计改进，使产品的环境影响降为最低，最终引导产生一个更具有可持续性的生产和消费系统。

产品生态设计战略包括：

（1）生态产品概念开发战略。产品生态设计战略首先应考虑的就是生态产品概念开发战略。从环境保护方面考虑，生态设计的最终目标是要寻找到更优化、更合理的方案来持续减少产品对环境的影响。其实现途径见表11-1。

表 11-1　实现产品生态设计的途径

实现途径	作用	说明
以非物质产品（如信息）或服务替代有形的产品	减少生产商对有形产品的生产和使用，同时也减少消费者对有形产品的依赖	非物质化主要包括：产品体积小型化；产品质量最轻化；非物质产品替代物质产品；减少对物质的使用，减少对基础设施的利用等
提倡产品共享	提高产品的使用效率，降低原材料和能源的消耗，降低产品的运输成本	实现产品共享的途径：考虑开发新的适用于共享的产品；提高现有共享产品的共享率；以提供服务代替提供产品

（2）易于清洁、维护和维修。产品生态设计应注意使产品易于清洁、维护和维修，以延长产品的使用寿命。维护和维修包括用户和制造商两个方面。对用户来讲，厂家应为用户提供简要的维护和维修的文字指导，使用户能及时解决问题以避免维护或维修的运输

成本。针对厂商的维修系统，需要考虑的是产品的易运输性、维护和维修的技能、有关工具的开发、产品拆解的难易程度和可否模块化维修等。生态设计要点：一是清楚标明产品如何打开以进行维护和维修；二是清楚标明产品的某一部件应以某种特殊的方式进行清洁或维护；三是应清楚标明产品中需要定期检查的部件；四是需要定期更换的部件应易于更换。

（3）产品的模块化设计。产品的模块化设计可最大限度地提高产品的可更新性，以满足不断变化的用户需求。产品的原有成分（组件）保留得越多，对环境的影响越少。同时模块化设计也使得新技术能与已有落后产品迅速结合，使得在产品生命周期内对部件进行升级以减少用户对新产品的需求。具体的策略：为产品预留升级空间，更新已过时或破损的部件；将易损件整合为可一次性替换的模块等。

（4）尽量利用再循环原料及材料。生态产品设计的一个特点是尽可能利用再循环原料及材料，减少原材料在采掘和生产过程中的能耗，最大程度地减少资源消耗，降低成本，提高企业经济效益，保护生态环境。企业可以制定"回收"计划，对原材料或部件进行再循环。

（5）致力于产品体积的最小化和质量的最轻化。产品生态设计应致力于产品体积的最小化和质量的最轻化，以减少原材料及能源的消耗。由于产品质量的减轻，使用的原材料减少，相应产生的废物也减少，同时产品运输过程的环境影响也减小。产品和其包装体积的减小，使得同一运输工具一次可运更多的产品，从而减少能耗和成本。

总之，产品生态设计的关键在于使用一切方法，在产品的生产和消费的整个过程中减少向外部环境的废物排放，尽可能在企业内部乃至整个产业界实现生产—消费和维护—回收—再生产的封闭大循环。即使不可避免地要产生废物，也要将废物排放量降到最低或与企业外的一些生产或生态环节相耦合，实现较大系统范围内的最小化排放。

11.3.1.2　产品生态设计的方法与步骤

产品生态设计过程一般分为产品生态识别，产品生态诊断，产品生态定义和产品生态评价四个步骤，如图 11 - 3 所示。

11.3.1.3　产品生态管理

1993 年 6 月，国际标准化组织（ISO）成立了 TC207 环境管理技术委员会，TC207 所制定的国际标准，通称 ISO14000 系列标准。ISO14000 系列标准为组织提供了一体化环境管理的规范，即建立环境管理体系，放弃传统的末端管理模式，而采取预防的做法。

产品生态管理涉及产业生态领域中产品的设计、生产、销售、维护及回收的各个方面，管理方法也不尽相同。

11.3.2　生命周期评价

11.3.2.1　生命周期评价的概念

生命周期评价是对一个产品系统的生命周期中输入、输出及其潜在环境影响的汇编和评价。其总体核心是：生命周期评价是对贯穿产品生命周期全过程（即所谓从摇篮到坟墓）——从获取原材料、生产、使用直至最终处置——的环境因素及其潜在影响的研究。

11.3.2.2　生命周期评价的框架

ISO 于 1997 年 6 月颁布了 ISO14040 标准，成为指导企业界进入 ISO14000 环境管理体

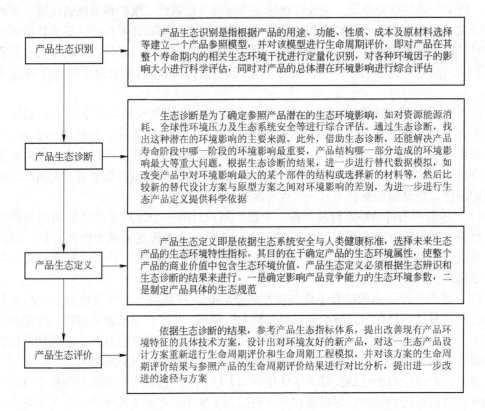

图 11-3　产品生态设计流程

系的一个国际标准。该标准将生命周期评价分为互相联系的、不断重复进行的四个步骤：目的与范围确定、清单分析、影响评价和结果解释，如图 11-4 所示。

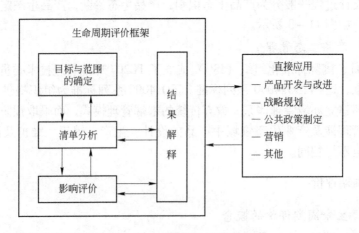

图 11-4　生命周期评价技术框架

11.3.2.3　产品生命周期评价技术步骤

A　确定研究目标，界定系统范围

研究的目标和范围决定了生命周期评价的深度和难度。为了使研究有所侧重和易于实施，首先必须对研究的目的以及所要达到的目标有一个清楚的描述。生命周期评价研究目标须明确陈述其应用意图，包括开展该项研究的理由及其沟通对象（即研究结果的接收者）。研究的目标可以是：探索现有产品改进的可能性、提高产品的市场竞争能力，同行业产品比较等。理论上，生命周期评价应考虑产品系统的整个生命周期，但由于时间和精力所限，仅根据研究的目的，界定所要研究的产品系统范围和研究的深度、数据要求等。随着研究过程的进行，研究目标应进行必要修正。

B　定义产品系统和系统边界

定义产品系统和系统边界指确定研究范围。产品系统是由一系列工艺过程所联系起来的功能单元，通过物质与能量的利用与循环，为人类提供产品或服务。产品系统由系统内部与系统环境组成。系统环境既是产品系统原料与能源的源，又是其产品和排放物的汇。生命周期清查就是描述通过系统边界（输入和输出）的各种物质流和能量流。产品系统作为一个整体存在，包括了从最初的原材料采掘到最终产品用后的废弃物处理的全过程。但在实践中常常为了研究的简单和易行，将产品系统划分为一系列相互联系的子系统。

工艺流程是反映互相联系的工艺子系统的最好方法。通过分析工业系统可以发现，大多数工业系统包括三种类型的工艺过程：产品主生产线，辅助材料生产，燃料生产。产品主生产一般较容易识别。对辅助材料（即仅为制造工艺所需材料，本身不作为产品组分），必须跟踪至最初的原材料采掘。而对各个子系统对环境的排放都必须加以考虑。理论上所有工艺过程中的运输阶段都必须加以考虑，而试验中常常只考虑对整个系统影响最大的运输环节。

C　生命周期清单分析

清单分析是对产品、工艺或活动在其整个生命周期阶段的资源、能源消耗和向环境的排放（包括废气、废水、固体废物及其他环境释放物）进行数据量化分析。清单分析的核心是建立以产品功能为单位表达的产品系统的输入和输出（即建立清单）。清单分析的简化程序如图 11-5 所示，可以看出它是一个不断重复的过程。

D　生命周期影响评价

生命周期影响评价是将清单分析得到的资源消耗和各种排放物对现实环境的影响进行定性定量的评价。它是生命周期评价的核心内容，也是难度最大的部分。生命周期影响评价方法和科学体系仍在不断发展和完善中，尚没有一种广泛接受的统一方法。ISO、SETAC 和美国 EPA 都倾向于将环境影响评价分为三个阶段：分类、特征化和量化（加权评估）。

分类指根据不同的环境影响类型，对清单分析阶段的数据结果进行归类，一般包括环境影响类型定义和数据分类。影响类型定义是指根据研究的目的和范围以及所收集到的清单数据，对所要考虑的环境影响类型进行界定。环境影响类型一般可分为三类，即资源消耗、对生态系统的影响和对人体健康的影响。每一大类又可进行细分，如资源消耗包括生物资源和非生物资源的消耗；对生态系统的影响包括全球变暖、臭氧耗竭、生态毒理影响、光化学烟雾、酸沉降和富营养化等；人类健康影响又包括急性毒性、发炎、疼痛、过敏反应、遗传毒性、致癌性、神经毒性和致畸性等。数据分类即将清单中的输入和输出数据归到不同的影响类型中。如将排放的 CO_2、CH_4 归为对全球变暖的影响，将 SO_2 归到可

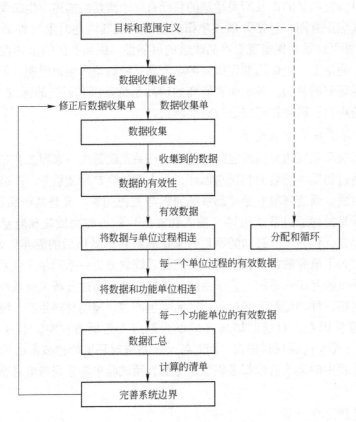

图 11-5　清单分析的简化程序

能产生酸沉降影响。实际上有些排放可产生多种影响效应。如果这些效应是相互独立的，则可进行累加，如果是在同一个效应链中，比如氯氟烃类物质产生的臭氧耗竭及其对人类毒理学效应的皮肤癌就不能叠加。

特征化是在每种环境影响类型内部对数据进行处理和分析，进而反映该影响类型特征的过程，即根据已有的科学知识，建立环境负荷与环境影响之间的剂量反应关系模型。如 CO_2、CH_4 等温室气体与全球变暖之间的剂量关系，SO_2、NO_x 等酸性气体与酸沉降间的剂量关系。再根据这些剂量关系模型计算清单数据对各影响类型的影响大小，最后按不同的影响类型进行汇总。如将清单中所有温室气体对全球变暖的贡献量加起来，就得到该产品系统生命周期评价对全球变暖的影响大小。该阶段的主要任务包括数据标准化和数据模型化两步。标准化通常采用一个标准基准对数据进行标准化。模型化即采用模型对环境扰动因子的大小进行数据合并最终用一个量值来表述对环境影响的大小。

加权评估指根据一定的加权方法，确定不同环境影响类型的相对严重性程度，对标准化后的环境影响进行修正。数据经特征化后，仅仅表征了某种环境影响类型的相对大小，并不能说明环境影响的严重性。而且特征化过程得到的清单数据反映的是不同影响类型的贡献大小，如全球变暖潜值，臭氧耗竭潜值、生命毒理效应等。这些影响类型之间并无直接联系，其相对严重性并不相通，很难在各类影响类型之间进行比较。这对一些比较性的研究来说就无法进行比较判断，因此，还必须权衡各类环境影响的重要性，即确定不同影响类型的权重，常见的如专家咨询法、层次分析法（AHP）、目标距离法和技术削减法等都可以用于权重的确定。

11.3.3 产品环境标志

11.3.3.1 环境标志概述

环境标志是一种标在产品或其包装上的标签，是产品的"证明性商标"，它表明该产品不仅质量合格，而且在生产、使用和处理处置过程中符合特定的环境保护要求，与同类产品相比，具有低毒少害、节约资源等环境优势。

11.3.3.2 产品环境标志的目标

产品环境标志的目标包括：（1）为消费者提供准确的信息；（2）增强消费者的环境意识；（3）促进销售；（4）推动生产模式的转变；（5）保护环境。

11.3.3.3 产品环境标志的类型

环境标志计划在不同的国家设计和实施的过程中，有不同的分类，在ISO14024中将它们分为三类：

（1）类型Ⅰ，即批准印记型。这是大多数国家采用的类型，其特点是：1）自愿参加；2）以准则、标准为基础；3）包含生命周期的考虑；4）有第三方面认证。

（2）类型Ⅱ，即自我声明型。这种类型的特点在于：1）可由制造商、进口商、批发商、零售商或任何从中获益的人对产品的环境性能做出自我声明；2）这种自我声明可在产品上或者在产品的包装上以文字声明、图案、图表等形式来表示，也可表示在产品的广告上或者产品名册上；3）无需第三方认证。

（3）类型Ⅲ，即单项性能认证型。这些单项性能有：可再循环性、可再循环的成分、可再循环的比例，节能、节水、减少挥发性有机化合物排放、可持续的森林等。目前，美国少数私人认证机构开展这项工作。由于厂商对它的兴趣有所增加，这一类型的标准还有扩大的趋势。因此，在ISO14000系列标准中专门为此制定了ISO14025标准。

11.3.3.4 实施产品环境标志制度的基本方法

产品环境标志制度已经成为当今的世界潮流。实施环境标志制度的方法如图11-6所示。

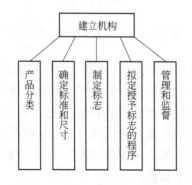

图11-6　实施环境标志制度的方法

A 确定授予环境标志的产品类别

环境标志的产品类别由申请人提出，由主管机构审查确定。分类的原则是考虑同类产品应具有相似的使用目的、相当的使用功能并且相互间有直接竞争的关系。正确的产品分类对实施标志计划至关重要，不但要有充分的科学依据，还要兼顾消费者的利益。一般，优先类别应是对环境危害较大而又有替代的可能、消费者感到重要、工业界乐于支持、市场容量大的部分产品。例如，德国产品共分若干个类型，它们是可回收利用型、低毒低害物质、低排放型、低噪声型、节水型、节能型、可生物降解型及其他类型。

B 确定授予标志的标准和尺度

通过产品类别后，就要根据这些产品生命周期各阶段对环境的影响，确定授予标准所应达到的要求。确定标准的主要手段是所谓"从摇篮到坟墓"的产品生命周期分析。确定标准时还应注意标准应该合理明确，并采取通过或不通过的方式，使申请厂家一目了然，不会劳而无功。标准及尺度也要定期修改提高。

C 制定标准图形

产品环境标志图形的设计既要简洁明快，又要含义丰富；既要显示民族特色，又要容易为国外消费者所接受。

我国的Ⅰ型环境标志图形于 1993 年发布。它由青山、绿水、太阳和 10 个环组成。其中心结构表示人类赖以生存的环境；外围的 10 个环紧密结合，环环相扣，表示公众参与，共同保护；10 个环的"环"字与环境的"环"同字，寓意为"全民联合起来，共同保护我们赖以生存的环境"。如图 11-7 所示。

图 11-7 中国Ⅰ型环境标志图形

我国从 1994 年开始实施的环境标志认证是Ⅰ型环境标志，其最大的特点是对产品从设计、生产、使用一直到废弃处理的整个生命周期都有严格的环境要求。

我国的Ⅱ型环境标志主要针对资源有效利用，企业可以从国际标准限定的"可堆肥、可降解、可拆卸设计、延长生命产品、使用回收能量、可再循环、再循环含量、节能、节约资源，节水、可重复使用和充装，减少废物量" 12 个方面中，选择一项或几项做出产品自我环境声明，并需经第三方验证。

Ⅲ型环境标志则是企业可根据公众最感兴趣的内容，公布产品的一项或多项环境信息，并需经第三方检测，如企业称自己产品的甲醛含量低，必须要公布具体的数据。

如表 11 -2 所示，每一类型的环境标志都有各自不同的目标市场对象，类型 Ⅰ 环境标志和类型 Ⅱ 自我声明的环境声明主要面向零售级别的消费者，类型 Ⅲ 环境声明（ED）的目标市场对象主要是工厂和零售级别的消费者。

表 11 -2　不同类型的环境标志

项　　目	类型 Ⅰ	类型 Ⅱ	类型 Ⅲ
名　字	生态标志	自我声明的环境声明	环境声明
目标市场对象	零售消费者	零售消费者	工厂/零售消费者
通信渠道	环境标志	文本和符号	环境性能数据表单
范　围	全生命周期	单个方面	全生命周期
标　准	是	没有	没有
是否应用 LCA	是	否	是
选择性	前 20% ~ 30%	无	无
实施者	第三方	第一方	第三方/第一方
是否需要认证	是	一般不	是/否
管理机构	生态标志小组	公平贸易委员会	鉴定机构

11.4　活动层面的环境管理

11.4.1　建设项目环境管理

所谓建设项目环境管理是指环境保护部门根据国家的环境保护产业政策、行业政策、技术政策、规划布局和清洁生产要求及专业工程验收规范，运用环境影响评价、"三同时"、排污申报，排污收费和污染限期治理制度对建设项目依法进行的管理活动。其主要任务是促进建设项目合理布局；合理利用资源和能源；最大限度减少污染物的产生和排放；落实"三同时"与"预防为主、综合防治"的环境保护方针；保证项目建成投产或使用后其污染物的排放符合国家或地区的排放要求。

建设项目的环境管理要贯彻预防为主的指导思想，实现其控制职能必须介入到项目建设的整个决策过程。根据项目建设的不同阶段，进行不同形式和内容的环境管理。

11.4.1.1　建设项目环境管理的程序

建设项目的环境管理一般分为建设项目的确立阶段、实施阶段和运行阶段三阶段来进行，如图 11 -8 所示。

对于一个建设项目，环境保护部门应首先根据相关环境保护政策、区域规划和技术要求，对该项目是否符合国家的有关产业政策和区域环境规划要求等进行审批，确定该项目是否可以立项，并在此基础上对批准立项的项目进行环境影响评价管理，这是建设项目确立阶段的环境管理；在建设项目的实施阶段，环境保护部门主要是依法对该项目进行"三同时"管理，确保环境保护设施与主体工程同时设计、施工和投入运行，并达到环境保护要求；在建设项目的运行阶段，环境保护部门则依法进行该项目的排污申报登记、排污收费管理和对运行期间造成污染的情况进行污染限期治理管理。

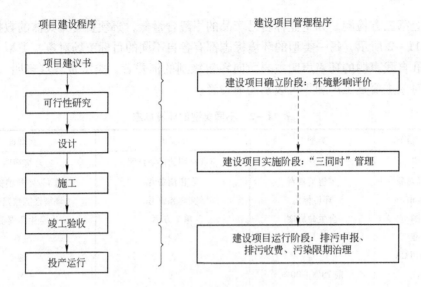

图 11 - 8   建设项目的环境管理程序示意图

11.4.1.2   建设项目环境管理的内容

A   建设项目确立阶段环境管理的内容

建设项目确立阶段，环境管理的主要内容是进行环境影响评价管理，其流程和职责如图 11 - 9 所示。在环境影响评价中，项目开发建设单位、环境影响评价单位和环境保护部门各自承担不同的责任。

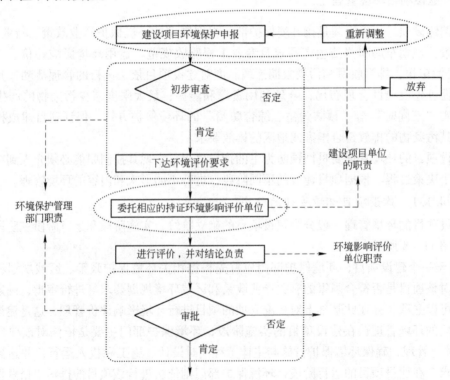

图 11 - 9   建设项目确立阶段的环境管理流程和职责

根据国家《建设项目环境保护管理条例》的要求，所有的建设项目都需要办理环境保护审批手续。建设单位在申报立项的过程中，应同时向环境保护部门申报，统一由环境保护部门按照国家的有关政策（产业政策、行业政策、技术政策）、规划布局和清洁生产要求对拟立项的建设项目进行审查。通过政策和规划审查的建设项目由环境保护部门根据《建设项目环境保护管理条例》、《关于涉及自然保护区的开发建设项目环境管理工作有关问题的通知》及《建设项目环境保护分类管理名录》和当地的环境保护规划目标，下达环境影响评价要求（表11-3），以便于从技术角度对建设项目进行评价，确定该项目进行设计施工所应采取的污染防治措施和生态保护措施。

表11-3 建设项目环境保护分类管理原则

影响程度	所涵盖的主要类型	环境影响报告等级	评价要求
重大影响	（1）原料、产品或生产过程中涉及的污染物种类多、数量大或毒性大，难以在环境中降解的建设项目；（2）可能造成生态系统结构重大变化、重要生态功能改变或生物多样性明显减少的建设项目；（3）可能对脆弱生态系统产生较大影响或可能引发和加剧自然灾害的建设项目；（4）容易引起跨行政区环境影响纠纷的建设项目；（5）所有流域开发、开发区建设、城市新区建设和旧区改建等区域性开发活动或建设项目	编制环境影响报告书	对建设项目产生的污染和对环境的影响进行全面、详细的评价
轻度影响	（1）污染因素单一，而且污染物种类少、产生量小或毒性较低的建设项目；（2）对地形、地貌、水文、土壤、生物多样性等有一定的影响，但不改变生态系统结构和功能的建设项目；（3）基本不对环境敏感区造成影响的小型建设项目	编制环境影响报告表	对建设项目产生的污染和对环境的影响进行分析或者专项评价
影响很小	（1）基本不产生废水、废气、废渣、粉尘、恶臭、噪声、震动、热污染、放射性、电磁波等不利环境影响的建设项目；（2）基本不改变地形、地貌、水文、土壤、生物多样性等，不改变生态系统结构和功能的建设项目；（3）不对环境敏感区造成影响的小型建设项目	填报环境影响登记表	不需要进行环境影响评价

在环境影响评价管理中应注意以下问题：首先，环境影响评价作为建设项目确立阶段环境管理的主要内容，能否起到控制新污染、防止生态破坏的作用，关键之一是能否保证环境影响评价的时限有效。一方面，除了铁路、交通等特殊的建设项目外，一般的建设项目必须在项目的可行性研究阶段完成环境影响评价。如果时限滞后，就难以保证环境影响评价在设计、施工和验收阶段的指导作用，失去了评价的作用和意义。另一方面，建设项目的环境影响报告书、报告表或登记表自批准之日起5年后建设项目才开工建设的，环境管理部门应对其重新审核，以保证评价结论的有效性。其次，环境影响评价工作的质量是保证环境影响评价制度切实有效的又一关键因素。把握环境影响评价工作质量的关键是严格对持有建设项目环境影响评价资格证书单位的管理。不仅对其具备的资质进行严格把关，还应对其做出的环境影响评价结论严格审查。一般来说环境保护部门可先组织由建设项目所在行业、建设项目所在地环境保护局及相关专业环境保护专家组成的环境影响评价评估专家组对环评单位做出的环评结论进行论证，然后再进行审批，以保证环评结论的正确性。

B 建设项目实施阶段环境管理的内容

通过环境影响评价并完成可行性研究的建设项目进入到设计、施工和试生产阶段，即项目的实施阶段。这一阶段的环境管理主要是落实"三同时"制度。"三同时"就是要求环境保护设施与主体工程同时设计，同时施工，同时投产。

a 设计阶段

建设单位应按环境影响报告书（表）及其审批意见所确定的各种环境保护措施，将建设项目的环境保护目标和防治对策转化为具体的工程措施和设施，并落实到项目的设计中，以保证达到预期的环境保护目标和同时设计的要求。环境保护部门则对建设项目设计中的环境保护篇章进行审批。

b 施工阶段

施工单位应根据设计单位提出的施工图，按设计要求和施工验收规范的规定组织施工。设计图纸及文件中所包含的各项环境保护设施必须在这个阶段中和全体设施一起完成，并具备投产条件。因此，这一阶段环境管理的中心是抓好环境保护设施的"同时施工、同时投产"任务的检查和落实。环境保护部门可通过不定时环境抽样监测或环境监理进行建设项目的环境管理。

c 验收和生产准备阶段

项目建成试车（试产）时，环境保护设施应与主体工程同时试车，或者联动试车，试车期间，当地环境保护部门应到现场检查并将试车情况记录备案。因而这一阶段，环境保护部门的主要任务是参加建设项目的竣工验收，对项目环境保护措施的建设情况及其效果进行检查，把好环境保护设施竣工验收关，这是严格执行"三同时"制度的关键，也是"三同时"管理的重点。

C 建设项目运行阶段环境管理的内容

建设项目运行阶段，环境管理的主要内容是进行排污申报登记、排污收费和污染源监察，并对超标排污的污染源进行污染限期治理管理。

通过环境保护设施竣工验收的建设项目，须按所在地环境保护行政主管部门指定的时间填报《排污申报登记表》。排污单位的行业主管部门负责审核所属单位排污申报登记的内容，县级以上环境保护行政主管部门对管辖范围内的排污单位进行现场检查，核实排污申报登记内容，对排污申报登记实施统一监督管理。

11.4.2 区域环境管理

11.4.2.1 城市环境管理

A 城市环境问题及其产生原因

城市的突出特点是集中利用和消耗着大量自然资源，相应产生大量的污染物，超过了城市及其周围环境的净化能力，从而受到了严重的破坏和污染；另一方面由于在发展中忽视了生活环境的保护与改善，致使城市环境的结构和功能不尽合理和极不完善。这是造成中国城市生态系统超负荷承载，城市环境质量严重恶化的根本原因。

B 城市环境管理的措施和方法

目前，我国城市环境管理的主要做法和措施有环境保护目标责任制、城市环境综合整治、城市环境综合整治定量考核、创建环境保护模范城市、城市空气质量报告制度，其主要内容见表11-4。

表11-4 我国城市环境管理的主要做法和措施

主要做法和措施	主要形式和内容
环境保护目标责任制	以签订责任书的形式具体规定省长、市长、县长在任期内的环境目标和任务，并作为对其进行政绩考核的内容之一
城市环境综合整治定量考核	从城市环境质量、城市污染防治、城市建设和城市环境管理四个方面共27项指标定量考核一定时期内城市政府在城市环境综合整治方面工作的进展情况
创建环境保护模范城市	用涉及基本条件、社会经济、环境建设、环境质量及环境管理五类共27项内容的环境保护模范城市评价体系，引导城市可持续发展
城市空气质量报告制度	利用当地的新闻媒体和电视台，每周一次向公众报告本地空气污染指数，反映城市大气污染程度

在具体的管理过程中，针对不同的污染物和不同的城市经济发展水平，在城市环境管理过程中可分别采用浓度控制和总量控制管理方法。

11.4.2.2 农村环境管理

A 农村环境问题及其来源

农村环境问题主要表现见表11-5。

表11-5 农村环境问题调查

环境问题	主要表现	主 要 来 源
生态破坏	水土流失、土地荒漠化、盐碱化	（1）过度伐木、放牧；（2）烧毁植被，对植物根采集过度；（3）不恰当利用水资源等
环境污染	土壤污染和水污染	（1）乡镇工业"三废"排放；（2）化肥农药不合理施用；（3）农膜残留；（4）规模化养殖业排放的动物粪便

农村环境问题主要来源于农业生产和乡镇企业，环境问题主要集中在水环境和土壤环境上，相对而言其大气环境质量较好，环境噪声问题不突出，这是农村环境保护与城市环境保护的区别。所以，开展农村环境管理也要从各地实际情况出发，采取针对性的对策和措施，有计划、有重点、分阶段地解决农村环境问题。

B 农村环境改善途径与管理方法

农村环境改善途径与管理方法包括：

（1）制定合理的农村环境规划。解决农村环境问题的根本途径之一是合理规划。制定合理的农村环境规划，通过规划调整乡镇企业发展方向，合理安排乡镇工业布局，加强水源保护，促进农村生态环境的良性发展。

（2）发展生态农业。发展生态农业，实现农业自然资源的合理、持续利用是解决农村环境问题的重要内容。坚持因地制宜、链式发展和持续利用的原则，根据当地农业的地理环境，结合水、土地、植物、动物、矿产资源的类型与分布情况，以生态保护和资源持续利用为前提，确立适合本地区发展的生态农业模式。

（3）加强农村地区环境法制建设。在农村地区加强农村环境保护宣传、加大环境执法力度、加强环境法制教育尤为重要。

（4）加强土壤污染防治。加强土壤污染防治是农村环境管理的又一重要内容。应重点从三方面着手进行：1）控制污水灌溉；2）通过正确选用农药品种，合理施用农药，改革农药剂型和喷施技术，实行综合防治措施等控制农药和化肥污染；3）控制农用地膜及固体废物污染。

（5）抓好乡镇工业限期治理，坚决关闭"15小"。乡镇工业企业是农村环境问题的主要根源之一，因而抓好乡镇工业限期治理，坚决关闭"15小"是改善农村环境的重要途径。

11.4.2.3　流域环境管理

A　流域环境管理概述

流域一般以某一水体为主，包括该水体所邻近的陆域，它往往分属于多个同一级别和层次的行政单元管辖，被赋予不同的、多样的功能，成为一类特殊的区域，从而决定了流域环境管理的特殊性。

B　流域环境问题及其成因

a　水量问题

河流上游的生态破坏导致其涵养水分能力的削弱，人类发展引起陆域地面过度硬化，导致土壤渗水能力的降低。在两方面的共同作用下往往使流域中下游地区在雨季因水量过大发生洪涝灾害，在旱季则因水量过少造成干旱，使生产、生活用水以及生态系统用水严重短缺，从而严重制约水运与水产养殖，甚至妨碍水力发电。

b　水质问题

主要由来自以下两方面的水体污染造成：一是人类社会在水域上的活动，如航运过度、水产养殖过度，以及围海造田等导致水环境净化能力的降低等；二是人类在水体周边陆域上的活动，如生活污水与工业废水不加处理直接排入水体等，其结果是水域生态系统的破坏甚至崩溃。当然，水量与水质方面的环境问题是紧密联系在一起的。当水质极差时，水量中的有正效用的部分就很少，当水量很小时，如果水体被污染，则水环境问题将会更加恶化。因此在流域环境管理中应该把水质、水量两方面问题综合起来进行整体性、具体化考虑。

C　流域环境管理方法和途径

流域环境管理不同于处于同一行政区域内的城市环境管理或农村环境管理，虽然控制污染的基本手段一致，但管理体制上却有很大的差异。区别于城市或农村环境管理，流域环境管理主要应从以下几方面着手：

（1）确立流域环境管理核心，进行全流域合理规划。首先，管理体制上必须设立一个统一的环境管理机构。这一机构有权协调、检查、监督和制止可能影响该流域环境品质和功能的各类社会行为活动。其次，在环境管理方法上必须坚持全流域环境规划优先，兼顾各行政单元和各行为主体发展的合理需要，合理分配排污总量、水资源使用量等。最后，在全流域环境规划中，必须附有保证规划得以有效实施的法律法规体系的设计与审批程序。

（2）实施流域污染综合治理。流域环境污染既有城市工业的点源污染，也有来自于分散的乡镇企业和广大农业地区的面源污染。因而在综合治理中应重点加强流域固体废物污染防治和农村面源污染防治。

（3）流域生态环境综合治理。植被破坏引起水土流失和洪涝灾害，导致流域生态环境问题的事件时有发生，其影响不论是在深度上还是在广度上都已超过了环境污染所造成的影响，对流域环境生态系统的结构造成严重破坏。因而开展流域生态环境综合治理，坚持统筹规划、突出重点、量力而行、分步实施的原则，植树造林，抓好流域源头及上游地区的生态保护等工作尤为重要。

11.4.2.4　海洋环境管理

海洋是一个特殊的区域，在海洋环境保护工作中，环境保护部门、海洋、海事、渔业及军队环境保护部门之间存在一种相互制约、相互监督、相互协作的关系。依据《海洋环境保护法》，环境保护部门发挥协调和监督职能，海洋、海事、渔业和军队环境保护部门发挥专项监督与管理职能，五方面需相互配合，统一协作，各尽其职，才能做好海洋环境保护工作。

A　海洋环境问题及其产生

海洋环境问题主要凸显在以下几方面：（1）海域污染范围不断扩大，海水水质呈下降趋势。如20世纪90年代末，渤海近岸海域不仅无机氮超标严重，而且无机磷也严重超标，使近岸海水水质为三类或四类水质，渔业资源遭到严重破坏。（2）区域性海洋环境灾害日益突出。例如，进入21世纪以后，每年发生的赤潮面积和次数骤增，造成的海洋渔业生产损失是10年前的数倍甚至十几倍。（3）近岸海域生态破坏加剧。据统计，新中国成立以来海滨、滩涂湿地面积已累计减少约50%。另一方面，沿海地区和城市因超采地下水导致的海水倒灌和沿海地下水污染问题也十分普遍。

B　海洋环境管理的途径及方法

海洋环境管理应遵循海洋环境污染防治与海洋生态保护并举，陆地环境保护与海洋环境保护并重的方针；实施以陆源污染防治为主，陆源污染防治与海域污染防治相结合；以沿海城市为重点，点、线污染防治相结合；以近岸海域为主，近岸与远岸兼顾的海洋环境战略。重点从以下几方面进行突破：

（1）加强近岸海域污染防治工作。近岸海域污染是海洋环境问题的主要方面。加强近岸海域污染防治要以陆源污染防治为重点，以近岸海域污染防治为突破口，抓住重点河口、重点海域、重点污染物的防治，对症下药，有效地控制近海岸的环境污染。

（2）加大近岸海域生态保护。近岸海域生态保护是海洋环境保护的重要组成部分。可分别从加强海洋渔业资源保护，加强海岸带的生态保护和加强珊瑚礁的保护几方面进行。如对重要渔业水域的污染控制和预防，实施生态渔业工程、休渔制度等，以实现对海洋渔业资源的持续利用，促进海洋渔业经济的持续增长。

11.4.2.5　开发区环境管理

A　开发区环境问题的特点

开发区是一个在特殊时期建设的人工生态系统，其环境问题区别于其他区域，主要有以下特点：

（1）开发区开发强度大，开发行为集中，造成开发区生态环境受冲击严重，变化剧烈，不易恢复；且因开发方案、投资强度不确定造成开发区生态环境变化趋势不确定。

（2）开发区的环境污染物的种类、来源复杂。我国开发区的经济活动一般以工业为主，结合贸易、旅游，并带有出口加工和自由贸易性质。不少地方政府和开发区的管理部门，为了吸引投资，纷纷出台一系列从税收到信贷的优惠政策，有些甚至不顾本地生态环境特点，不加选择地引进各类企业。

（3）在相当一段时间内，自然资源利用率下降。由于某些开发区过多征用耕地，导致大量耕地资源闲置，加剧了我国本来就十分突出的人多地少的矛盾；另一方面，由于过分注重投资硬环境的改善，造成一定程度上基础设施资源的浪费。

B　开发区环境管理的基本原则和方法

根据开发区的具体特点，开发区的环境管理应坚持以下基本原则和方法：

（1）环境规划领先，严格实行规划环评。对开发区社会经济建设与环境保护预先进行统筹安排，做出合理布局。通过提高自然资源利用率和综合整治，努力减少废物排放和治理投入。

（2）与科技进步、经济结构调整、强化企业内部科学化管理相结合。工业产业结构及产业布局的不合理是造成生态破坏、环境污染的主要原因；而管理落后及技术落后不仅造成环境污染，也浪费宝贵的资源。因此，在开发区引进项目时，应依据本区具体特点，严格执行清洁生产审计工作。

（3）遵照整体化、系统化原理，坚持防治结合，以防为主的原则。如对待污染物的治理时，既要采用新工艺、新设备，减少污染物的排放，又要准备集中处理污染物；既要制定严格的污染物排放标准，又要建立和完善环境保护法律保证体系。

复习思考题

11-1　何为传统环境管理模式？

11-2　试客观评价末端环境管理模式的实践作用。

11-3　简述我国庆节生产实施的作用及主要应用领域。

11-4　如何更好地开展组织层面的环境管理？

11-5　流域环境存在哪些主要问题，如何高效开展活动层面的管理工作？

参考文献

[1] 张承中. 环境规划与管理 [M]. 北京：高等教育出版社，2007.

[2] 朱庚中. 环境管理学 [M]. 北京：中国环境科学出版社，2000.

[3] 张承中. 环境管理的原理和方法 [M]. 北京：中国环境科学出版社，1997.

[4] 郭怀成，尚金城，张天柱. 环境规划学 [M]. 北京：高等教育出版社，2001.

[5] 张思锋，张颖. 对我国循环经济研究若干观点的述评 [J]. 西安交通大学学报（社会科学版），2002，22（3）.

[6] 蔡守秋，蔡文灿. 循环经济立法研究——模式选择与范围限制 [J]. 中国人口·资源与环境，2004，14（6）.

[7] 杨再鹏，白杰. 工业污染的预防、管理与末端治理 [J]. 化工技术经济，2000（4）.

[8] 赵世杰. 环境管理与污染预防：试谈环境技术研究应体现生命周期思想 [J]. 环境技术，1999

（1）：26～29.

[9] 王明远，马骧聪. 论我国可持续发展的环境管理模式 [J]. 能源工程，1999（4）.

[10] 温东辉，陈昌军，张文心. 美国新环境管理与政策模式：自愿性伙伴合作计划 [J]. 环境保护，
　　 2003（7）.

[11] 鲍强. 全球环境保护战略转移若干新趋势 [J]. 环境科学进展，1995，3（1）.

[12] 金燕燕. 试论排污许可证制度在企业环境管理中的作用 [J]. 化工环保，1995，15（2）.

[13] 耿世刚. 我国环境管理模式的转变 [J]. 中国环境管理干部学院学报，1999（2）.

[14] 赵勤. 我国环境管理模式的总体评价及前瞻 [J]. 中国环境管理，1998（5）.

12 环境管理的其他应用方向

【本章要点】本章主要介绍了环境管理体系认证、清洁发展机制（CDM）与清洁生产认证在环境管理中的应用。环境管理体系认证主要包括其基本概念和审核。CDM 是针对如何有效解决全球气候变化问题而在国际气候变化谈判中提出的一种实施机制，主要介绍了 CDM 的概念、基本规则和流程以及它的方法学、在我国的发展情况等。以寻找尽可能高效率利用资源（如原辅材料、能源、水等），减少或消除废物的产生和排放为目的的清洁生产认证是环境管理的重要应用方向，其认证步骤与管理流程、认证核心内容和审核技术方法等内容需重点掌握。

12.1 环境管理体系认证

12.1.1 环境管理体系基础概念

根据 ISO14001 的 3.5 定义：环境管理体系（environmental management system，EMS）是一个组织内全面管理体系的组成部分，它包括制定、实施、实现、评审和保持环境方针所需的组织机构、规划活动、机构职责、惯例、程序、过程和资源。还包括组织的环境方针、目标和指标等管理方面的内容。

环境管理体系是一项内部管理工具，旨在帮助组织实现自身设定的环境表现水平，并不断地改进环境行为，不断达到更新更佳的高度。

12.1.2 环境管理体系认证

12.1.2.1 认证申请注意事项

认证申请注意事项有：

（1）申请环境管理体系认证的组织必须承诺遵守中国环境保护法律法规及其他要求。

（2）组织已按 GB/T 24001 标准建立环境管理体系，实施运行至少 3～6 个月，自体系运行后组织应无重大环境污染事故，污染物无严重超标排放。

（3）组织应按中心的要求填写环境管理体系认证申请书，并提供认证所必需的文件。

1）同意遵守认证要求、提供审核所需信息的声明。

2）组织的基本情况，如组织的名称、地址、法律地位，组织的性质、规模、主要产品及工艺流程，组织环境管理体系主要责任人及其技术资源。

3）组织的地理位置图、厂区平面图、工艺流程图、污染物分布图、地下管网图、"环评"批复、"三同时"验收报告、监测报告、污染物排放执行标准。

4）环境管理体系手册、程序及所需的相关文件。

12.1.2.2　组织环境管理体系申请

环境管理体系认证审核程序如图 12-1 所示。

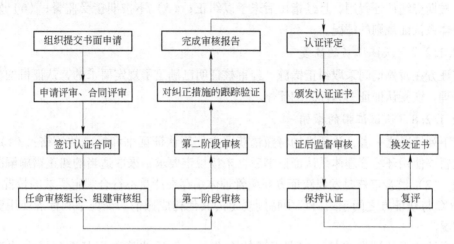

图 12-1　环境管理体系认证审核程序

环境管理体系认证证书有效期为三年。获证组织在三年有效期内应接受认证机构的监督检查，监督检查在获证后半年进行一次，以后每年一次；三年有效期满时，如愿意继续保持证书，应在有效期满前三个月申请复评。

12.1.2.3　申请组织的权利

申请组织的权利有：

（1）与审核中心协商确定审核计划、审核组成员。

（2）与审核组共同确认不符合报告并对审核报告提出意见。

（3）利用各种宣传媒体进行认证宣传。

（4）对中心认证活动、人员、认证结果提出申诉、投诉。

12.1.2.4　换证的规定

凡出现体系认证标准、认证范围和证书持有者变更时，需要按规定，由申请方提出书面申请，经认证机构审查批准后准予换证，换证的原因有以下几种情况：（1）企业在认证有效期内要求变更环境管理体系标准；（2）体系认证证书持有者变更、企业名称更改；（3）在证书有效期内认证所覆盖的范围变更；（4）认证要求的更改，包括认证标准的换版。

12.1.2.5　认证证书的注销

凡出现下列情况之一时，认证机构应注销证书持有者使用环境管理体系认证证书和标志的资格，收回体系认证证书。（1）由于环境管理体系认证规则发生变更，体系认证证书持有者不愿或不能确保符合新要求的；（2）在体系认证证书有效期届满时，体系认证证书持有者在体系认证证书有效期届满未向认证机构提出复评申请的；（3）体系认证证书持有者正式提出注销的。

12.1.2.6　认证证书的暂停使用

凡有下列情况之一者，认证机构将暂停获证方使用认证证书和标志的资格：（1）获证方未经认证机构批准对获准认证的环境管理体系进行了重要更改，并且这种更改影响到认证资格；（2）监督审核发现获证方环境管理体系达不到规定要求，但严重程度尚不构成撤销认证资格；（3）获证方对认证证书和标志的使用不符合认证机构的规定；（4）获证方未按期交纳认证费用，且经指出后未予以纠正；（5）不按期接受监督；（6）发生其他违反体系认证规则的情况。

12.1.2.7　认证证书的恢复

获证方在暂停期间采取纠正措施，经审核证明已满足了规定要求的，认证机构将取消暂停处理，恢复认证证书和标志的使用。

12.1.2.8　认证证书的撤销

有下列情况之一者，认证机构将撤销获证方使用认证证书和标志的资格：（1）获证方在被暂停使用环境管理体系认证证书后，未按规定要求，采取适当的纠正措施解决存在的问题；（2）监督审核时发现获证方环境管理体系存在严重不符合规定要求的情况；（3）发生 BCC 与获证方之间正式协议中特别规定的其他构成撤销认证证书和标志使用资格的有关情况。

被撤销体系认证资格的，应书面通知企业，一年后才能受理其重新提出体系认证申请。

12.1.2.9　认证资格保持的条件

认证资格保持的条件有：

（1）组织的环境管理体系能持续满足认证标准要求。

（2）组织能持续遵守相关法律、法规、标准，各相关方满意。

（3）组织环境管理体系持续有效运行，保持自我改进和自我完善的机制。

（4）现场审核不符合项的纠正措施应实施完成并验证有效。

12.1.2.10　认证资格扩大、缩小的条件

认证资格扩大、缩小的条件有：

（1）扩大（缩小）体系覆盖产品/服务，其体系应符合申请标准要求。

（2）产品/服务质量符合相关法规/标准要求，各相关方满意。

（3）环境管理体系有效运行，并能有效实现组织的环境方针。

12.1.3　环境管理体系审核

环境管理体系审核（environmental management system audit）即客观地获取审核证据并予以评价，以判断一个组织的环境管理体系是否符合所规定的环境管理体系审核准则的一个以文件支持的系统化验证过程，并将这一过程的结果呈报委托方。也就是指组织内部对环境管理体系的审核，是组织的自我检查与评判。内审应判断环境管理体系是否符合预定安排，是否符合 ISO14001 标准要求，环境管理体系是否得到了正确实施和保持，并将审核结果向管理者汇报。我国新版环境管理体系认证标准是 GB/T 24001—2004，等同于 ISO 14001：2004 环境管理体系——规范及使用指南。

12.1.3.1　EMS 审核的对象

EMS 审核的对象即环境管理体系，一次完整的内审应全面完整地覆盖组织的所有现

场及活动，覆盖 ISO14001 环境管理体系标准所有要素，并包括组织的重要环境因素受控情况，目标批标的实现程度等内容。

12.1.3.2 EMS 审核的目的

每一次 EMS 审核都应明确其目的，审核目的典型实例如下：

（1）对照 EMS 审核准则，确定受审核方 EMS 的符合情况。

（2）判定受审核方的 EMS 是否得到了妥善的实施与保持。

（3）确定受审核方 EMS 中可予改进的领域。

（4）对内部管理评审，在确保 EMS 持续适用性和有效性方面效能的评估。

（5）对一个有意与之建立合同关系的组织（如一个可能成为供方的组织，或合资经营伙伴）的 EMS 进行评价。

审核组的建立一定包括审核组长和审核员，也可包括技术专家，此外，当委托方、受审核方和审核组长一致同意时，还可包括见习审核员。

12.1.3.3 审核程序

环境管理体系审核应保证其客观性、系统性和文件化的要求，应按审核程序执行。

A 启动审核

a 审核范围

审核范围规定了接受审核的内容和区域，包括实际位置，或组织的活动及报告方式等。审核范围是由委托方和审核组长决定的。在决定审核范围时，通常还应征求受审核方的意见。审核范围决定后，如需进行更改，须由委托方和审核组长共同认可。供审核使用的资源应能满足审核范围的需要。

b 文件预审

在审核过程开始时，审核组长应审阅该组织的文件，如环境方针陈述、实施方案、记录或为实现 EMS 要求所编制的手册。其间应充分利用关于被审核组织的背景资料。如果认为用于实施审核的文件不够充足，应通知委托方。在得到委托方的进一步指示之前，不再消耗资源。

B 审核准备

a 审核计划

审核计划的制订，应保证其灵活性，使之能根据审核中得到的信息调整重点，并保证资源的有效利用。视情况需要，计划应包括：（1）审核目的与范围；（2）审核准则；（3）受审核方有待审核的建制单位和职能部门名称；（4）受审核方组织中对其 EMS 负有直接重大责任的职能部门和（或）人员名单；（5）确定受审核方 EMS 中应予重点审核的要素；（6）对受审核方 EMS 中有待审核的要素的审核程序；（7）审核的工作语言和报告语言；（8）引用文件清单；（9）主要审核活动的预定时间和起止日期；（10）进行审核的日期和地点；（11）审核组成员名单；（12）与受审核方管理者举行会议的日程表；（13）保密要求；（14）报告的内容和格式，审核报告的预计签发和分发日期；（15）文件留存要求。

应将审核计划传达委托方、审核员和受审核方，并由委托方审阅批准。如果受审核方对审核计划中的任何内容有异议，应通知审核组长。应在实施审核之前在审核组长、受审核方和委托方之间进行磋商，解决分歧。对审核计划的任何改动均应在开始审核前或审核过程中取得所涉及的各方的同意。

b 审核组任务分配

应根据需要，对每个审核组成员落实其负责审核的具体 EMS 要素、职能或活动，并指示其所应遵循的审核程序。任务的分配应由审核组长与所涉及的审核组成员共同商定。在审核期间，为了更好地实现审核目的，审核组长可对任务分配做出变更。

c 工作文件

为便利审核工作的开展，所须提供的工作文件可包括：记录审核证据和审核发现的表格文件；用于评价 EMS 要素的程序和检查清单；会议记录。工作文件至少应保留到审核结束；审核组成员应保护好机密信息和产权信息。

C 审核的实施

a 首次会议

应召集首次会议，其目的是：向受审核方管理者介绍审核组成员；确认审核范围、目的和计划，共同认可审核进度表；简要介绍审核中采用的方法和程序；在审核组和受审核方之间建立正式联络渠道；确认已具备审核组所需的资源与设备；确认末次会议的日期和时间；促进受审核方的参与；对审核组现场安全和应急程序的审查。

b 收集审核证据

应收集充足的证据，以便判定受审核方的 EMS 是否合乎 EMS 审核准则。应通过面谈、文件审阅和对活动与状况的观察来搜集证据。应对不符合 EMS 审核准则的表现（行为）做出记录。应利用从独立来源（如观察、记录和现有的测试结果等）取得的支持信息，对来自面谈的信息加以验证。对无法验证的信息应予标明。审查组应对受审核方 EMS 活动中采样方案的根据和确保采样与测量过程有效质量控制的程序进行审查。

c 审核发现

审核组应对所有审核证据进行评审，以确定 EMS 在哪些方面不符合审核准则。应确保将有关不合格的审核发现清晰、明确地形成文件，并以审核证据作为依据。应与受审核方的有关负责人共同评议审核发现，以确认所有造成不符合的事实基础。在商定的范围内，也可将关于符合的审核发现详细载入文件，但应注意避免绝对保证的含意。

d 末次会议

在搜集证据阶段结束之后，编写审核报告之前，审核组应与受审核方的管理者和受审核部门的负责人举行会议，其主要目的是向受审核方介绍审核发现，能使他们清楚地理解和认识审核发现的事实根据。如果可能，应在审核组长签发报告之前解决意见分歧。关于审核发现的重要性和措辞的最终决定权属于审核组长，无论委托方和受审核方是否持有异议。

e 审核报告与文件留存

（1）审核报告的编写。审核报告是在审核组长指导下编写的，审核组长对审核报告的准确性和完备性负责。审核报告涉及的项目应为审核计划中所确定的。如果编写过程中希望加以变动，应取得有关各方的一致同意。

（2）报告内容。审核报告应由审核组长注明签发日期并署名，审核报告应包含审核发现或其概要，并辅以支持证据。根据审核组长和委托方的协议，报告中还可包含下列内容：受审核方和委托方的名称；商定的审核目标、范围和计划；商定的审核准则，包括审核中引用文件的清单；审核持续的时间和进行审核的日期；参与审核的受审核方代表名单；审核组成员名单；对报告内容保密性质的声明；审核报告分发单位名单；关于审核过程的简要说明，包括所遇到的障碍；审核结论，如 EMS 对符合 EMS 审核准则的符合情况，体系是否得到了正确的实施和保持，内部管理评审过程是否足以确保 EMS 的持续适用性与有效性。

（3）报告的分发。审核报告由审核组长提交委托方。分发范围由委托方根据审核计划决定。除非委托方特别禁止，受审核方应收到一份审核报告的副本。向受审核组织外分发须取得它的同意。委托方对审核报告拥有独家所有权，审核员和收到审核报告的其他各方都应注意保守机密。审核报告应根据审核计划在约定时限内签发。如不能按时签发，须事先将延误的原因通知委托方和受审核方，并确定新的签发日期。

（4）文件留存。与审核有关的所有的工作文件和草稿以及最终报告都应根据委托方、审核组长和受审核方之间的协议及其他有关要求予以留存。

D 审核结束

审核计划规定的活动一旦完成，审核即告结束。

12.2 清洁发展机制（CDM）

12.2.1 CDM 概述

12.2.1.1 CDM 的背景及来源

工业革命以来，人类在经济活动中大量使用化石燃料，全球升温，气候变暖的现象愈演愈烈。据统计，20 世纪，全球气温上升了 0.6℃。这种气候变化，对水资源、农作物、自然生态系统及人类健康均造成明显的负面影响。为了抑制人为温室气体的排放，减缓气候变暖，联合国于 1992 年在地球高峰会上通过了《联合国气候变化框架公约》，对人为温室气体的排放做出全球性限制。

温室气体在大气中存在的时间很长，而且它们是在全球范围内进行移动的。因此，在地球上的任何地方进行减排活动效果都是一样的。早在《联合国气候变化框架公约》谈判的过程中就考虑了三种履行方法：第一种方法是在区域层次上实施联合履行减排义务；第二种方法是发达国家之间实施联合履行减排义务；第三种方法是发展中国家和发达国家之间实施联合履行减排义务。其中，第三种方法的建议是挪威提出的，它认为在发展中国家与发达国家之间联合履行减排义务，效率最高。因为，发展中国家比发达国家能源利用效率低，可以更加廉价地实现温室气体减排的目标。这种联合履行减排义务的模式还可以产生附加利益，即在发展中国家实施这些旨在削减温室气体的项目，可以鼓励发达国家向发展中国家转让大量的财政资金和先进技术。为了避免可能的滥用，应当对这种形式的联合减排机制设立明确的底线。根据这些底线可以计算出在发展中国家削减的温室气体的排放量，同时参与联合减排的发达国家也可以据此计算出其应当获得的减排数量。对于这些方法，尤其是第三种方法，也有人提出了很多非议，他们除了认为联合履行义务可能增加串通签署欺骗性协议的可能性之外，还有一种批评是认为发达国家与发展中国家之间的联合履行减排义务是一种不道德的模式。因为，这种减排模式允许发达国家在国外实现其减排目标而不是在国内承担其应当履行的义务。

由此可见，在《联合国气候变化框架公约》的谈判阶段就已经涉及后来在《京都议定书》中确立的三个灵活履约机制，只是困于其框架性，不可能具体地设计出相应的法律机制。但在《联合国气候变化框架公约》谈判中所提及的三种方法尤其是第三种方法为《京都议定书》中确立清洁发展机制奠定了基础。

12.2.1.2　CDM 简介

CDM（clean development mechanism），又称清洁发展机制，是针对如何有效解决全球气候变化问题而在国际气候变化谈判中提出的一种实施机制。CDM（清洁发展机制）是《京都议定书》中确立的三种灵活的履约机制之一。根据《京都议定书》第十二条的规定："清洁发展机制是指允许承担温室气体减排义务的附件Ⅰ缔约方透过在非附件Ⅰ缔约方投资温室气体减排的项目，获得经核证的减排额度（CERs），并以此抵消其依据《京都议定书》所应承担的部分温室气体减排的义务。"其目的是协助未列入附件Ⅰ的缔约方实现其可持续发展和有益于《联合国气候变化框架公约》最终目标的实现，并协助附件Ⅰ所列缔约方实现遵守《京都议定书》第三条规定的其量化的减限排的承诺。

通俗地讲，CDM 的主要内容是指发达国家通过提供资金和技术的模式，与发展中国家开展项目合作，在发展中国家进行既符合可持续发展政策要求，又产生温室气体减排效果的项目投资，由此换取投资项目所产生的部分或全部减排额度，即"经核证的减排量"（certified emission reductions，CERs），用所获得的 CERs 来抵减本国的温室气体减排义务。CDM 被认为是一项"三赢"机制：一方面，发展中国家通过合作可以获得资金和技术，有助于实现自己的可持续发展；另一方面，通过这种合作，发达国家可以大幅度降低其在国内实现减排所需的高昂费用；同时项目合作双方还为全球气候环境做出了各自的贡献。由此可知 CDM 项目通俗的理解就是以"资金＋技术＋设备"换取温室气体排放权。

12.2.1.3　CDM 的对象

初步判断是否符合 CDM 项目必须同时满足的五个判断条件。

判断条件一：项目类型：高效洁净的发电技术及热电联产（如天然气－蒸汽联合循环发电，超临界燃煤发电，压力循环流化床锅炉发电，多联产燃煤发电等）；高效低损耗电力输配系统；燃煤工业及民用锅炉窑炉（包括炼焦窑炉，高炉节能技术改造）；高耗能工业设备和工艺流程节能改造（钢铁，石化，建材工业等）；电力需求侧管理（DSM）：工业通用设备节电改造（如变频调速高效电动机、高效风机水泵、绿色照明、非晶态高效配电变压器、电热炉改造等）；城市建筑节能示范项目（节能建筑设计、建筑能源系统优化、免烧砖新型建材），城市交通节能示范项目（包括天然气燃料车、燃料电池车、高效车辆引擎等、混合燃料电动车、生物乙醇和生物柴油应用）；北方城市推广天然气集中供热；煤矿煤层甲烷气的回收利用、燃气发电供热；生物质能高效转换系统（集中供热、供气和发电示范工程）风力发电场示范项目；太阳能 PV 发电场示范项目；城市垃圾焚烧和填埋气甲烷回收发电供暖；水泥厂工艺过程减排二氧化碳技术改造；二氧化碳的回收和资源化再利用技术；植树造林和再造林等；其他高 GWP 值氟化气体的减排项目（氢氟碳化物（HFCs），全氟化碳（PFCs），六氟化硫（SF_6））。

判断条件二：项目进展阶段（必须为未建成运行的项目，已建成运营的项目基本不符合 CDM 项目要求）。

判断条件三：项目建设是否得到相关部门的批准（项目建设必须得到相关政府部门的批准）。

判断条件四：环境评价报告（项目必须已通过权威机构给予的环境评价，以证实该项目是清洁能源项目，并且该项目的实施可以促进项目所在地的可持续发展）。

判断条件五：项目建设是否面临障碍（项目建设必须面临技术障碍或资金障碍）。

12.2.2 CDM 的基本规则与流程

12.2.2.1 运作管理规则

参与 CDM 项目活动的必须是中资或中资控股企业。运行的基本规则是：（1）缔约方自愿参与；（2）有政府批文；（3）带来真实的、可测量的、长期的温室气体减排效益；（4）必须具有额外性（"额外性"是指该清洁发展机制项目所带来的减排效益必须是额外的，即在没有该项目活动的情况下不会发生）；（5）属于东道国、地方政府的优先发展领域并带来技术转让。国家发展和改革委员会是中国政府开展 CDM 项目活动的主管机构，下设国家清洁发展机制项目审核理事会和国家管理机构。审核理事会联合组长单位为国家发展和改革委员会、科学技术部，副组长单位为外交部，成员单位为国家环境保护总局、中国气象局、财政部和农业部。项目因转让减排量所获得的收益归中国政府和实施项目的企业所有，区别不同类型的减排气体，实行不同的分配比例。

12.2.2.2 CDM 项目运作流程

CDM 项目的全过程是：寻找国外合作伙伴→准备技术文件→进行交易商务谈判→国内报批→国际报批→项目实施的监测→减排量核定→减排量登记和过户转让→收益提成。

企业在进行 CDM 项目申报时，首先通过科技管理部门向国家发改委提出申请；再由国家发改委组织对申请项目进行评审，之后由国家发改委会同科技部和外交部办理批准手续。CDM 项目在实施过程中企业的配合是至关重要的。根据荷兰 CERUPT 项目的经验，在招标的资质认定阶段，中方要以英文形式提供：（1）项目概念表；（2）项目认可书；（3）企业营业执照和代码证；（4）公司 3 年财务报表；（5）企业履行社会义务情况证明；（6）公司财务信用状况证明。在招标的第二阶段，中方要在咨询公司的帮助下提供：（1）项目设计文件；（2）核准报告和结论；（3）购买协议；（4）提交时间安排；（5）项目批准书。

12.2.2.3 CDM 项目周期介绍

CDM 项目周期包括：

（1）项目识别：初步判断该项目是否为 CDM 项目。

（2）项目设计：当项目符合 CDM 的标准，需要完成项目设计文件（PDD）。设计文件的格式由联合国 CDM 执行理事会确定。

（3）项目批准：CDM 项目需要得到东道国指定的本国 CDM 主管机构批准。目前我国的 CDM 主管机构是国家发展改革委员会，中国 CDM 项目需要获得发改委出具的正式批准文件。

（4）项目审定：项目开发者需要与一个指定的经营实体进行签约，负责其审核认证的工作。完成这项工作，这个项目才能成为合法的 CDM 项目。根据项目类型，寻找相应的具有审核认证资质的指定的经营实体。

（5）项目注册：签约的指定的经营实体确认该项目符合 CDM 的要求，签署审核认证报告，向联合国 CDM 执行理事会提出注册申请。审定报告中需要包含项目设计文件（PDD）、东道国的书面批准文件以及对公众意见的处理情况。在 CDM 执行理事会收到注册请求之日起 8 周内，如果没有 CDM 执行理事会的 3 个或 3 个以上的理事和参与项目的缔约方提出重新审查的要求，则项目自动通过注册。执行理事会主要审查项目是否符合阶段 4 的审定条件。最终的决定由 CDM 执行理事会在接到注册申请后的第二次会议之前做出。如果该项目被 CDM 执行理事会驳回，企业可以修改，修改后重新提出申请。

（6）项目的实施与监测：监测活动由项目建议者实施，并且需要按照提交注册的项目设计文件中的检测计划进行。监测结果需要向负责核查与核证项目减排量的指定经营实体报告。一般情况下，进行项目审定和减排量核查核证的经营实体不能为同一家，但是，小规模 CDM 项目可以申请同一家指定经营实体进行审定、核查和核证。

（7）减排量的核查与核证：核查是指由指定经营实体负责，对注册的 CDM 项目减排量进行周期性审查和确定的过程。根据核查的监测数据、计算程序和方法，可以计算 CDM 项目的减排量；核证是指由指定的经营实体出具书面报告，证明在一个周期内，项目取得了经核查的减排量，根据核查报告，指定的经营实体出具一份书面的核证报告，并且将结果通知利益相关者。

12.2.2.4　CERs 的签发

指定的经营实体提交给 CDM 执行理事会的核证报告，申请 CDM 执行理事会签发与核查减排量相等的 CERs。

在 CDM 执行理事会收到签发请求之日起 15 天之内，参与项目的缔约方或至少三个执行理事会的成员没有提出对 CERs 签发申请进行审查，则可以认为签发 CERs 的申请自动获得批准。如果缔约方或者三个以上的 CDM 执行理事会理事提出了审查要求，则 CDM 执行理事会需要对核证报告进行审查。

在收到了审查要求的情况下，CDM 执行理事会会在下一次会议上确定是否进行审查。如果决定进行审查，审查内容仅局限在指定经营实体是否有欺骗、渎职行为及其资质问题。审查应在确定审查之日起 30 天之内完成。

12.2.3　CDM 方法学

基准线方法学是指项目参与者可以提出的一种以透明和保守的方式建立起来的新的基准线。基准线对每个 CDM 项目活动都是至关重要的，因为它描述了没有此项目的情景，对项目的每一个方面都将产生直接的和重要的影响，因此，基准线是计算项目减排效益的标准所在。

同基准线方法学应用类似，首先，必须确定符合项目条件的监测方法学。根据常规方法学的规定，通常采用捆绑式选择，即监测方法学仍然选用已批准方法学 AM0013 中的监测方法学。

12.2.4　CDM 设计文件主要内容

12.2.4.1　CDM 项目设计的基本原则

CDM 的设计须遵循四个基本原则：完整性、精确性、可比性、透明性。所谓完整性，即要求项目建议者充分考虑并给出在确定范围内所有温室气体排放的源及活动，如锅炉加热、燃料燃烧、气体溢散、物料挥发等，并对任何排除在外的情况予以说明。

12.2.4.2 CDM项目设计文件主要内容

项目建议者在完成潜在的CDM项目的识别后，需要撰写CDM项目设计文件（CDM PDD），其格式范本可从《联合国气候变化框架公约》官网或中国清洁发展机制官网上下载。PDD的基本要求是要满足CDM项目的合格性准则，包括基准线的设定、减排额外性的论证、项目边界的合理界定、减排量的估算以及监测计划。

CDM项目设计书CDM PDD主要包括如下几个部分：（1）项目活动概述；（2）基准线和监测方法学的应用；（3）项目持续时间/减排额计入期；（4）环境影响的评价；（5）利益相关方的意见。附件内容要包括：（1）项目活动参与方的联系信息；（2）官方资金筹措信息；（3）基准线信息；（4）监测计划。

12.2.5 我国CDM的发展

12.2.5.1 背景

改革开放以来，中国的经济规模显著扩大，综合国力迅速增强，人民生活水平不断提高。但同时也面临着严重的环境问题，具体表现在各地生态环境迅速恶化，行业平均单位产出耗能偏高和一些关键资源严重短缺等方面。所以中国要实现可持续发展面临的目标，必须探索一条符合中国国情的可持续发展的道路。

但是要实现永续发展，中国面临着两大问题：第一，资金问题。开发新能源，提高原有能源利用率，工业三废处理，植树造林等都需要大笔的资金投入，再加上内需市场和国家政策法规等方面的原因，企业很难投入资金进行这方面项目的建设。第二，技术问题。目前提升能源利用率，开发新能源，工业三废处理等国际领先的技术都掌握在西方发达国家的手里，中国欠缺这些技术，要建设这些项目就必须花高价向西方发达国家购买技术和设备。这两个因素严重影响了中国可持续发展的进程。

清洁发展机制的实施，给中国带来了新的发展机遇。中国环境质量恶化已日益成为阻碍社会经济实现可持续发展的瓶颈，要实现可持续发展，必须加大生态建设和环境保护的力度，清洁发展机制的要求对实现上述目标有一定的促进作用。另外作为发展中国家，清洁发展机制对吸纳发达国家对中国的环境投资和技术转移也会产生深远影响，从而可以解决中国实现可持续发展面临的两个重大的问题。清洁发展机制项目的目标与中国的发展战略、当前的发展政策目标一致。中国政府已经建立起了为与外方机构开展清洁发展机制合作的优良环境，包括清晰的政策、透明和高效的管理、出色的技术服务。因此，清洁发展机制在中国必将有广阔的发展前景。

12.2.5.2 我国CDM发展现状

我国作为温室气体减排潜力最大的发展中国家之一，具有开展清洁发展机制项目合作的广阔市场前景。随着经济的发展，一方面将继续保持较高的经济增长速度；另一方面实施可持续发展战略，通过节能降耗、发展可再生能源、资源节约、环境保护等措施来实现经济增长模式的转变，这些措施都为清洁发展机制项目提供了市场机会。"中国市场令人着迷"，经济持续高速成长带来旺盛的能源生产和消费，以能源消费为例，1980～2000年我国能源消费增长了一倍；2000～2006年能源消费几近翻番。同时，我国能源利用率低，温室气体排放量大，减排技术落后于经济发达国家，具有巨大的、潜在的减排空间。

我国是CDM市场最大的减排额度提供者，早在2006年12月22日，就开发了230个CDM项目，虽然数量仅占全球CDM项目开发总数的15%，但是这些项目所提供的年减排量为1.1亿吨二氧化碳当量，占了整个市场的40%。而且值得一提的是，我国已经超过印度，成为每季度新增项目最多的国家。

尽管我国具有如此巨大的市场，但在实施CDM的过程中还存在着一些体制和实际操作等方面的问题，不能让人完全乐观起来。第一，企业和地方政府相关部门对CDM基本知识缺乏了解。企业是CDM项目得以开展的主体，相比国外的一些企业早早就开展CDM的研究开发乃至运作，国内企业刚起步。第二，申请方法和注册项目的程序复杂，审核批示过程缓慢，造成项目数量少、交易成本高、风险大等问题。第三，CDM项目的PDD文件技术支持单位和专家相对还是比较缺乏的。PDD文件的审核通过是一个完整CDM项目不可或缺的部分。技术单位和专家的缺乏，在一定程度上影响了CDM项目的发展。第四，没有授权的指定的经营实体。

12.2.5.3 中国CDM发展前景

CDM有助于我国碳减排，因为多出的排放权可交易变现，不足的排放权要用钱买，生产型企业的负责人便会在现有配额下努力减少碳排放，同时也有（政策）动力投资较高科技的设备，减少碳排放。从中国自身利益来看，这些无疑为可持续发展带来契机，即清洁高效的先进能源技术和额外的资金，不仅会促进中国能源架构的调整，加速传统能源工业和高耗能工业的技术改造和更新换代，而且可以提升中国对付和适应气候变化不利影响的能力，加强中国未来承担减排义务的能力建设和技术储备。大致预测，到2010年的几年间，经济发达国家对京都三机制的减排额的需求大约是每年7.2亿吨二氧化碳，在这个总量中，透过CDM来完成的占23%，我国可提供的估计占11%，即近8000万吨二氧化碳，以每吨二氧化碳当量5～10美元计算，年总收入是4亿～8亿美元。与我国国民经济总产值比，8亿美元并不是一个很大的数目，但是CDM项目不仅能促进能源产业技术进步，提升能源利用效率，而且可以减少温室气体排放和改善当地环境质量，这都是长期效益的作用，不能用具体的数字来衡量。

我国既是温室气体排放的大国，又是温室效应可能的最大受害国之一。同时，又受到资金、技术和建设能力的限制，无力采取有效的防治措施。这些都是工业长期粗放型发展累积下的不足之处，但反过来看这些不足却意味着我国将成为一个具有巨大潜力的市场。那些有价的"经核证的减排额度"是否最终能被开发出来，以促进我国可持续发展的进程并且同时换取我国所缺的资金和先进技术，决定了我国CDM发展的前景。目前来看，我国政府和企业已经意识到了这个巨大的商机，正在积极行动，以推动经济的发展。

首先，国家各级相关部门已经做好了企业CDM的宣传工作，强化了企业的节能意识、环保意识和CDM意识，让企业充分了解CDM这个今后十年内蕴含商机的市场不仅可以给企业带来资金，而且可以给企业带来行业内先进的技术。越来越多的企业开始积极了解国家、政府支持的优先项目计划的领域，明确项目评估的程序和标准。能够在项目合格性、投资模式、交易成本和风险全面考虑的基础上了解CDM的市场运作模式和可为企业带来的效益，主动参与CDM项目合作，使清洁发展机制成为企业技术创新发展、提升能源效率、提升企业经济效益的桥梁。

2007 年，中国共产党第十七次代表大会再次强调要把节约资源作为基本国策，发展循环经济，保护生态环境，加快建设节约型、环境友好型社会，促进经济发展与人口、资源、环境相协调。

但是，对约占全球 CDM 市场 40% ~50% 的中国，在将潜在的市场变为现实的市场方面还有大量的工作要做，如进一步完善 CDM 项目的管理办法、审核批示程序和相关的政策；建立自己的项目咨询机构，以减少交易成本；提升企业参与的积极性等。

12.3 清洁生产认证

12.3.1 清洁生产认证的基础概念

清洁生产认证是一种对组织污染来源、废物产生原因及其整体解决方案的系统化的分析和实施过程，其目的旨在通过实行预防污染分析和评估，寻找尽可能高效率利用资源（如原辅材料、能源、水等），减少或消除废物的产生和排放的方法，是组织实行清洁生产的重要前提，也是组织实施清洁生产的关键和核心。持续的清洁生产审核活动会不断产生各种的清洁生产方案，有利于组织在生产和服务过程中逐步的实施，从而使其环境绩效实现持续改进。

2004 年 10 月 1 日起实施的《清洁生产暂行办法》给出了清洁生产审核的定义：按照一定程序，对生产和服务过程进行调查和诊断，找出能耗高、物耗高、污染重的原因，提出减少有毒有害物料的使用、产生，降低能耗、物耗以及废物产生的方案，进而选定技术经济及环境可行的清洁生产方案的过程。

12.3.2 清洁生产认证的核心内容

清洁的能源包括常规能源的清洁利用；可再生能源的利用；系能源的开发；各种节能技术等。

清洁的生产过程包括不用、少用有毒的原料和辅助材料；无毒、低毒的中间产品；减少生产过程中的各种危险因素；节能资源，少用昂贵和稀有的资源；物料的再循环利用；利用二次资源作原材料；完善的管理等。

清洁的产品包括在储存、使用中和使用后无危害人体健康和生态环境的产品；合理使用其功能和寿命期；合理包装；易于回收、复用和再生；易降解、易处置等。

在一切服务中都要贯彻清洁生产的思想和要求。

12.3.3 清洁生产审核技术方法

12.3.3.1 清洁生产审核的对象

1996 年，联合国环境署关于清洁生产的定义为：清洁生产是一种新的创造性的思想，该思想将整体预防的环境战略持续应用于生产过程、产品和服务中，以增加生态效率和减少人类及环境的风险。对生产过程，要求节约原材料和能源，淘汰有毒原材料，减少降低所有废弃物的数量和毒性；对产品，要求减少从原材料提炼到产品最终处置的全生命周期的不利影响；对服务，要求将环境因素纳入设计和所提供的服务中。

按照联合国环境署的定义和多年的工作实践，证明清洁生产审核适合于三类对象：第一产业：农业，如农场、养殖场、林场等；第二产业：工业，如采矿场、石油开采、机械加工厂等；第三产业：服务业，如酒店、铁路汽车运输公司、邮局等。

通常将上述的审核统称为组织清洁生产审核，或清洁生产审核。在我国已经开展了上述三个行业的清洁生产审核，但绝大多数的审核基本集中在第二产业——工业，所以通常听到的是企业清洁生产审核。

12.3.3.2 清洁生产审核的原则

清洁生产审核是指对组织产品生产或提供服务全过程的重点或优先环节、工序产生的污染进行定量监测，找出高物耗、高能耗、高污染的原因，然后有的放矢地提出对策、制订方案，减少和防止污染物的产生。清洁生产审核首先是对组织现在的和计划进行的产品生产和服务实行预防污染的分析和评估。在实行预防污染分析和评估的过程中，制定并实施减少能源、资源和原材料使用，消除或减少产品和生产过程中有毒物质的使用，减少各种废弃物排放的数量及其毒性的方案。

首先，通过现场调查和物料平衡找出废弃物的产生部位并确定产生量；其次，分析产品生产过程（图12-2）的每个环节。最后，针对每一个废弃物产生原因，设计相应的清洁生产方案，包括无/低费方案和中/高费方案，方案可以是一个、几个甚至几十个，通过试验这些清洁生产方案来消除这些废弃物产生原因，从而达到减少废弃物产生的目的。

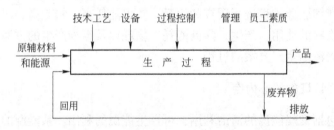

图12-2　生产过程流程

根据图12-2，对废弃物的产生原因分析要针对八个方面进行：原辅材料和能源、技术工艺、设备、过程控制、产品、管理、员工、废物。清洁生产审核的一个重要内容就是通过提高能源、资源利用效率，减少废物产生量，达到环境与经济"双赢"目的。

12.3.3.3 清洁生产审核的作用

对于企业，通过实施清洁生产审核，可以实现以下目的：

（1）确定企业有关单元操作、原材料、产品、用水、能源和废弃物的资料。

（2）确定企业废弃物的来源、数量以及类型，确定废弃物削减目标，制定经济有效的削减废弃物产生的对策。

（3）提高企业对削减废弃物获得环境和经济效益的认识和知识。

（4）判定企业效率的低下的瓶颈部位和管理不善的地方。

（5）提高企业的管理水平、产品和服务质量。

（6）帮助企业环境达标，减少环境风险，加强社会责任感。

12.3.3.4 清洁生产审核的类型

"清洁生产审核应当以企业为主体，遵循企业自愿审核与国家强制审核相结合，企业自主审核与外部协助审核相结合的原则，因地制宜，有序开展，注重实效。"因此清洁生产审核分为自愿性和强制性审核。

（1）自愿性清洁生产审核。污染物排放达到国家或者地方排放标准的企业，可以自愿组织实施清洁生产审核，提出进一步节约资源、削减污染物排放量的目标。

清洁生产审核以企业自行开展组织为主。不具备独立开展清洁生产审核能力的企业，可以委托行业协会、清洁生产中心、工程咨询单位等咨询服务机构协助组织开展清洁生产审核。

（2）强制性清洁生产审核。《中华人民共和国清洁生产促进法》规定："污染物排放超过国家和地方规定的排放标准或者超过经有关地方人民政府核定的污染物排放总量控制指标的企业，应当实施清洁生产审核"。"使用有毒、有害原料进行生产或者在生产中排放有毒、有害物质的企业，应当定期实施清洁生产审核，并将审核结果报告所在地的县级以上地方人民政府环境保护行政主管部门和经济贸易行政主管部门。"根据上述要求，以下三类企业必须实施清洁生产审核：

1）污染物排放超过国家和地方规定的排放标准或者超过经有关地方人民政府核定的污染物排放总量控制指标的企业，即超标排污企业。

2）使用有毒、有害原料进行生产的企业。

3）在生产中排放有毒、有害物质的企业。

12.3.3.5 清洁生产审核的组织和管理

2004 年 10 月 1 日实施的《清洁生产审核暂行办法》中规定：

第十四条 清洁生产审核以企业自行组织开展为主。不具备独立开展清洁生产审核能力的企业，可以委托行业协会、清洁生产中心、工程咨询单位等咨询服务机构协助组织开展清洁生产审核。

第十五条 协助企业组织开展清洁生产审核工作的咨询服务机构，应当具备下列条件：

（1）具有独立的法人资格。

（2）拥有熟悉相关行业生产工艺、技术和污染防治管理，了解清洁生产知识，掌握清洁生产审核程序的技术人员。

（3）具备为企业清洁生产审核提供公平、公正、高效服务的制度措施。

第十六条 列入实施强制性清洁生产审核名单的企业，应当在名单公布之日起一年内，将清洁生产审核报告报当地环境保护行政主管部门和发展改革（经济贸易）行政主管部门。中央直属企业应当将清洁生产审核报告报送当地环境保护和发展改革（经济贸易）行政主管部门，并同时抄报国家环境保护总局和国家发展和改革委员会。

第十七条 自愿开展清洁生产审核的企业，可以参照本办法第十六条规定报送清洁生产审核报告。

第十八条 各级发展改革（经济贸易）行政主管部门和环境保护行政主管部门，应当积极指导和督促企业按照清洁生产审核报告中提出的实施计划，组织和落实清洁生产实施方案。

第十九条　各级发展改革（经济贸易）行政主管部门、环境保护行政主管部门以及咨询服务机构应当为实施清洁生产审核的企业保守技术和商业秘密。

第二十条　国家发展和改革委员会会同国家环境保护总局建立国家级清洁生产专家库，发布重点行业清洁生产技术导向目录和行业清洁生产审核指南，组织开展清洁生产培训，为企业开展清洁生产审核提供信息和技术支持。

地方各级发展改革（经济贸易）行政主管部门会同环境保护行政主管部门可以根据本地实际情况，组织开展清洁生产审核培训，建立地方清洁生产专家库。

12.3.3.6　清洁生产审核的实施

2004 年 10 月 1 日起实施的《清洁生产审核暂行办法》中规定：实施强制性清洁生产审核的企业，应当在名单公布后一个月内，在所在地主要媒体上公布主要污染物排放情况。公布的主要内容应当包括：企业名称、法人代表、企业所在地址、排放污染物名称、排放方式、排放浓度和总量、超标、超总量情况。省级以下环境保护主管部门按照管理权限对企业公布的主要污染物排放情况进行核查。列入实施强制性清洁生产审核名单的企业应在名单公布后两个月内开展清洁生产审核，两次审核的间隔时间不得超过五年。

自愿实施清洁生产审核的企业可向有管辖权的发展改革（经济贸易）行政主管部门和环境保护行政主管部门提供拟进行清洁生产审核的计划，并按清洁生产审核计划的内容、程序组织清洁生产审核。

清洁生产审核程序原则上包括审核准备，预审核，审核，实施方案的产生、筛选和确定，编写清洁生产审核报告等。

（1）审核准备。开展培训和宣传，成立由企业管理人员和技术人员组成的清洁生产审核工作小组，制订工作计划。

（2）预审核。在对企业生产基本情况进行全面调查的基础上，通过定性和定量分析，确定清洁生产审核重点和企业清洁生产目标。

（3）审核。通过对生产和服务过程的投入产出进行分析，建立物料平衡、水平衡、资源平衡以及污染因子平衡，找出物料流失、资源浪费环节和污染物产生的原因。

（4）实施方案的产生和筛选。对物料流失、资源浪费、污染物产生和排放进行分析，提出清洁生产实施方案，并进行方案的初步筛选。

（5）实施方案的确定。对初步筛选的清洁生产方案进行技术、经济和环境可行性分析，确定企业拟实施的清洁生产方案。

（6）编写清洁生产审核报告。清洁生产审核报告应包括企业基本情况、清洁生产审核过程和结果、清洁生产方案汇总和效益预测分析、清洁生产方案实施计划等。

复习思考题

12-1　环境管理体系审核的主要内容有哪些？

12-2　EMS 审核程序是什么？

12-3　清洁发展机制相比于过去的发展机制有哪些优点？

12-4　简述 CDM 在我国的发展情况。

12-5　清洁生产审核的作用是什么？

参考文献

［1］戴伟娣．清洁发展机制简介［J］．生物质化学工程，2006（1）：12～18.

［2］马驰，朱益新．清洁发展机制——中国经济可持续发展的新机遇［J］．绿色经济，2007（5）：98～102.

［3］吕学都，刘德顺．清洁发展机制在中国［M］．北京：清华大学出版社，2004.

［4］崔成．清洁发展机制中项目基准线确定方法［J］．中国能源，2002（9）：27～31.

［5］王星，徐菲，赵由才．清洁发展机制开发与方法学指南［M］．北京：化学工业出版社，2009.

［6］孙明贵，查武堂，郭军洋，等．我国工业领域参与清洁发展机制的对策研究［J］．开发研究，2007（2）：76～78.